Craftsman Excavating Machine Operator 필기

굴착기운전기능사
기출문제(상시시험 대비)

도서출판 **책과 상상**
www.SangSangbooks.co.kr

[preface]
굴착기운전기능사 필기

굴착기는 주로 도로, 주택, 댐, 간척, 항만, 농지정리, 준설 등의 각종 건설공사나 광산 작업 등에 활용되는 건설기계입니다. 이에 해당 장비를 다룸에 있어 특수한 기술을 요하며, 또한 안전운행과 기계수명 연장 및 작업능률 제고 등을 위해 숙련 기능인력이 필요합니다.

이 책은 한국산업인력공단이 주관 및 시행하고 있는 굴착기운전기능사 자격시험을 준비하고자 하는 분들을 위해 최근 개정된 법령 및 한국산업인력공단의 출제기준, 그간의 기출문제를 면밀히 분석하여 과목별 핵심이론과 함께 다음의 사항을 중심으로 집필하였습니다.

1. 국가직무능력표준(NCS)에 기반하여 현장직무 중심으로 개편된 새로운 출제기준에 따라 본문을 구성함으로써 필기시험 기본 학습서로써의 역할을 충실히 하고자 하였습니다.
2. 제1부에서는 굴착기운전기능사 필기 과목인 굴착기 조종, 점검 및 안전관리의 내용을 개편된 출제기준에 따라 간추려 정리하였습니다.
3. 제2부와 제3부는 한국산업인력공단이 주관하여 시행한 최근의 굴착기운전기능사 필기 출제문제 및 CBT 복원문제를 상세한 해설과 함께 수록하고 있습니다. 비록 출제기준이 변경되었다 하더라도 공단의 기출문제는 시험에 대비하는 수험생들에게는 놓칠 수 없는 학습자료이기 때문입니다.

국가에서 요구하는 기술인으로서의 국위선양에 일익을 담당할 여러분에게 영광이 있기를 빌며 본의 아니게 잘못된 내용은 앞으로 철저히 수정 보완하여 나가기로 약속드리며, 이 책의 출판에 적극 힘써 주신 도서출판 책과상상 임직원 및 편집부 담당자들에게 감사의 인사를 전합니다.

저자 일동

출제기준

- 시행기관 : 한국산업인력공단
- 자격종목 : 굴착기운전기능사
- 직무내용 : 건설현장의 토목 공사를 위하여 장비를 조종하여 터파기, 깎기, 상차, 쌓기, 메우기 등의 작업을 수행하는 직무
- 시험방법 : 필기_ 객관식(전과목 혼합, 60문항), 실기_ 작업형
- 합격기준 : (필기·실기) 100점을 만점으로 하여 60점 이상
- 시험시간 : 1시간

필기과목 : 굴착기 조종, 점검 및 안전관리

주요항목	세부항목	세세항목
1. 점검	1. 운전 전·후 점검	1. 작업 환경 점검 2. 오일·냉각수 점검 3. 구동계통 점검
	2. 장비 시운전	1. 엔진 시운전 2. 구동부 시운전
	3. 작업상황 파악	1. 작업공정 파악 2. 작업간섭사항 파악 3. 작업관계자간 의사소통
2. 주행 및 작업	1. 전기장치의 구조, 기능 및 점검	1. 주행성능 장치 확인 2. 작업현장 내·외 주행
	2. 작업	1. 깍기 2. 쌓기 3. 메우기 4. 선택장치 연결
	3. 전·후진 주행장치	1. 조향장치 및 현가장치 구조와 기능 2. 변속장치 구조와 기능 3. 동력전달장치 구조와 기능 4. 제동장치 구조와 기능 5. 주행장치 구조와 기능 6. 타이어
3. 구조 및 기능	1. 일반사항	1. 개요 및 구조 2. 종류 및 용도
	2. 작업장치	1. 암, 붐 구조 및 작동 2. 버켓 종류 및 기능
	3. 작업용 연결장치	1. 연결장치 구조 및 기능
	4. 상부회전체	1. 선회장치 2. 선회 고정장치 3. 카운터웨이트
	5. 하부주행체	1. 센터조인트 2. 주행모터 3. 주행감속기어
4. 안전관리	1. 안전보호구 착용 및 안전장치 확인	1. 산업안전보건법 준수 2. 안전보호구 및 안전장치
	2. 위험요소 확인	1. 안전표시 2. 안전수칙 3. 위험요소
	3. 안전운반 작업	1. 장비사용설명서 2. 안전운반 3. 작업안전 및 기타 안전 사항
	4. 장비 안전관리	1. 장비안전관리 2. 일상 점검표 3. 작업요청서 4. 장비안전관리교육 5. 기계·기구 및 공구에 관한 사항
	5. 가스 및 전기 안전관리	1. 가스안전관련 및 가스배관 2. 손상방지, 작업시 주의사항(가스배관) 3. 전기안전관련 및 전기 시설 4. 손상방지, 작업시 주의사항(전기시설물)
5. 건설기계관리법 및 도로교통법	1. 건설기계관리법	1. 건설기계 등록 및 검사 2. 면허·사업·벌칙
	2. 도로교통법	1. 도로통행방법에 관한 사항 2. 도로통행법규의 벌칙
6. 장비구조	1. 엔진구조	1. 엔진본체 구조와 기능 2. 윤활장치 구조와 기능 3. 연료장치 구조와 기능 4. 흡배기장치 구조와 기능 5. 냉각장치 구조와 기능
	2. 전기장치	1. 시동장치 구조와 기능 2. 충전장치 구조와 기능 3. 등화 및 계기장치 구조와 기능 4. 퓨즈 및 계기장치 구조와 기능
	3. 유압일반	1. 유압유 2. 유압펌프, 유압모터 및 유압실린더 3. 제어밸브 4. 유압기호 및 회로 5. 기타 부속장치

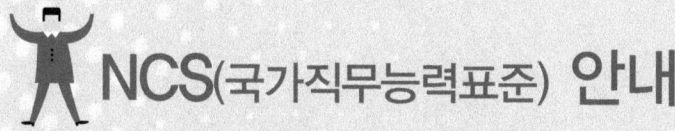 NCS(국가직무능력표준) 안내

NCS(국가직무능력표준)와 NCS 학습모듈

- 국가직무능력표준(NCS, National Competency Standards)이란 산업현장에서 직무를 수행하기 위해 요구되는 지식·기술·소양 등의 내용을 국가가 산업부문별·수준별로 체계화한 것으로 국가적 차원에서 표준화한 것을 의미합니다.
- NCS 학습모듈은 NCS 능력단위를 교육 및 직업훈련 시 활용할 수 있도록 구성한 교수·학습자료입니다. 즉, NCS 학습모듈은 학습자의 직무능력 제고를 위해 요구되는 학습 요소(학습 내용)를 NCS에서 규정한 업무 프로세스나 세부 지식, 기술을 토대로 재구성한 것입니다.

NCS 개념도

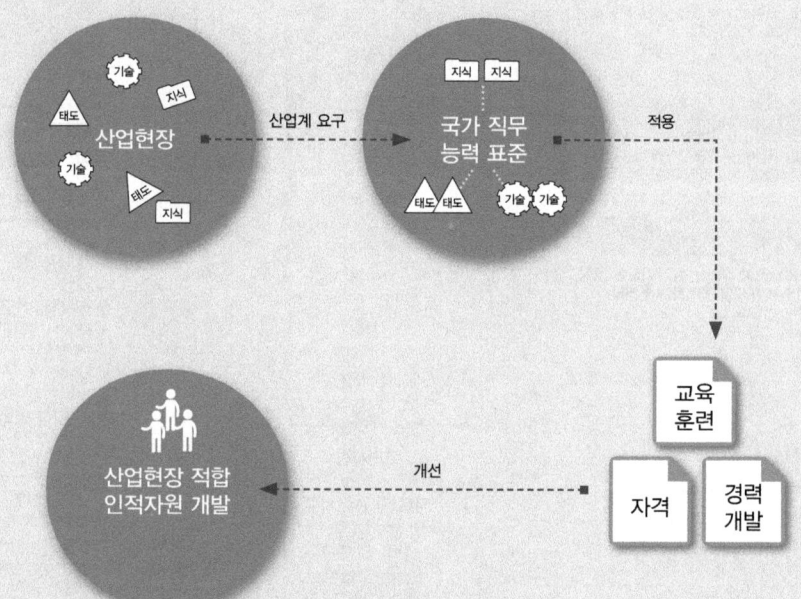

NCS의 활용영역

구분		활용 콘텐츠
산업현장	근로자	평생경력개발경로, 자가진단도구
	기업	현장수요 기반의 인력채용 및 인사관리기준, 직무기술서
교육훈련기관		직업교육 훈련과정 개발, 교수계획 및 매체·교재개발, 훈련기준 개발
자격시험기관		자격종목설계, 출제기준, 시험문항, 시험방법

NCS 학습모듈의 특징

- NCS 학습모듈은 산업계에서 요구하는 직무능력을 교육훈련 현장에 활용할 수 있도록 성취목표와 학습의 방향을 명확히 제시하는 가이드라인의 역할을 합니다.
- NCS 학습모듈은 특성화고, 마이스터고, 전문대학, 4년제 대학교의 교육기관 및 훈련기관, 직장 교육기관 등에서 표준교재로 활용할 수 있으며 교육과정 개편 시에도 유용하게 참고할 수 있습니다.

NCS와 NCS 학습모듈의 연결 체제

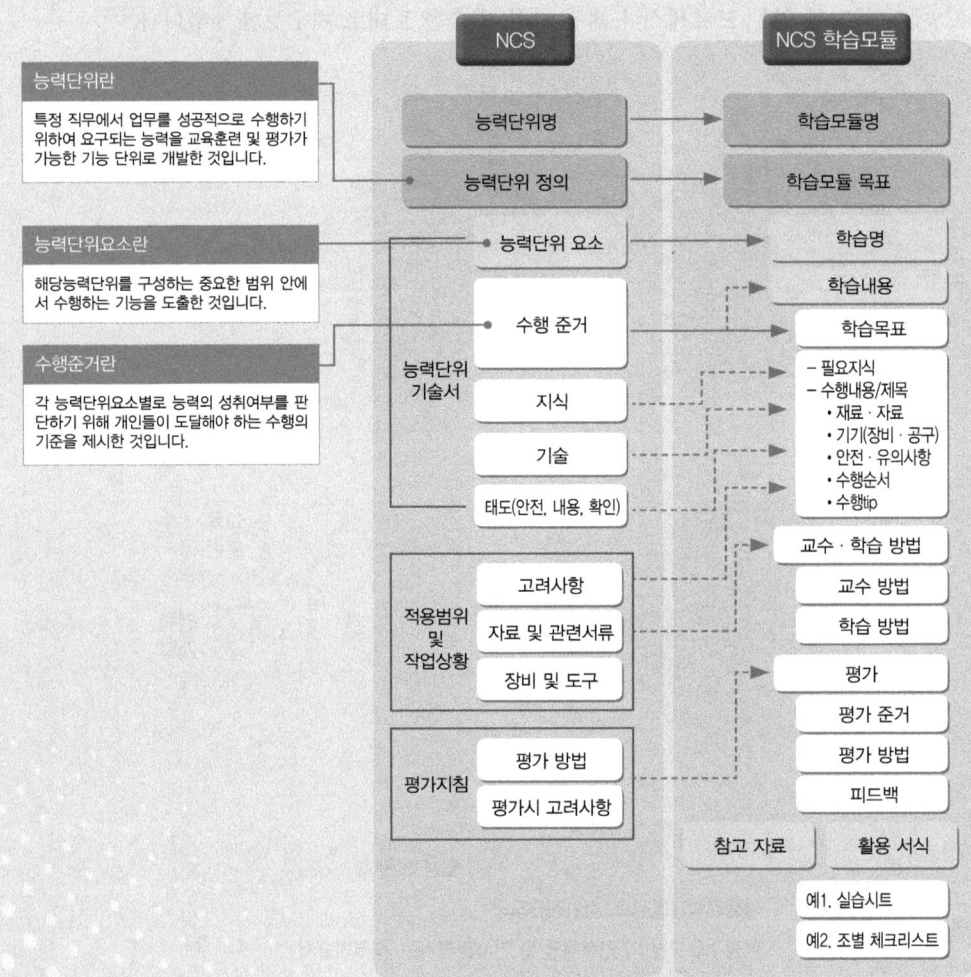

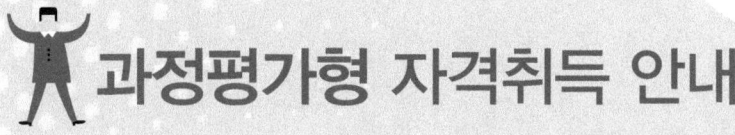
과정평가형 자격취득 안내

과정평가형 자격

과정평가형 자격은 국가기술자격법에 근거하여 국가직무능력표준(NCS)에 따라 설계된 교육·훈련과정을 체계적으로 이수한 교육·훈련생에게 내·외부 평가를 통해 국가기술자격증을 부여하는 새로운 개념의 국가기술자격 취득 제도로서 2015년부터 시행되고 있다.

과정평가형 자격 운영 절차

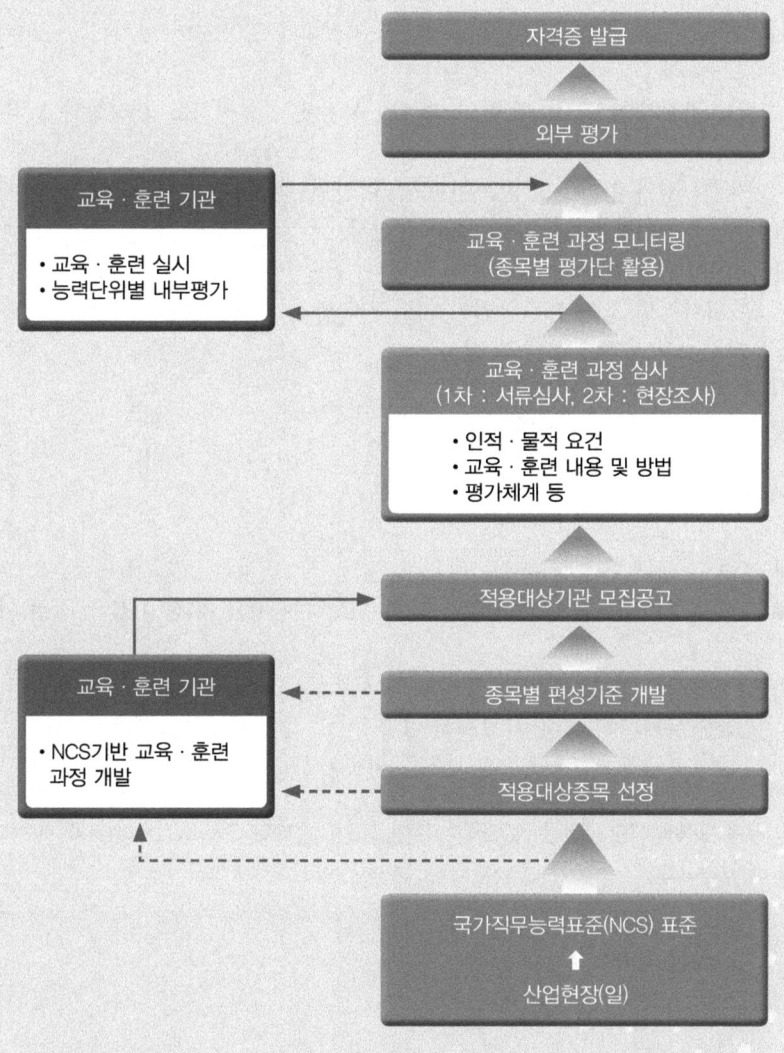

시행 대상

국가기술자격법의 과정평가형 자격 신청자격에 충족한 기관 중 공모를 통하여 지정된 교육·훈련기관의 단위과정별 교육·훈련을 이수하고 내부평가에 합격한 자

교육·훈련생 평가

① 내부평가(지정 교육·훈련기관)
　㉮ 평가대상 : 능력단위별 교육·훈련과정의 75% 이상 출석한 교육·훈련생
　㉯ 평가방법
　　㉠ 지정받은 교육·훈련과정의 능력단위별로 평가
　　㉡ 능력단위별 내부평가 계획에 따라 자체 시설·장비를 활용하여 실시
　㉰ 평가시기
　　㉠ 해당 능력단위에 대한 교육·훈련이 종료된 시점에서 실시하고 공정성과 투명성이 확보되어야 함
　　㉡ 내부평가 결과 평가점수가 일정수준(40%) 미만인 경우에는 교육·훈련기관 자체적으로 재교육 후 능력단위별 1회에 한해 재평가 실시
② 외부평가(한국산업인력공단)
　㉮ 평가대상 : 단위과정별 모든 능력단위의 내부평가 합격자
　㉯ 평가방법 : 1차·2차 시험으로 구분 실시
　　㉠ 1차 시험 : 지필평가(주관식 및 객관식 시험)
　　㉡ 2차 시험 : 실무평가(작업형 및 면접 등)

합격자 결정 및 자격증 교부

① 합격자 결정 기준
　내부평가 및 외부평가 결과를 각각 100점을 만점으로 하여 평균 80점 이상 득점한 자
② 자격증 교부
　기업 등 산업현장에서 필요로 하는 능력보유 여부를 판단할 수 있도록 교육·훈련 기관명·기간·시간 및 NCS 능력단위 등을 기재하여 발급

> NCS 및 과정평가형 자격에 대한 내용은 NCS국가직무능력표준 홈페이지(www.ncs.go.kr)에서 보다 자세하게 살펴볼 수 있습니다.

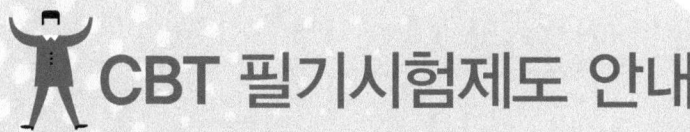 CBT 필기시험제도 안내

변경된 제도 개요

기능사 CBT(컴퓨터 기반 시험) 필기시험제도는 한국산업인력공단 상설시험장과 외부기관의 시설 및 장비를 임차하여 시행하기 때문에 시험장 사정에 따라 시험일자가 달라질 수 있으며, 수험생들이 선호하는 시험장은 조기 마감될 수 있으므로 주의하여야 합니다.

원서접수 기간 및 접수처

- 한국산업인력공단이 주관 및 시행하는 기능사 정기 CBT 필기시험 및 상시 CBT 필기시험과 관련한 정보는 큐넷 홈페이지(http://www.q-net.or.kr)를 방문하여 확인합니다.
- 기능사 필기시험의 원서접수는 인터넷으로만 가능하며 정기 및 상시시험 모두 큐넷 홈페이지 (http://www.q-net.or.kr)에서 접수할 수 있습니다.
- 기능사 상시시험 종목 : 한식조리기능사, 양식조리기능사, 일식조리기능사, 중식조리기능사, 제과기능사, 제빵기능사, 미용사(일반), 미용사(피부), 미용사(네일), 미용사(메이크업), 굴착기운전기능사, 지게차운전기능사, 건축도장기능사, 방수기능사 [14종목]
  ※ 건축도장기능사, 방수기능사 2종목은 정기검정과 병행 시행

CBT 부별 시험시간 안내

구분	입실시간	시험시간	비고
1부	09:30	09:50 ~ 10:50	
2부	10:00	10:20 ~ 11:20	
3부	11:00	11:20 ~ 12:20	
4부	11:30	11:50 ~ 12:50	
5부	13:00	13:20 ~ 14:20	시험실 입실 시간은 시험 시작 20분 전
6부	13:30	13:50 ~ 14:50	
7부	14:30	14:50 ~ 15:50	
8부	15:00	15:20 ~ 16:20	
9부	16:00	16:20 ~ 17:20	
10부	16:30	16:50 ~ 17:50	

※ 시행지역별 접수인원에 따라 일일 시행횟수는 변동될 수 있으며, 지역에 따라 원거리 시험장으로 이동할 수 있습니다.

합격자 발표

종이 시험과 달리 CBT 필기시험은 시험이 종료된 후 시험점수와 함께 합격 여부를 확인할 수 있으며, 이 결과는 시험일정 상의 합격자 발표일에 최종 확인할 수 있습니다.

CBT 필기시험 체험하기

01 CBT 필기시험 응시를 위해 지정된 좌석에 앉으면 해당 컴퓨터 단말기가 시험감독관 서버에 연결되었음을 알리는 연결 성공 메시지가 나타납니다.

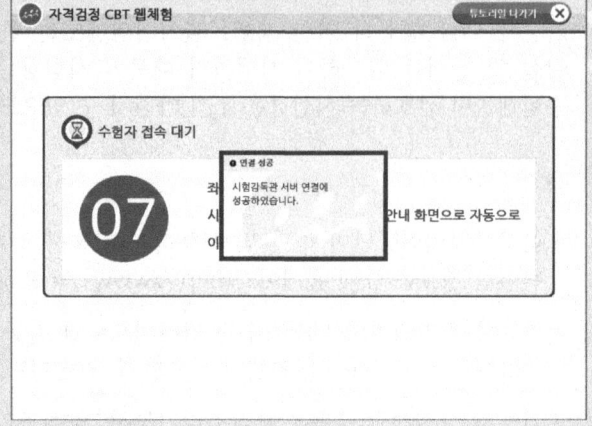

02 수험자 접속 대기 화면에서 좌석번호를 확인합니다. 좌석번호 확인이 끝나면 시험감독관의 지시에 따라 시험 안내 화면으로 자동으로 이동합니다.

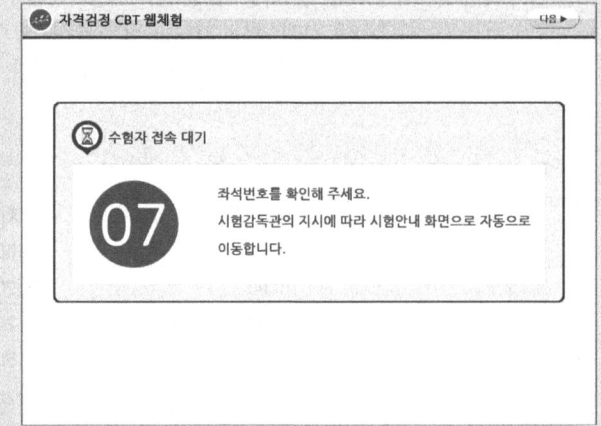

03 수험자 정보를 확인합니다. 감독관의 신분 확인 절차가 진행됩니다. 신분 확인이 모두 끝나면 시험을 시작할 수 있습니다.

04 CBT 필기시험에 대한 안내사항이 나타납니다. 화면은 예제이며, 실제 기능사 필기시험은 총 60문제로 구성되며, 60분간 진행됩니다.

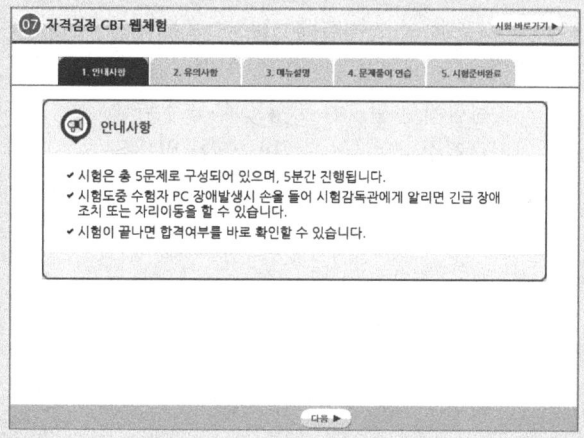

05 다음 항목에서 시험과 관련된 유의사항을 확인합니다. 특히, 시험과 관련한 부정행위 적발 시 퇴실과 함께 해당 시험은 무효처리되어 불합격 될 뿐만 아니라, 이후 3년간 국가기술자격검정에 응시할 수 있는 자격이 정지되므로 부정행위로 인정되는 내용을 꼼꼼히 확인하도록 합니다.

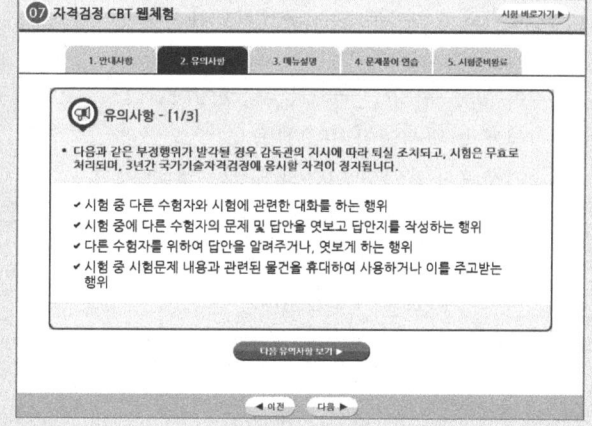

06 메뉴설명 항목에서는 문제풀이와 관련된 메뉴에 대한 설명을 확인할 수 있습니다. CBT 화면에서는 글자 크기를 크게 하거나 작게 할 수 있을 뿐 아니라, 화면 배치를 1단 또는 2단 화면 보기 혹은 한 문제씩 보기로 선택할 수 있습니다.

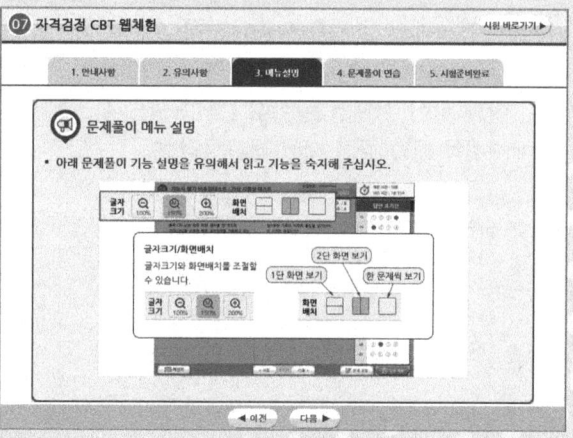

07 문제풀이 연습 항목에서는 실제 문제를 풀어보는 과정을 연습할 수 있습니다. 실제 시험에서 실수하지 않도록 하기 위해 [자격검정 CBT 문제풀이 연습] 버튼을 클릭합니다.

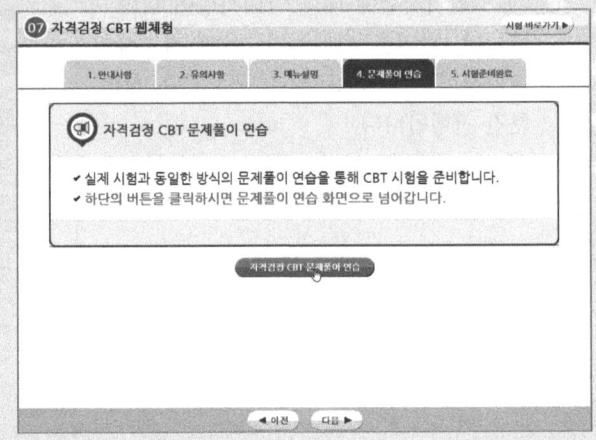

08 보기의 연습 문제는 국가기술자격시험의 정부 위탁기관인 한국산업인력공단의 본부 청사 소재지를 묻는 것입니다. 현재 한국산업인력공단 본부는 울산광역시에 소재하고 있습니다. 문제 아래의 보기에서 번호 항목을 클릭하거나 답안 표기란의 번호 항목에서 해당 답안을 클릭하여 답안을 체크합니다.

09 문제 아래의 보기를 클릭하거나 오른쪽 답안 표기란의 답안 항목을 클릭하면 화면과 같이 선택한 답안이 OMR 카드에 색칠한 것과 같이 색이 채워집니다.

답안을 수정할 때는 마찬가지 방법으로 수정하고자 하는 문제의 보기 항목이나 답안 표기란의 보기 항목에서 수정하고자 하는 답안을 클릭합니다.

10 문제를 풀고 나면 다음 문제를 풀기 위해 화면 하단의 [다음] 버튼을 클릭하여 문제를 계속 풀어나가면 됩니다. 참고로 하단 버튼 중 [계산기]를 클릭하면 간단한 공학용 계산기를 사용하여 계산 문제를 푸는 데 도움을 받을 수 있습니다.

계산이 끝나고 계산기를 화면에서 사라지게 하려면 계산기 창의 오른쪽 상단에 있는 닫기 ❌ 버튼을 클릭합니다.

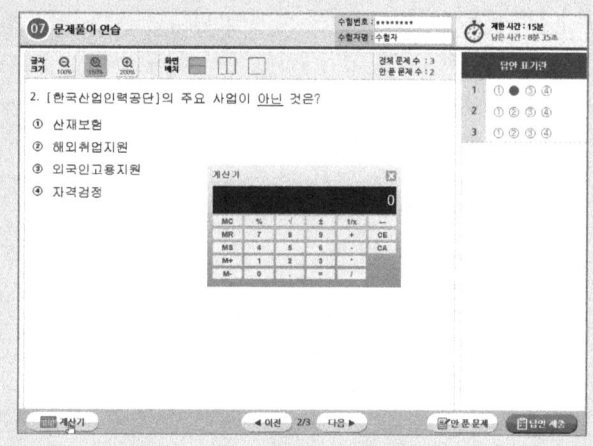

11 문제 풀이 연습이 끝나면 하단의 [답안 제출] 버튼을 클릭하여 답안을 제출합니다.

어려운 문제의 경우 하단의 [다음] 버튼을 클릭하여 다음 문제를 풀 수도 있습니다. 단, 이러한 경우 답안을 제출하기 전에 하단의 [안 푼 문제] 버튼을 클릭하여 혹시 풀지 않은 문제가 있는 지 최종적으로 확인하도록 합니다.

12 답안 제출을 클릭하면 나타나는 화면입니다. 수험생들이 실수로 답안을 모두 체크하지 않고 제출할 수 있는 실수를 방지하기 위해 2회에 걸쳐 주의 화면이 나타납니다. 답안을 제출하려면 [예] 버튼을 누릅니다.

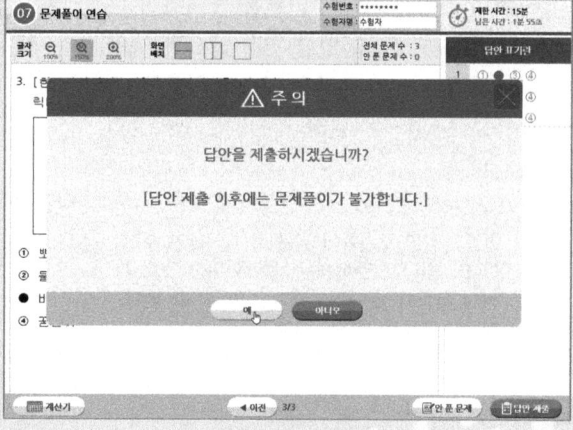

13 문제풀이 연습을 모두 마치면 나타나는 화면에서 [시험 준비 완료] 버튼을 클릭합니다. 이후 시험 시간이 되면 시험감독관의 지시에 따라 시험이 자동으로 시작됩니다.

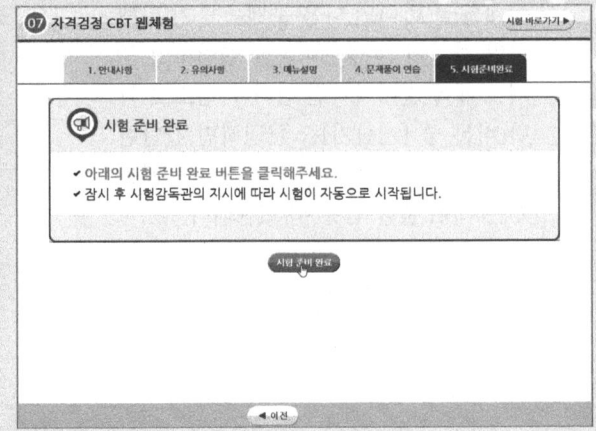

14 본 시험이 시작되면 첫 번째 문제가 화면에 나타납니다. 앞서 문제풀이 연습 때와 마찬가지 방법으로 문제의 보기에서 정답을 클릭하거나 답안 표기란에 해당 문제의 정답 항목을 클릭하여 답을 선택합니다.

15 화면 하단의 [다음] 버튼을 클릭하면 다음 문제를 풀 수 있습니다. 앞서와 마찬가지 방법으로 답안에 체크하고 모든 문제를 풀었다면 [답안 제출] 버튼을 클릭합니다.

화면의 상단 오른쪽에 제한 시간과 남은 시간이 표시됩니다. 본 예제는 체험을 위한 것으로 실제 시험시간은 60분이며, 이에 따라 남은 시간도 표시됩니다.

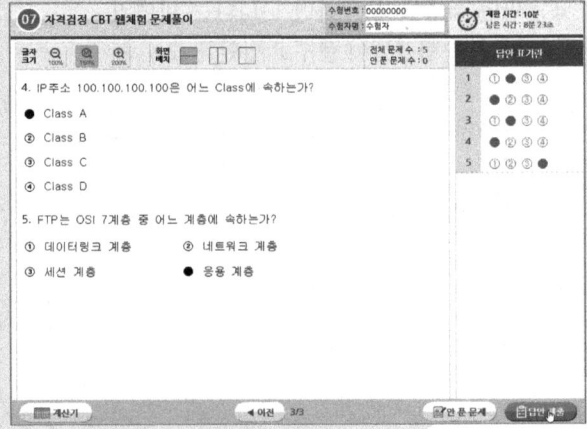

16 수험생의 실수를 방지하기 위해 2회에 걸쳐 주의 문구가 출력됩니다. 모든 문제를 이상없이 풀고 답안에 체크했다면 [예] 버튼을 클릭하여 답안을 제출하고 시험을 마무리합니다.

문제 화면으로 다시 돌아가고자 한다면 [아니오] 버튼을 클릭하여 이미 푼 문제들을 다시 확인하고 필요한 경우 답안을 수정할 수 있습니다.

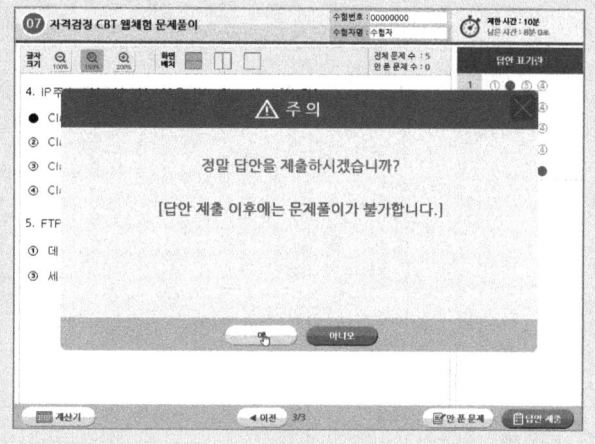

17 답안 제출 화면이 나타납니다. 잠시 기다립니다.

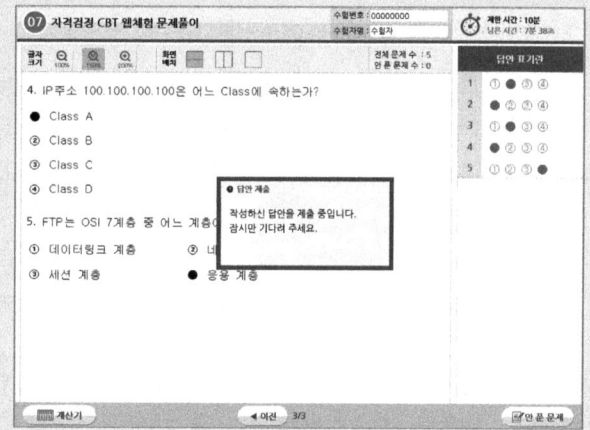

18 CBT 필기시험을 모두 끝내고 답안을 제출하면 곧바로 합격, 불합격 여부를 화면과 같이 확인할 수 있습니다. 독자분들은 꼭 화면과 같은 합격 축하 문구를 볼 수 있기를 기원합니다.

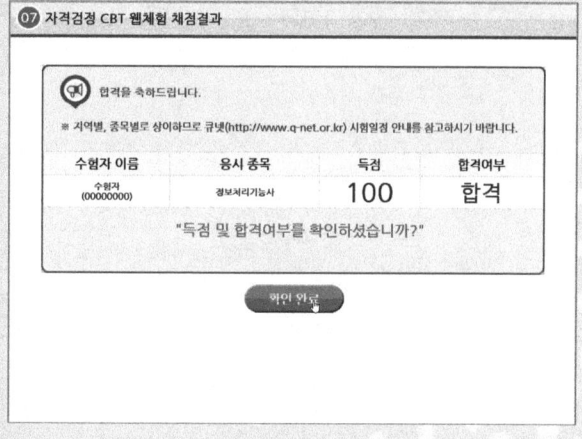

19 앞서의 합격 여부 화면에서 [확인 완료] 버튼을 클릭하면 CBT 필기시험이 종료됩니다. 고생하셨습니다.

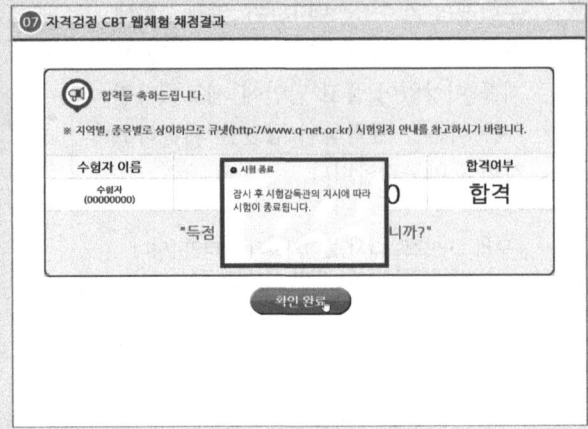

본 도서에 수록된 CBT 필기시험 체험하기 내용은 한국산업인력공단의 CBT 체험하기 과정을 인용하여 구성 및 정리한 것입니다. 직접 한국산업인력공단에서 제공하는 CBT 필기시험을 체험하고자 하는 독자께서는 한국산업인력공단이 운영하는 큐넷 홈페이지(www.q-net.or.kr)를 방문하시기 바랍니다.

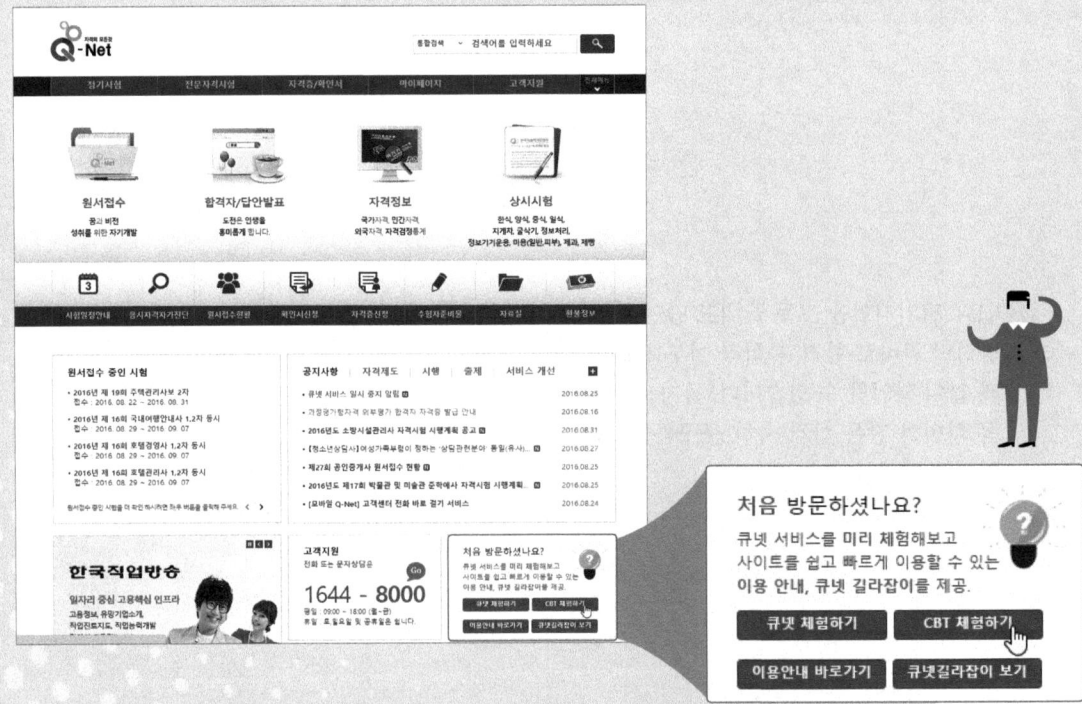

INTRO 00

머리말
기술검정안내
NCS(국가직무능력표준) 안내
CBT 필기시험제도 안내

PART 01 핵심이론 요약

CHAPTER 01 엔진구조
01 엔진본체 구조와 기능 ········· 22
02 윤활장치 구조와 기능 ········· 26
03 연료장치 구조와 기능 ········· 28
04 흡배기장치 구조와 기능 ········· 30
05 냉각장치 구조와 기능 ········· 32

CHAPTER 02 전기장치
01 시동장치 구조와 기능 ········· 35
02 충전장치 구조와 기능 ········· 38
03 등화 및 계기장치 구조와 기능 ········· 40

CHAPTER 03 유압일반
01 유압의 기초 ········· 45
02 유압 탱크와 유압 펌프 ········· 47
03 유압 모터와 유압 실린더 ········· 51
04 기타 부속장치 ········· 53
05 유압유 및 제어(컨트롤) 밸브 ········· 54

CHAPTER 04 굴착기 구조 및 기능
01 일반사항 ········· 58
02 상부회전체와 하부주행체 ········· 67

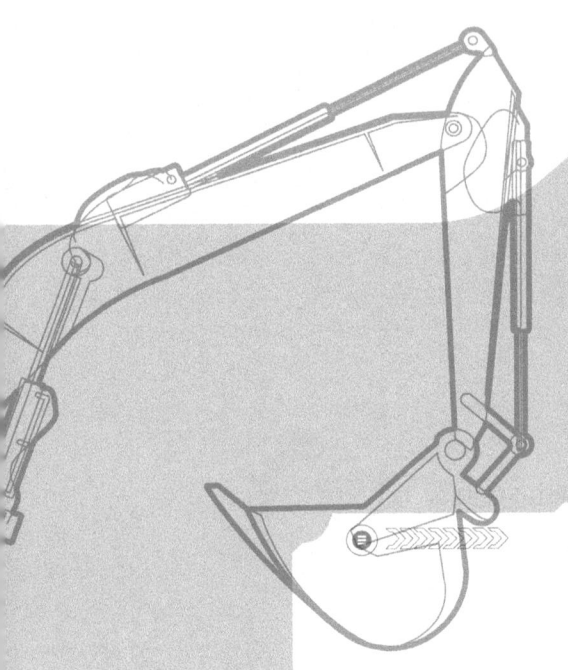

CHAPTER 05 굴착기 점검
- 01 운전 전·후 점검 ········· 71
- 02 장비 시운전 ············· 75
- 03 작업상황 파악 ··········· 79

CHAPTER 06 굴착기 주행 및 작업
- 01 주행 ··················· 82
- 02 작업 ··················· 84
- 03 전·후진 주행장치 ······· 91

CHAPTER 07 건설기계 관련 법규
- 01 건설기계관리법 ·········· 98
- 02 도로교통법 ············· 107

CHAPTER 08 안전관리
- 01 안전보호구 착용 및 안전장치 확인 ········ 114
- 02 위험요소 확인 ··········· 119
- 03 안전운반 작업 ··········· 122
- 04 장비 안전관리 ··········· 124
- 05 가스 및 전기 안전관리 ··· 131

PART 02 공단 기출문제

01. 2012년 4회 기출문제 ········ 138
02. 2013년 1회 기출문제 ········ 146
03. 2013년 2회 기출문제 ········ 154
04. 2013년 3회 기출문제 ········ 162
05. 2013년 4회 기출문제 ········ 170
06. 2014년 1회 기출문제 ········ 178
07. 2014년 2회 기출문제 ········ 186
08. 2014년 3회 기출문제 ········ 196
09. 2015년 1회 기출문제 ········ 205
10. 2015년 2회 기출문제 ········ 214
11. 2015년 3회 기출문제 ········ 223
12. 2015년 4회 기출문제 ········ 232
13. 2016년 1회 기출문제 ········ 241
14. 2016년 2회 기출문제 ········ 249
15. 2016년 3회 기출문제 ········ 257

PART 03
CBT 복원문제

01. CBT 복원문제 1회 ········· 266
02. CBT 복원문제 2회 ········· 276
03. CBT 복원문제 3회 ········· 285
04. CBT 복원문제 4회 ········· 294
05. CBT 복원문제 5회 ········· 303

PART 01

핵심이론 요약

Craftsman Excavating Machine Operator

엔진구조

Craftsman Excavating Machine Operator

Lesson 01 엔진본체 구조와 기능

1 엔진의 정의 및 분류

1) 엔진의 정의
① 열에너지(힘)를 기계적인 에너지로 변화시키는 기계장치로 열기관이라고도 한다.
② **내연기관과 외연기관**
　㉮ 내연기관 : 실린더 내부에서 연소물질을 연소시켜 동력을 발생(가솔린, 디젤, 가스, 제트 기관 등)
　㉯ 외연기관 : 실린더 외부에서 연소물질을 연소시켜 동력을 발생(증기 기관 등)

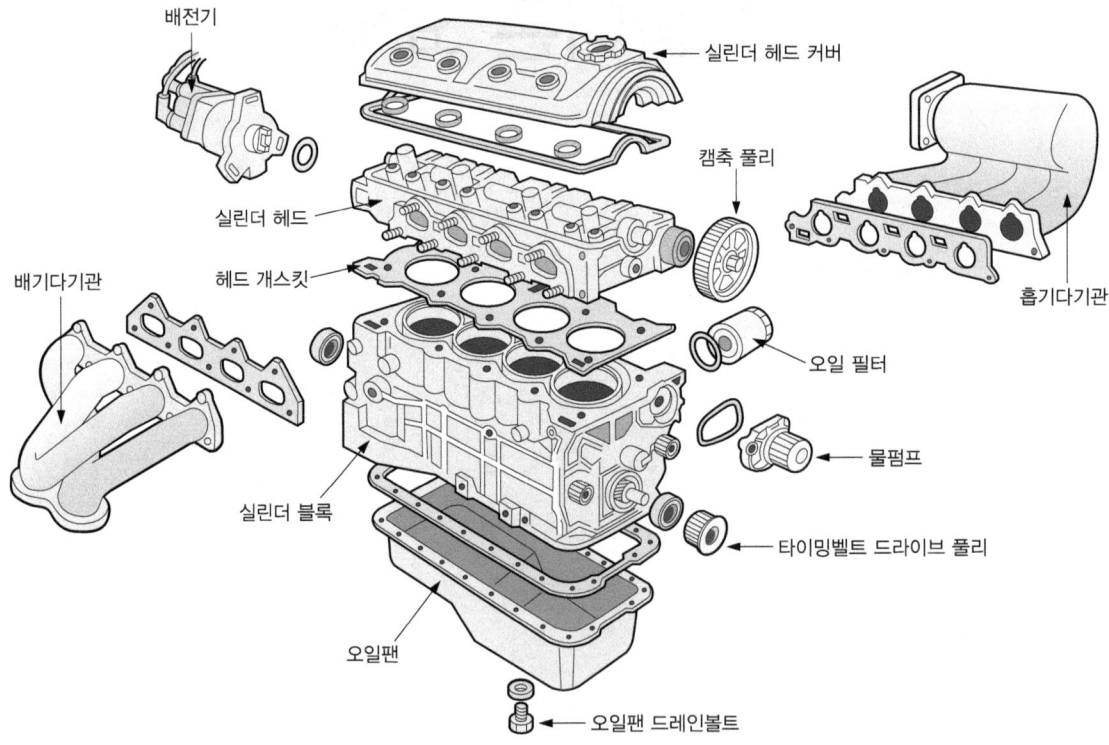

[4실린더 직렬형 디젤 엔진의 일반적인 구조]

2) 엔진의 분류

① **열역학적 사이클에 의한 분류**
  ㉮ 정적 사이클(오토 사이클) : 일정한 용적 하에서 연소되는 가솔린 기관
  ㉯ 정압 사이클(디젤 사이클) : 일정한 압력 하에서 연소되는 저속 디젤 기관
  ㉰ 사바테 사이클(합성 사이클) : 일정한 압력과 용적 하에서 연소되는 고속 디젤 기관

② **기계학적 사이클에 의한 분류**
  ㉮ 2행정 사이클 엔진
    ㉠ 흡입 및 배기를 위한 독립된 행정없이 압축, 폭발의 2단계 과정을 통해 작동되는 엔진
    ㉡ 1회 연소 시 피스톤 1회 왕복, 크랭크축 1회전
  ㉯ 4행정 사이클 엔진
    ㉠ 흡입, 압축, 폭발, 배기행정의 순으로 작동되는 엔진
    ㉡ 크랭크축이 2회전하고, 피스톤은 4행정을 하여 1사이클을 완성(1사이클 당 크랭크축 2회전, 캠축 1회전)

•• 2행정과 4행정 사이클 엔진의 비교

비교 항목 \ 행정	4행정 사이클 기관	2행정 사이클 기관
출력(평균 유효압력 및 회전속도가 같을 때)	적다.	크다.(1.7배)
구조	복잡하다.	간단하다.
회전속도	저속운전이 가능하다.	저속운전이 불가능하다.
열효율	열효율이 좋다.	열효율이 나쁘다.
사용 용도	모든 자동차 및 건설기계	일부 건설기계 및 이륜차

2 엔진의 구성

1) 실린더 헤드(cylinder head)

① 실린더 블록의 윗부분에 위치하며 실린더와 함께 연소실을 형성하고 흡입·배기 통로를 개폐하는 밸브 기구가 있는 부품이다.
② 냉각수를 순환시켜 냉각되도록 하는 냉각수 통로인 워터 재킷, 연소실에 불꽃을 튀기는 스파크 플러그도 부착되어 있다.
③ 재질은 내열 내압성이 요구되기 때문에 최근에는 알루미늄 합금제가 많이 쓰이고 있다.

2) 실린더 헤드 개스킷(cylinder head gasket)

① 실린더 헤드와 실린더 블록 사이에 설치되어 있다.

② 압축과 폭발 시 가스의 기밀을 유지하고 냉각수와 엔진오일이 새는 것을 방지하기 위해 고온 고압에 견딜 수 있어야 한다.

3) **실린더 블록**(cylinder head)

① 엔진 실린더 블록은 엔진의 본체를 구성하는 기본적인 부품으로 주철 및 알루미늄의 주물로 만들어지며, 피스톤이 왕복운동하는 원통형 실린더와 냉각수를 순환시키는 워터 재킷으로 되어 있다.

② **실린더 블록의 역할**
  ㉮ 피스톤이 왕복운동을 할 수 있는 가이드이다.
  ㉯ 냉각수 순환으로 실린더를 냉각시킨다.
  ㉰ 크랭크 샤프트를 견고히 지지한다.

4) **피스톤**(piston)

① 실린더 내에서 왕복운동을 하면서 연소실과 크랭크실 사이의 기밀을 유지한다.
② 동력 행정 중 발생, 작용하는 가스의 폭발압력을 커넥팅로드를 통해 크랭크축에 전달, 크랭크축이 회전운동을 하도록 한다.
③ 연소가스로부터 피스톤헤드에 전달된 열의 대부분을 빠르게 실린더 벽에 전달한다.
④ 2행정 기관에서는 가스 교환을 제어한다.

5) **피스톤 링**(piston ring)

① **피스톤 링의 구성 및 역할**
  ㉮ 압축링(기밀유지 및 전열작용) : 피스톤과 실린더 벽 사이에 밀착되어 기밀(氣密)을 유지하고 동시에 피스톤으로부터 열을 전달받아 이 열을 실린더 벽으로 전달(냉각작용)하는 역할을 한다.
  ㉯ 오일링(오일 제어작용) : 압축링 아래에 설치되며 피스톤의 마찰 표면과 실린더 벽을 윤활하는 윤활유 중 여분의 윤활유를 긁어내려 오일팬으로 복귀시키는 기능을 한다.

② **피스톤 링의 구비조건**
  ㉮ 내열성 및 내마멸성이 양호해야 한다.
  ㉯ 제작이 용이해야 한다.
  ㉰ 실린더에 일정한 면압을 줄 수 있어야 한다.
  ㉱ 실린더 벽보다 약한 재질이어야 한다.(피스톤 링의 재질이 실린더 벽보다 너무 강하면 실린더 벽의 마모가 쉽게 일어난다.)

6) **피스톤 핀**(piston pin)

① **피스톤 핀의 구성 및 역할**
  ㉮ 피스톤과 커넥팅로드를 연결하며, 피스톤과 함께 실린더 내를 고속으로 왕복운동한다.
  ㉯ 피스톤에 작용하는 폭발압력을 커넥팅로드에 전달한다.

② **피스톤 핀의 구비조건**
  ㉮ 경량이어야 한다.
  ㉯ 기계적 강도가 높아야 한다.
  ㉰ 표면은 내마멸성이 좋아야 한다.
  ㉱ 제작이 용이하고 값이 싸야 한다.

7) **커넥팅로드(connecting rod)**
  ① **커넥팅로드의 기능**
    ㉮ 피스톤과 크랭크축을 연결한다.
    ㉯ 피스톤의 직선운동을 크랭크축의 회전운동으로 변환시킨다.
    ㉰ 피스톤에 작용하는 힘을 크랭크축에 전달하여 크랭크축에 회전토크가 발생되도록 한다.
  ② **커넥팅로드의 구비조건**
    ㉮ 폭발압력에 따른 휨 등에 대응하기 위해 기계적 강도가 커야 한다.
    ㉯ 관성력을 줄이기 위해 가능한 한 가벼워야 한다.

8) **크랭크축(crack shaft)**
  ① **크랭크축의 기능**
    ㉮ 커넥팅로드로부터 전달되는 힘을 회전토크로 변환시킨다.
    ㉯ 회전 토크의 대부분을 플라이휠(flywheel)을 통하여 클러치에 전달한다.
    ㉰ 동력행정 이외의 행정에서는 역으로 피스톤에 운동을 전달한다.
    ㉱ 회전토크의 일부를 이용하여 밸브기구, 오일 펌프, 배전기, 발전기, 그리고 형식에 따라서 연료 공급장치와 냉각펌프 등을 구동시킨다.
  ② **크랭크축의 구비조건**
    ㉮ 내피로성과 내마멸성이 있어야 한다.
    ㉯ 가혹한 부하조건을 감당하기 위해 충분한 기계적 강도와 탄성이 있어야 한다.

9) **기타 구성 부품**
  ① **플라이휠(fly wheel)**
    ㉮ 클러치 압력판 및 디스크와 커버 등이 부착되는 마찰면과 기동모터 피니언 기어, 물리는 링 기어로 구성된다.
    ㉯ 크기와 무게가 실린더 수와 회전수에 반비례하며 엔진 회전력의 맥동을 방지하여 회전속도를 고르게 한다.
  ② **크랭크축 풀리** : 크랭크축의 끝에 부착되어 있는 풀리(pulley)로 여기에 벨트를 걸고 발전기 등의 보조 기계를 구동한다.
  ③ **밸브 개폐기구** : 엔진 작동 시 흡입, 압축, 폭발, 배기를 원활히 수행할 수 있도록 알맞은 시기에 여닫는 장치로 밸브 설치 위치에 따라 L형, F형, T형, I형(overhead valve)으로 구분된다.

Lesson 02 윤활장치 구조와 기능

1 윤활 일반

1) 윤활장치의 개요
① **구성요소** : 디젤엔진의 윤활장치는 오일 팬, 오일 스트레이너, 오일 펌프, 릴리프 밸브 및 오일 압력스위치 등으로 구성되어 있다.

② **윤활경로** : 오일 팬 → 오일 스트레이너 → 오일 펌프 → 릴리프 밸브(압력조절) → 오일 필터 → 메인 오일 통로 → 메인 오일 통로(오일 압력 스위치) → 크랭크축 → 커넥팅로드 → 실린더 및 피스톤 → 실린더 헤드 → 로커암 축 → 로커암 → 캠 및 밸브 → 캠축(저널)

2) 4행정 사이클 기관의 윤활 방식
① **비산식** : 커넥팅로드의 베어링 캡에 오일디퍼(비말자)가 오일을 퍼 올려서 뿌려준다.
② **압송식** : 오일 펌프로 각 윤활 부분에 공급시키며 최근에 많이 사용되고 있다.
③ **비산압송식** : 비산식과 압송식 함께 사용하며, 오일 펌프와 오일 디퍼가 모두 있다.
　㉮ 크랭크축 베어링, 캠축 베어링, 로커암 축 등에는 펌프를 이용해 압송한다.
　㉯ 피스톤 핀과 실린더 벽에는 비산식으로 윤활한다.

3) 여과 방식의 분류
① **분류식** : 오일 펌프에서 나온 오일의 일부를 여과하고 나머지는 윤활부로 그냥 보낸다.
② **전류식** : 오일 펌프에서 나온 오일의 전부가 여과기를 거쳐 여과된 다음 윤활부로 보내지게 된다.
③ **샨트식** : 펌프에 보내지는 오일의 일부만을 여과하지만 여과된 오일이 오일 팬으로 돌아오지 않고 윤활부에 공급된다.

2 윤활유

1) 윤활유의 특성
① **점도**
　㉮ 오일의 끈적끈적한 정도를 나타내는 것으로 유체의 이동 저항에 해당된다.
　㉯ 점도가 높으면 끈적끈적하여 유동성이 저하되고, 낮으면 오일이 묽어 유동성이 좋다.
② **점도 지수**
　㉮ 온도에 따른 점도 변화를 나타내는 수치이다.
　㉯ 점도 지수가 크면 온도 변화에 따른 점도의 변화가 작고, 점도 지수가 작으면 온도 변화에 따라 점도의 변화가 크다.

> •• 오일 혼합 금지
> 점도가 다른 두 종류를 혼합하거나 제작사가 다른 오일을 혼합하여 사용하면 안 된다.

2) 윤활유의 작용

① **감마 작용** : 유막을 형성하여 각 섭동 부분의 마찰 및 마멸을 방지한다.
② **냉각 작용** : 마찰로 인해 생긴 열을 흡수하여 냉각시킨다.
③ **세척 작용** : 먼지, 오물을 흡수하여 여과기로 보낸다.
④ **밀폐 작용** : 유막을 형성, 압축·폭발 가스 누설을 방지한다.
⑤ **부식 방지 작용** : 유막으로 녹이 스는 것과 부식을 방지한다.
⑥ **소음 완화 작용** : 오일 간격 등의 소음을 흡수한다.
⑦ **응력 분산 작용** : 국부적인 압력을 분산시켜 응력을 최소화시킨다.

3) 윤활유의 구비조건

① 인화점, 발화점이 높아야 한다.
② 점도와 온도의 관계가 좋아야 한다.
③ 열전도가 양호해야 한다.
④ 산화에 대한 저항이 커야 한다.
⑤ 카본 생성이 적어야 한다.
⑥ 강인한 유막을 형성할 수 있어야 한다.
⑦ 비중이 적당해야 한다.

> •• 오일 상태 판정
> • 검정색에 가까운 경우 : 심하게 오염(불순물 오염)
> • 붉은색에 가까운 경우 : 가솔린 유입
> • 우유색에 가까운 경우 : 냉각수가 섞여 있음

Lesson 03 연료장치 구조와 기능

1. 디젤기관의 연소

1) 디젤기관 연소실의 종류 및 장·단점

종류	장점	단점
직접 분사식	• 열효율이 높고 시동이 쉽다. • 냉각에 의한 열손실이 적고 열변형이 적다.	• 분사압력이 높아 분사펌프와 노즐 등의 수명이 짧다. • 분사노즐의 상태와 연료의 질에 민감하다. • 노크가 일어나기 쉽다.
예비 연소실식	• 분사압력이 낮아 연료장치의 고장이 적다. • 연료 성질 변화에 둔감하고 선택범위가 넓다.	• 연소실 표면이 커서 냉각손실이 크다. • 시동보조장치인 예열 플러그가 필요하다. • 연료 소비율이 약간 많고 구조가 복잡하다.
와류실식	• 기관의 회전속도 범위가 넓고 회전속도를 높일 수 있다. • 예비연소실에 비해 연료 소비율이 적다. • 평균유효압력이 높으며 분사압력이 비교적 낮다.	• 시동 시 예열 플러그가 필요하고 구조가 복잡하다. • 열효율이 낮고 저속에서 노크가 일어나기 쉽다.
공기실식	• 시동이 쉬워 예열 플러그를 사용하지 않는 기관이 많다. • 연료 연소압력이 가장 낮다.	• 후적이 잘 일어나며 배기온도가 높다. • 연료 소비량이 많다. • 분사시기에 따라 엔진 작동에 영향을 준다.

2) 연소와 노크

① **연소실의 구비조건**
  ㉮ 평균 유효 압력이 높고 연소시간이 짧아야 한다.
  ㉯ 연료 소비가 적고 연소 상태가 좋아야 한다.
  ㉰ 와류가 잘 되어 공기와 연료의 혼합이 잘 되어야 한다.
  ㉱ 시동이 쉽고 노크가 적어야 한다.

② **이상 연소와 노크 방지(착화지연 기간을 짧게 하는 방법)**
  ㉮ 압축비를 높인다.
  ㉯ 흡기 온도를 높인다.
  ㉰ 실린더 벽의 온도를 높인다.
  ㉱ 착화성이 좋은 연료(세탄가가 높은 연료)를 사용한다.
  ㉲ 와류가 일어나게 한다.

2 연료장치의 구성

1) 연료탱크
연료를 저장하는 곳으로, 운행 중 연료의 출렁임을 방지하기 위한 세퍼레이터(separator)가 있고, 연료량을 운전석 계기판에 표시하여 알려 주는 연료 센서가 있다.

2) 연료계
자동차 연료탱크 속의 잔존 연료의 양을 표시하는 계기로써, 센서 부분에 상당하는 센터 유닛과 센서로부터의 신호를 받아 표시하는 리시버 유닛으로 되어 있다.

3) 연료파이프
연소실로 연료를 공급하는 관을 말한다. 지름 5~8mm인 구리 또는 강제(鋼製) 파이프로 연료 계통의 부품을 서로 연결하며, 연결부는 구형 및 플레어로 하고 피팅으로 조인다.

4) 연료공급펌프
연료공급펌프는 일반적으로 고압 분사펌프에 직접 설치되며, 고압 분사펌프의 캠축에 가공되어 있는 편심-캠에 의해 기계적으로 작동된다. 고압 분사펌프를 통과하면서 윤활 및 냉각에 사용된 연료는 오버플로우(overflow) 밸브를 거쳐서 다시 연료탱크로 복귀하게 된다.

5) 연료여과기
연료에 포함된 불순물과 물을 분리하여, 이들을 분사펌프와 분사 노즐로부터 격리시키는 역할을 한다.

6) 분사펌프
디젤기관에 있어서 연료를 분사 순서에 따라 각 실린더의 연료 분사 밸브에 압송하는 장치로 일반적으로 플런저 펌프가 이용되며 각 실린더마다 1개씩 설치한다.

> **● ● 분사 노즐의 구비조건**
> - 연료를 미세한 안개형태(무화)로 분사하여 쉽게 착화되게 할 것
> - 연소실 구석구석까지 고르게 분사할 것
> - 후적(분사 완료 후 노즐 팁에 연료 방울이 생겨 연소실에 떨어지는 것)이 없을 것
> - 내구성이 클 것

Lesson 04 흡배기장치 구조와 기능

1. 배출가스

1) 블로바이(blow by) 가스
① 실린더와 피스톤 사이에 틈새를 지나 크랭크 케이스와 환기 기구를 통하여 대기로 방출되는 가스로 그 성분의 70~95%는 미연소된 연료(HC)이며 나머지는 연소와 부분적으로 산화된 혼합 가스이다.
② 현재는 유해물질인 HC의 배출 비율이 크기 때문에 이것을 다시 연소시켜 방출하는 장치를 부착하도록 되어 있다.

2) 배기가스
① 연료가 기관 내부에서 연소된 다음 배기장치를 통하여 대기 중으로 방출되는 가스를 말한다.
② 가장 심각한 대기오염 물질인 질소산화물은 연소과정에서 공기 중의 질소 분자나 연료 중의 질소 성분이 고온의 화염에 산화되어 발생한다.
③ 배기가스의 유해성 여부
  ㉮ 인체에 해가 없는 것 : 수증기(H_2O), 질소(N_2) 탄산가스(CO_2)
  ㉯ 유해 물질 : 탄화수소(HC), 질소산화물(NO_x), 일산화탄소(CO) 등

> ●● 연소 상태에 따른 배출가스의 색
> • 정상 연소 : 무색 또는 담청색
> • 윤활유 연소 : 백색
> • 농후한(이론 혼합비보다 연료의 비율이 많은) 혼합비 : 검은 연기
> • 장비의 노후 연료의 질 불량 : 검은 연기
> • 희박한(이론 혼합비보다 연료의 비율이 적은) 혼합비 : 볏짚색
> • 노킹이 생길 때 : 황색에서 시작되어 검은 연기 발생

2. 흡배기장치의 구성

1) 공기청정기
① 공기청정기는 흡입되는 공기 속의 먼지를 제거함과 동시에 흡입 시 흡입계통에서 발생하는 강한 소음을 없애는 역할을 하는 장치이다.
② 종류로는 건식 공기청정기와 습식 공기청정기가 있다.

2) 흡기다기관

① 공기나 혼합기를 각 실린더에 균등히 배분시켜 주는 장치를 말하며 재질은 알루미늄합금 또는 특수 플라스틱을 사용하고 있다.

② 흡기다기관은 공기의 흐름이 양호하면서 흡기맥동이나 유체의 관성 등을 충분히 고려하여 기관의 전 회전속도 범위에서 높은 충전효율을 얻도록 설계되어야 한다. 또한, 흡기다기관의 직경, 단면의 형상, 휨부의 곡률반경(가능한 한 크게) 등을 충분히 고려하여야 한다.

3) 과급기

① 기관의 작동 중 흡입에 의한 충전 효율을 높여서 회전력, 연료 소비율, 기관의 출력 등을 향상시키기 위하여 흡입되는 가스에 압력을 가하는 일종의 공기 펌프이다

② **터보차저(Turbo Charger)**
  ㉮ 배기가스 압력에 의해 작동된다.
  ㉯ 10,000~15,000rpm 정도의 속도로 고속 회전한다.
  ㉰ 기관 전체 중량은 10~15%가 무거워지지만, 출력은 35~45% 증대된다.

③ **블로어(Blower)**
  ㉮ 루트 블로어는 하우징 내부에 2개의 로터가 양단에 베어링으로 지지된다.
  ㉯ 베어링이나 로터 기어의 윤활용 오일이 새는 것을 방지하기 위해 기름막이 장치로 라비린스(Lavyrinth) 링이 부착되어 있다.

4) 배기다기관

① 배기다기관은 다실린더 기관의 각 실린더로부터 배출되는 배기가스를 한 곳으로 모아서 배출시키는 장치이다.

② 연소가스가 실린더 내에 잔류하여 체적효율이 저하하지 않도록 배기 저항을 최대한 줄이는 구조가 되어야 한다.

5) 소음기

① 고온·고압 배기가스를 바로 대기로 배출시키면 가스의 급격한 팽창으로 인하여 큰 폭발음이 발생하는데 소음기는 이 배기가스의 온도와 압력을 저하시켜 배기소음을 줄여주는 장치이다.

② 소음 효과를 증대시키기 위하여 소음기의 저항을 너무 크게 하면 소음은 작아지나 배압(back pressure)이 높아져 기관의 출력이 저하한다. 따라서 소음기는 가능한 한 배압을 높이지 않고 출력 손실 없이 소음을 줄이는 구조로 설계됨이 바람직하다.

Lesson 05 냉각장치 구조와 기능

1 냉각장치의 개요

1) 냉각장치의 분류
① **공랭식 냉각장치** : 실린더 벽의 바깥 둘레에 냉각 팬을 설치하여 공기의 접촉 면적을 크게 하여 냉각시키는 방식
  ㉮ 자연통풍식 : 냉각 팬이 없어 주행 중에 받는 공기로 냉각하며 오토바이에 사용
  ㉯ 강제통풍식 : 냉각 팬과 슈라우드를 설치한 강제냉각방식으로 자동차 및 건설기계 등에 사용
② **수랭식 냉각장치** : 냉각수(정수 또는 연수)를 사용하여 엔진을 냉각시키는 방식
  ㉮ 자연순환식 : 물의 대류작용으로 순환되는 방식
  ㉯ 강제순환식 : 물 펌프로 강제 순환되는 방식
  ㉰ 압력순환식 : 냉각수를 가압하여 비등점을 높이는 방식
  ㉱ 밀봉압력식 : 냉각수 팽창 크기의 저장 탱크를 두는 방식

2) 과열과 과랭의 영향
① **과열의 영향**
  ㉮ 윤활유 연소로 유막의 손실 및 윤활유 부족 현상 발생
  ㉯ 조기 점화 또는 노킹(실린더 내에서의 이상연소에 의해 망치로 두드리는 것과 같은 소리가 나는 현상) 등의 발생으로 출력 저하
  ㉰ 과열로 인한 부품 변형 발생
② **과랭의 영향**
  ㉮ 혼합기체의 기화 불충분으로 출력 저하
  ㉯ 오일 희석으로 인한 베어링부의 마멸 증대
  ㉰ 연료 소비율 증가

> ●● 엔진 과열의 원인
> • 냉각수 부족
> • 냉각수 펌프 불량
> • 수온조절기(thermostat, 정온기)가 닫힌 채로 고장
> • 물재킷 등 냉각 통로의 막힘
> • 라디에이터 코어의 파손 혹은 20% 이상의 막힘

2 냉각장치의 구성

1) 물 재킷
① 수랭식(水冷式) 기관에서 실린더 및 실린더 헤드의 고온부(高溫部) 바깥쪽에 냉각용 물을 저장하거나 냉각수를 순환시키는 부분을 말한다.
② 냉각수 재킷이라고도 한다.

2) 물 펌프
① 물 펌프로는 래디얼 펌프(radial pump)나 볼류트 펌프(volute pump)와 같은 원심식 펌프가 주로 사용된다.
② 구동방식은 벨트식이 대부분이지만 전기모터 또는 직접 크랭크축에 의해서도 구동된다.

3) 냉각 팬
① 냉각 팬은 차량이 서행 중이거나 정차 시와 같이 주행풍이 충분하지 않을 경우 방열기와 기관실을 냉각시키기에 충분한 양의 공기를 공급해야 한다.
② 오늘날은 대부분의 장비에 전기 또는 비스코-커플링을 이용하는 가변 구동식 냉각 팬을 사용하고 있다.

4) 팬 벨트
① 크랭크축의 회전을 워터펌프 풀리와 발전기 풀리에 전달함으로써 냉각 팬을 회전시키게 하는 벨트를 말하며, 일반적으로 팬 벨트는 이음이 없는 V벨트를 사용한다.
② 팬 벨트의 장력 점검은 기관이 정지된 상태에서 벨트의 중심을 엄지손가락으로 10kgf 정도의 힘으로 눌러서 시행하며, 이때 처짐이 13~20mm 정도라면 정상이다.
　㉮ 장력이 너무 클 경우(팽팽한 경우) : 각 풀리 베어링의 마모가 촉진되고, 기관 과랭
　㉯ 장력이 너무 작을 경우(헐거운 경우) : 냉각수 순환 불량으로 기관 과열

5) 라디에이터
① 라디에이터는 냉각수에 전달된 기관의 열을 일정 수준 대기 중으로 방출하는 기능을 한다.
② 라디에이터 코어의 막힘률이 20% 이상이면 교환하여야 하며, 청소할 때는 탄산소다(탄산나트륨)를 세척제로 사용한다.
③ **라디에이터의 구비조건**
　㉮ 냉각수 흐름에 대한 저항이 적어야 한다.
　㉯ 공기저항이 적어야 한다.
　㉰ 가볍고 작아야 한다.

⟨라⟩ 강도가 커야 한다.
⟨마⟩ 단위 면적당 발열량이 커야 한다.

•• **라디에이터 코어의 막힘률**

$$막힘률 = \frac{신품용량 - 구품용량}{신품용량} \times 100(\%)$$

6) 라디에이터 캡
① 냉각장치 내의 압력을 0.2~0.9kg/cm² 정도로 유지하여 비등점을 112℃로 상승시킨다.
② **냉각장치 내부 압력과 라디에이터 캡의 작동**
  ⟨가⟩ 내부 압력이 높아지면 : 압력 밸브가 열려 냉각수를 보조탱크로 보낸다.
  ⟨나⟩ 내부 압력이 낮아지면 : 진공 밸브가 열려 보조탱크의 냉각수가 라디에이터로 복귀한다.

7) 수온조절기(thermostat, 정온기)
① 실린더 헤드와 라디에이터 상부 사이에 설치된다.
② 냉각수의 온도를 일정하게 유지할 수 있도록 하는 일종의 온도 조절장치로 65℃에서 열리기 시작하여 85℃가 되면 완전히 열린다.
③ 수온조절기가 닫힌 채로 고장나면 엔진이 과열되고, 열린 채로 고장나면 엔진 과랭의 원인이 된다.
④ **종류** : 바이메탈형, 벨로즈형, 펠릿형

전기장치

Craftsman Excavating Machine Operator

Lesson 01 시동장치 구조와 기능

1. 전기의 기초

1) 전류 및 저항의 접속

① **전류의 단위** : 암페어(A)

② **전류의 3대 작용**
  ㉮ 발열작용 : 도체 내를 전류가 흐를 때 도체의 저항에 의해 열이 발생하는 현상으로 전구, 전열기 등에 이용된다.
  ㉯ 자기작용 : 도체에 전류가 흐르면 그 주변 공간에는 자기현상이 발생한다. 전동기, 발전기, 변압기 등에 이용된다.
  ㉰ 화학작용 : 전해액에 전류가 흐르면 화학작용이 발생한다. 축전지의 충·방전에 이용된다.

③ **저항의 접속** : 직렬접속, 병렬접속

2) 전기와 관련된 법칙

① **옴의 법칙** : 임의의 도체에 흐르는 전류(I)의 크기는 전압(V)에 비례하고, 저항(R)에 반비례한다.

$$I=\frac{V}{R}[A],\ V=I\times R[V],\ R=\frac{V}{I}[\Omega]$$

② **전력과 줄의 법칙** : 전기 도체의 물체를 거쳐 전자를 이동시키는데 있어 일을 한 비율의 표시로 기호는 P, 기본단위는 Watt이고 "전압×전류"로 구해진다.

③ **플레밍의 법칙**
  ㉮ 플레밍의 왼손 법칙 : 자기장의 전류에 미치는 힘의 방향에 관한 법칙(전동기, 전압기, 전류계)
  ㉯ 플레밍의 오른손 법칙 : 전자유도에 의해서 생기는 유도전류의 방향을 나타내는 법칙(발전기 원리)

3) 축전지의 구조와 기능

① **셀(cell) 커넥터 및 터미널**
  ㉮ 양극단자(+)는 적갈색, 음극단자는 회색이다.
  ㉯ 양극단자의 직경이 크고, 음극단자는 작다.
  ㉰ 양극단자는 (P)나 (+)로 표시하고, 음극단자는 (N)이나 (−)로 표시한다.

② **극판**
  ㉮ 납과 안티몬 합금으로 격자를 만들어 여기에 작용물질을 발라서 채운다.
  ㉯ 극판과 극판 사이에 격리판을 끼워서 방전을 방지한다.(양극판과 음극판의 단락을 방지)
  ㉰ 화학적 평형을 고려하여 음극판이 양극판 수보다 1매 더 많다.

③ **전해액**
  ㉮ 전해액(H_2SO_4, 묽은황산)은 극판 중의 양극판(PbO_2, 과산화납), 음극판(Pb, 해면상납)의 작용물질과 화학반응을 일으켜 전기적 에너지를 축적 및 방출하는 작용물질로 무색, 무취의 양도체이다.
  ㉯ 전해액 비중
    ㉠ 충전상태일 때 20℃에서 비중 1.240, 1.260, 1.280의 세 종류를 사용한다.
    ㉡ 국내에서는 일반적으로 1.280(20℃)을 표준으로 하고 있다.
    ㉢ 전해액의 비중은 온도에 따라 변화한다. 온도가 높으면 비중은 낮아지고 온도가 낮으면 비중은 높아진다.

④ **자기방전**
  ㉮ 자기방전량 : 24시간 동안의 자기 방전량은 실용량의 0.3~1.5% 정도이다.
  ㉯ 자기방전의 원인
    ㉠ 구조상 부득이 한 것
    ㉡ 불순물에 의한 것
    ㉢ 단락에 의한 것

⑤ **축전지 취급 및 충전시 주의사항**
  ㉮ 전해액 온도는 45℃가 넘지 않도록 하여야 한다.
  ㉯ 화기에 가까이하지 말아야 한다.
  ㉰ 통풍이 잘되는 곳에서 충전하여야 한다.
  ㉱ 과충전, 급속 충전을 피하도록 한다.
  ㉲ 장기간 보관 시 2주일(15일)에 한 번씩 보충 충전하도록 한다.
  ㉳ 축전지 커버는 베이킹소다나 암모니아수로 세척한다.
  ㉴ 셀당 방전 종지 전압은 1.75V이다.
  ㉵ 축전지 충전 시 발생되는 가스로는 양극에서 산소, 음극에서 수소가스가 발생되며 수소가스는 가연성으로 폭발의 위험이 있다.
  ㉶ 축전지 탈거 시 (−) 케이블을 먼저 분리하고, 접속할 때는 축전지 (+) 케이블을 나중에 접속시킨다.

> •• 격리판의 구비조건
> 격리판은 양극판과 음극판 사이에서 단락을 방지하는 것으로 다음과 같은 구비조건을 갖추어야 한다.
> • 전해액에 부식되지 않을 것
> • 다공성일 것
> • 기계적인 강도가 있을 것
> • 전해액의 확산이 잘될 것

2 기동전동기

1) 전동기의 종류
① **직권식 전동기** : 전기자코일과 계자코일이 전원에 대해 직렬로 접속되어 있다.
② **분권식 전동기** : 전기자코일과 계자코일이 전원에 대해 병렬로 접속되어 있다.
③ **복권식 전동기** : 2개의 코일은 직렬과 병렬로 연결된다.

> •• 시동장치
> 기동전동기와 같은 시동장치는 운전자가 시동키를 돌려 엔진을 스타트 모터로 강제로 회전시킴으로써 (크랭킹이라고 부르기도 함) 엔진이 스스로 회전할 수 있도록 작동시켜 주는 기구이다.

2) 전동기의 구성
① **아마추어(전기자)**
  ㉮ 전기자 코일 : 큰 전류가 흐르기 때문에 단면적이 큰 평각 구리선을 사용하며 한쪽은 N극, 다른 한쪽은 S극 쪽에 오도록 철심의 홈에 절연되어 정류자에 각각 납땜되어 있다.
  ㉯ 전기자 철심 : 자력선 통과와 자장의 손실을 막기 위한 철판을 절연하여 겹친 것이다.
  ㉰ 정류자(코뮤테이터) : 전류를 일정 방향으로 흐르게 하고 운모의 언더 컷은 0.5~0.8mm이며 기름, 먼지 등이 묻어 있으면 회전력이 적어진다.
② **계자코일(field coil)과 계자철심**
  ㉮ 계자코일은 전동기의 고정 부분으로 계자철심에 감겨 자력을 일으키는 코일이다.
  ㉯ 결선방법은 직권식, 복권식이 있으나 일반적으로 기관의 시동에 적합한 직권식을 쓴다.
③ **브러시와 홀더 및 스프링**
  ㉮ 흑연 또는 구리로 만들어져 있으며 축전지의 전기를 정류자에 전달하는 구성품이다.
  ㉯ 이 브러시는 홀더에 삽입되어 스프링으로 압착하고 있으며 정류자에 80% 이하로 접촉되면 회전력이 감소되고 길이는 1/2~1/3 정도 마모되면 교환한다.
④ **스위치** : 푸시버튼식(수동식)과 마그넷식(전자식)이 있다.

Lesson 02 충전장치 구조와 기능

1. 충전장치 및 교류(AC) 발전기

1) 충전장치 개요
① 배터리는 엔진을 시동할 때와 정지 중일 경우를 제외하고 전기장치에 전력을 공급해 주고 있지만 배터리의 축전량에는 한계가 있어 사용하면 당연히 배터리의 전압이 떨어지게 된다.
② 엔진회전 중에는 엔진 동력의 일부를 사용하여 발전기를 돌려줌으로써 배터리를 충전시켜 주행 중에 필요한 전력을 공급해 주고 있다.
③ 크랭크축의 회전은 V벨트에 의해 교류 발전기(알터네이터)를 돌려준다. 여기서 발생된 전기는 레귤레이터(제어장치)로 제한되어 각 전기장치와 배터리에 공급된다.

> •• 건설기계용 발전기
> 건설기계에서는 주로 3상 교류발전기(AC 발전기, 알터네이터)를 사용한다.

2) 교류(AC) 발전기의 구성
① **스테이터(고정자, stator)** : 직류 발전기의 전기자에 해당되며 철심에 3개의 독립된 코일이 감겨져 있어 로터의 회전에 의해 3상 교류가 유기된다.
② **로터(회전자, rotor)** : 직류 발전기의 계자코일에 해당하는 것으로 로터 입력 전류를 제어해 발전 전류를 제어한다.
③ **슬립링(slip rings)과 브러시(brush)** : 전류를 로터에 공급하며 흑연 브러시를 사용한다.
④ **실리콘 다이오드(diode)** : 스테이터 코일에 발생된 교류를 직류로 정류하는 것으로, (+) 다이오드 3개와 (-) 다이오드 3개로 구성되며 축전지 전류가 발전기로 역류하는 것을 방지한다.
⑤ **전압조정기(레귤레이터)** : 축전지 상태에 따라 로터 코일의 전류를 제어하는 작용을 한다.

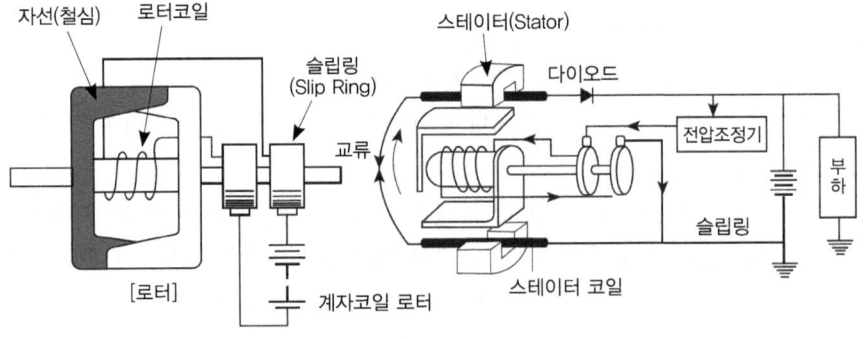

[교류(AC) 발전기의 구조]

2 직류 발전기와 교류 발전기의 비교

구분	직류(DC) 발전기	교류(AC) 발전기
중량	무겁다.	가볍고 출력이 크다.
브러시 수명	짧다.	길다.
정류	정류자와 브러시가 한다.	실리콘 다이오드가 한다.
공회전시	충전이 불가능하다.	충전이 가능하다.
구조	계자코일은 고정, 아마추어가 회전한다.	스테이터는 고정, 로터가 회전한다.
사용범위	고속 회전용으로 부적합하다.	고속 회전에 견딜 수 있다.
조정기	컷아웃 릴레이, 전압조정기, 전류제한기가 필요하다.	전압조정기만 필요하다.
소음	라디오에 잡음이 들어간다.	잡음이 적다.
정비	정류자의 정비가 필요하다.	슬립링의 정비가 필요 없다.

Lesson 03 등화 및 계기장치 구조와 기능

1 등화장치

1) 전조등

① **전조등의 구성과 조건**
  ㉮ 좌·우에 각각 1개씩(4등색은 2개를 1개로 본다) 설치되어 있어야 한다.
  ㉯ 등광색은 양쪽이 동일하여야 하며 흰색이어야 한다.
  ㉰ 1등 당 광도는 2등식의 경우 15,000cd 이상이어야 하며 4등식의 경우에는 12,000cd 이상이어야 한다.
  ㉱ 등화는 파손 등의 손상이 없고 점등 상태가 양호해야 한다.

② **전조등의 종류와 특징**
  ㉮ 세미실드빔형 전조등
    ㉠ 렌즈와 반사경은 일체형이지만 전구는 별도로 설치한 것이다.
    ㉡ 공기 유통이 있어 반사경이 흐려질 수 있다.
    ㉢ 전구만 따로 교환할 수 있다.
    ㉣ 할로겐 전구가 많이 활용되고 있다.
  ㉯ 실드빔형 전조등
    ㉠ 렌즈, 반사경 및 필라멘트가 일체로 된 형식이다.
    ㉡ 내부에 불활성 가스가 들어 있다.
    ㉢ 반사경이 흐려지는 일이 없다.
    ㉣ 광도의 변화가 적다.
    ㉤ 필라멘트가 끊어지면 렌즈나 반사경에 이상이 없어도 전조등 전체를 교환하여야 한다.

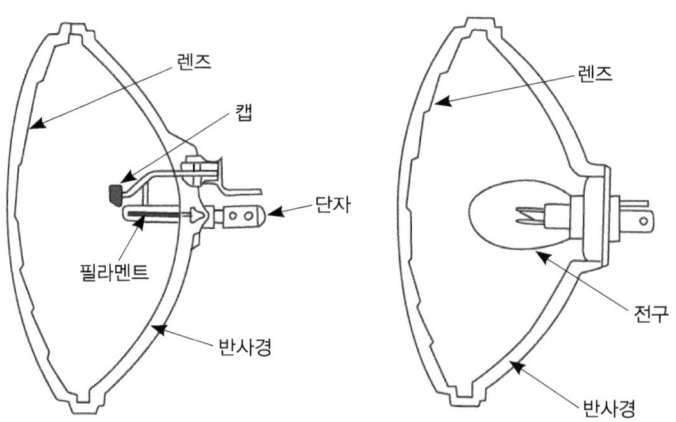

[실드빔형 전조등(왼쪽)과 세미 실드빔형 전조등(오른쪽)의 구조]

2) 방향지시등

① **일반 사항** : 건설기계의 좌·우회전을 표시하며 광도는 50cd 이상, 1050cd 이하이어야 한다.

② **방향지시등의 구성과 조건**
  ㉮ 방향지시등은 건설기계 중심에 대해 좌·우 대칭일 것
  ㉯ 설치위치, 투영면적 및 유효조광 면적은 기준에 적정할 것
  ㉰ 건설기계 너비의 50% 이상 간격을 두고 설치되어 있을 것
  ㉱ 점멸 주기는 매분 60회 이상 120회 이하일 것
  ㉲ 등광색은 노란색 또는 호박색일 것
  ㉳ 파손 등의 손상이 없을 것
  ㉴ 방향지시등은 견고하게 부착되어 있을 것

③ **지시등의 점멸이 느릴 때의 원인**
  ㉮ 전구의 접지 불량이다.
  ㉯ 축전지 용량이 저하되었다.
  ㉰ 전구의 용량이 규정 값보다 작다.
  ㉱ 플래셔 유닛의 결함이 있다.
  ㉲ 퓨즈 또는 배선의 접촉이 불량하다.

④ **좌·우의 점멸 횟수가 다르거나 한쪽이 작동되지 않는 원인**
  ㉮ 규정 용량의 전구를 사용하지 않았다.
  ㉯ 접지가 불량하다.
  ㉰ 전구 1개가 단선되었다.
  ㉱ 플래셔 스위치에서 지시등 사이에 단선이 있다.

3) 제동등 및 후진등

① **일반 사항** : 1등당 광도는 40cd 이상, 420cd 이하이다. 후진등은 건설기계가 후진할 때 점등되는 것으로 후방 75m를 비출 수 있어야 한다.

② **제동등의 구성과 조건**
  ㉮ 등광색은 붉은색일 것
  ㉯ 제동 조작을 하는 동안 지속적으로 점등 상태가 유지될 수 있을 것
  ㉰ 다른 등화와 겸용 시 광도가 3배 이상 증가할 것
  ㉱ 등화의 설치 높이는 지상 35cm 이상, 200cm 이하일 것
  ㉲ 파손 등의 손상이 없고 고정 상태가 양호할 것
  ㉳ 등화는 점등 상태가 양호할 것

③ **후진등의 구성과 조건**
  ㉮ 후진등은 2개 이하 설치되어 있을 것
  ㉯ 등광색은 흰색 또는 노란색일 것
  ㉰ 등화의 설치 높이는 지상 25cm 이상, 120cm 이하일 것(트럭 적재식 건설기계에 한함)

㉓ 주광축은 하향일 것
㉔ 후퇴등은 변속장치를 후퇴 위치로 조작 시 점등될 것
㉕ 등화는 손상이 없고 작동에 이상이 없을 것

2 계기장치

1) 게이지

① **속도계** : 장비의 속도를 km/h와 mph로 표시한다.

② **연료계** : 연료의 잔량을 표시하며, 지침이 E를 지시하면 연료를 보충한다.

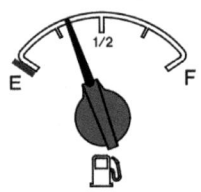

③ **엔진 냉각수 온도계**

㉠ 엔진 냉각수 온도를 표시한다.(적색 영역: 104℃ 초과)
㉡ 운전 시에는 지침이 작동 범위 내에 있는 것이 정상이다.
㉢ 시동 시에는 지침이 작동 범위 내에 올 때까지 저속 공회전시킨다.
㉣ 지침이 적색 영역에 오면 엔진을 저속으로 5분간 공회전시킨 후 시동을 끄고 라디에이터와 엔진을 점검한다.

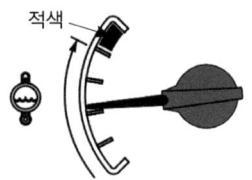

④ **트랜스미션 오일 온도계**

㉠ 트랜스미션의 오일 온도를 표시한다.(적색 영역: 107℃ 초과)
㉡ 운전 시에는 지침이 작동 범위 내에 있는 것이 정상이다.
㉢ 시동 시에는 지침이 작동 범위 내에 올 때까지 저속 공회전 시킨다.

㉣ 지침이 적색 영역에 오면 과열 상태이다. 엔진을 무부하 또는 저속운전으로 적색 영역에 지침이 들어가지 않도록 해야 한다.

2) 주요 경고등 및 표시등

① 엔진점검 경고등
㉮ 엔진이 비정상 작동 시에 점등된다.
㉯ 램프가 점등되어도 엔진은 작동하지만 빠른 시간 내에 점검을 받아야 한다.

② 브레이크 고장 경고등
㉮ 주행 브레이크의 오일 압력이 정상 운전 영역 이하로 되면 램프가 점등된다.
㉯ 램프가 점등되면 엔진을 정지하고 원인을 점검한다.(원인을 수리할 때까지 장비 운전 금지)

③ 엔진예열 표시등
㉮ 시동 스위치가 ON 위치일 때 램프가 점등되면 엔진 예열장치가 작동 중이다. 엔진오일 온도에 따라 약 15~45초 후 예열이 완료되면 램프가 꺼진다.
㉯ 램프가 꺼지면 엔진을 시동한다.

④ 엔진오일 압력표시등
㉮ 엔진오일 펌프에서 압력이 발생하여 각 부분에 윤활작용이 가능하도록 하는데 엔진 가동 전에는 압력이 낮으므로 점등되었다가 엔진이 가동되면 소등된다.
㉯ 엔진 가동 후에 램프가 점등되면 시동을 끈 후 오일 레벨을 점검한다.

⑤ 배터리 충전 경고등
㉮ 시동 스위치를 ON한 후 이 램프가 점등된다.
㉯ 엔진 가동 시에 충전 램프가 점등되어 있으면 충전회로를 점검해야 한다.

⑥ **연료 레벨 경고등** : 램프가 점등되면 즉시 연료를 공급한다.

3 퓨즈(fuse)

1) 퓨즈의 기능 등
① **기능** : 전기회로에 과도한 전류가 흐를 경우 이를 자동적으로 차단하여 기계장치를 보호
② **설치** : 전기회로 속에 직렬로 설치
③ **재료** : 납과 주석의 합금
④ **용량** : A(암페어)로 표시

2) 퓨즈 취급 시 안전사항
① 퓨즈가 끊어진 경우 철사 등의 재료로 대체해서는 안 된다.
② 퓨즈를 교체할 때는 절연된 도구를 이용하여야 한다.
③ 퓨즈의 용량은 정격용량에 알맞은 것으로 사용해야 한다.
④ 차단기가 내려가지 않은 상태에서 퓨즈를 만지면 감전의 위험이 있다.
⑤ 전압이 너무 낮은 경우는 과전류에 끊어지지 않을 수 있다.
⑥ 고온, 부식성 가스, 가연성 가스에서 사용할 수 없다.

3) 퓨즈의 단선 원인
① 회로의 합선에 의해 과도한 전류가 흘렀을 때
② 퓨즈가 부식되었을 때
③ 퓨즈가 접촉이 불량할 때

유압일반

Craftsman Excavating Machine Operator

Lesson 01 유압의 기초

1 유체의 성질

1) 파스칼의 원리
① 밀폐된 용기 중에서 정지되어 있는 유체의 일부에 가해진 압력은 유체의 모든 부분에 그대로의 세기로 전달되어 진다.

② 즉, 밀폐된 용기 중에 액체를 충만시키고 상부로부터 힘 F를 가할 때 피스톤의 단면적을 A라고 하면, 액체에 가해지는 압력 P는 다음과 같다.

$$P = \frac{F}{A}$$

2) 유압의 전달
① 각 점에 작용하는 압력은 모든 방향이 같다.
② 액체는 작용력을 감소시킬 수 있다.
③ 단면적을 변화시키면 힘을 증대시킬 수 있다.
④ 액체는 운동을 전달할 수 있다.
⑤ 공기는 압축되나 오일은 압축되지 않는다.
⑥ 유체의 압력은 면에 대해서 직각으로 작용한다.

3) 압력의 단위
① 압력의 단위는 공학에서는 일반적으로 공학기압으로서 kgf/cm^2가 쓰이며, 표준기압(atm)이라 하여 수은주 760mm에 상당하는 압력 또는 바(bar) 및 밀리바(mbar) 등이 있다.

② 1atm(표준기압) = 760mmHg = $1.0332kgf/cm^2$ = 1,013.25mbar = 1.01325bar

③ 1at(공학기압) = $1kgf/cm^2$ = 735.56mmHg = 0.9678atm = 980.665mbar = 0.980665bar

4) 유량제어 밸브에 의한 회로의 종류

① **미터인 회로(meter-in circuit)** : 유량제어 밸브를 실린더의 입구 측에 설치한 회로로서, 이 밸브가 압력 보상형이면 실린더 속도는 펌프 송출량에 무관하고 일정하다.

② **미터아웃 회로(meter-out circuit)** : 유량제어 밸브를 실린더의 출구 측에 설치한 회로로서 실린더에서 유출되는 유량을 제어하여 피스톤 속도를 제어하는 회로이다. 이 경우 펌프의 송출압력은 유량제어 밸브에 의한 배압과 부하저항에 따라 정해진다.

③ **블리드오프 회로(bleed off circuit)** : 실린더 입구의 분기 회로에 유량제어 밸브를 설치하여 실린더 입구 측의 불필요한 유압유를 배출시켜 작동 효율을 증진시킨 회로이다.

2 유압장치의 장점 및 단점

1) 유압장치의 장점

① 적은 동력을 이용하여 큰 힘을 얻는다.
② 과부하의 염려가 없다.
③ 속도조절이 용이하며 무단변속이 가능하다.
④ 부하의 변동에 대해 안정하다.
⑤ 동력전달을 원활히 할 수 있다.

2) 유압장치의 단점

① 오일누설의 염려가 있다.
② 화재의 위험이 있다.
③ 온도변화에 의해 영향을 받기 쉽다.
④ 배관작업이 번잡하다.
⑤ 공기가 혼입되기 쉽다.

Lesson 02 유압 탱크와 유압 펌프

1 유압 탱크

1) 유압 탱크의 구조 및 종류

① **유압 탱크의 구조**
㉮ 유압 탱크는 오일을 회로 내에 공급하거나 되돌아오는 오일을 저장하는 용기이다.
㉯ 흡입관 및 복귀관, 스트레이너, 유면계, 배플 플레이트(격판), 드레인 플러그, 에어 브리더(압력보상 기능을 주된 기능으로 하는 장치) 등으로 구성되어 있다.

② **유압 탱크의 종류**
㉮ 개방형 : 탱크 안의 공기가 통기용 필터를 통해 대기와 연결된 상태로 탱크의 오일이 자유 표면을 유지하기 때문에 압력의 상승이나 저하를 피할 수 있는 형식이다.
㉯ 예압형 : 탱크 안이 완전히 밀폐되어 압축공기 또는 그 밖의 방법으로 언제나 일정한 압력을 가하는 형식으로 캐비테이션이나 기포 발생을 막을 수 있다.

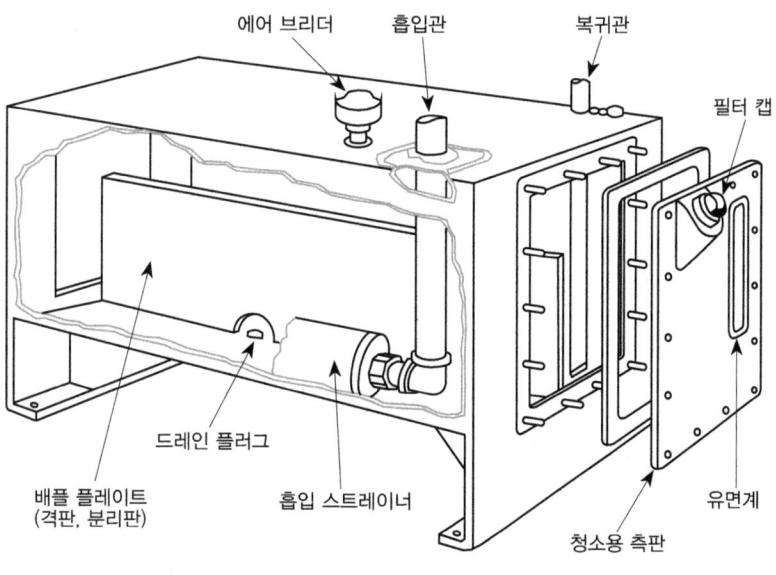

[유압탱크의 구조]

2) 유압 탱크의 기능

① 유압회로 내의 필요한 유량 확보
② 오일의 기포발생 방지와 기포의 소멸
③ 작동유의 온도를 적정하게 유지

3) 유압 탱크와 구비조건

① 유면은 적정위치 "F"에 가깝게 유지하여야 한다.
② 정상적인 작동에서 발생한 열을 발산할 수 있어야 한다.
③ 공기 및 이물질을 오일로부터 분리할 수 있는 구조여야 한다.
④ 배유구와 유면계가 설치되어 있어야 한다.
⑤ 흡입관과 복귀관(리턴 파이프) 사이에 격판이 설치되어 있어야 한다.
⑥ 흡입 오일을 여과시키기 위한 스트레이너가 설치되어야 한다.
⑦ 탱크의 크기는 중력에 의하여 복귀하는 유압장치 내의 모든 작동유를 받아들일 수 있는 크기로 하여야 한다.(일반적으로 유압 토출량의 2~3배)

4) 탱크에 수분이 혼입되었을 때의 영향

① 공동현상이 발생된다.
② 작동유의 열화가 촉진된다.
③ 유압기기의 마모를 촉진시킨다.

2 유압 펌프

1) 유압 펌프의 개요

① 유압 펌프는 엔진의 기계적 에너지로 구동하여 유체의 압력 에너지로 변환시키는 유압 발생부의 핵심적인 역할을 하며, 펌프의 원리는 흡입구에 대기압보다 낮은 진공 부분이 생겨 그로 인해서 기름을 빨아올려 토출구로 내보내는 것이다.
② 유압 펌프는 크게 용적형 펌프와 비용적형 펌프로 구분한다. 비용적형 펌프에는 원심 펌프, 축류 펌프 등이 있으나, 토출 측 압력 변화에 따라 토출량이 크게 변화하므로 비용적형 펌프는 건설기계와 같이 고압용으로 사용하는 유압장치에는 부적합하다.
③ 일반적으로 건설기계에 사용되는 유압 펌프로는 기어 펌프, 베인 펌프, 피스톤 펌프가 있으며, 특히 고압을 필요로 하는 영역에서는 피스톤 펌프를 사용한다. 피스톤 펌프를 플런저 펌프(plunger pump)라고도 한다.

•• 유압 펌프의 종류

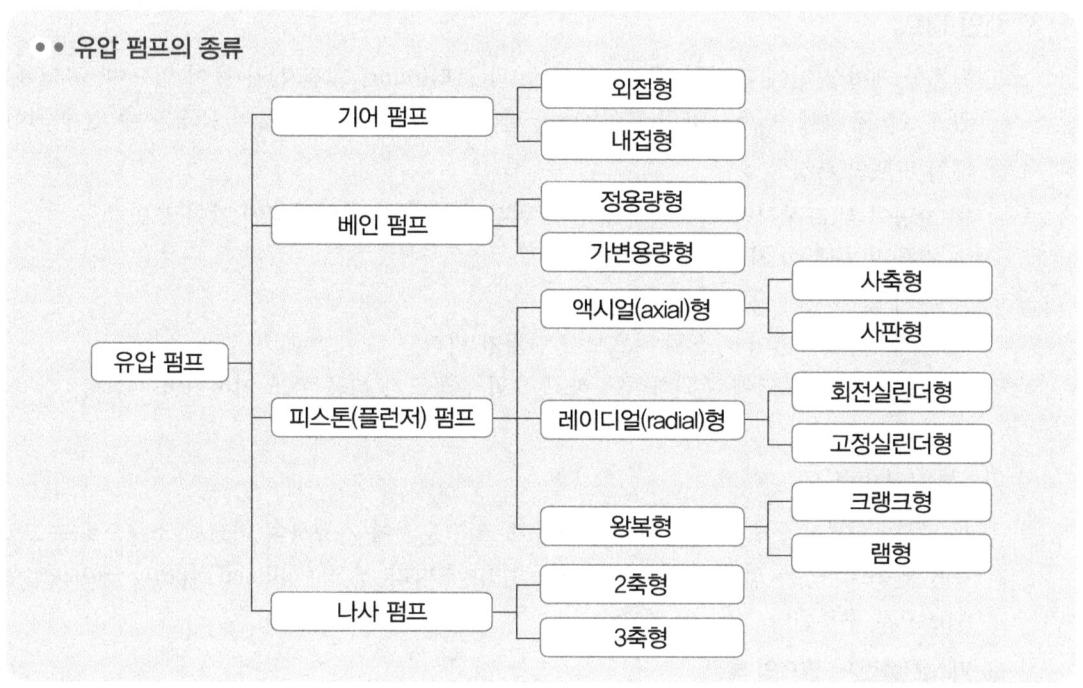

2) 외접기어 펌프

① 기어 펌프는 한 쌍의 기어(gear)와 이것을 내장하는 기어 케이스, 4개의 베어링(bearing), 기어의 측판 등이 주요 부품이다.

② **외접기어 펌프의 특징**
㉮ 부품 수가 다른 펌프에 비해서 적다.
㉯ 고속 운전이 가능하다.
㉰ 기어의 정도, 치형을 적절히 선정하면 공동현상이나 이상 소음과 같은 장해 없이 70~80% 정도의 펌프 효율을 쉽게 얻을 수 있다.

3) 내접기어 펌프

① 펌프 중심이 회전 중으로 편심되어 바깥 기어와 접하여 회전하는 안쪽 기어와 초승달 모양의 스페이서로 구성된다.

② **내접기어 펌프의 특징**
㉮ 소형 펌프의 제작에 사용된다.
㉯ 두 기어가 같은 방향으로 회전한다.
㉰ 바깥 기어와 접해서 회전하는 안쪽 기어와 스페이서로 구성되어 있다.

•• 용어의 정의
• 정용량형 모터 : 1회전마다의 이론 유입량이 변화되지 않는 유압 모터
• 가변용량형 모터 : 1회전마다의 이론 유입량이 변화되는 유압 모터

4) 베인 펌프

① 원통형 케이싱 안에 편심된 캠링(cam ring)과 로터(rotor, 회전자)가 들어 있으며, 로터에는 홈이 있고, 그 홈 속에는 판 모양의 베인(vane, 날개)이 삽입되어 자유로이 움직일 수 있게 되어 있다.

② 베인 펌프의 특징
㉮ 수명이 길고 장시간 안정된 성능을 발휘할 수 있어서 산업기계에 많이 쓰인다.
㉯ 소음 및 맥동이 작다.
㉰ 유지 및 보수가 용이하다.
㉱ 작게 만들 수 있어 피스톤 펌프보다 단가가 싸다.
㉲ 기름에 의한 오염에 주의하여야 하고 흡입 진공도가 허용 한도 이하이어야 한다.

5) 피스톤(플런저) 펌프

① 피스톤의 왕복운동에 의해 압력이 발생하고 고속 운전이 가능하여 비교적 소형으로도 고압, 고성능을 얻을 수 있는 펌프로 피스톤의 운동 방향에 따라 액시얼형(axial type)과 레이디얼형(radial type)으로 구분된다.

② **피스톤(플런저) 펌프의 특징**
㉮ 고압에 적합하며 일반적으로 펌프 효율이 가장 높다.
㉯ 가변 용량형에 적합하며, 각종 토출량 제어장치가 있어서 목적 및 용도에 따라 조정할 수 있다.
㉰ 구조가 복잡하고 비싸다.
㉱ 기름의 오염에 극히 민감하다.
㉲ 흡입 능력이 가장 낮다.

•• 유압펌프의 특성 비교

구분	기어 펌프(외접)	베인 펌프	피스톤 펌프
구조			
효율	일반적으로 낮다.	일반적으로 높다.	일반적으로 가장 높다.
흡입능력	우수하다.	중간 정도이다.	가장 낮다.
크기	작고 가볍다.	작다.	일반적으로 크고 무겁다.
이송량 변화	정용량형	정용량형/가변용량형	가변용량형
비용	저렴하다.	상대적으로 저렴하다.	비싸다.

Lesson 03 유압 모터와 유압 실린더

1 유압 모터

1) 유압 모터의 장점 및 단점

① **유압 모터의 장점**
㉮ 소형 경량으로서 큰 출력을 낼 수 있고 고속 차종에 적당하다.
㉯ 속도나 방향의 제어가 용이하여 릴리프 밸브를 달면 기구적 손상을 주지 않고 급속 정지를 시킬 수 있다.
㉰ 2개의 배관만을 사용해도 되므로 내폭성이 우수하다.
㉱ 최대 토크를 제한하려는 기계의 구동에 사용하면 편리하다.
㉲ 시동, 정지, 역전, 변속 등을 가변·토출 펌프에 의해서 간단히 제어할 수 있다.

② **유압 모터의 단점**
㉮ 작동유 내에 먼지나 공기가 침입하지 않도록 주의해야 한다.
㉯ 작동유가 인화하기 쉬우므로 화재 염려가 있는 곳에서의 사용은 매우 위험하다.
㉰ 작동유의 점도 변화에 의해 유압 모터의 사용에 제한을 받는다.

2) 유압 모터의 종류와 특징

① **기어 모터**
㉮ 작동 유체의 압력에 의한 힘이 기어의 이에 작용하여 회전 토크를 발생시키는 유압 액추에이터로 기어 펌프와 구조가 비슷하며, 압력 부하에 대한 보상 장치가 없다.
㉯ 설계가 간단하고 값이 싼 것이 특징이다.

② **베인 모터**
㉮ 회전축과 함께 회전하는 로터에 부착된 베인이 유압유의 압력으로 토크를 발생시켜 회전운동을 얻는 유압 액추에이터이다.
㉯ 베인은 바깥 케이스와 접촉되어 운동하게 되므로 베인이 케이스에 잘 접촉되어 회전하도록 하는 장치가 필요하며, 이를 위하여 스프링을 사용한다.

③ **피스톤 모터**
㉮ 고속, 고압이 필요한 유압장치에 사용되며, 펌프와 같이 액시얼형(axial type)과 레이디얼형(radial type)으로 구분된다.
㉯ 이동할 필요가 있는 차량 장비에서는 액시얼형(axial type) 모터가 많이 사용되고, 산업용에는 레이디얼형(radial type) 모터가 사용된다.

> •• **액추에이터(actuator)**
> 액추에이터(actuator)는 유압의 에너지를 기계적 에너지로 변화시키는 장치로 유압의 에너지에 의해서 직선 왕복운동을 하는 유압 실린더와 유압의 에너지에 의해서 회전운동을 하는 유압 모터가 있다.

2 유압 실린더

1) 유압 실린더
유압 실린더는 작동유의 유체 에너지를 기계적 에너지로 변환시켜 직선운동의 기계적 일을 하게 하는 유압 기기를 말한다.

2) 유압 실린더의 종류

① **단동 실린더**
- ㉮ 단동 실린더(single acting cylinder)에서는 피스톤측 면적으로만 유압이 작용하므로 부하에 대하여 한 방향으로만 일을 할 수 있게 된다.
- ㉯ 동작 원리는 유압유가 피스톤 측으로 흘러 들어가면 부하로 인하여 압력이 상승하게 되고 이 압력으로 인한 힘이 부하를 이기고 피스톤을 전진운동 시키게 된다. 후진운동 시에는 피스톤 측이 방향제어 밸브를 통하여 탱크와 연결된다.
- ㉰ 후진행정은 스프링이나 외력 또는 작은 지름의 보조 실린더에 의하여 이루어진다. 이러한 힘 들은 실린더, 배관, 밸브 등의 마찰력 합보다 커야만 한다.

② **복동 실린더**
- ㉮ 복동 실린더(double acting cylinder)는 피스톤 양측에 압력이 걸릴 수 있으며, 이에 따라 양쪽 방향으로 일을 할 수 있게 된다.
- ㉯ 유압유가 피스톤 측 면적으로 흘러 들어가서 피스톤에 압력을 가하게 되고 압력과 면적의 곱인 추력이 형성된다. 이 힘이 외력 및 마찰력을 극복하게 되면 피스톤 로드가 전진운동을 하게 된다.
- ㉰ 후진 작업의 경우도 마찬가지로 작동된다. 피스톤이 전진운동을 할 경우에는 피스톤 로드 측의 유압유가 탱크로 귀환되고, 후진운동 할 경우에는 피스톤 측의 유압유가 탱크로 귀환된다.

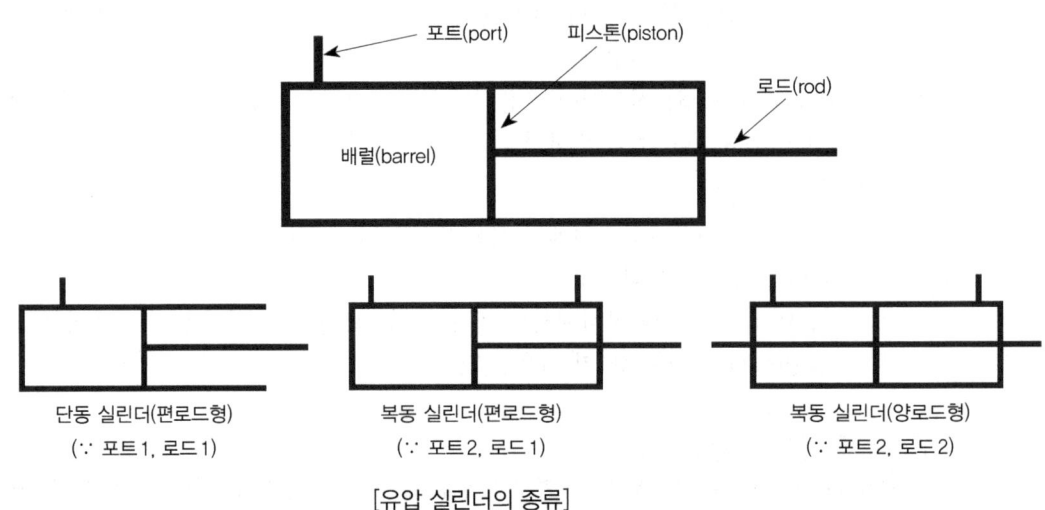

[유압 실린더의 종류]

Lesson 04 기타 부속장치

1. 축압기(어큐뮬레이터, accumulator)

1) 축압기의 개요
고압의 유압유를 저장하는 용기로 필요에 따라 유압 시스템에 유압유를 공급하거나, 회로 내의 밸브를 갑자기 폐쇄할 때 발생되는 서지 압력을 방지할 목적으로 사용된다.

2) 축압기의 용도
① 대유량의 작동유를 순간적으로 공급한다.
② 유압 펌프의 맥동을 제거한다.
③ 충격 압력을 흡수한다.
④ 압력을 보상해 준다.

2. 이음 및 기타 장치

1) 이음(joint)
① **나사 이음(screw joint)** : 유압이 70kg/cm² 이하인 압송유 관로, 복귀 관로, 드레인 관로, 흡입 관로 등에서 저압용으로 사용된다.
② **용접 이음(welded joint)** : 관을 삽입하여 용접 접속하는 이음이다. 용접 작업이 완전하면 유밀성이 확실하므로 고압용의 관로용으로 사용된다.
③ **플랜지 이음(flange joint)** : 관의 끝을 플랜지에 삽입하여 용접하고 두 개의 플랜지를 볼트로 결합하는 이음인데 고압이나 저압에 상관없이 직경이 큰 관의 관로용으로서 확실한 작업을 할 수 있다.
④ **플레어 이음(flare joint)** : 관의 끝부분을 원추형의 펀치로 나팔형으로 펴서 원추 면에 슬리브와 너트로 조여 유밀성을 확실하게 한다.

2) 기타 장치 및 기기
① **증압기(booster)** : 저압 대용량의 작동유 또는 대량의 압축공기를 고압 소용량의 작동유로 변화시키는 장치로 단동 증압기와 복동 증압기가 있다.
② **필터** : 회로에 공급되는 작동유 내에 함유되어 있는 불순물을 여과하는 데 사용되는 부속기기이다.
③ **압력 스위치** : 유압회로 내의 압력 변화를 감지하여 전기적 신호를 내는 부속 기기로, 유압유에 의해 작동되는 기계적인 부분과 전기적 신호를 내는 마이크로 스위치로 구성된다.
④ **오일 실(seal)** : 각 오일 회로에서 오일이 외부로 누출되는 것을 방지한다.

Lesson 05 유압유 및 제어(컨트롤) 밸브

1 유압유

1) 유압유(작동유)의 필요성과 역할

① **작동유의 구비조건**
- ㉮ 넓은 온도 범위에서 점도의 변화가 적어야 한다.
- ㉯ 점도 지수가 높아야 한다.
- ㉰ 산화에 대한 안정성이 있어야 한다.
- ㉱ 윤활성과 방청성이 있어야 한다.
- ㉲ 착화점이 높고 내부식성이어야 한다.
- ㉳ 적당한 점도, 즉 유동성을 가지고 있어야 한다.
- ㉴ 유막 끊임이 일어나기 어려워야 한다.
- ㉵ 물리적, 화학적인 변화가 없고 비압축성이어야 한다.
- ㉶ 유압장치에 사용되는 재료에 대하여 불활성이어야 한다.
- ㉷ 거품이 적고 실(seal) 재료와의 적합성이 좋아야 한다.
- ㉸ 물, 쓰레기 등의 불순물을 신속하게 분리할 수 있는 성질을 가져야 한다.

② **유압회로 내의 공기 영향**
- ㉮ 실린더 숨돌리기 현상이 생긴다.
- ㉯ 유압유의 열화가 촉진된다.
- ㉰ 공동현상으로 소음발생, 온도상승, 포화상태가 된다.

③ **캐비테이션현상(공동현상)이 발생되었을 때의 영향**
- ㉮ 체적효율이 저하된다.
- ㉯ 소음과 진동이 발생된다.
- ㉰ 저압부의 기포가 과포화 상태가 된다.
- ㉱ 기관 내에서 부분적으로 매우 높은 압력이 발생된다.
- ㉲ 급한 압력파가 형성된다.
- ㉳ 액추에이터의 효율이 저하된다.

2) 유압 작동유의 종류

① **석유계 유압유** : 윤활성과 방청성이 우수하여 일반 유압유로 많이 사용한다.

② **난연성 유압유**
- ㉮ 물-글리콜계 : 물과 글리콜이 주성분이다.
- ㉯ 유화계 : 석유계 유압유에 유화제에 의해 물이 혼합된다.
- ㉰ 인산에스테르계 : 화학적으로 합성되었으며 패킹 및 호스를 침식한다.

3) 유압유 온도와 사용상 주의할 점

① **작동유의 온도**
- ㉮ 난기 운전시 오일의 온도 : 30℃
- ㉯ 최고 허용 오일의 온도 : 80℃
- ㉰ 정상적인 오일의 온도 : 40~60℃
- ㉱ 열화되는 오일의 온도 : 80~100℃

② **현장에서 오일의 열화를 찾아내는 방법**
- ㉮ 유압유 색깔의 변화나 수분 및 침전물의 유무를 확인한다.
- ㉯ 유압유를 흔들었을 때 거품이 발생되는가를 확인한다.
- ㉰ 유압유에서 자극적인 악취가 발생되는가를 확인한다.
- ㉱ 색채, 냄새, 점도 등 유압유의 외관으로 판정한다.

③ **유압유 온도가 상승(과열)하는 원인**
- ㉮ 펌프의 효율이 불량할 때
- ㉯ 유압유의 노화가 있을 때
- ㉰ 오일 냉각기의 성능이 불량할 때
- ㉱ 탱크 내에 유압유가 부족할 때
- ㉲ 유압유의 점도가 불량할 때
- ㉳ 안전밸브의 작동 압력이 너무 낮을 때
- ㉴ 높은 열을 갖는 물체에 유압유가 접촉될 때
- ㉵ 과부하로 연속 작업을 할 때
- ㉶ 유압유에 캐비테이션(공동현상)이 발생할 때
- ㉷ 유압회로에서 유압 손실이 클 때

④ **유압유 오염의 원인**
- ㉮ 각종 부품의 마찰에 의해 마모된 쇳조각과 작업 시 실린더로 유입된 미세 먼지
- ㉯ 혹한기 작동유의 급격한 온도 변화로 인한 열화 및 노화로 화학적 성질 변화
- ㉰ 작동유의 온도 변화로 공기와 함께 흡입된 수분과 유압유 탱크 내의 수분 유입

2 제어(컨트롤) 밸브

1) 압력제어 밸브(일의 크기 제어)의 종류 및 기능

밸브 명칭	밸브의 기능
릴리프 밸브 (relief valve)	회로의 압력이 밸브의 설정값에 달하였을 때 유체의 일부 또는 전량을 빼돌려서 회로 내의 압력을 설정값으로 유지해주는 압력제어 밸브
시퀀스 밸브 (sequence valve)	2개 이상의 분기 회로를 갖는 회로 중에서 그 작동 순서를 회로의 압력에 의하여 제어하는 밸브

밸브 명칭	밸브의 기능
카운터 밸런스 밸브 (counter balance valve)	중력 및 자체 중량에 의한 자유낙하를 방지하기 위해 배압을 유지해주는 압력제어 밸브
감압 밸브 (reducing valve)	유량 또는 입구 쪽 압력과 관계없이 출구 쪽 압력을 입구 쪽 압력보다 작은 설정 압력으로 조정하는 압력제어 밸브
무부하 밸브 (unloader valve)	일정한 조건으로 펌프를 무부하로 주기 위해 사용되는 밸브, 예로 계통의 압력이 설정값에 달하면 펌프를 무부하로 하고, 또한 계통 압력이 설정값까지 저하되면, 다시 계통으로 압력 유체를 공급하여 주는 압력제어 밸브

2) 유량제어 밸브(일의 속도 제어)의 종류 및 기능

밸브 명칭	밸브의 기능
교축 밸브 (throttle valve)	작동유의 점성과 관계없이 유량을 조절할 수 있는 밸브로, 제어 유량은 선형적으로 제어 가능
스톱 밸브 (stop valve)	조정핸들을 조작함으로써 교축(throttle) 부분의 단면적을 변경시켜 관로를 통과하는 유량을 조절하는 밸브
유량조절 밸브 (flow control valve)	보상기구를 내장하고 있어 압력 또는 온도 변동에 의하여 유량이 변동되지 않도록 회로에 흐르는 유량을 항상 일정하게 유지하도록 하는 밸브
분류 밸브 (flow dividing valve)	유압원으로부터 2개 이상의 유압 관로로 나누어 흐르게 할 때 각각의 관로 압력의 크기와 관계없이 일정 비율로 유량을 분할시켜서 흐르게 하는 밸브
집류 밸브 (flow combiner valve)	2개 이상 관로의 압력에 관계없이 일정한 출구 유량이 유지되도록 합류하는 밸브
감속 밸브 (deceleration valve)	액추에이터를 감속시켜 주기 위해 캠 조작 등으로 유량을 서서히 감소시켜주는 밸브

3) 방향제어 밸브(일의 방향 제어)의 종류 및 기능

밸브 명칭	밸브의 기능
체크 밸브 (check valve)	한쪽 방향으로만 유체의 흐름을 가능하게 하고, 반대 방향으로는 흐름을 저지시켜 주는 밸브
셔틀 밸브 (shuttle valve)	두 개 이상의 입구와 한 개의 출구가 설치되어 있으며, 출구가 최고 압력의 입구를 선택하는 기능을 가진 밸브
스풀 밸브 (spool valve)	하나의 밸브 보디 외부에 여러 개의 홈이 파여 있는 밸브로서, 축 방향으로 이동하여 오일의 흐름 방향을 제어하는 밸브
변환(전환) 밸브 (directional control valve)	2개 이상의 흐름 형태를 가지며, 2개 이상의 포트가 있는 방향제어 밸브

•• 주요 유압 회로 및 기구 기호

명칭	기호	명칭	기호	명칭	기호
릴리프 밸브		감압 밸브		시퀀스 밸브	
무부하 밸브		유압펌프 (정용량형)		유압펌프 (가변용량형)	
어큐뮬레이터 (축압기)		압력계		오일탱크	
전동기		원동기		유압원	

04 CHAPTER

굴착기 구조 및 기능

Craftsman Excavating Machine Operator

Lesson 01 일반사항

1 개요 및 구조

1) 굴착기의 개요

① 굴착기(Excavator)는 토양을 굴착하는 장비로 기중기의 도랑파기(trench hoe) 등 전부 장치를 유압식으로 개발한 것이며, 작업 장치에 의해 백호(back hoe), 클램쉘(clam shell), 셔블(shovel), 로더(loader), 해머(hammer), 오렌지 필(orange peel) 등 다양한 작업을 수행하는 장비이다.

② 굴착기는 회전하는 상부회전체, 주행하는 하부주행체, 작업하는 작업장치의 3개 부분으로 구성된다.

③ 굴착기는 택지조성사업, 도로 및 하수도공사, 하천개조 및 치수공사, 터널 및 지하철공사, 모래 및 자갈채취작업 등에 알맞으며, 규격은 작업 가능 상태의 중량(ton)으로 나타내고 호칭은 버킷 용량(m^3)으로 표시한다.

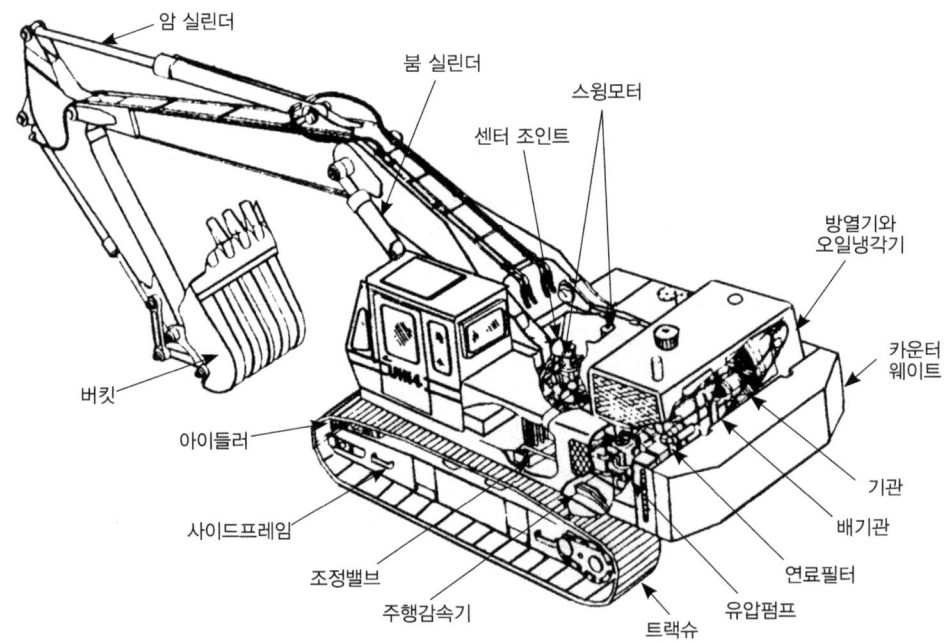

[크롤러형 굴착기(Crawler Excavator)]

2) 굴착기의 종류

① 버켓 용량에 의한 분류
㉮ 0.2m³ 미만 : 미니 굴착기
㉯ 0.2~0.3m³ 미만 : 소형 굴착기
㉰ 0.3~0.7m³ 미만 : 중형 굴착기
㉱ 1.2m³ 이상 : 대형 굴착기

② 주행장치별 분류
㉮ 크롤러형(무한궤도식)
  ㉠ 주행모터에 의해서 스프로켓과 연결된 트랙을 회전시켜 이동하는 장비로 접지면적이 크고 접지압력이 작아 모래땅이나 습지, 험지에서의 작업이 가능하다.
  ㉡ 지반이 균질하지 않거나 무른 땅, 수중에서도 작업이 가능하며 지반 지지력이 좋아 작업 능률이 뛰어나다.
  ㉢ 주행속도는 약 2.5~10km/h 정도로 장거리 이동 시 트레일러에 싣고 이동해야 하는 단점이 있다.

㉯ 휠형(타이어식)
  ㉠ 자동차와 같이 고무바퀴를 달고 먼거리를 자력으로 고속이동할 수 있어 기동성이 양호한 장비로 무한궤도식 굴착기에 비해 작업의 안정성은 떨어진다.
  ㉡ 도로 주행이 가능하여 운반 트레일러 없이 작업장 이동이 가능하므로 작업과 이동을 빈번하게 요구하는 도심지 등 근거리 이동 작업에 효과적으로 사용할 수 있다.
  ㉢ 주행속도는 25~40km/h 정도로 등판능력이 무한궤도형보다 낮아서 험지, 습지, 경사지에서의 작업은 곤란하며, 안전성을 도모하기 위해 아우트리거(outrigger)가 사용된다.

㉰ 트럭탑재형 : 트럭식이란 화물자동차의 적재함 부분에 전부 장치가 부착되어 있으며 50km/h 정도까지의 속도를 낼 수 있으나, 작업장치를 조종하기 위한 조종석이 별도로 있으며 소형으로만 사용된다.

㉱ 반정치형 : 타이어와 이동용 다리가 함께 있어, 크롤러형과 타이어형 굴착기가 할 수 없는 부정지, 측면이 고르지 못한 경사지나 일정치 못한 구렁텅이 같은 곳의 작업에 효과적이다.

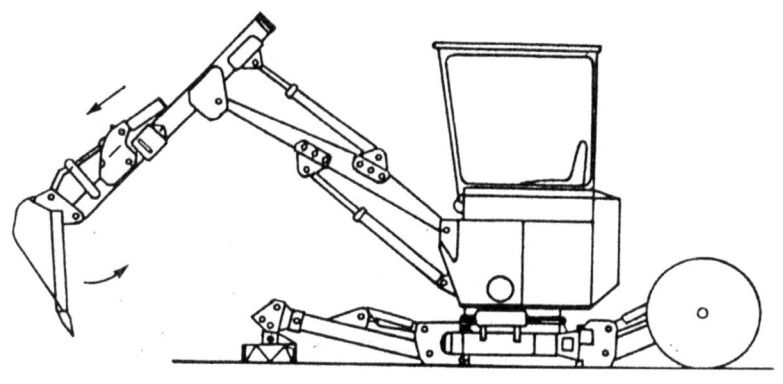

[반정치형(反定置型) 굴착기]

• • 무한궤도식과 타이어식 굴착기의 비교

구분	무한궤도식(크롤러형)	타이어식(휠형)
주행속도	느리다.(2.5~10km/h)	빠르다.(25~40km/h)
접지압력	작다.(0.4~0.8kg/cm²)	크다.(2.5~3kg/cm²)
제작단가	상대적으로 고가	상대적으로 저가
토질의 영향	적다.	크다.
연역지반작업	용이하다.	곤란하다.
경사지지반작업	용이하다.	곤란하다.
작업 용도	습지 또는 경사지 작업	평탄지면 작업

2 작업장치

1) 작업장치의 개요

① 굴착기의 작업장치는 붐(boom), 암(arm), 버킷(bucket) 등이 순서대로 부착되어 구성되며, 3~4개의 유압 실린더에 의해 작동된다.

② 붐은 작업장치를 지지하는 기둥 역할을 하고 상하 운동을 한다.

③ 암은 붐에 부착되어 전후 운동을 한다.

④ 버킷은 암 끝에 부착되어 암 끝을 중심으로 오므림과 펴짐의 회전운동을 하며, 흙 또는 골재를 내부에 담거나 펴는 작업을 한다.

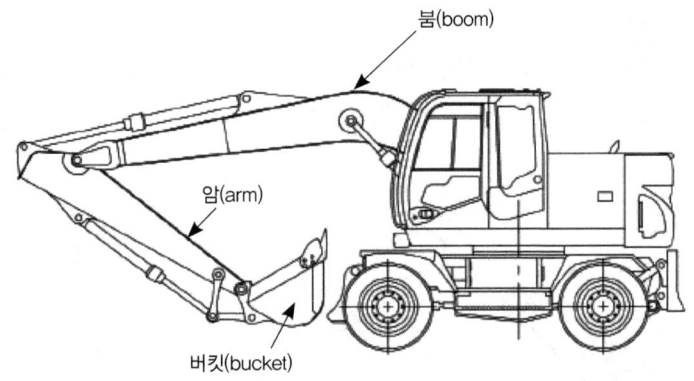

[타이어식 굴착기의 작업장치]

2) 붐(boom)의 구조

① 붐은 굴착기의 작업장치 전체의 중량과 굴착 작업 전반의 충격과 힘을 부담하고 있으며 가장 많은 힘과 충격을 견디고 작동하는 기둥의 역할을 한다.

② 붐은 구조용 철판과 주강, 곡강 파이프 또는 환봉을 가공하여 제작하며, 붐 양 끝의 구조물은 주조 공법으로 제작한 파이프 또는 주강으로 가공하고 핀 구멍 내부에는 부싱(bushing)을 삽입하여 사용한다.

③ 중립에서 붐을 들어 놓아도 내려오지 않도록 해주는 붐 홀딩 밸브(boom holding valve)와 붐과 스윙을 동시에 작동할 때 붐 실린더로 많은 양의 오일을 보내주도록 하는 붐 우선 작동 밸브(boom priority valve)가 추가되어 있다.

3) 암(arm)의 구조

① 암 실린더를 움직이기 위해서는 많은 유량이 필요하기 때문에 2개의 셀렉터 밸브 즉, 암 홀딩 밸브(arm holding valve)와 암 리제너레이션 밸브(arm regeneration valve)가 사용된다.

② 암은 구조용 철판을 사용하여 제작한다. 양 끝의 핀 구멍은 파이프 또는 환봉을 가공하여 용접하며 핀 구멍 내부에는 부싱을 삽입하여 사용한다.

③ 환봉 또는 곡강 파이프를 구조용 강재의 철판에 용접하여 하나의 암을 제작한다.

④ 암의 용접은 인장 강도 $65kgf/mm^2$급 이상의 고장력강용 용접봉을 사용하며, 미량의 용접 작업은 아크 용접을 할 수 있으나 조건이 되면 이산화탄소(CO_2) 용접을 한다.

> • • 암의 동력 전달
> 엔진 → 동력전달장치 → 유압 펌프 → 컨트롤 밸브 → 실린더

4) 유압장치 조종 레버

굴착기 유압장치 조종 레버는 ISO 형식과 SAE 형식이 있으며, 제작 공장에서 출고 시에 SAE 형식으로 설정되어 있다.

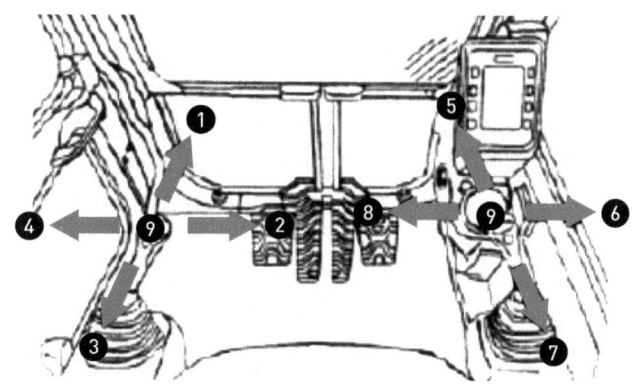

[유압 장치 조종 레버]

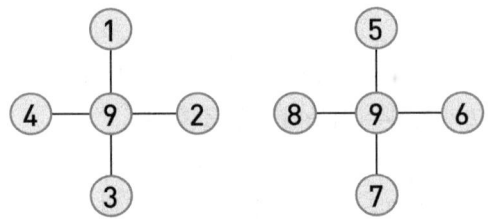

[SAE 형식 조종 레버 방향]

구분	조종 레버 조작 및 설명
암 뻗침(stick out)	암(스틱)을 바깥쪽으로 움직이려면 조종 레버를 ① 위치로 움직인다.
스윙 우회전(swing right)	상부회전체를 우회전하려면 조종 레버를 ② 위치로 움직인다.
암 당김(stick in)	암(스틱)을 안쪽으로 움직이려면 조종 레버를 ③ 위치로 움직인다.
스윙 좌회전(swing left)	상부회전체를 좌측으로 움직이려면 조종 레버를 ④ 위치로 움직인다.
붐 내림(boom down)	붐을 내리려면 조종 레버를 ⑤ 위치로 움직인다.
버킷 펴짐(bucket open)	버킷을 펼치려면 조종 레버를 ⑥ 위치로 움직인다.
붐 올림(boom up)	붐을 올리려면 조종 레버를 ⑦ 위치로 움직인다.
버킷 오므림(bucket close)	버킷을 운전석 쪽으로 오므리려면 조종 레버를 ⑧ 위치로 움직인다.
정지(hold)	어떤 위치에서나 조종 레버를 놓으면 ⑨ 위치로 되돌아가고 상부회전체의 움직임도 정지된다.

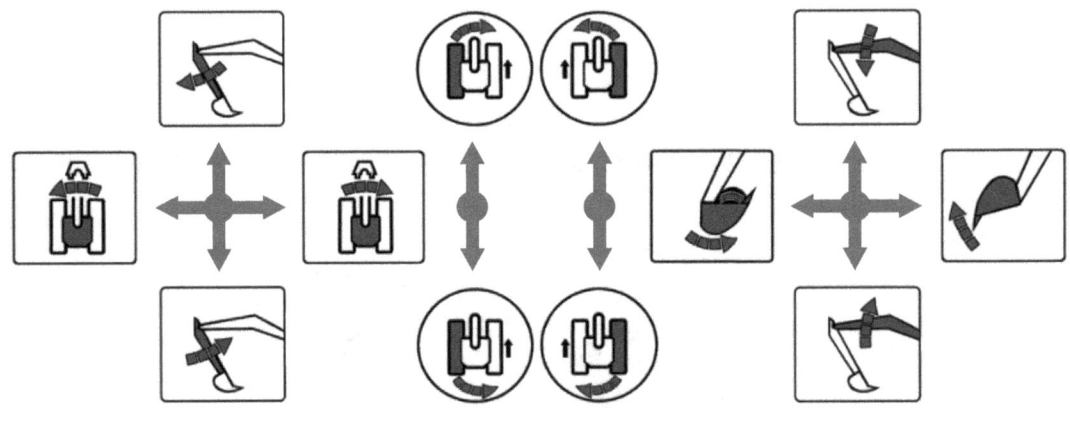

[SAE 형식 조정]

•• 두 가지 기능의 동시 수행

조종 레버를 동시에 비스듬하게 대각선 방향으로 움직이면 두 가지 기능을 동시에 수행할 수 있다.

4) 굴착기 작업범위

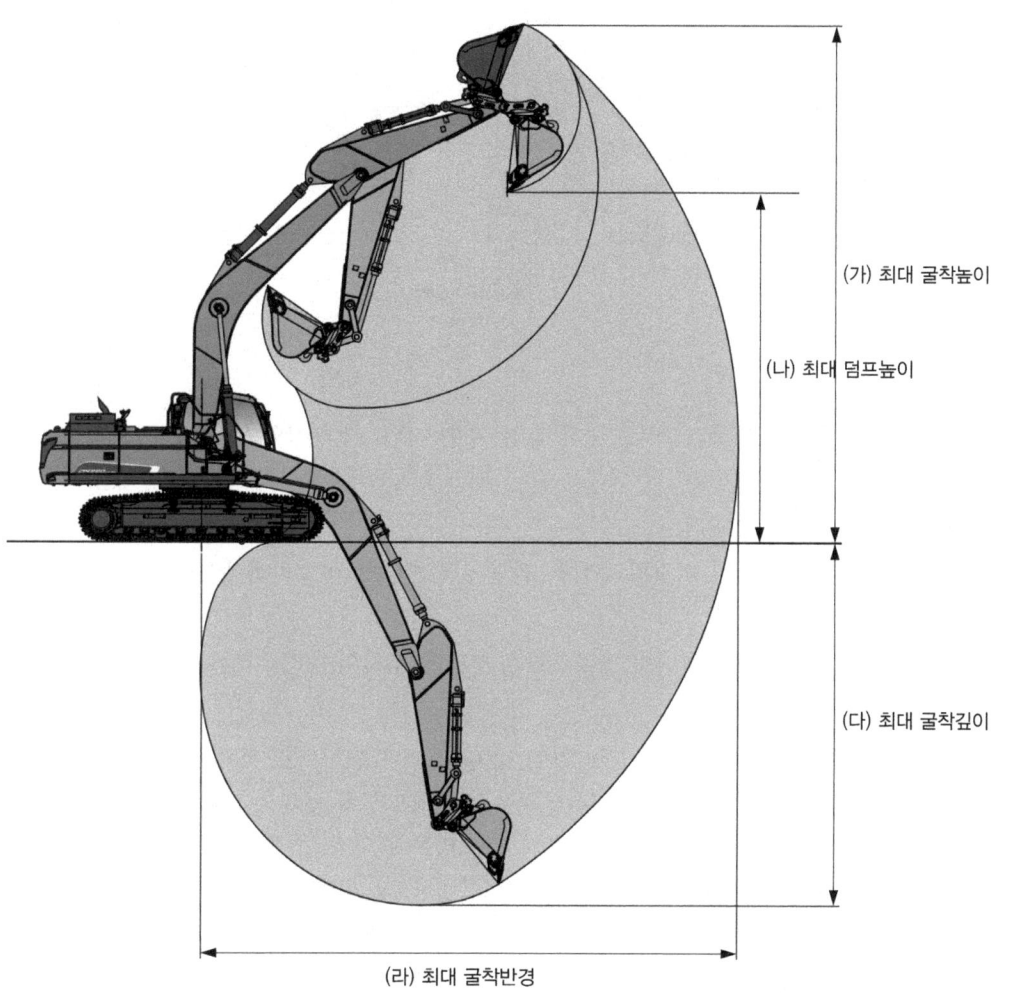

(가) 최대 굴착높이
(나) 최대 덤프높이
(다) 최대 굴착깊이
(라) 최대 굴착반경

3 작업용 연결장치

1) 커플러(coupler)

① 굴착기의 암 끝부분에 부착되어 버킷과 각종 작업장치의 교환을 빠르고 편리하게 수행하기 위해 사용되는 굴착기 부품이다.

② 커플러는 제작사의 제작 방식과 굴착기의 종류에 따라 다양한 형태로 제작된다.

③ **커플러의 종류**

㉮ 푸시(push) 타입 커플러 : 주로 소형 굴착기에 사용되며, 버킷을 분해하면 오므린 위치에 있다.

㉯ 풀(pull) 타입 커플러 : 주로 대형 굴착기에 사용되며, 버킷을 분해하면 벌어진 위치에 있다.

| 푸시(push) 타입 | 풀(pull) 타입 |

[커플러(coupler)]

2) 버킷(bucket)

① 버킷은 굴착기의 최종 작업장치로 굴착 작업, 평탄 작업, 상차 작업 등을 하기 위해 굴착기의 암 끝에 부착한다. 균열과 변형이 발생해서는 안 되므로 구조용 강재과 내마모 강재를 사용하여 제작한다.

② 메인 펌프로부터 발생된 버킷의 유압을 컨트롤 밸브(control valve)에서 제어하여 버킷 실린더로 보내 버킷을 작동시킨다.

③ 굴착 작업이 이루어지는 바닥의 앞쪽으로는 투스가 부착되며 좌우로는 사이드 커터가 부착된다.

④ 버킷의 종류

㉮ 범용 버킷 : 토사 모래 등의 굴착 작업, 평탄 작업에 적합하고 범용으로 사용할 수 있다.

㉯ 암반용 버킷 : 채석, 채광 등 암반 굴착용으로 마모성이 높은 현장에 적합하다.

㉰ 대용량 버킷 : 흙, 모래 등과 같이 주로 부드러운 흙의 평탄 작업에 적합하다.

㉱ 쪽 버킷 : 배수로, 비좁은 관로 등의 굴착 작업용으로 적합하다.

㉲ 스켈레톤 버킷(skeleton bucket) : 채 버킷이라고도 하며 골재의 제거 및 채취에 사용된다.

㉳ 그래브 버킷(grab bucket) : 버킷의 앞쪽에 집게가 부착되어 돌 등을 들어 올릴 때 떨어지지 않게 잡아 준다.

㉴ 클램셸 버킷(clamshell bucket) : 굴착기의 위치보다 낮은 곳을 굴착하거나 수중 굴착, 호퍼(hopper) 작업 및 지하를 깊게 굴착하는데 적합하다.

㉵ 틸트 버킷(tilting bucket) : 굴착기의 버킷이 회전하며 평탄 작업 쓰레기 등을 모으는 작업에 적합하다.

> •• 버킷의 용적
> 버킷은 토사 등을 굴착 또는 적재하기 위한 용기를 말하며,
> 버킷에 담을 수 있는 용적은 평적 및 산적으로 구분하고,
> 버킷의 용적 표시는 산적으로 한다.
> • 평적 : 버킷의 평적면 또는 평적표면 아래 부분의 용적
> • 산적 : 평적과 덧쌓인 용적을 합한 것
> • 덧쌓인 용적 : 평적의 윗부분에 쌓여있는 굴착물의 용적

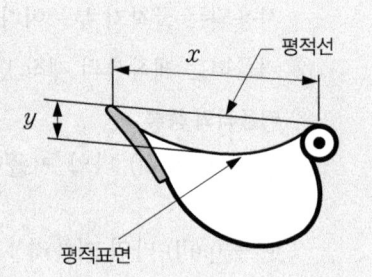

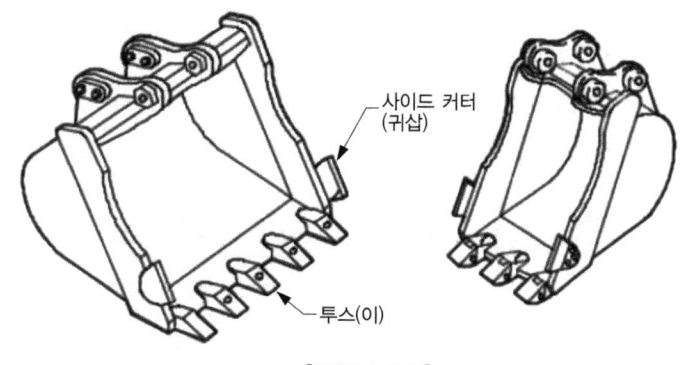

[굴착기 버킷]

3) 연결장치와 작업

① **백호(도랑파기) 버킷** : 가장 일반적으로 많이 사용되는 것으로 도랑파기, 지하철 공사, 토사 작업 등에 효과적이다.

② **슬로프 피니시드 버킷** : 경사지 조성, 도로, 하천 공사와 정지 작업에 효과적이다.

③ **우드 그랩** : 전신주, 파일, 기중 작업 등에 이용되며 목재 운반과 적재 하역에 효과적이다.

④ **둥근 구멍 파기** : 클램쉘 버킷과 비슷하게 되어 있으나, 다만 둥글게 되어 있는 점만 다르다.

⑤ **폴립 클램프** : 자갈, 골재 선별 적재, 오물처리 등의 작업에 사용된다.

⑥ **스트랜저 버킷** : 가옥 해체, 폐기물 처리, 임업 공사에 효과적이다.

⑦ **슈퍼 마그넷** : 전자석을 이용하여 철물을 운반 또는 기중 작업에 사용하는 것으로서 DC 250V가 필요하다.

⑧ **도저용 블레이드** : 케이블, 파이프 매설 등에 적절하며, 앞부분에 삽을 설치하였다.

⑨ **이젝터 버킷** : 버킷 안에 토사를 밀어내는 이젝터가 있어 점토질의 땅을 굴착할 때 버킷 안에 흙이 부착될 염려가 없다.

⑩ **셔블 버킷** : 장비보다 위쪽의 굴토 작업에 적합하다. 백호 버킷을 뒤집어 설치하여 작업하기도 한다.

⑪ **클램쉘** : 수직 굴토 작업, 배수구 굴착 및 청소 작업에 적합하며 버킷의 개폐도 유압 실린더로 한다.

⑫ **V형 버킷** : V자형 배수로, 농수로 작업에 효과적이다.

⑬ **오프셋 암 프론트** : 암이 붐과 좌우로 오프셋 할 수 있으며 좁은 장소, 도랑파기, 도로 측면 작업 등 제한된 작업 장소에 적절하며 유압 실린더에 의해서 오프셋 시킬 수 있다.

⑭ **브레이커** : 버킷 대신 유압 브레이커를 설치하여 암석, 콘크리트, 아스팔트 등의 파괴에 사용된다.

⑮ **리퍼** : 버킷 대신 1포인트 혹은 3포인트의 리퍼를 설치하여 암석, 콘크리트, 나무뿌리 뽑기, 파괴 등에 사용한다.

⑯ **컴팩터** : 유압 모터 편심 축을 회전 시킬 때 발생하는 진동을 이용하여 공사 현장의 마무리 작업에 사용한다.

⑰ **하베스터** : 굴착기에 부착하여 사용되는 다공정 임업 기계로 벌도, 가지 훑기, 통나무 자르기 등의 조재 작업을 한 공정에 수행하는 작업장치이다.
⑱ **프로세서** : 전목의 가지를 제거하는 가지자르기 작업, 조재목 마름질 작업, 가지 훑기, 통나무 자르기 등의 조재 작업을 수행하는 작업장치이다.

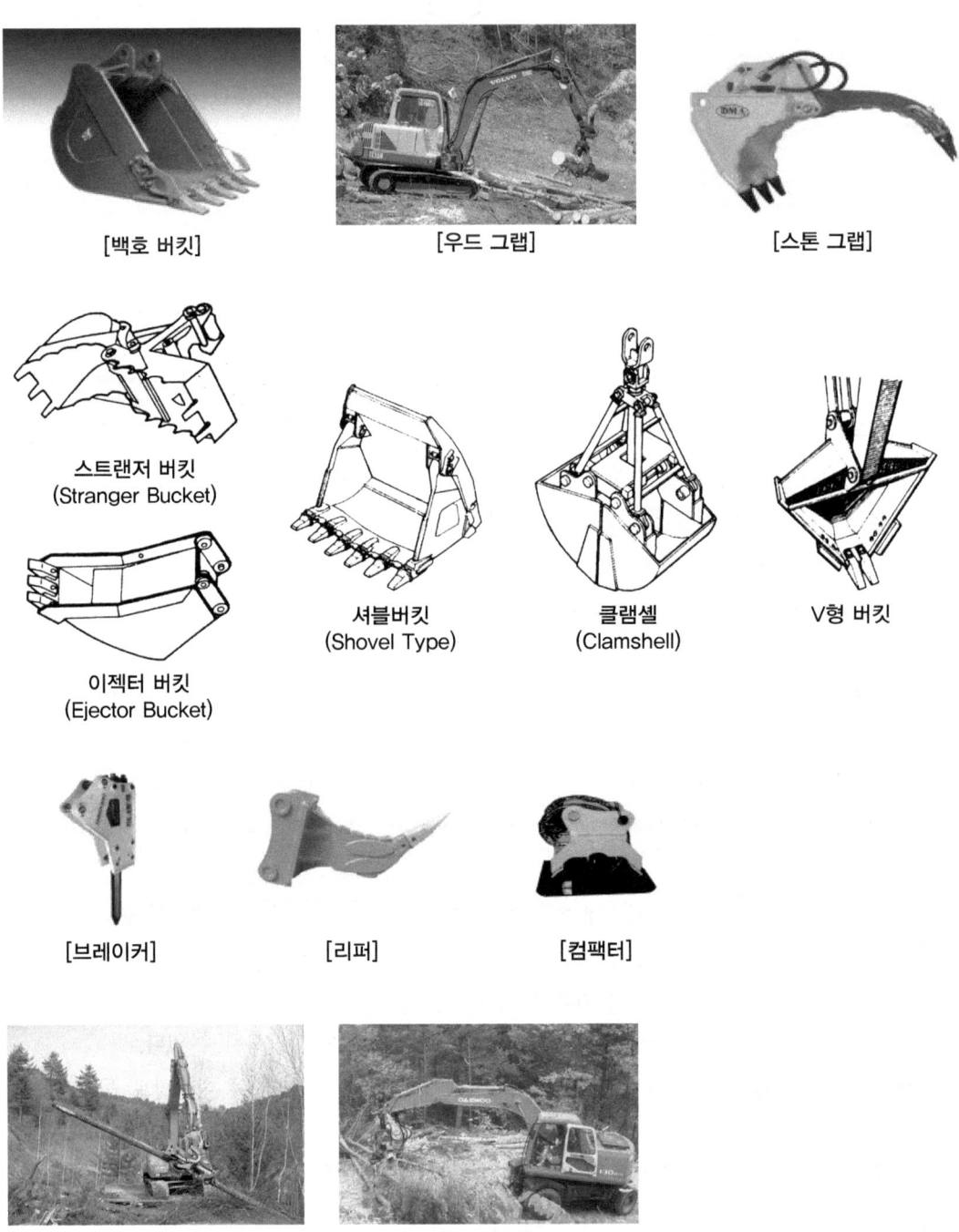

Lesson 02 상부회전체와 하부주행체

1 상부회전체

1) 상부회전체(터닝 프레임)의 개요
① 상부회전체는 하부주행체 프레임 위에 설치되며, 상부선회체 또는 터닝 프레임(turning frame)이라고도 한다.
② 상부회전체는 상부 프레임, 엔진, 유압장치, 선회(스윙) 장치 등으로 구성되어 있으며 하부주행체와는 선회륜을 통해 조립되어 있다.
③ 상부회전체는 360°회전이 가능하다.

2) 상부회전체의 구성
① **프레임(frame)**
  ㉮ 엔진, 유압장치, 선회(스윙) 장치 등을 탑재하는 회전체로 후방에 굴착기의 안정을 위해 카운터 웨이트(밸런스 웨이트)를 설치한다.
  ㉯ 붐, 암 등 각 실린더의 지지부는 하중에 견딜 수 있는 충분한 강도로 제작된다.
② **카운터 웨이트(counter weight)**
  ㉮ 장비의 무게 중심을 잡아주는 부품으로 굴착 작업 시 버킷에 무게가 실려도 장비가 앞으로 기울거나 뒤쪽이 들리지 않도록 한다.
  ㉯ 벽면에는 흡음제를 부착해 엔진에서 발생하는 소음을 흡수하도록 한다.
③ **엔진** : 굴착기 엔진은 디젤엔진을 주로 사용하며 소음, 배기가스 등을 피해야 하는 특수한 조건에서는 전동기를 사용한다. 또한, 위험한 작업 현장에서는 원격 조종 굴착기를 사용한다.
④ **운전실** : 방한 · 방열용으로 시야가 넓어야 하고 의자는 전후 조정식으로 편안히 운전할 수 있게 제작한다.
⑤ **유압 펌프(hydraulic pump)** : 오일 탱크의 오일을 흡입하여 메인 컨트롤 밸브(Main Control Valve)로 보내주는 부품으로 메인 펌프와 파일럿 펌프 두 종류의 펌프로 구성되어 있다.
  ㉮ 메인 펌프(main pump) : 굴착, 스윙, 주행 등의 동작을 할 수 있도록 오일을 순환 시켜주는 부품으로 앞 · 뒤 2개의 가변 유량 피스톤 펌프로 구성되어 있다.
  ㉯ 파일럿 펌프(pilot pump) : 고정 유량 기어 펌프로 굴착기가 선택된 동작을 하도록 신호를 보낼 때 사용하는 파일럿 회로를 형성시켜주며, 메인 회로의 원활한 동작을 위해 보조 역할을 하는 부품이다.
⑥ **메인 컨트롤 밸브(main control valve)** : 펌프가 보내온 오일을 실린더나 모터로 전달하여 선택된 동작이 원활히 이루어질 수 있도록 한 부품으로 컨트롤 밸브는 셀렉터 밸브, 체크 밸브 및 릴리프 밸브로 구성되어 있으며 여러 동작을 할 수 있는 병렬회로로 구성되어 있다.
  ㉮ 셀렉터 밸브(selector valve) : 선택된 동작을 할 수 있도록 오일 통로를 열어주고, 닫아주는 부품이다.

㉯ 체크 밸브(check valve) : 오일 역류 방지를 위해 셀렉터 밸브 입구에 설치되어 있다.

㉰ 릴리프 밸브(relief valve) : 엑추에이터 작동 중 받게 되는 과부하로부터 파손을 방지해 주는 부품으로 셀렉터 밸브에서 작동부로 연결되는 라인에 1개씩 설치되어 있다.

⑥ **선회(스윙) 장치** : 상부 본체를 섀시 위에서 회전시켜주는 부품이며 스윙 모터, 감속기, 브레이크 등으로 구성된다.

㉮ 선회 모터(swing motor) : 셀렉터 밸브에서 보내온 오일로 회전운동을 하는 부품으로 회전수는 공급받는 오일의 양에 따라 결정된다.

㉯ 선회 감속기(swing reduction gear) : 스윙 모터의 회전 속도를 낮추고 회전력(Torque)을 증대시켜주는 부품으로 속도가 빨라지면 회전력은 적어지고, 속도가 늦어지면 회전력은 커진다.

㉰ 선회 브레이크(swing brake) : 스윙 동작을 멈출 때 부드럽게 멈추도록 하여 멈출 때의 충격을 흡수해 주는 역할을 한다.

⑦ **작동유 필터** : 컨트롤 밸브에서 리턴(return)된 작동유의 먼지 등을 여과하여 유압라인의 고장을 방지한다. 작동유 속에 함유되어 있는 10μm 이상은 모두 여과한다.

⑧ **연료 탱크** : 내부에 스트레이너가 설치되어 불순물이 연료라인으로 흡입되는 것을 방지한다. 중대형 이상 굴착기에는 자동연료 흡입 장치를 설치하여 작업 현장에서 편하게 연료 주입이 가능하다.

⑨ **공기 탱크** : 엔진에 부착된 공기압축기에서 배출된 압축된 공기를 저장한다. 압축된 공기가 냉각되면 수분이 발생하므로 탱크 밑 부분에 수분제거용 밸브가 부착되어 있고, 타이어식 굴착기에는 압축된 공기가 에어 드라이어를 거쳐서 공기 탱크로 들어가게 되어있다.

⑩ **조작 레버** : 작업 레버는 2개로 구성되는데 우측 작업 레버는 붐, 버킷 동작 레버이며 좌측 작업 레버는 암, 선회 동작 레버이다. 무한궤도식의 경우 2개의 주행 레버로 구성되어 주행 시 사용된다.

⑪ **선회 로크** : 굴착기를 원거리 이동 시 상부회전체와 하부주행체를 고정시켜, 장비가 회전하지 못하도록 하며, 운전실에서 쉽게 사용하도록 되어 있다.

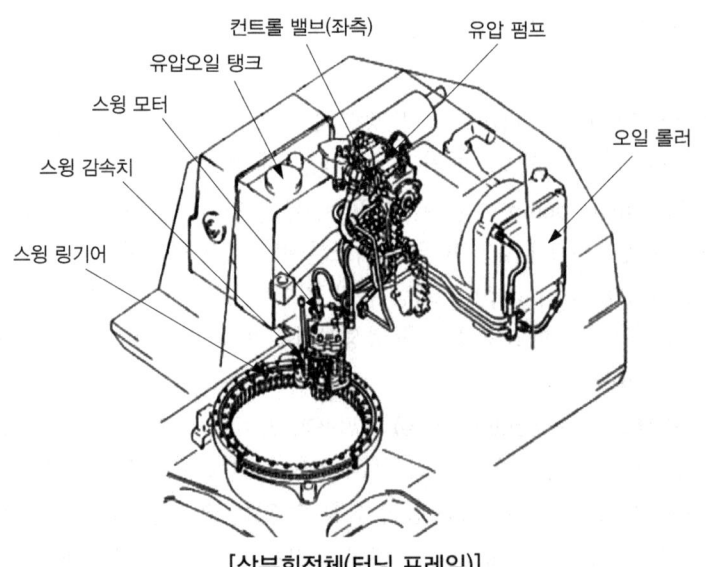

[상부회전체(터닝 프레임)]

2 하부주행체

1) 하부주행체의 개요

① 하부주행체(undercarriage)는 작업장치와 상부회전체의 하중을 지탱하면서 굴착기를 이동시키는 장치이다

② 하부주행체는 선회(스윙) 베어링을 거쳐 상부회전체와 작업장치를 지지하고 있다.

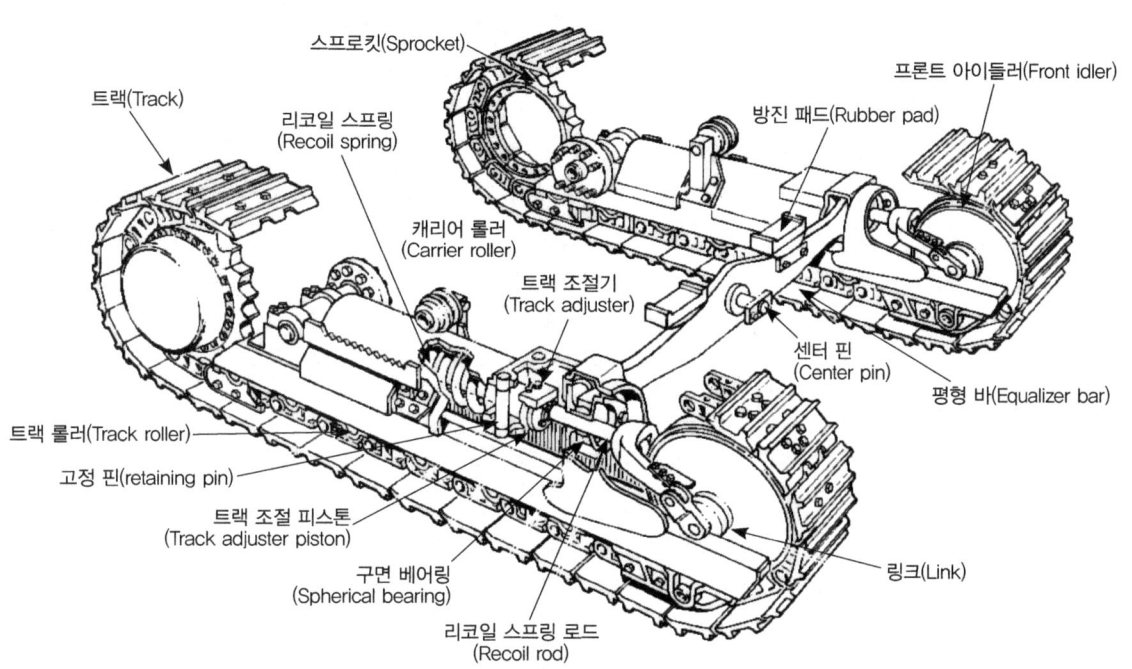

[주행장치의 구조]

2) 하부주행체의 구성

① **프레임** : 트랙 프레임과 사이드 프레임으로 구성되어 있으며 용접 구조물로 열과 충격에도 견디게 제작한다.

② **주행 장치** : 주행 장치는 유압 모터, 감속기, 스프로킷 등으로 구성되어 있다. 펌프에서 토출된 압유는 컨트롤 밸브를 거쳐 주행 모터 → 감속기 → 스프로킷에 전달되어 트랙 링크를 회전시킨다.

㉮ 주행 모터 : 센터 조인트로부터 유압을 받아 회전하면서 감속기어, 스프로킷, 트랙 등을 회전시켜 굴착기를 주행시키는 일을 한다. 주행 모터는 양쪽 트랙을 회전시키기 위하여 한 쪽에 1개씩 설치된다. 양쪽 주행 모터는 회전수와 회전력이 같아야 하고 만약 회전속도와 회전력이 차이가 생기면 직선주행이 안된다.

㉯ 트랙 : 슈(shoe), 링크(link), 핀(pin), 부싱(bushing)으로 구성된다. 슈는 링크에 볼트와 너트로 고정되고 링크는 부싱과 핀을 끼워서 연결한다. 트랙은 아이들러(전부유동륜), 상·하부 롤러, 스프로킷에 감겨서 스프로킷으로부터 동력을 받아서 구동된다.

㉰ 트랙링크 어저스트 : 오일 실린더에 그리스를 주입하면 실린더 로드가 스프링을 밀고 스프링과 일체로 되어 있는 아이들러를 밀어서 트랙의 장력을 크게 하여 유격이 적어진다. 오일 실린더에 붙어 있는 플러그를 돌리면 그리스가 배출되어 실린더 장력이 적어져서 유격을 크게 할 수 있다. 리코일 스프링은 굴착기 주행 중 전부 유동륜에 오는 충격을 완화시켜 준다.

㉱ 상부 롤러(carrier roller) : 전부 유동륜과 스프로킷의 사이에서 트랙의 처짐을 방지하며, 캐리어 롤러라고도 한다. 상부 롤러 외부의 트랙 링크와 닿는 면은 고주파 열처리를 하여 내마모성을 갖고 내부에는 오일을 넣고 그룹 실(seal)로 완전 실링을 하여 흙이나 먼지의 침입을 방지한다.

㉲ 하부 롤러(track roller) : 사이드 프레임 하면에 취부되어 굴착기의 전 중량을 균등하게 링크에 분포시킨다. 하부 롤러도 상부 롤러와 같이 고주파 열처리를 하여 내마모성을 갖고 내부에는 오일을 넣고 그룹 실로 완전 실링을 한다.

㉳ 스프로킷 : 특수강을 단조하고 고주파 열처리를 하여 내마모성 및 충분한 강도로 가혹한 조건에서도 충분한 내구력을 갖는다. 주행 모터와 일체로 작동한다.

㉴ 아이들러(전부유동륜) : 트랙 프레임 앞에 설치되어 트랙의 진행을 도와준다.

③ 선회(스윙) 베어링
㉮ 하부 섀시와 상부 본체를 연결해 주는 베어링으로 내륜은 하부 섀시에, 외륜은 상부 본체에 볼트로 조립된다.
㉯ 상부회전체의 자중을 지지하고 상부회전체를 선회시킨다.
㉰ 내부 기어식 기어를 사용하며 기어에 주입된 그리스의 소모가 거의 없고 선회(스윙) 모터에 의해 회전한다.
㉱ 선회(스윙) 모터는 저속 고회전력의 레이디얼 피스톤형 유압 모터를 사용한다.

④ 센터 조인트
㉮ 상부와 하부의 유압라인을 연결하는 일종의 회전 이음으로 상부회전체 중간에 설치되며, 배럴은 상부에 스핀들은 하부에 연결된다.
㉯ 회전하는 물체에 오일을 공급할 수 있도록 오일 통로 역할을 하는 부품으로 컨트롤 밸브에서 주행 모터로 가는 오일 통로이며 스위블 조인트(swivel joint) 또는 터닝 조인트(turning joint)라고도 한다.
㉰ 상부회전체 유압유를 하부주행체로 전달하는 역할을 하고, 상부회전체가 선회 중에 배관이 꼬이지 않게 한다.

> •• 유압식 굴착기 주행 시 동력전달순서
> 기관 → 메인 유압 펌프 → 컨트롤 밸브 → 센터 조인트 → 주행 모터 → 트랙

굴착기 점검

Craftsman Excavating Machine Operator

Lesson 01 운전 전·후 점검

1 작업 환경 점검

1) 주기된 굴착기 안전 상태 확인

① 운전실 및 커버류의 잠금장치를 확인한다.
② 굴착기 주차 브레이크와 안전 레버가 주차 상태로 되어있는지 확인한다.
③ 각종 레버의 위치가 중립으로 되어있는지 확인하고 조치한다.
④ 마스터 스위치가 있는지 확인하고 조치한다.(마스터 스위치가 굴착기에 있으면 키를 빼고 안전하게 보관한다.)

2) 굴착기 안전 상태 확인 수행 순서

① **안전 보호구와 장구를 확인한다.**
  ㉮ 인화 물질의 관리 여부를 확인한다.
  ㉯ 굴착기 내부의 개인용 소화기 상태를 확인하여 유사시 화재에 대비한다.
② **운전자 매뉴얼의 기재 사항을 확인한다.**
  ㉮ 장비를 운전하기 전에 운전자 매뉴얼의 내용을 사전에 숙지한다.
  ㉯ 장비의 상태를 운전자 매뉴얼에 따라 작성하고 확인한다.
③ **작업 전 공사의 내용과 작업 절차를 사전에 파악한다.**
  ㉮ 작업 시 위험 요소가 있는지 사전에 관계자와 충분히 협의하여 안전사고를 예방하는 것이 중요하다.
  ㉯ 작업 반경 내 전선의 위치, 공사 주변의 구조물, 지장물, 연약 지반 등을 파악하고 사전에 관계자와 협의하여 안전을 확보하는 것이 중요하다.
④ 작업자 개인의 건강 상태를 확인하여 과로나 음주 시 작업에 투입하지 않는다.
⑤ **장비의 주기 상태를 확인하여 이상이 있는 경우 조치하여 문제를 해결하고 작업에 투입한다.**
  ㉮ 간단한 예방 조치를 통해 문제를 해결한 다음 작업에 투입한다.
  ㉯ 주기 상태에서 장비의 이상을 발견하면 관계자와 협의하여 정비 후 다음 작업에 투입할 수 있도록 준비한다.

⑥ 경사면에 주기하게 되면 하중으로 인해 전복할 수 있으므로 굴착기의 주기 상태를 확인한다.

3) 무한궤도식 굴착기 안전 상태 확인
① 굴착기 주차 브레이크가 주차 상태로 되어 있는지 확인한다.
② 안전 레버가 잠금 상태인지 확인하고 조치한다.
③ 각종 레버의 위치가 중립으로 되어 있는지 확인하고 조치한다.
④ 마스터 스위치가 있는지 확인하고 조치한다.
⑤ 운전실 커버류의 잠금 상태를 확인하고 조치한다.

4) 굴착기 작업 반경 내 위험 요소 파악
① **지상 구조물 파악**
　㉮ 전신주, 전선, 구조물을 사전에 파악하여 작업 계획에 반영한다.
　㉯ 작업장소 주변에 전기 동력선이 있을 경우 관련 기관에 연락하여 전압 정도를 파악하고, 표준 이격거리를 사전에 확인한다.

② **지하 매설물 파악**
　㉮ 지반에 대한 지장물(문화재, 송유관, 상하수도 배관, 통신선로) 등에 대한 매설 정보를 파악하여 작업 계획에 반영한다.
　㉯ 작업 현장이 문화재 발굴 지역이거나, 인근 지역일 경우 관련 지방자치단체의 관계자와 협의하여 사전에 위치를 정확하게 확인하여야 한다.

③ **작업환경 파악**
　㉮ 전체 작업을 기준으로 선행 공정과 후공정을 파악하여 작업과 관련된 장비(고정 장비와 이동 장비)를 파악하여 작업 계획에 반영한다.
　㉯ 작업 관계자의 위치 등을 사전에 파악하여 작업 계획에 반영한다.

2　오일·냉각수 점검

1) 윤활계통 점검
① 엔진오일 점검은 과열된 엔진을 충분히 식힌 후 점검한다.
② 엔진에 적합한 오일을 사용한다.
③ 유압 계통을 점검하기 위해 기관을 정지시키고 모든 작동 기구를 지면에 내린다.
④ 유압 탱크 오일량을 점검할 때는 유압 탱크 캡을 손으로 만질 수 있을 만큼 충분히 식힌 다음 점검한다.
⑤ 유압 계통을 점검하기 전에 "운전하지 마시오" 또는 "위험 점검 중"이라는 경고 표시를 시동스위치 또는 조종 레버에 붙여서 점검하고 있는 것을 알려야 한다.

⑥ 그리스 주입 상태를 점검하기 위해 기관을 정지시키고 모든 작동 기구를 지면에 내린다.
⑦ 일정한 시간이 지난 다음 주입 상태를 점검한다.
⑧ 그리스 주입 상태를 확인할 때 "운전하지 마시오" 또는 "위험 점검 중"이라는 경고 표시를 시동 스위치 또는 조종 레버에 붙여서 점검하고 있는 것을 알려야 한다.

2) 냉각수 점검

① **냉각수 점검 시 안전 사항**
　㉮ 기관의 시동을 정지시킨 후 점검해야 한다.
　㉯ 냉각수의 양을 점검할 때는 라디에이터 캡을 손으로 만질 수 있을 만큼 충분히 식힌 다음 점검한다.
　㉰ 냉각 계통을 점검하기 전에 "운전하지 마시오" 또는 "위험 점검 중"이라는 경고 표시를 시동 스위치 또는 조종 레버에 붙여서 점검하고 있는 것을 알려야 한다.

② **냉각수 양 점검**
　㉮ 냉각수 저장소가 있는 곳의 문을 확인하고 잠금장치를 풀어서 연다.
　㉯ 냉각수 저장소에 표시되어 있는 양쪽 표시(A : 높음, B : 낮음) 사이에서 냉각수의 양을 유지시킨다.
　㉰ 냉각수의 보충이 필요하면 냉각수 보충캡을 열고 적당한 혼합 냉각수(냉각계통 첨가제 및 부동액의 혼합물)로 보충시킨다. 보충캡을 설치하면 편리하다. 특히 겨울철에는 냉각수가 얼지 않도록 첨가제를 사용한 냉각수를 사용한다.
　㉱ 냉각수 저장소가 비어 있으면 엔진 덮개 고리를 풀고 덮개를 들어 올린다.
　㉲ 냉각수 압력캡을 서서히 푼다. 라디에이터에 냉각수를 보충한다.
　㉳ 압력캡에 있는 개스킷의 상태를 점검하고, 필요하면 교환한다.
　㉴ 라디에이터에 압력캡을 설치한다.
　㉵ 누설되는 것이 있는지 확인한다.

③ **냉각수 보충**
　㉮ 냉각 계통을 깨끗이 청소된 상태에서 새로운 냉각수로 교체한다.
　㉯ 물과 에틸렌글리콜계 부동액을 50 : 50의 비율로 혼합한 냉각수를 사용한다.(냉각수를 물만 사용하면 엔진 내부의 부식을 초래하게 된다.)
　㉰ 너무 급하게 넣지 않는다.
　　㉠ 냉각수를 채우는 동안 엔진 내부의 공기가 빠져나가도록 엔진 냉각수 배출구에 있는 코크를 열어 준다.
　　㉡ 공기가 빠져나갈 수 있도록 2~3분 정도 기다렸다가 냉각수를 가득 채운 후 코크를 잠근다.
　㉱ 라디에이터 캡을 장착한 후 냉각수의 온도가 80℃에 이를 때까지 엔진을 가동하고 냉각수의 누수가 있는가를 확인한다.

3 구동 계통 점검

1) 타이어식 굴착기의 타이어 점검

① **타이어 공기압 점검**
  ㉮ 육안 점검
  ㉯ 겨울에는 정상 압력보다 약간 높게 유지

② **타이어 마모 상태 점검**
  ㉮ 트레드 고무의 국부적인 갈라짐 및 마모 점검
  ㉯ 트레드 고무 블록 현상 점검
  ㉰ 트레드 찢어짐, 공기압 손실 점검
  ㉱ 트레드 원주 방향 고무 갈라짐 점검
  ㉲ 타이어 숄더와 중앙부의 과도한 마모 점검

2) 무한궤도식 굴착기의 트랙 점검

① **무한궤도 트랙 주요 점검 사항**
  ㉮ 상부 롤러(carrier roller) : 전부 유동륜과 스프로킷의 사이에서 트랙의 처짐을 방지
  ㉯ 하부 롤러(track roller) : 트랙의 회전 위치를 바르게 유지
  ㉰ 프론트 아이들러(Front Idler, 전부 유동륜) : 트랙의 진로를 조정하고 진행 방향을 유도
  ㉱ 리코일 스프링(Recoil Spring) : 주행 중 프론트 아이들러가 받는 충격을 완화시켜 트랙 장치의 파손을 방지
  ㉲ 평형 스프링(Equalizer Spring) : 요철 지면 주행 시 지면에서 오는 충격을 흡수하여 완충

② **트랙의 유격**
  ㉮ 트랙의 유격은 상부 롤러와 트랙 사이의 간격을 말하며, 건설기계의 종류에 따라 다소 차이는 있으나 일반적으로 유격은 25~40mm 정도이다.
  ㉯ 트랙의 유격은 프론트 아이들러를 전진 및 후진시켜서 조정한다.

③ **무한궤도 트랙이 벗겨지는 원인**
  ㉮ 트랙의 유격(긴도)이 너무 클 때 벗겨진다.
  ㉯ 트랙을 정렬이 불량할 때(프론트 아이들러와 스프로킷의 중심이 일치되지 않았을 때) 벗겨진다.
  ㉰ 고속 주행 중 급선회를 하였을 때 벗겨진다.
  ㉱ 프론트 아이들러, 상·하부 롤러 및 스프로킷의 마멸이 클 때 벗겨진다.
  ㉲ 리코일 스프링의 장력이 부족할 때 벗겨진다.
  ㉳ 경사지에서 작업할 때 벗겨진다.

Lesson 02 장비 시운전

1 엔진 시운전

1) 엔진 시동 후 계기판 점검
① 엔진 냉각수 온도계 확인
② 작동유 온도계 확인
③ 연료계 확인
④ 엔진 오일압 경고등 확인
⑤ 엔진 점검 경고등 확인

•• 작동유 및 엔진 냉각수 온도 계기판

구분	흰색 범위	적색 범위
냉각수 온도	40~107℃	107℃ 초과
작동유 온도	40~105℃	105℃ 초과

2) 엔진 예열
① **예열의 필요성**
　㉮ 엔진 윤활유의 온도를 높여 엔진이 정상적인 효율을 낼 수 있기 위하여 필요하다.
　㉯ 작업 장치의 원활한 작동을 위하여 필요하다.
② **굴착기 엔진의 적절한 예열시간**
　㉮ 엔진오일도 온도가 내려가면 점성이 높아져서 뻑뻑해지고, 윤활 작용이 원활하지 못하며, 이를 냉간 상태라 한다.
　㉯ 굴착기 엔진의 경우 기온에 따라 다르지만 보통 10~20분 정도의 공회전 시간을 추천하고 있다.

•• RPM 조절 모드(연료 절감 모드)

모드	작업 정도	RPM(분당 회전수)	토크	비고
연료 절감 모드	경부하 작업	1,800RPM	84%	연비 최적 효과
기본 모드	중부하 작업	1,800RPM	100%	-
하이파워 모드	고부하 작업	1,900RPM	100%	최대 출력 발휘

3) 난기운전

① **난기운전의 개요**
   ㉮ 장비의 적정 작동유 온도는 50℃ 정도이다.
   ㉯ 오일 온도가 25℃ 이하일 때 급격한 조작을 하면 유압장치 기능에 중대한 고장이 발생할 수 있다.
   ㉰ 작업을 하기 전에 작동유를 25℃ 이상이 되게 난기운전을 실시한다.

② **난기운전 절차**
   ㉮ 엔진을 저속으로 5분 정도 공회전시켜 준다.
   ㉯ 엔진 회전속도를 증가시켜 중속 회전으로 한다.
   ㉰ 버킷 레버를 5분 정도 작동한다. 이때 버킷 레버 이외에는 조작하지 않는다.
   ㉱ 엔진 회전 속도를 최대로 하고 버킷 레버 및 암 레버를 5~10분 정도 작동한다. 이때 버킷 및 암 레버 이외에는 조작하지 않는다.
   ㉲ 전체 실린더를 수차례 천천히 왕복시키고, 선회 및 주행 조작을 가볍게 하면 난기운전이 완료된다.
   ㉳ 동절기 및 혹한기에는 난기운전을 연장해서 실시한다.

2 무한궤도식 구동부 시운전

1) 조향 및 주행 조종

① 정상 조향은 파이널 드라이브 스프로킷이 장비 뒤쪽 아래에 있고, 아이들러가 운전실 앞부분 아래에 있을 때를 기준으로 한다.
② 역 조향은 운전실이 파이널 드라이브 스프로킷 위에 있을 때를 기준으로 한다. 이때 방향 기능 및 조향 방향은 역으로 된다.
③ 주행 레버나 페달을 전진이나 후진 방향으로 더 멀리 움직이면 장비의 전·후진 주행 속도는 증가한다.
④ 직진 주행을 위해 동일한 방향으로 똑같이 양쪽 주행 레버나 양쪽 주행 페달을 움직인다.
⑤ 주행 레버나 주행 페달이 후진 방향으로 움직이면 장비는 항상 스프로킷 쪽으로 주행한다.
⑥ 주행 레버나 주행 페달이 전진 방향으로 움직이면 장비는 항상 아이들러 쪽으로 주행한다.

2) 주행 조작 시 주의사항

① **일반적인 사항**
   ㉮ 유압 실린더에 부하가 가해지지 않도록 버킷, 암, 붐을 오므리고 버킷을 하부주행체 프레임에 올려 놓는다.
   ㉯ 상부 회전체를 선회 로크장치로 고정시킨다.
   ㉰ 엔진을 중속 위치에 놓고 평탄한 지면을 선택하여 주행한다.
   ㉱ 주행 자세는 주행 모터를 뒤쪽에 두고, 작업 장치를 앞쪽으로 한 상태이다. 따라서, 하부와 상부 본체가 180°선회한 상태에서는 주행 방향이 역이 되므로 주의한다.

㉲ 지면이 고르지 못하거나 장애물을 통과할 때는 장비 본래의 큰 충격이 걸리므로 엔진 회전수를 낮추고 저속으로 주행한다.
㉳ 암반이나 부정지 등은 트랙을 팽팽하게 조정 후 저속으로 주행한다.

② 경사지 주행
㉮ 주행 모터의 위치를 확인하여 주행 레버의 조작 방향이 틀리지 않도록 한다.
㉯ 버킷을 지면에서 20~30cm 정도로 하여 긴급 시에 브레이크 역할을 할 수 있도록 한다.
㉰ 장비가 미끄러지거나 불안할 때는 즉시 버킷을 지면에 내려서 안전 대책을 취한다.
㉱ 경사지에서는 잠시 동안의 주·정차 시에도 버킷을 지면에 내리고, 고임목을 받쳐준다.

③ 연약 지반에서의 주행
㉮ 가능하면 연약 지반에서의 이동은 피한다.
㉯ 자력으로 주행할 수 있는 곳까지 이동한다. 연약 지반에서는 만일의 경우에 대비하여 견인이 가능한 깊이 이상은 이동하지 않는다.
㉰ 주행이 불가능할 때는 버킷을 지면에 내리고 붐, 암으로 장비를 들어 올리면서 천천히 탈출한다. 이때 붐, 암 및 주행 레버를 동시에 조작하여 장비에 무리가 가지 않도록 주의한다.
㉱ 장비가 너무 깊이 빠졌거나, 진흙 등이 달라붙어 주행이 곤란할 때는 한쪽 트랙을 들어 올리고 진흙, 토사 등을 떨어뜨리면서 탈출한다. 이때 들어 올려진 트랙을 전·후진시키면 진흙, 토사 등이 잘 떨어진다.
㉲ 연약 지반에서 자력으로 탈출하기 곤란할 때는 프레임 부분에 와이어로프를 걸고 다른 장비로 견인한다.

3 타이어식 구동부 시운전

1) 선택 스위치

① 타이어식 굴식기의 선택 스위치는 주차·작업·주행 상태를 선택하기 위해 사용한다.
  ㉮ 주차(P) : 주차 시 사용
  ㉯ 작업(W) : 작업 시 사용
  ㉰ 주행(T) : 주행 시 사용
② 주차 또는 작업을 선택하면 계기판에 주행 또는 작업표시등이 점등된다.

2) 전·후진 레버

① 장비의 전·후진 시에 레버를 작동한다.
② 레버를 앞으로 밀면 전진, 뒤로 당기면 후진, 가운데에 두면 중립이 된다.(F : 전진, N : 중립, R : 후진)
③ 도저 블레이드가 전방을 향할 경우에는 주행 방향이 반대가 되므로 주의한다.
④ 후진 레버를 선택하면 후진 경고음이 울린다.
⑤ 엔진 시동은 전·후진 레버가 중립에 있어야만 가능하다.

3) 주행속도 스위치

① 장비의 주행속도를 선택하는 스위치이다.

② 스위치를 앞으로 돌리면 저속주행이 선택되고, 뒤로 돌리면 고속 주행이 선택된다.
  ㉮ 저속 주행(-) : 시속 8.5km
  ㉯ 고속 주행(=) : 시속 35km

4) 미세 주행 스위치

① 저속 주행보다 느린 미세한 주행이 필요할 때 사용하며, 미세 주행 속도는 시속 3.8km 이다.

② 미세 주행은 위험장소 탈출이나 중량물 이송 시 적합하다.

③ 스위치를 작동하면 아래쪽의 표시등이 점등된다.

④ 이 기능은 저속 주행 상태에서만 작동한다.

Lesson 03 작업상황 파악

1 작업공정 파악

1) 작업 물량 확인
① 작업해야 할 작업 대상물을 확인한다.
② 작업해야 할 물량을 확인한다.
③ 시간당 작업량을 산출하여 작업 기간을 파악한다.
④ 작업 기간과 작업량에 따른 기계 경비를 계산한다.

> •• 굴착기의 작업량 산출
>
> $$Q = \frac{3600 \cdot q \cdot K \cdot f \cdot E}{C_m}$$
>
> Q = 시간당 작업량(m³/hr), q = 버킷 용량(m³), K = 버킷 계수,
> f = 체적 환산 계수, E = 작업 효율, C_m = 1회 사이클 시간(초)

2) 작업의 종류 확인
① 시공업체 공사 담당자로부터 작업의 종류를 확인한다.
② 작업의 종류를 고려하여 작업 대상물에 적합한 작업 장치가 있는지 확인한다.
　㉮ 도랑 파기 및 자재 처리 작업 : 버킷
　㉯ 지반 고르기, 조경 작업, 정리 작업, 도랑 작업, 메우기 작업 : 디칭 버킷
　㉰ 자재 쌓기, 인양, 운송, 적재 및 상차 작업 : 유압 썸
　㉱ 암석, 콘크리트 등의 파쇄 : 브레이커
　㉲ 건축물 철거 : 크러셔
　㉳ 퀵 커플러 : 손쉽게 버킷과 유압 브레이커, 썸 등의 선택장치 연결
③ 작업 장치 부착 방법에 따라 적합한 작업 장치를 부착한다.

3) 연계 작업 파악
① 작업 공정표 및 작업지시서를 확인하여 연계 작업 유무를 확인한다.
② 연계 작업을 하는 장비의 운행 경로를 확인한다.
③ 연계 작업 시에 발생 가능한 위험 요인을 파악하기 위해 작업환경을 확인한다.
④ 작업 시 안전 유의 사항을 확인한다.

2. 작업 관계자간 의사소통

1) 무전기 사용법 숙지
① 무전기가 켜져 있는지 그리고 제대로 채널이 맞추어 있는지 체크한다. 이어셋이나 헤드셋이 무전기에 제대로 연결되어 있는지 확인한다.
② 작업장에서 할당된 채널을 사용한다. 현장 작업 관계자가 어떤 채널을 사용하고 있는지 확인하고 그에 맞게 채널을 설정한다.
③ 수신 상태 등급, 수신 상태와 수신 감도, 명확도에 대한 보고 방법은 다음의 표와 같다.

등급(level)	의미(meaning)
1	가청 불가(unreadable)
2	잡음이 매우 많고 간신히 들림(very noisy, barely readable)
3	잡음은 있으나 들림(noisy, but readable)
4	상태가 좋으나 가끔 잡음이 생김(good, but slightly noisy)
5	크고 명확함(loud and clear)

2) 신호수의 유도
① 작업장 주변 연약 지반은 반드시 연약 지반 표시판을 설치하거나 신호수를 세우고 운전자는 표지판의 안내 또는 신호수의 지시에 따라야 한다.
② 신호수는 반드시 한 사람으로 지정한다.
③ 작업 시작 전 굴착기 운전원을 포함하여 신호수와 작업원은 작업 회의를 하여 신호(건설기계 표준 유도수신호 방법)에 대해서 사전 숙지해야 한다.

3) 현장 신호수의 위치와 수신호 유도신호 방법
① 유도신호는 호각과 수신호를 병용한다.
② 야간작업 시 유도자는 신호수용 반사 재킷를 착용하고 전자 신호봉 또는 깃발을 손에 들고 유도하여야 한다.
③ 신호수는 다음과 같은 적절한 장소에 위치하여 장비에 유도신호를 하여야 한다.
　㉮ 운전자와 연락 신호가 잘 되는 곳
　㉯ 근로자가 접근하는 것을 용이하게 식별할 수 있는 장소
　㉰ 작업 차량이 접근하는 것을 용이하게 식별할 수 있는 장소
　㉱ 방문객이 접근하는 것을 용이하게 식별할 수 있는 장소

●● 건설기계 표준 신호 지침

구분	안전하게 이동	우로	좌로	
수신호				
동작	호각을 짧게 불면서 한 손을 들고 손바닥을 진행 방향으로 펴고 흔든다.	호각을 길게 불면서 오른손을 위로 올려 옆으로 흔든다.	호각을 길게 불면서 왼쪽을 위로 올려 옆으로 흔든다.	

구분	정지	긴급정지	우측으로	좌측으로
수신호				
동작	호각을 길게 불면서 한 손을 들고 운전자를 향해 높이 올린다.	호각을 짧게 연속으로 불면서 양손을 벌리고 높이 들어 흔든다.	천천히 이동 호각을 짧게 불면서 우측 손을 올리고 좌측 손으로 좌우로 흔든다.	천천히 이동 좌측 손을 올리고 우측 손으로 좌우로 흔든다.

굴착기 주행 및 작업

Craftsman Excavating Machine Operator

Lesson 01 주행

1 주행 성능 장치 확인

1) 운전자 시야 확보
① 운전 전 반드시 유리창 청소 상태를 확인하여 시야를 확보한다.
② 시야 확보와 관련하여 유리창은 물로 세척한 다음 마른걸레로 청소한다.
③ 운전실 전방 유리창을 개방할 경우 래치를 확실히 고정하지 않으면 자중에 의하여 유리창이 닫힐 수 있으므로 주의한다.

2) 각종 미러 조정과 후방 카메라 확인
① 시야 확보를 위해 후사경이 설치되지 않은 굴착기는 안전한 작업을 위해 후사경을 설치하고, 작업 전 작업자의 신체에 적합하게 조정하여 운전 및 작업에서 최상의 시야를 확보한다.
② 후사경에서 확보하지 못한 공간을 볼 수 있는 위치에 후방 카메라를 설치한다.

3) 주요 장치 및 표시등 확인
① **비상스위치** : 장비의 고장이나 긴급 주차 시 다른 장비나 차량에 비상 상태를 알리는 표시등을 작동시키는 스위치이다.
② **시동스위치**
　㉮ OFF, ON, START 3개의 위치가 있다.
　　㉠ OFF : 키의 삽입, 탈거가 가능한 위치로서 엔진 가동상태에서 키를 OFF 위치로 하면 엔진이 정지된다.
　　㉡ ON : 장비 시스템 전체가 작동한다.
　　㉢ START : 엔진을 시동시킬 때 사용한다.
　㉯ 동절기에 시동스위치를 ON하면 냉각수 온도를 감지하여 연료 가열기가 자동으로 작동하여 연료를 가열한다.
　㉰ 시동스위치를 ON한 후 1~2분 사이에 엔진을 시동한다. 외기 온도에 따라 시간이 더 걸릴 수 있다.

㉣ 전기 및 유압 기능을 유지하고 장비 손상을 방지하기 위해 엔진이 가동할 때 시동스위치를 ON 위치에 둔다.

③ **가속 다이얼 스위치**
㉮ 가속 정도는 10개 구간으로 나누어져 있다.
㉯ 1구간 쪽은 저속이고, 10구간 쪽은 고속이다.
  ㉠ 가속 다이얼을 오른쪽으로 돌리면 엔진 속도가 증가한다.
  ㉡ 가속 다이얼을 왼쪽으로 돌리면 엔진 속도가 감소한다.
㉰ 가속 다이얼을 저단으로 설정할수록 엔진 회전수가 감소되어 연료 소모량이 적어진다.

2 작업 현장 내·외 주행

1) 작업 현장 내 주행
① 작업 현장 내 안전 작업을 위해 후사경 및 후방 카메라 등의 안전장치를 설치·확인한다.
② 가능하면 연약 지반에서 이동을 피한다.
③ 주행이 불가능할 때는 버킷을 지면에 내리고 붐, 암으로 장비를 들어 올리면서 천천히 탈출한다. 이 때 붐, 암 및 주행 레버를 동시에 조작하여 장비에 무리가 가지 않도록 주의한다.
④ 장비가 너무 깊이 빠졌거나, 진흙 등이 달라붙어 주행이 곤란할 때는 한쪽 트랙을 들어 올리고 진흙, 토사 등을 떨어뜨리면서 탈출한다. 이때 들어 올려진 트랙을 전·후진시키면 잘 떨어진다.

2) 작업 현장 외 주행
① **굴착기 이동 시 안전 및 유의사항**
  ㉮ 교통법규를 준수한다.
  ㉯ 도로 주행 시 안전을 위해 급출발 및 급제동을 삼간다.
  ㉰ 운전 조작은 천천히 확실하게 한다.
  ㉱ 차 간의 안전거리를 확보한다.
② **주행 시 주의사항 파악**
  ㉮ 운반 차량의 주행 속도는 도로 및 주변 상황에 따라 적정하게 계획하여 실시하고, 불필요한 급발진, 급정지와 공회전 등을 삼간다.
  ㉯ 주행 속도는 소음 방지의 관점에서 40km/hr 이하로 하는 것이 좋다.
  ㉰ 운반 차량 선정 시에는 운반량, 투입 대수, 주행 속도 등을 충분히 검토하여 될 수 있는 한 저소음 차량(소음이 작은 신차 등)의 운행을 늘리고, 과적을 엄격히 제한한다.

Lesson 02 작업

1 깎기

1) 굴착기 깎기의 개요

① **굴착기 깎기의 종류**
  ㉮ 일반 깎기 : 굴착기의 지면보다 높은 곳을 깎는 작업
  ㉯ 부지 사면(경사면) 깎기
  ㉰ 암반 구간 깎기 : 풍암, 자갈층 등을 깎는 작업
  ㉱ 상차 작업

② **깎기 작업 전 준비**
  ㉮ 작업 순서 파악 : 작업 계획서에 따라 작업 순서, 작업 방법, 작업 안전 및 장애물(간섭) 요인을 확인한다.
  ㉯ 굴착기의 구조 및 성능, 작업 특성 파악 : 작업 반경, 붐, 버킷 선회 작업 범위를 파악한다.
  ㉰ 작업 시 신호체계와 작업 안전 확인
  ㉱ 굴착기 주변 상황 점검
    ㉠ 운전 전 점검을 위해 굴착기 주기(주차) 상태를 육안으로 확인
    ㉡ 안전사고 예방을 위해 굴착기 작업 반경 내의 위험 요소를 확인
    ㉢ 주변 시설물의 손괴 방지를 위해 시설물의 위치를 확인

③ **굴착면의 기울기 및 높이의 기준**
  ㉮ 사질의 지반(점토질을 포함하지 않은 것) : 굴착면의 기울기를 1:1.5 이상으로 하고 높이는 5m 미만으로 하여야 한다.
  ㉯ 발파 등에 의하여 붕괴하기 쉬운 상태의 지반 및 매립하거나 반출시켜야 할 지반 : 굴착면의 기울기를 1:1 이하 또는 높이는 2m 미만으로 하여야 한다.

> •• **굴착기의 일반적인 작업 순서**
>
> 굴착 → 선회 → 적재 → 선회 → 굴착 위치
> ① 굴착 : 디퍼나 버킷에 흙을 퍼담는 작업이다.
> ② 선회 : 흙을 버릴 곳이나 덤프 트럭까지 선회한다.
> ③ 적재 : 덤프 트럭이나 호퍼에 흙을 쏟는다.
> ④ 선회 : 본래 위치로 되돌아 간다.
> ⑤ 굴착 위치 : 버킷을 내려서 굴착 위치로 오게 한다.

2) 부지(경사) 사면 작업하기

① 부지 사면(경사면, 법면)
㉮ 굴착 법면 : 자연 상태의 산을 절단한 경사면
㉯ 성토 법면 : 흙을 쌓아 만들어 놓은 경사면으로 균일한 토질로 이루어짐

② 부지 사면 붕괴 예방 대책
㉮ 적정 기울기 확보
㉯ 법면 구배 확보
㉰ 붕괴 방지 공법
  ㉠ 배토공 : 상부의 토석 제거
  ㉡ 압성토공 : 비탈면 하단에 쌓기
  ㉢ 배수공 : 지표수의 침투 방지 및 배수
  ㉣ 공작물 설치: 말뚝, 앵커(Anchor) 공법

3) 암반 구간 작업하기

① 브레이커(Breaker, 암반 파쇄기)
㉮ 브레이커의 정의
  ㉠ 굴착기에 장착하여 사용하는 유압식 왕복 해머로 연속적으로 타격을 가해 암석, 콘크리트 등을 파쇄하는 장치이다.
  ㉡ 브레이커는 굴착기 암(Arm) 말단부에 달려있는 퀵 커플러(Quick Coupler)에 연결하여 사용한다.
㉯ 브레이커의 종류
  ㉠ 왕복운동에 따른 분류 : 공유압 플랜저를 이용한 것과 전동 엔진 크랭크를 이용한 것이 있으며 공유압 방식이 파쇄력이 커서 가장 많이 보급되어 있다.
  ㉡ 조작 방식에 따른 분류 : 핸드식과 유압 굴착기 암의 선단부에 조립된 기계 탑재식이 있다.
㉰ 브레이커 적용 작업 : 도로 공사, 빌딩 해체, 도로 파쇄, 터널 공사, 슬래그 파쇄, 쇄석 및 채석장의 돌 쪼개기 공사 등의 쇄석 및 해체 공사에 주로 적용

② 브레이커의 부착
㉮ 버킷을 분리하기 위하여 안전핀을 제거한 후 퀵 커플러 작동 스위치를 해제한다.
  ㉠ 이동 후크를 고정하는 안전핀을 제거한다.
  ㉡ 안전 버튼을 밀면서 스위치를 눌러주면 퀵 커플러는 풀림 위치가 된다.
㉯ 선택장치를 부착하기 위하여 퀵 커플러 작동 스위치를 결속한다.
  ㉠ 암(arm)과 선택장치가 일직선상에 오도록 장비를 위치시키고 퀵 커플러의 고정 후크를 암측 버킷 핀에 끼운다.
  ㉡ 조종 레버의 버킷 오므림 동작으로 퀵 커플러를 버킷 링크 핀에 끼운다.
  ㉢ 퀵 커플러의 이동 후크가 버킷 링크측 핀에 닿을 때까지 완전히 끼운다.
  ㉣ 퀵 커플러 스위치를 잠김 위치로 눌러 준다.

ⓜ 조종 레버를 버킷 오므림 위치로 조작한다. 이때 버킷 핀과 커플러의 물림 상태 이상 유무를 반드시 확인하여야 한다.
　　ⓑ 결속된 선택장치의 이탈을 방지하기 위하여 안전핀을 결속한다.

4) 상차 작업하기
　① **운반 차량과 굴착기의 조합 작업**
　　㉮ 굴착기를 선회할 때 적정 거리를 확보한다.
　　㉯ 버킷으로 토사를 평적 이상 굴착한다.
　　㉰ 붐의 각도를 적당히 당겨서 정확히 적재한다. 붐의 각도를 너무 펴서 굴착하면 토사가 흐르고 붐의 각도를 너무 오므리면 차체에 부딪힌다.
　　㉱ 평적 이상 버킷으로 적정 거리에서 덤핑 작업 및 메우기 작업을 한다.
　② **토사 상차 요령**
　　㉮ 굴착기와 덤프트럭이 높이가 같은 지면에서 적재한다.
　　㉯ 적재함 뒷부분에 의해 시야가 가리므로 흙을 적재할 때는 적재함 앞쪽에서부터 적재한다.
　　㉰ 덤프트럭이 아래쪽에 있고 굴착기가 위쪽에 있는 지형에서는 적재함 뒷부분부터 적재하는 것이 효율적이다.
　　㉱ 덤프트럭이 위쪽에 있고 굴착기가 아래쪽에 있는 지형에서는 적재함 뒤쪽부터 상차하면서 옆 문짝을 보면서 중앙으로 적재한다.

> **•• 토사 상차 조합 작업 시 주의사항**
> • 흙 등을 덤프트럭에 적재할 때는 선회하는 각도를 가능한 좁게 한다.
> • 버킷의 이빨을 곡괭이처럼 사용해서는 안 된다.
> • 굴착기 버킷이 작업자 위를 지나가서는 안 된다.
> • 굴착기 버킷이 트럭의 운전석 위를 지나가서는 안 된다.
> • 동시에 위아래에서 작업이 이루어지는 식으로 해서는 안 된다.

2 쌓기

1) 굴착기 쌓기의 개요
　① **정의 및 종류**
　　㉮ 정의 : 쌓기란 터파기와 깎기 작업에서 발생한 돌, 토사를 후속 작업에 지장이 없도록 조치하여 쌓아 놓는 것을 말한다.
　　㉯ 종류 : 흙 쌓기, 돌 쌓기, 야적 쌓기 작업 등
　② **쌓기 시공을 위한 재료 위치 선정**
　　㉮ 터파기와 가까운 자리일 것

㉯ 쌓기 재료 때문에 다른 작업에 방해가 되지 않는 자리일 것
　　　㉰ 주변의 민원이 발생하지 않는 자리일 것
　　　㉱ 장시간 재료를 방치하여도 문제가 발생되지 않는 자리일 것
　　　㉲ 재료를 활용할 수 있게 운반길 옆에 위치할 것

2) 흙 쌓기 작업

① 흙 쌓기 작업 실시
　㉮ 흙 쌓기 작업은 규준틀, 토공 포스트, 배수 준비, 표토 제거, 구조물 및 지장물 철거 등이 완전히 이루어진 후에 시행한다.
　㉯ 비탈면의 기울기가 1:4 보다 급한 기울기를 가진 지반 위에 흙 쌓기를 하는 경우에는 원 지반 표면에 층따기를 실시한다.
　㉰ 기존 도로의 확장을 위하여 기존 도로에 접속시키는 흙 쌓기를 하는 경우에도 층따기를 해야 한다.
　㉱ 비탈면 위에 흙 쌓기를 하는 경우에는 배수구와 배수층을 설치한다.

② 돌, 토사가 흘러내리지 않도록 쌓기 작업
　㉮ 흙 쌓기 비탈면은 차도부와 같은 적합한 다짐을 해야 한다.
　㉯ 비탈면은 소단과 기울기를 유지해야 한다.
　㉰ 흙 쌓기 부위는 파손되지 않고 양호한 상태를 유지해야 한다.
　㉱ 재료가 동결되었을 때 그 부분을 제거하고 흙 쌓기 작업을 한다.

③ 고르기와 다짐 작업
　㉮ 운반 장비나 포설 장비가 흙 쌓기 전 면적에 통행하도록 하여 다짐할 수 있다.
　㉯ 혼합 재료(점토, 백토, 모래 등)는 도로 전폭에 교대로 층을 이루도록 포설한다.
　㉰ 강우나 강설 등으로 인해 함수비 조절이 불가능하거나 결빙이 되는 동절기에는 다짐 작업을 수행하지 않는다.
　㉱ 다짐의 기준
　　㉠ 흙 쌓기 노체부(맨 바닥)의 1층 다짐 완료 후의 두께는 30cm 이하여야 한다.
　　㉡ 흙 쌓기 노상부(노체부 위)의 1층 다짐 완료 후의 두께는 20cm 이하여야 한다.

3) 야적 쌓기 작업

① 야적장 및 야적 작업
　㉮ 야적장 : 국토의 계획 및 이용에 관한 법률에 따라 1개월 이상 물건을 쌓아 놓는 장소
　　㉠ 전, 답의 경우 물건 적치 야적을 위한 농지의 타 용도 일시 전용 허가 등을 받아 개발행위 허가를 신청하여야 하며, 물건 적치에 따른 적치 기간을 표기하여야 한다.
　　㉡ 야적장을 목적 사업으로 개발 행위 허가를 할 경우 기반 시설과 함께 법률에 따른 준공 기준을 충족하여야 한다.
　　㉢ 건축 자재상과 같은 주 사업과 관련한 자재 야적장은 근린생활시설로 허가한다.
　㉯ 야적 작업 : 1개월 이상 시간을 두고 쌓기 작업을 수행하는 대단위 쌓기 작업

② 돌, 토사의 흘러내림을 방지를 위하여 고르기 작업
  ㉮ 운반 장비나 포설 장비가 흙 쌓기 전 면적에 통행하도록 하여 고르기 작업을 한다.
  ㉯ 혼합 재료(점토, 백토, 모래 등)는 도로 전폭에 교대로 층을 이루도록 포설해야 한다.
  ㉰ 비탈면은 소단과 기울기를 유지해야 한다.
  ㉱ 흙 쌓기 부위는 파손되지 않고 양호한 상태를 유지해야 한다.
  ㉲ 재료가 동결되었을 때 그 부분을 제거하고 흙 쌓기 작업을 한다.

③ 지반 종류에 따른 굴착면 기울기

지반의 종류	굴착면의 기울기
모래	1 : 1.8
연암 및 풍화암	1 : 1.0
경암	1 : 0.5
그 밖의 흙	1 : 1.2

※ 비고
1. 굴착면의 기울기는 굴착면의 높이에 대한 수평거리의 비율을 말한다.
2. 굴착면의 경사가 달라서 기울기를 계산하기가 곤란한 경우에는 해당 굴착면에 대하여 지반의 종류별 굴착면의 기울기에 따라 붕괴의 위험이 증가하지 않도록 위 표의 지반의 종류별 굴착면의 기울기에 맞게 해당 각 부분의 경사를 유지해야 한다.

3 메우기

1) 메우기 작업 준비

① 메우기와 되메우기
  ㉮ 메우기 : 부지, 관로, 조경 시설물, 도로를 완성시키기 위해 장비를 이용하여 돌, 흙, 골재, 모래 등으로 빈 공간을 채우는 작업
  ㉯ 되메우기 : 지하 구조물 공사 등을 위해 여분으로 파낸 부분을 공사 종료 후 토사를 메워서 원상 복구하는 작업

② 매설물
  ㉮ 시공 매설물 : 상하수도관, 가스 배관, 통신케이블, 공동 관로, 지하 공작물 등의 설계도 및 작업지시서에 의해 매설된 것들을 말한다.
  ㉯ 지하 매설물
    ㉠ 지하, 주로 노면 하에 매설되는 각종 공작물이나 시설, 노하(路下) 공작물, 상하수도나 가스의 배관, 전력이나 통신용의 케이블, 지하 철도 등이 있다.
    ㉡ 각종 매설물을 각개로 설치하는 것을 피하고, 공동 관로, 공동구(共同溝)로 하는 것이 이상적이다.

2) 메우기 작업

① 메우기 작업하기
㉮ 작업 지시 사항에 따라 메우기 작업의 내용을 파악한다.
㉯ 원 지반과 메우기 재료 간의 접합을 용이하게 하기 위한 층따기를 수행한다.
㉰ 지반의 성질을 고려하여 돌, 골재, 흙으로 메우기 작업을 수행한다.
㉱ 메우기 작업을 한 지반의 흘러내림과 침하를 방지하기 위한 사면 정리 다짐한다.

② 평탄 작업
㉮ 흩어진 흙 평탄 작업 : 굴착기를 후진하면서 버킷을 긁고 눌러서 수평을 유지시킨다.
㉯ 딱딱하고 울퉁불퉁한 토질 평탄 작업 : 바닥면이 고르지 못할 때 울퉁불퉁한 지면을 고르기 작업을 통해 수평을 유지시킨다.

3) 되메우기 작업

① 되메우기 재료 : 터파기한 재료, 땅 깎기한 재료(암거, 옹벽, 구조물, 관로 등)

② 뒤채움 재료
㉮ 뒤채움 재료의 선별 : 압축성이 적고 강도가 저하되지 않는 재료로 다지기 쉽고 동상 영향을 받지 않는 재료
㉯ 뒤채움 대체 재료의 사용 부위
　㉠ 암거 상부의 피토고가 충분히 높아서 공용시 차량 등에 의한 충격하중의 영향이 적은 곳
　㉡ 암거가 설치되는 지반의 조건이 양호하여, 충분한 지지력을 확보할 수 있는 곳
　㉢ 우수나 지하수의 유입이 예상되는 경우에는 뒤채움 시공 전에 배수공 설치 등으로 유수의 유입을 방지

4 선택장치 연결

1) 굴착기의 주 작업장치와 선택장치(attachments)
① **주 작업장치** : 본체와 붐, 암, 버킷
② **선택장치** : 암(arm)과 버킷에 작업 용도에 따라 옵션(option)으로 부착하여 사용하는 장치

2) 주요 선택장치의 종류

① 브레이커(breaker)
㉮ 정의 : 유압식 왕복 해머로 연속적으로 타격을 가해 암석, 콘크리트 등을 파쇄하는 장치
㉯ 종류
　㉠ 해머의 왕복 운동에 따른 분류 : 공유압 플랜저를 이용한 것, 전동 엔진 크랭크를 이용한 것
　㉡ 조작 방식에 따른 분류 : 핸드식, 기계 탑재식

② 크러셔(crusher)
   ㉮ 정의 : 2개의 집게로 작업 대상물을 집고, 집게를 조여서 물체를 부수는 장치
   ㉯ 종류 : 고정식 크러셔, 회전식 크러셔

③ 집게[그래플(grapple) 또는 그랩(grap)]
   ㉮ 정의 : 유압 실린더를 이용해서 2~5개의 집게를 움직여 작업물질을 집는 장치
   ㉯ 종류
      ㉠ 조작 방법에 따른 분류 : 고정식, 회전식
      ㉡ 작업 용도에 따른 분류 : 스톤(stone) 그랩, 우드(wood) 그랩, 멀티(multi) 그랩

④ 퀵 클램프(quick clamp)
   ㉮ 정의 : 굴착기의 선택장치를 신속하게 분리, 결합할 수 있는 장치
   ㉯ 종류 : 수동식, 자동식

⑤ 기타 선택장치
   ㉮ 리퍼(ripper) : 연암 구간 절삭 작업, 아스콘, 콘크리트 제거 등에 사용되는 장치
   ㉯ 컴팩터(compactor) : 지반 다짐이 필요할 때 사용되는 장치

3) 선택장치 연결 순서

① 현장 작업 여건에 맞는 장치를 선택한다.
② 버킷을 분리하기 위하여 안전핀을 제거한 후 퀵 커플러 작동 스위치를 off(해제)한다.
③ 선택장치를 부착하기 위하여 퀵 커플러 작동 스위치를 on(결속)한다.
④ 결속된 선택장치의 이탈을 방지하기 위하여 안전핀을 결속한다.
⑤ 결속된 선택장치를 사용하기 위하여 공구를 사용하여 유압 라인을 연결한다.
⑥ 결속된 선택장치를 작동시키기 위해서 공구를 사용하여 스톱 밸브를 연 후 선택 모드를 변경한다.
⑦ 결속된 선택장치가 정상적으로 작동하는지 확인하기 위하여 시운전한다.

> ●● 선택장치 선택 시 고려사항
> - 최대 구조물 크기
> - 작업 장치의 작업 능력(최대 개구폭 등)
> - 굴착기 성능(중량)
> - 작업 시간

Lesson 03 전·후진 주행장치

1 조향장치의 구조와 기능

1) 조향장치의 개요

① 조향장치는 건설기계의 주행방향을 바꾸기 위한 조종장치로 조향 핸들을 회전시켜 앞바퀴를 조향하는 구조로 되어 있다.

② 조향장치는 조향 휠, 조향 유니트, 조향 실린더, 조향 액슬(조향 차축) 및 파이프로 구성되어 있다.

③ 조향 휠을 돌리면 조향력은 조향 칼럼을 통해 조향 유니트로 전달된다.

④ 필요한 오일의 흐름은 조향 유니트의 컨트롤부에 의해 감지되며, 유압펌프로부터 토출된 유압오일은 조향 실린더로 공급된다.

⑤ 조향 실린더에서 발생되는 힘은 중간 연결부를 거쳐 조향 타이어의 너클을 움직이게 된다.

⑥ 액슬 몸체는 양끝부에 조향 너클이 킹핀에 의해 장착된 구조이다.

⑦ 허브와 휠은 베어링을 통해 너클 스핀들에 장착되어 있다.

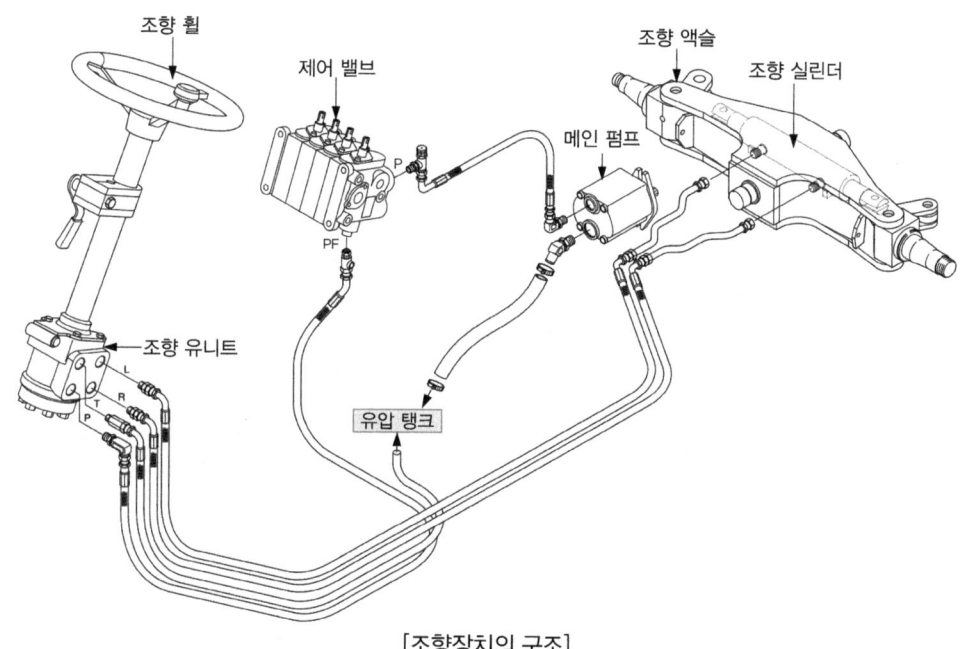

[조향장치의 구조]

2) 조향장치가 갖추어야 할 조건

① 조향 조작이 주행 중의 충격에 영향을 받지 않아야 한다.

② 조작하기 쉽고 방향변환이 원활하게 진행되어야 한다.

③ 회전반경이 작아야 한다.
④ 조향 핸들의 회전과 바퀴의 선회 차이가 크지 않아야 한다.
⑤ 수명이 길고 다루기가 쉬우며, 정비하기 쉬워야 한다.
⑥ 고속 주행에서도 조향 핸들이 안정되어야 한다.

3) 동력조향장치의 장점
① 조향 조작력을 가볍게 할 수 있다.
② 조향 조작력에 관계없이 조향 기어비를 설정할 수 있다.
③ 불규칙한 노면에서 조향 핸들을 빼앗기는 일이 없다.
④ 충격을 흡수하여 충격이 핸들에 전달되는 것을 방지한다.

4) 휠 얼라인먼트(wheel alignment, 앞바퀴 정렬)
① 휠 얼라인먼트의 역할
  ㉮ 조향 핸들의 조작력을 가볍게 한다.
  ㉯ 조향 핸들에 복원성을 준다.
  ㉰ 타이어의 마모를 최소화한다.
  ㉱ 조향 조작이 확실하고 안정성을 준다.
② 휠 얼라인먼트의 요소
  ㉮ 토인(toe-in) : 중심선 사이의 거리가 앞쪽이 뒤쪽보다 조금 좁게 되어 있다.
    ㉠ 앞바퀴를 주행 중에 평행하게 회전시킨다.
    ㉡ 조향할 때 바퀴가 옆 방향으로 미끄러지는 것을 방지한다.
  ㉯ 캠버(camber) : 앞바퀴를 앞에서 보았을 때 윗부분이 바깥쪽으로 약간 벌어져 상부가 하부보다 넓게 되어 있다.
    ㉠ 조향 조작력을 가볍게 하고, 수직 하중에 의해 차축이 휘는 것을 방지한다.
    ㉡ 바퀴의 윗부분이 바깥쪽으로 기울어진 상태를 정(+)의 캠버, 바퀴의 중심선이 수직일 때를 0의 캠버, 바퀴의 윗부분이 안쪽으로 기울어진 상태를 부(-)의 캠버라 한다.
  ㉰ 캐스터(caster) : 앞바퀴를 옆에서 보았을 때 앞바퀴가 차축에 설치되어 있는 킹 핀의 중심선이 노면에 수직인 직선에 대하여 어느 한쪽으로 기울어져 있는 상태를 말하며, 그 각도를 캐스터 각이라 한다.
    ㉠ 주행 중 조향 바퀴에 방향성을 준다.
    ㉡ 조향 핸들의 직진 복원성을 준다.
  ㉱ 킹핀 경사각 : 앞바퀴를 앞에서 볼 때 킹핀 중심이 수직선에 대하여 경사각을 이루고 있는 것을 말한다(6~9°).
    ㉠ 조향력을 가볍게 한다.
    ㉡ 앞바퀴에 복원성을 준다.
    ㉢ 저속 시 원활한 회전이 되도록 한다.

> •• 기계식 조향장치의 조작력 전달 순서
> 핸들 → (조향축) → 조향기어 → 피트먼 암 → 드래그 링크 → (벨 크랭크) → 타이로드 → 조향 암 → (너클 암) → 바퀴(후륜)

2 동력전달장치 구조와 기능

1) 동력전달장치 개요

① 동력전달장치의 변속기(트랜스미션)는 전진 1~2단과 후진 1~2단으로 되어 있으며, 토크 컨버터, 차동기어 그리고 종감속기어(파이널 드라이브) 등으로 구성된다.

② 2개의 바퀴를 구동하는 차축은 차동기어를 2개의 종감속기어에 연결시키며, 구동바퀴는 종감속기어 장착된다.

③ 엔진 플라이 휠로부터의 동력은 토크 컨버터를 거쳐 변속장치와 구동축이 일체화된 트랜스 액슬의 입력 축으로 전달된다.

④ 트랜스 액슬은 스프링 장력에 의해 해제되는 2쌍의 유압 클러치 팩이 내장되어 있으며 전진 및 후진 기어 변속이 가능하다.

⑤ 클러치 팩으로부터의 동력은 출력 기어와 스파이럴 베벨 기어를 통해 차동장치로 전달된다.

⑥ 차동장치는 차축을 통하여 동력을 종감속기어와 바퀴에 전달한다.

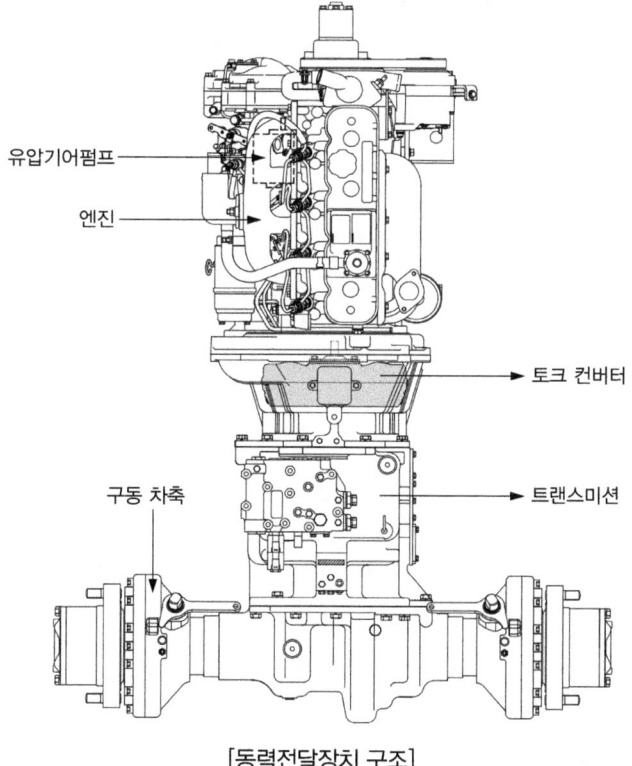

[동력전달장치 구조]

2) 토크 컨버터(torque converter)

① 토크 컨버터는 엔진(기관)의 동력을 변속기로 전달하는 클러치이며, 오일에 의해 작동한다.
② 장비에 부하가 걸리면 터빈 속도는 느려지고 회전력은 증가한다(터빈 속도와 회전력은 반비례 관계).
③ 토크 컨버터는 엔진 플라이 휠 하우징에 볼트로 직접 연결되어 있다.
④ 토크 컨버터의 온도 지시기는 오일의 온도를 가리킨다.
⑤ 토크 컨버터의 펌프는 엔진(기관)에 의해 직접 구동되며, 오일을 배출하는 원심펌프로 작동된다.

> **• • 토크 컨버터의 3대 구성요소**
> • 펌프   • 터빈   • 스테이터

3) 트랜스미션(변속기) 작동

① 토크 컨버터는 입력 쪽에 연결된 펌프(임펠러), 출력 쪽에 연결된 터빈과 오일의 흐름 방향을 바꿔주는 스테이터의 3개 요소로 구성되어 있다.
② 엔진은 펌프를 회전시키고 펌프 블레이드는 유체에너지를 발생시킨다. 오일이 원심력으로 통로를 따라 흐르고, 이 에너지는 터빈에 토크를 준다.
③ 회전하는 터빈을 통해 흐르는 유체는 스테이터에 의해 흐름이 바뀌는 동안 스테이터에 반대 토크를 발생시킨다. 반대 토크가 터빈에 더해지고, 그 결과로서 출력 토크는 엔진 토크의 몇 배로 증가된다.
④ 토크 컨버터는 주행을 시작할 때 최대 출력 토크를 낸다. 최대속도로 달릴 때 높은 토크는 요구되지 않으며 출력 토크는 점진적으로 줄어든다.
⑤ 엔진의 동력은 토크 컨버터를 통해 터빈 축에서 클러치 축으로 전달되고, 전진·후진 회전은 유압 클러치에 의해 선택된다.
⑥ 동력은 구동 축과 기어를 통해 전진 구동기어에서 하이포이드 피니언의 종감속기어로 전달된다.
⑦ 후진 기어의 경우, 동력은 구동 축과 기어가 피니언을 역으로 회전시킴으로써 후진 축과 기어를 통하여 클러치의 후진 구동기어에서 하이포이드 피니언의 종감속기어로 전달된다.

3) 드라이브 라인

기관의 동력을 원활하게 뒤 차축에 전달하기 위해 추진축의 중간 부분에 슬립 이음과 추진축의 앞쪽 또는 양쪽 끝에 자재 이음(universal joint)이 있고 이것을 합쳐서 드라이브 라인이라고 부른다.

① **추진축** : 변속기의 회전력을 종감속장치에 전달하여 바퀴를 회전시키며, 강한 비틀림을 받으면서 고속 회전하기 때문에 속이 빈 강관을 사용한다.
② **자재 이음(유니버셜 조인트)** : 2개의 축 사이에 설치되어 원활한 동력을 전달할 수 있도록 사용되며, 추진축의 각도 변화를 가능케 한다.
③ **슬립 이음** : 추진축의 길이 변화를 가능케 하며(50~70mm) CG(새시 그리스)가 주유된다.

• • 동력전달순서
- 기관식 : 기관 → 클러치 또는 토크 컨버터 → 변속기 → 종감속기어 및 차동기어 → 구동 차축 → (최종구동기어) → 차륜
- 전동식 : 축전지 → 컨트롤러 → 구동모터 → 변속기 → 차동장치 → 차륜
- 유압 구동식 : 기관 → 주 유압펌프 → 컨트롤 밸브 → 주행모터 → 최종감속기어 → 차륜

3 제동장치 구조와 기능

1) 제동장치의 개요

① 브레이크 장치에는 디스크 브레이크와 주차 브레이크의 2종류가 사용된다.
② 디스크 브레이크는 주 제동용으로 브레이크 페달을 발로 밟으면 마스터 실린더에서 유압이 형성되고, 이 유압이 차축(액슬) 하우징 내 피스톤으로 전달된다. 이 피스톤이 디스크에 압력을 가하게 되고, 이로 인해 브레이크가 작동하게 된다.
③ 주차 브레이크는 브레이크 레버를 당기게 되면 브레이크 케이블을 통해 힘이 브레이크로 전달된다.

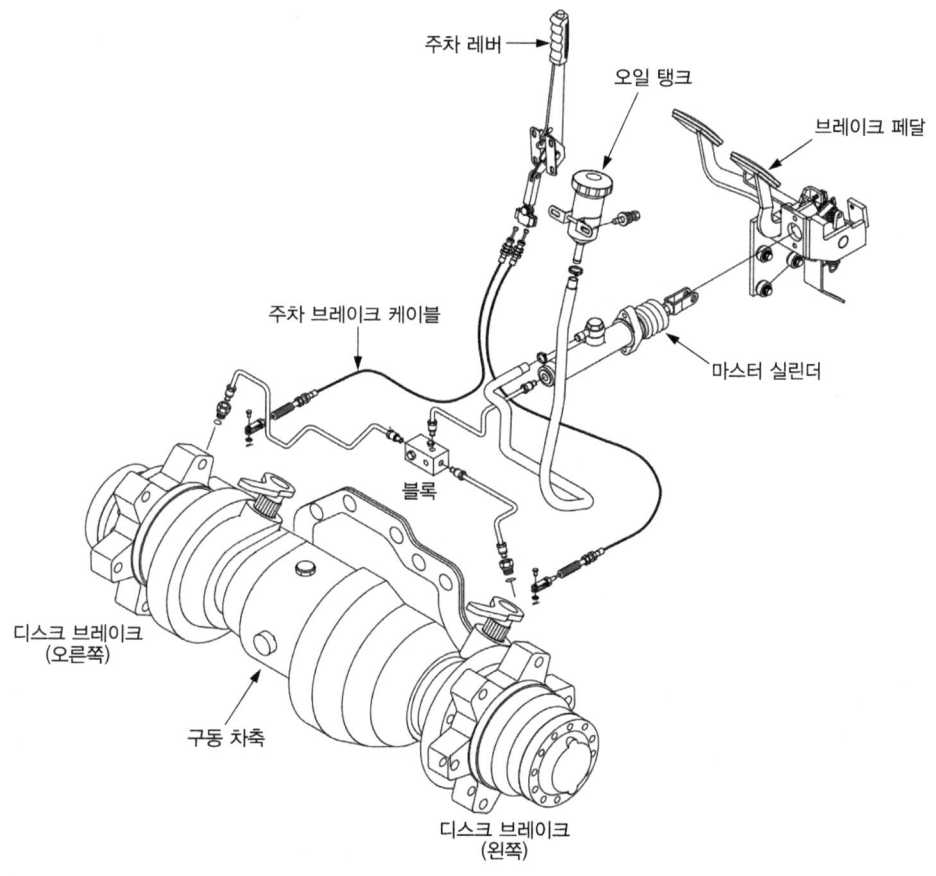

[브레이크 페달 및 파이프]

2) 유압식 조작기구

① **마스터 실린더** : 브레이크 페달을 밟아서 필요한 유압을 발생시키는 부분으로 피스톤과 피스톤 컵, 리턴 스프링 및 체크 밸브 등으로 구성되어 있어 0.6~$0.8kg/cm^2$의 잔압을 유지시킨다.

② **브레이크 페달** : 지렛대 원리를 이용한 것으로 마스터 실린더에 가하는 발의 힘을 적제하여도 제동력은 크게 생기도록 하는 것이 중요하다.

③ **브레이크 파이프 및 호스** : 방청 처리된 3~8mm 강파이프 사용하며, 요동이 심한 곳은 플렉시블 호스(flexible hose)를 사용한다.

3) 디스크 브레이크의 구조와 특징

① **디스크식 브레이크의 구조**
  ㉮ 디스크(disk) : 특수주철로 만들어 휠 허브에 결합되어 바퀴와 함께 회전한다.
  ㉯ 캘리퍼(caliper) : 캘리퍼란 브레이크 실린더와 패드를 구성하고 있는 한 뭉치로 캘리퍼의 양쪽 면에는 브레이크 실린더가 설치되어 있다.
  ㉰ 브레이크 실린더 및 피스톤 : 실린더는 캘리퍼의 좌우에 2개가 결합되어 있으며 피스톤에는 패드가 부착된다.
  ㉱ 패드 : 석면과 레진(resin, 수지)을 혼합하여 소성한 것으로 피스톤에 부착된다.

② **브레이크 드럼의 특징**
  ㉮ 증기폐쇄현상(베이퍼 록)이 적다.
  ㉯ 오일누출이 없다.
  ㉰ 디스크가 노출되어 회전하기 때문에 열변형(熱變形)에 의한 제동력의 저하가 없다.
  ㉱ 디스크와 패드의 마찰 면적이 적기 때문에 패드의 누르는 힘을 크게 할 필요가 있다.
  ㉲ 자기배력작용이 없기 때문에 필요한 조작력이 커진다.
  ㉳ 패드는 강도가 큰 재료를 사용해야 한다.
  ㉴ 부품수가 적고, 중량이 가볍다.

4) 인칭 페달

① 인칭 페달은 전·후진 방향으로 서서히 화물에 접근시키거나 빠른 유압 작동으로 신속히 화물을 상승 또는 적재시킬 때 사용되는 것으로 인칭 조절 기구는 변속기 내부에 있다.

② 인칭 페달을 밟고 엑셀레이터를 밟으면 전진 레버가 앞으로 되어 있어도 앞으로 나가지 않으면서 동력이 포크를 올리는데 전달되므로 포크가 더 빨리 올라가게 된다.

③ 인칭 페달의 초기 스트로크에서는 변속기 컨트롤 밸브의 인칭 스풀 작동으로 유압 클러치가 중립이 됨으로써 인칭 페달의 초기 스트로크로 구동력을 차단하게 되며, 페달을 더욱 깊게 밟음으로써 브레이크가 작동하게 된다.

4 주행장치 구조와 기능

1) 휠(Wheel)

① 휠은 제동 시의 토크, 선회 시의 원심력에 견디며 타이어는 공기 압력을 유지하는 타이어 튜브와 타이어로 구성된다.

② 휠은 크게 림과 휠 디스크 등으로 구성된다. 림은 타이어를 유지하는 부분이고 휠 디스크는 허브에 장착하기 위한 부분이다.

2) 타이어(Tire)

① **타이어의 기능**
  ㉮ 자동차의 하중을 지지한다.
  ㉯ 노면으로부터의 충격을 흡수한다.
  ㉰ 구동력과 제동력을 발휘한다.
  ㉱ 코너링포스를 발생시켜 선회를 가능하게 한다.

② **타이어의 구조**
  ㉮ 트레드(tread) : 타이어가 노면과 접촉하는 부분의 두꺼운 고무층을 말하며 노면과 미끄러짐을 방지하고 방열을 위한 홈(트레드 패턴)이 파여 있다.
  ㉯ 벨트(belt) : 주행 시 외부로부터 받는 충격을 완화하고 트레드의 갈라짐이나 외상이 직접 카커스에 도달하는 것을 방지한다. 또한 노면에 닿는 트레드 부위를 넓게 하여 주행 안정성을 높이는 역할을 한다.
  ㉰ 숄더(shouder) : 트레드와 사이드월 사이에 위치하고 주행 중 내부에서 발생하는 열을 쉽게 발산시킬 수 있도록 설계되어 있다.
  ㉱ 사이드월(side wall) : 타이어의 숄더와 비드(bead) 사이에 해당하는 부분으로서 카커스를 보호하고 유연한 굴신운동을 함으로써 승차감을 좋게 한다. 이 부분에는 타이어의 종류, 규격, 구조, 패턴, 제조회사, 상표명 등 여러 가지 문자가 표시되어 있다.

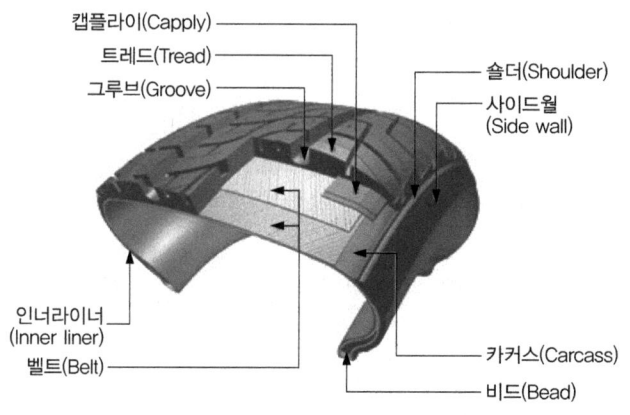

타이어 호칭 치수
- 저압 타이어 : 폭 – 내경 – 플라이수
- 고압 타이어 : 외경 - 폭 - 플라이수

[타이어의 구조]

건설기계 관련 법규

Craftsman Excavating Machine Operator

Lesson 01 건설기계관리법

1 건설기계 등록 및 검사

1) 등록 및 등록의 말소

① **건설기계의 등록** : 건설기계의 소유자는 대통령령이 정하는 바에 따라 건설기계 소유자의 주소지 또는 건설기계의 사용 본거지를 관할하는 특별시장·광역시장·도지사 또는 특별자치도지사(이하 "시·도지사"라 함)에게 건설기계 취득일로부터 2월(전시, 사변, 기타 이에 준하는 국가비상사태 하에서는 5일) 이내에 등록신청을 하여야 한다.

② **등록의 말소**

㉮ 소유자의 신청으로 등록말소
  ㉠ 건설기계가 천재지변 또는 이에 준하는 사고 등으로 사용할 수 없게 되거나 멸실된 경우
  ㉡ 건설기계의 차대가 등록 시의 차대와 다른 경우
  ㉢ 건설기계가 법 규정에 따른 건설기계안전기준에 적합하지 아니하게 된 경우
  ㉣ 건설기계를 수출하는 경우
  ㉤ 건설기계를 도난당한 경우
  ㉥ 건설기계해체재활용업자에게 폐기를 요청한 경우
  ㉦ 구조적 제작결함 등으로 건설기계를 제작자 또는 판매자에게 반품한 경우
  ㉧ 건설기계를 교육·연구목적으로 사용하는 경우
  ㉨ 건설기계를 횡령 또는 편취당한 경우

㉯ 시·도지사의 직권으로 등록말소
  ㉠ 거짓이나 그 밖의 부정한 방법으로 등록을 한 경우
  ㉡ 시·도지사의 정기검사 명령, 수시검사 명령 또는 정비 명령에 따르지 아니한 경우
  ㉢ 건설기계를 폐기한 경우
  ㉣ 내구연한(정밀진단을 받아 연장된 경우에는 그 연장기간)을 초과한 건설기계

③ **소유자가 신청하는 경우 등록말소의 신청 기한**

㉮ 건설기계를 도난당한 경우 : 도난당한 날부터 2개월 이내
㉯ 건설기계를 수출하는 경우 : 수출하는 자가 수출하기 전까지
㉰ 그 밖의 경우 : 사유가 발생한 날부터 30일 이내

2) 임시운행

① **건설기계의 임시운행** : 건설기계는 등록을 한 후가 아니면 이를 사용하거나 운행하지 못한다. 다만, 등록하기 전에 일시적으로 운행할 필요가 있을 경우에는 국토교통부령이 정하는 바에 따라 임시번호표를 제작·부착하여야 하며, 이 경우 건설기계를 제작·수입·조립한 자가 번호표를 제작·부착하며 임시운행 기간은 15일을 초과할 수 없다. 단, 신개발 건설기계를 시험·연구의 목적으로 운행하는 경우 임시운행 허가기간은 3년 이내이다.

② **임시운행 사유**
㉮ 등록신청을 하기 위하여 건설기계를 등록지로 운행하는 경우
㉯ 신규등록검사 및 확인검사를 받기 위하여 건설기계를 검사장소로 운행하는 경우
㉰ 수출을 하기 위하여 건설기계를 선적지로 운행하는 경우
㉱ 수출을 하기 위하여 등록말소한 건설기계를 점검·정비의 목적으로 운행하는 경우
㉲ 신개발 건설기계를 시험·연구의 목적으로 운행하는 경우
㉳ 판매 또는 전시를 위하여 건설기계를 일시적으로 운행하는 경우

3) 건설기계 등록번호표

① 등록된 건설기계에는 국토교통부령이 정하는 바에 의하여 시·도지사의 등록번호표 봉인자 지정을 받은 자에게서 등록번호표의 제작, 부착과 등록번호를 새김한 후 봉인을 받아야 한다.
② 또한, 건설기계 등록이 말소되거나 등록된 사항 중 대통령령이 정하는 사항이 변경된 때에는 등록번호표의 봉인을 뗀 후 그 번호표를 10일 이내에 시·도지사에게 반납하여야 하고 누구라도 시·도지사의 새김 명령을 받지 않고 건설기계 등록번호표를 지우거나 그 식별을 곤란하게 하는 행위를 하여서는 안 된다.

4) 등록의 표지

건설기계 등록번호표에는 등록관청, 용도, 기종 및 등록번호를 표시하여야 한다. 또한, 번호표에 표시되는 모든 문자 및 외곽선은 1.5mm 튀어나와야 한다.

구분		번호표의 색상	등록번호 숫자
비사업용	관용	흰색 바탕에 검은색 문자	0001~0999
	자가용	흰색 바탕에 검은색 문자	1000~5999
대여사업용		주황색 바탕에 검은색 문자	6000~9999

5) 기종별 기호표시

표시	기종	표시	기종
01	불도저	15	콘크리트 펌프
02	굴착기	16	아스팔트 믹싱 플랜트
03	로더	17	아스팔트 피니셔
04	지게차	18	아스팔트 살포기
05	스크레이퍼	19	골재 살포기
06	덤프 트럭	20	쇄석기
07	기중기	21	공기 압축기
08	모터 그레이더	22	천공기
09	롤러	23	항타 및 항발기
10	노상 안정기	24	사리 채취기
11	콘크리트 뱃칭 플랜트	25	준설선
12	콘크리트 피니셔	26	특수 건설기계
13	콘크리트 살포기	27	타워크레인
14	콘크리트 믹서 트럭		

6) 특별표지 부착 대상 대형건설기계

① 길이가 16.7m를 초과하는 건설기계
② 너비가 2.5m를 초과하는 건설기계
③ 높이가 4.0m를 초과하는 건설기계
④ 최소 회전 반경이 12m를 초과하는 건설기계
⑤ 총중량이 40톤을 초과하는 건설기계(다만, 굴착기, 로더 및 지게차는 운전중량이 40톤을 초과하는 경우를 말함)
⑥ 총중량 상태에서 축하중이 10톤을 초과하는 건설기계(다만, 굴착기, 로더 및 지게차는 운전중량 상태에서 축하중이 10톤을 초과하는 경우를 말함)

7) 건설기계검사

건설기계의 소유자는 다음의 구분에 따른 검사를 받은 후 검사증을 교부받아 항상 당해 건설기계에 비치하여야 한다.

① **신규등록검사** : 건설기계를 신규로 등록할 때 실시하는 검사
② **정기검사** : 건설공사용 건설기계로서 3년의 범위 내에서 국토교통부령이 정하는 검사유효기간이

끝난 후에 계속하여 운행하고자 할 때 실시하는 검사와 대기환경보전법에 따른 운행차의 정기검사

③ **구조변경검사** : 등록된 건설기계의 주요 구조나 원동기, 동력전달장치, 제동장치 등 주요 장치를 변경 또는 개조하였을 때 실시하는 검사(사유 발생일로부터 20일 이내에 검사를 받아야 한다)

④ **수시검사** : 성능이 불량하거나 사고가 빈발하는 건설기계의 안전성 등을 점검하기 위하여 수시로 실시하는 검사와 건설기계 소유자의 신청에 의하여 실시하는 검사

● ● 건설기계의 정기검사 유효기간(특수건설기계 제외)

기종	구분	검사유효기간	
		연식 20년 이하	연식 20년 초과
굴착기	타이어식	1년	
로더	타이어식	2년	1년
지게차	1톤 이상	2년	1년
덤프트럭	-	1년	6개월
기중기	-	1년	
모터그레이더	-	2년	1년
콘크리트 믹서트럭	-	1년	6개월
콘크리트펌프	트럭적재식	1년	6개월
아스팔트살포기	-	1년	
천공기	-	1년	
항타 및 항발기	-	1년	
타워크레인	-	6개월	
그 밖의 건설기계 (특수건설기계 제외)	-	3년	1년

8) 정기검사의 신청 및 연기

① **정기검사의 신청**

㉮ 검사 유효기간의 만료일 전후 각각 31일 이내의 기간에 신청한다.

㉯ 건설기계 검사증 사본과 보험가입을 증명하는 서류를 시·도지사에게 제출하여야 한다.

㉰ 검사 대행을 하게 한 경우에는 검사 대행자에게 이를 제출하여야 한다.

② **정기검사의 연기**

㉮ 검사신청기간 만료일까지 정기검사 연기 신청서를 제출한다.

㉯ 연기 신청은 시·도지사 또는 검사 대행자에게 한다.

㉰ 검사 연기를 하는 경우 그 연기 기간은 6월 이내로 한다.

㉱ 정기검사등신청기간 연장 불허통지를 받은 자는 정기검사등신청기간 만료일부터 10일 이내에 검사신청을 해야 한다.

9) 검사장소

① 검사소에서 검사를 받아야 하는 건설기계
- ㉮ 덤프 트럭
- ㉯ 콘크리트 믹서 트럭
- ㉰ 트럭 적재식 콘크리트 펌프
- ㉱ 아스팔트 살포기
- ㉲ 트럭지게차(국토교통부장관이 정하는 특수건설기계인 트럭지게차)

② 건설기계가 위치한 장소에서 검사를 받을 수 있는 경우
- ㉮ 도서지역에 있는 경우
- ㉯ 자체 중량이 40톤을 초과하는 경우
- ㉰ 축하중이 10톤을 초과하는 경우
- ㉱ 너비가 2.5m를 초과하는 경우
- ㉲ 최고 속도가 35km/h 미만인 경우

10) 건설기계의 구조변경 및 범위

① 건설기계의 기종 변경, 육상 작업용 건설기계의 규격 증가 또는 적재함의 용량 증가를 위한 구조변경은 할 수 없다.

② **주요 구조의 변경 및 개조의 범위**
- ㉮ 원동기의 형식 변경
- ㉯ 동력전달 장치의 형식 변경
- ㉰ 제동 장치의 형식 변경
- ㉱ 주행 장치의 형식 변경
- ㉲ 유압 장치의 형식 변경
- ㉳ 조종 장치의 형식 변경
- ㉴ 조향 장치의 형식 변경
- ㉵ 작업 장치의 형식 변경
- ㉶ 건설기계의 길이 · 너비 · 높이 등의 변경
- ㉷ 수상작업용 건설기계의 선체의 형식 변경

2 건설기계조종사 면허

1) 건설기계조종사면허의 결격사유

① 18세 미만인 사람

② 건설기계 조종상의 위험과 장해를 일으킬 수 있는 정신질환자 또는 뇌전증환자로서 국토교통부령으로 정하는 사람

③ 앞을 보지 못하는 사람, 듣지 못하는 사람, 그 밖에 국토교통부령으로 정하는 장애인

④ 건설기계 조종상의 위험과 장해를 일으킬 수 있는 마약·대마·향정신성의약품 또는 알코올중독자로서 국토교통부령으로 정하는 사람

⑤ 건설기계조종사면허가 취소된 날부터 1년(거짓이나 그 밖의 부정한 방법으로 건설기계조종사면허를 받은 경우와 건설기계조종사면허의 효력정지기간 중 건설기계를 조종한 경우의 사유로 인해 취소된 경우에는 2년)이 지나지 아니하였거나 건설기계조종사면허의 효력정지처분 기간 중에 있는 사람

2) 적성검사 기준

① 두 눈을 동시에 뜨고 잰 시력(교정시력을 포함)이 0.7 이상이고 두 눈의 시력이 각각 0.3 이상일 것

② 55데시벨(보청기를 사용하는 사람은 40데시벨)의 소리를 들을 수 있고, 언어분별력이 80퍼센트 이상일 것

③ 시각은 150도 이상일 것

④ 정신병자·지적장애인·뇌전증환자, 마약·대마·향정신성의약품·알코올 중독자가 아닐 것

3) 건설기계조종사면허의 취소·정지처분 기준

위반행위	처분기준
가. 거짓이나 그 밖의 부정한 방법으로 건설기계조종사면허를 받은 경우	취소
나. 건설기계조종사면허의 효력정지기간 중 건설기계를 조종한 경우	취소
다. 건설기계조종사면허의 결격사유에 해당하게 된 경우	취소
라. 건설기계의 조종 중 고의 또는 과실로 중대한 사고를 일으킨 경우	
1) 인명피해	
① 고의로 인명피해(사망·중상·경상 등을 말한다)를 입힌 경우	취소
② 과실로 산업안전보건법에 따른 다음의 중대재해가 발생한 경우 (1) 사망자가 1명 이상 발생한 재해 (2) 3개월 이상의 요양이 필요한 부상자가 동시에 2명 이상 발생한 재해 (3) 부상자 또는 직업성질병자가 동시에 10명 이상 발생한 재해	취소
③ 그 밖의 인명피해를 입힌 경우	
(1) 사망 1명마다	면허효력정지 45일
(2) 중상 1명마다	면허효력정지 15일
(3) 경상 1명마다	면허효력정지 5일
2) 재산피해 : 피해금액 50만원마다	면허효력정지 1일 (90일을 넘지 못함)
3) 건설기계의 조종 중 고의 또는 과실로 가스공급시설을 손괴하거나 가스공급시설의 기능에 장애를 입혀 가스의 공급을 방해한 경우	면허효력정지 180일
마. 건설기계조종사면허증을 다른 사람에게 빌려 준 경우	취소
사. 법 규정을 위반하여 술에 취하거나 마약 등 약물을 투여한 상태에서 조종한 경우	

위반행위	처분기준
1) 술에 취한 상태(혈중알콜농도 0.03% 이상 0.08% 미만)에서 건설기계를 조종한 경우	면허효력정지 60일
2) 술에 취한 상태에서 건설기계를 조종하다가 사고로 사람을 죽게 하거나 다치게 한 경우	취소
3) 술에 만취한 상태(혈중알콜농도 0.08% 이상)에서 건설기계를 조종한 경우	취소
4) 2회 이상 술에 취한 상태에서 건설기계를 조종하여 면허효력정지를 받은 사실이 있는 사람이 다시 술에 취한 상태에서 건설기계를 조종한 경우	취소
5) 약물(마약, 대마, 향정신성 의약품 및 환각물질)을 투여한 상태에서 건설기계를 조종한 경우	취소
아. 정기적성검사를 받지 않고 1년이 지난 경우	취소
자. 정기적성검사 또는 수시적성검사에서 불합격한 경우	취소

4) 건설계조종사면허증의 반납

① 건설기계조종사면허를 받은 자가 반납 사유가 발생하는 때에는 그 사유가 발생한 날부터 10일 이내에 주소지를 관할하는 시장·군수 또는 구청장에게 그 면허증을 반납하여야 한다.

② **면허증의 반납 사유**
  ㉮ 면허가 취소된 때
  ㉯ 면허의 효력이 정지된 때
  ㉰ 면허증의 재교부를 받은 후 잃어버린 면허증을 발견한 때

3 벌칙

1) 2년 이하의 징역 또는 2천만원 이하의 벌금

① 등록되지 아니한 건설기계를 사용하거나 운행한 자
② 등록이 말소된 건설기계를 사용하거나 운행한 자
③ 시·도지사의 지정을 받지 않고 등록번호표를 제작하거나 등록번호를 새긴 자
④ 검사대행자 또는 그 소속 직원에게 재물이나 그 밖의 이익을 제공하거나 제공 의사를 표시하고 부정한 검사를 받은 자
⑤ 건설기계의 주요 구조나 원동기, 동력전달장치, 제동장치 등 주요 장치를 변경 또는 개조한 자
⑥ 무단 해체한 건설기계를 사용·운행하거나 타인에게 유상·무상으로 양도한 자
⑦ 제작결함에 따른 시정명령을 이행하지 아니한 자
⑧ 등록을 하지 아니하고 건설기계사업을 하거나 거짓으로 등록을 한 자
⑨ 등록이 취소되거나 사업의 전부 또는 일부가 정지된 건설기계사업자로서 계속하여 건설기계사업을 한 자

2) 1년 이하의 징역 또는 1천만원 이하의 벌금

① 거짓이나 그 밖의 부정한 방법으로 건설기계 등록을 한 자
② 건설기계의 등록번호를 지워 없애거나 그 식별을 곤란하게 한 자
③ 건설기계의 구조변경검사 또는 수시검사를 받지 아니한 자
④ 건설기계의 정비명령을 이행하지 아니한 자
⑤ 형식승인, 형식변경승인 또는 확인검사를 받지 아니하고 건설기계의 제작등을 한 자
⑥ 제작등을 한 건설기계의 사후관리에 관한 명령을 이행하지 아니한 자
⑦ 내구연한을 초과한 건설기계 또는 건설기계 장치 및 부품을 운행하거나 사용한 자
⑧ 내구연한을 초과한 건설기계 또는 건설기계 장치 및 부품의 운행 또는 사용을 알고도 말리지 아니하거나 운행 또는 사용을 지시한 고용주
⑨ 부품인증을 받지 아니한 건설기계 장치 및 부품을 사용한 자
⑩ 부품인증을 받지 아니한 건설기계 장치 및 부품을 건설기계에 사용하는 것을 알고도 말리지 아니하거나 사용을 지시한 고용주
⑪ 매매용 건설기계의 운행금지 등의 의무를 위반하여 매매용 건설기계를 운행하거나 사용한 자
⑫ 폐기인수 사실을 증명하는 서류의 발급을 거부하거나 거짓으로 발급한 자
⑬ 폐기요청을 받은 건설기계를 폐기하지 아니하거나 등록번호표를 폐기하지 아니한 자
⑭ 건설기계조종사면허를 받지 아니하고 건설기계를 조종한 자
⑮ 건설기계조종사면허를 거짓이나 그 밖의 부정한 방법으로 받은 자
⑯ 소형 건설기계의 조종에 관한 교육과정의 이수에 관한 증빙서류를 거짓으로 발급한 자
⑰ 술에 취하거나 마약 등 약물을 투여한 상태에서 건설기계를 조종한 자와 그러한 자가 건설기계를 조종하는 것을 알고도 말리지 아니하거나 건설기계를 조종하도록 지시한 고용주
⑱ 건설기계조종사면허가 취소되거나 건설기계조종사면허의 효력정지처분을 받은 후에도 건설기계를 계속하여 조종한 자
⑲ 건설기계를 도로나 타인의 토지에 버려둔 자

3) 300만원 이하의 과태료

① 등록번호표를 부착하지 아니하거나 봉인하지 아니한 건설기계를 운행한 자
② 건설기계의 정기검사를 받지 아니한 자
③ 건설기계임대차 등에 관한 계약서를 작성하지 아니한 자
④ 건설기계조종사의 정기적성검사 또는 수시적성검사를 받지 아니한 자
⑤ 시설 또는 업무에 관한 보고를 하지 아니하거나 거짓으로 보고한 자
⑥ 소속 공무원의 검사·질문을 거부·방해·기피한 자
⑦ 중대한 사고 발생 시 제작결함 또는 안전기준 적합여부의 조사를 위해 사고 현장을 출입하는 직원의 출입을 거부하거나 방해한 자

4) 100만원 이하의 과태료

① 수출의 이행 여부를 신고하지 아니하거나 폐기 또는 등록을 하지 아니한 자
② 건설기계에 등록번호표를 부착·봉인하지 아니하거나 등록번호를 새기지 아니한 자
③ 등록번호표를 가리거나 훼손하여 알아보기 곤란하게 한 자 또는 그러한 건설기계를 운행한 자
④ 건설기계 등록번호의 새김명령을 위반한 자
⑤ 건설기계안전기준에 적합하지 아니한 건설기계를 사용하거나 운행한 자 또는 사용하게 하거나 운행하게 한 자
⑥ 검사유효기간이 끝난 날부터 31일이 지난 건설기계를 사용하게 하거나 운행하게 한 자 또는 사용하거나 운행한 자
⑦ 특별한 사정 없이 건설기계임대차 등에 관한 계약과 관련된 자료를 제출하지 아니한 자
⑧ 법에서 정한 건설기계사업자의 의무를 위반한 자
⑨ 안전교육 등을 받지 아니하고 건설기계를 조종한 자

5) 50만원 이하의 과태료

① 등록 전 일시적으로 운행하는 건설기계에 임시번호표를 붙이지 아니하고 운행한 자
② 등록사항의 변경신고를 하지 아니하거나 거짓으로 신고한 자
③ 건설기계 등록의 말소를 신청하지 아니한 자
④ 등록번호표 제작자가 지정받은 사항에 대한 변경 사유가 있음에도 변경신고를 하지 아니하거나 거짓으로 변경신고한 자
⑤ 등록번호표의 반납 사유가 있음에도 등록번호표를 반납하지 아니한 자
⑥ 건설기계의 정비 범위를 위반하여 건설기계를 정비한 자
⑦ 건설기계사업자의 등록 사항 변경신고를 하지 아니하거나 거짓으로 신고한 자
⑧ 건설기계사업자의 지위를 승계하고도 신고를 하지 아니하거나 거짓으로 신고한 자
⑨ 건설기계를 주택가 주변의 도로·공터 등에 세워 두어 교통소통을 방해하거나 소음 등으로 주민의 조용하고 평온한 생활환경을 침해한 자

Lesson 02 도로교통법

1 도로통행방법에 관한 사항

1) 도로교통법의 목적
도로에서 일어나는 교통상의 모든 위험과 장해를 방지하고 제거하여 안전하고 원활한 교통을 확보함을 목적으로 한다.

2) 주요 용어의 정의

용어	설명
자동차전용도로	자동차만 다닐 수 있도록 설치된 도로
고속도로	자동차의 고속 운행에만 사용하기 위하여 지정된 도로
중앙선	차마의 통행 방향을 명확하게 구분하기 위하여 도로에 황색실선 또는 황색점선 등의 안전표시로 표시한 선 또는 중앙분리대나 울타리 등으로 설치한 시설물. 다만, 가변차로가 설치된 경우에는 신호기가 지시하는 진행방향의 가장 왼쪽에 있는 황색점선
차도(車道)	연석선(차도와 보도를 구분하는 돌 등으로 이어진 선), 안전표지나 그와 비슷한 인공구조물을 이용하여 경계(境界)를 표시하여 모든 차가 통행할 수 있도록 설치된 도로의 부분
차로	차마가 한 줄로 도로의 정하여진 부분을 통행하도록 차선(車線)에 의하여 구분되는 차도의 부분
차선	차로와 차로를 구분하기 위하여 그 경계지점을 안전표지에 의하여 표시한 선
보도	연석선, 안전표지나 그와 비슷한 인공구조물로 경계를 표시하여 **보행자**(유모차 및 보행보조용 의자차를 포함)**가 통행**할 수 있도록 한 도로의 부분
길가장자리구역	보도와 차도가 구분되지 아니한 도로에서 보행자의 안전을 확보하기 위하여 안전표지 등으로 경계를 표시한 도로의 가장자리 부분
횡단보도	보행자가 도로를 횡단할 수 있도록 안전표지로 표시한 도로의 부분
교차로	+자로, T자로나 그 밖에 둘 이상의 도로(보도와 차도가 구분되어 있는 도로에서는 차도)가 교차하는 부분
안전표지	도로교통에 관하여 문자·기호 또는 등화를 사용하여 진행·정지·방향전환·주의 등의 신호를 표시하기 위하여 사람이나 전기의 힘으로 조작하는 장치
안전지대	도로를 횡단하는 보행자나 통행하는 차마의 안전을 위하여 안전표지나 이와 비슷한 인공구조물로 표시한 도로의 부분
주차	운전자가 승객을 기다리거나 화물을 싣거나 차가 고장 나거나 그 밖의 사유로 차를 계속 정지 상태에 두는 것 또는 운전자가 차로부터 떠나서 즉시 그 차를 운전할 수 없는 상태에 두는 것
정차	운전자가 5분을 초과하지 아니하고 차를 정지시키는 것으로서 주차 외의 정지 상태
서행	운전자가 차를 즉시 정지시킬 수 있는 정도의 느린 속도로 진행하는 것

앞지르기	차의 운전자가 앞서가는 다른 차의 옆을 지나서 그 차의 앞으로 나가는 것
일시정지	차의 운전자가 그 차의 바퀴를 일시적으로 완전히 정지시키는 것
운전	도로(술에 취한 상태에서의 운전금지, 과로한 때 등의 운전금지, 사고발생 시의 조치 등은 도로 외의 곳을 포함)에서 차를 그 본래의 사용방법에 따라 사용하는 것(조종을 포함)

3) 주행 시 신호 또는 경찰공무원등의 지시 준수

① **신호 또는 지시의 우선 순위**
   ㉮ 도로를 통행하는 보행자와 차마의 운전자는 교통안전시설이 표시하는 신호 또는 지시와 국가경찰공무원·자치경찰공무원 또는 경찰보조자(이하 "경찰공무원등"이라 함)가 하는 신호 또는 지시를 따라야 한다.
   ㉯ 도로를 통행하는 보행자와 모든 차마의 운전자는 교통안전시설이 표시하는 신호 또는 지시와 교통정리를 하는 경찰공무원등의 신호 또는 지시가 서로 다른 경우에는 경찰공무원등의 신호 또는 지시에 따라야 한다.

② **경찰공무원등의 범위(신호 또는 지시에 우선적으로 따라야 하는 사람)**
   ㉮ 교통정리를 하는 국가경찰공무원(전투경찰순경을 포함)
   ㉯ 제주특별자치도의 자치경찰공무원
   ㉰ 국가경찰공무원 및 자치경찰공무원을 보조하는 다음의 사람(경찰보조자)
      ㉠ 모범운전자
      ㉡ 군사훈련 및 작전에 동원되는 부대의 이동을 유도하는 헌병
      ㉢ 본래의 긴급한 용도로 운행하는 소방차·구급차를 유도하는 소방공무원

4) 차로에 따른 통행구분

도로		차로 구분	통행할 수 있는 차종
고속도로 외의 도로		왼쪽 차로	승용자동차 및 경형·소형·중형 승합자동차
		오른쪽 차로	대형 승합자동차, 화물자동차, 특수자동차, 건설기계, 이륜자동차, 원동기장치자전거
고속도로	편도 2차로	1차로	앞지르기를 하려는 모든 자동차. 다만, 차량통행량 증가 등 도로상황으로 인하여 부득이하게 시속 80km 미만으로 통행할 수밖에 없는 경우에는 앞지르기를 하는 경우가 아니라도 통행할 수 있다.
		2차로	모든 자동차
	편도 3차로 이상	1차로	앞지르기를 하려는 승용자동차 및 앞지르기를 하려는 경형·소형·중형 승합자동차. 다만, 차량통행량 증가 등 도로상황으로 인하여 부득이하게 시속 80km 미만으로 통행할 수밖에 없는 경우에는 앞지르기를 하는 경우가 아니라도 통행할 수 있다.
		왼쪽 차로	승용자동차 및 경형·소형·중형 승합자동차
		오른쪽 차로	대형 승합자동차, 화물자동차, 특수자동차, 건설기계

※ 모든 차는 위 표에서 지정된 차로보다 오른쪽에 있는 차로로 통행할 수 있다.
※ 앞지르기를 할 때에는 위 표에서 지정된 차로의 왼쪽 바로 옆 차로로 통행할 수 있다.
※ 도로의 진출입 부분에서 진출입하는 때와 정차 또는 주차한 후 출발하는 때의 상당한 거리 동안은 이 표에서 정하는 기준에 따르지 아니할 수 있다.
※ 위 표에서 사용하는 용어의 뜻은 다음 각 목과 같다.
　가. "왼쪽 차로"란 다음에 해당하는 차로를 말한다.
　　1) 고속도로 외의 도로의 경우 : 차로를 반으로 나누어 1차로에 가까운 부분의 차로. 다만, 차로수가 홀수인 경우 가운데 차로는 제외한다.
　　2) 고속도로의 경우 : 1차로를 제외한 차로를 반으로 나누어 그 중 1차로에 가까운 부분의 차로. 다만, 1차로를 제외한 차로의 수가 홀수인 경우 그 중 가운데 차로는 제외한다.
　나. "오른쪽 차로"란 다음에 해당하는 차로를 말한다.
　　1) 고속도로 외의 도로의 경우 : 왼쪽 차로를 제외한 나머지 차로
　　2) 고속도로의 경우 : 1차로와 왼쪽 차로를 제외한 나머지 차로

5) 도로별, 차로수별 속도

도로 구분			최고속도	최저속도
일반도로	1. 주거지역·상업지역 및 공업지역의 일반도로		• 50km/h 이내 • 단, 시·도경찰청장이 지정한 노선 또는 구간에서는 60km/h 이내	제한 없음
	2. 위 "1"외의 일반도로		• 60km/h 이내 • 단, 편도 2차로 이상의 도로에서는 80km/h 이내	
고속도로	편도 2차로 이상	모든 고속도로	• 100km/h • 단, 적재중량 1.5톤 초과 화물자동차, 특수자동차, 건설기계, 위험물운반자동차는 80km/h	50km/h
		지정·고시한 노선 또는 구간의 고속도로	• 120km/h 이내 • 단, 적재중량 1.5톤 초과 화물자동차, 특수자동차, 건설기계, 위험물운반자동차는 90km/h	50km/h
	편도1차로		80km/h	50km/h
자동차전용도로			90km/h	30km/h

6) 운전할 수 있는 차의 종류

면허 구분		운전할 수 있는 차량
1종	대형면허	• 승용자동차, 승합자동차, 화물자동차 • 건설기계 　- 덤프트럭, 아스팔트살포기, 노상안정기 　- 콘크리트믹서트럭, 콘크리트펌프, 천공기(트럭 적재식) 　- 도로보수트럭, 3톤 미만의 지게차 • 특수자동차(대형견인차, 소형견인차 및 구난차는 제외) • 원동기장치자전거

1종	보통면허	• 승용자동차 • 승차정원 15인 이하의 승합자동차 • 적재중량 12톤 미만의 화물자동차 • 건설기계(도로를 운행하는 3톤 미만의 지게차에 한함) • 총중량 10톤 미만의 특수자동차(구난차등은 제외) • 원동기장치자전거

2 도로표지판

1) 교통안전표지의 종류

안전표지란 교통안전에 필요한 주의·규제·지시 등을 표시하는 표지판이나 도로의 바닥에 표시하는 기호·문자 또는 선 등을 말한다.

종류	설명
주의표지	도로상태가 위험하거나 도로 또는 그 부근에 위험물이 있는 경우에 필요한 안전조치를 할 수 있도록 이를 도로사용자에게 알리는 표지
규제표지	도로교통의 안전을 위하여 각종 제한·금지 등의 규제를 하는 경우에 이를 도로사용자에게 알리는 표지
지시표지	도로의 통행방법·통행구분 등 도로교통의 안전을 위하여 필요한 지시를 하는 경우에 도로사용자가 이를 따르도록 알리는 표지
보조표지	주의표지·규제표지 또는 지시표지의 주 기능을 보충하여 도로사용자에게 알리는 표지
노면표시	• 도로교통의 안전을 위하여 각종 주의·규제·지시 등의 내용을 노면에 기호·문자 또는 선으로 도로사용자에게 알리는 표시 • 노면표시에 사용되는 각종 선에서 점선은 허용, 실선은 제한, 복선은 의미의 강조 • 노면표시의 기본 색상 중 백색은 동일방향의 교통류 분리 및 경계 표시, 황색은 반대방향의 교통류 분리 또는 도로이용의 제한 및 지시, 청색은 지정방향의 교통류 분리 표시에 사용

2) 도로명 주소 개요

① **도로명 주소** : 도로명주소란 부여된 도로명, 기초번호, 건물번호, 상세주소에 의하여 건물의 주소를 표기하는 방식으로, 도로에는 도로명을 부여하고, 건물에는 도로에 따라 규칙적으로 건물번호를 부여하여 도로명과 건물번호 및 상세주소(동·층·호)로 표기하는 주소제도이다.

② **도로명과 건물번호**

㉮ 도로명 : 도로 구간마다 부여한 이름으로 주된 명사에 도로별 구분기준인 대로(8차로 이상), 로(2차로에서 7차로까지), 길('로'보다 좁은 도로)을 붙여서 부여

㉯ 건물번호 : 도로 시작점에서 20m 간격으로 왼쪽은 홀수, 오른쪽은 짝수를 부여

㉰ 도로구간 설정 : 직진성·연속성을 고려, 서→동, 남→북 방향으로 설정

㉱ 건물번호 부여 : 주된 출입구에 인접한 도로의 기초번호 사용 원칙(건물번호 부여 대상은 생활의 근거가 되는 건물)

2) 건물 번호판 및 도로명판

구분	종류 및 의미			
	일반용		관공서용	문화재·관광지용
건물번호판	세종대로 Sejong-daero 209 (도로명/건물번호)	중앙로 35 Jungang-ro	262 중앙로 Jungang-ro	24 보성길 Boseong-gil
	기초번호판		예고명 도로명판	
도로명판	종로 Jong-ro 2345 (도로명/기초번호)		종로 Jong-ro 200m ① 종로 : 현 위치에서 다음에 나타날 도로는 '종로' ② 200m : 현 위치로부터 전방 200m에 예고한 도로가 있음	

3) 도로명판 보는 방법

도로명판	명판의 의미
한방향용 기점 강남대로 1→699 Gangnam-daero	① 강남대로 : 넓은 길, 시작지점을 의미 ② 1→ : 현 위치는 도로 시작점 '1' ③ 1 → 699 : 강남대로는 6.99km(699×10m)
한방향용 종점 1←65 대정로23번길 Daejeong-ro 23beon-gil	① 대정로23번길 : 대정로 시작지점에서부터 약 230m 지점에서 왼쪽으로 분기된 도로 ② ←65 : 현 위치는 도로 끝지점 '65' ③ 1 → 65 : 이 도로는 650m(65×10m)
양 방향용 92 중앙로 96 Jungang-ro	① 중앙로 : 전방 교차 도로는 중앙로 ② 92 : 좌측으로 92번 이하 건물 위치 ③ 96 : 우측으로 96번 이상 건물 위치
앞쪽 방향용 사임당로 250↑92 Saimdang-ro	① 사임당로 : 사임당로의 중간 지점을 의미 ② 92 : 현 위치는 사임당로상의 92번 ③ 92 → 250 : 사임당로의 남은 거리는 1.58km[(250−92)×10m]

3 도로주행 시 안전운전

1) 이상 기후 시의 운행속도

운행속도	이상 기후 상태
최고속도의 100분의 20을 줄인 속도로 운행하여야 하는 경우	• 비가 내려 노면이 젖어 있는 경우 • 눈이 20mm 미만 쌓인 경우
최고속도의 100분의 50을 줄인 속도로 운행하여야 하는 경우	• 폭우 · 폭설 · 안개 등으로 가시거리가 100m 이내인 경우 • 노면이 얼어붙은 경우 • 눈이 20mm 이상 쌓인 경우

2) 도로주행 시 보행자 보호

① 보행자가 횡단보도를 통행하고 있을 때에는 그 횡단보도 앞에서 일시 정지하여야 한다.
② 교차로에서 좌회전 또는 우회전을 하고자 하는 경우에 도로를 횡단하는 보행자의 통행을 방해하여서는 아니 된다.
③ 교차로 또는 그 부근의 도로를 횡단하는 보행자의 통행을 방해하여서는 아니 된다.
④ 안전지대에 보행자가 있는 경우와 차로가 설치되지 아니한 좁은 도로에서 보행자의 옆을 지나는 경우에는 안전한 거리를 두고 서행하여야 한다.
⑤ 보행자가 횡단보도가 설치되어 있지 아니한 도로를 횡단하고 있는 때에는 안전거리를 두고 일시정지하여 보행자로 하여금 안전하게 횡단할 수 있도록 하여야 한다.

3) 일시정지해야 하는 장소 및 상황

① 보도와 차도가 구분된 도로에서 도로 외의 곳을 출입하는 때에는 보도를 횡단하기 직전에 일시정지
② 철길건널목을 통과하고자 하는 때 일시정지
③ 보행자가 횡단보도를 통행하고 있는 때 일시정지
④ 보행자 전용도로 통행시 보행자의 걸음걸이 속도로 운행하거나 일시정지
⑤ 교차로 또는 그 부근에서 긴급자동차가 접근한 때에는 교차로를 피하여 우측 가장자리에 일시정지
⑥ 교통정리가 행하여지고 있지 아니하고 좌 · 우를 확인할 수 없거나 교통이 빈번한 교차로 진입 시 일시정지
⑦ 시 · 도경찰청장이 필요하다고 인정하여 일시정지 표지에 의하여 지정한 곳
⑧ 어린이가 보호자 없이 도로를 횡단하는 때 도로에서 앉아 있거나 서 있는 때 또는 놀이를 하는 때 등 어린이에 대한 교통사고의 위험이 있는 것을 발견한 때
⑨ 앞을 보지 못하는 사람이 흰색 지팡이를 가지거나 맹도견을 동반하고 도로를 횡단하고 있는 때

또는 지하도·육교 등 도로횡단시설을 이용할 수 없는 지체장애인이 도로를 횡단하고 있는 때에는 일시정지

⑩ 적색등화 점멸 시 차마는 정지선이나 횡단보도가 있을 때에는 그 직전이나 교차로의 직전에 일시정지

4) 정차 및 주차가 모두 금지되는 장소

① 교차로·횡단보도·건널목이나 보도와 차도가 구분된 도로의 보도
② 교차로의 가장자리나 도로의 모퉁이로부터 5m 이내인 곳
③ 안전지대가 설치된 도로에서는 그 안전지대의 사방으로부터 각각 10m 이내인 곳
④ 버스여객자동차의 정류지임을 표시하는 기둥이나 표지판 또는 선이 설치된 곳으로부터 10m 이내인 곳
⑤ 건널목의 가장자리 또는 횡단보도로부터 10m 이내인 곳
⑥ 소방용수시설 또는 비상소화장치가 설치된 곳으로부터 5m 이내인 곳
⑦ 어린이 보호구역

5) 주차가 금지되는 장소

① 터널 안 또는 다리 위
② 도로공사를 하고 있는 경우에는 그 공사 구역의 양쪽 가장자리로부터 5m 이내인 곳
④ 다중이용업소의 영업장이 속한 건축물로 소방본부장의 요청에 의하여 시·도경찰청장이 지정한 곳으로부터 5m 이내인 곳
③ 시·도경찰청장이 지정한 곳

6) 타이어식 굴착기의 도로 주행 중 장비 이상 시 조치

① 비상등을 켠다.
② 전·후방 및 변경 차선을 주시하면서 장비를 도로 가장자리로 이동한다.
③ 전조등, 차폭등, 미등과 그 밖의 등화를 켜야 한다.
④ 도로교통법에 따른 고장자동차의 표지(비상 표지)를 세운다.

> **•• 고장자동차의 표지**
> 고장자동차의 표지를 설치하는 경우 그 자동차의 후방에서 접근하는 자동차의 운전자가 확인할 수 있는 위치에 설치하여야 하며, 밤에는 사방 500m 지점에서 식별할 수 있는 적색의 섬광신호, 전기제등 또는 불꽃신호를 추가로 설치한다.

안전관리

Craftsman Excavating Machine Operator

Lesson 01 안전보호구 착용 및 안전장치 확인

1 산업안전 일반

1) 안전관리와 재해

① **안전사고와 재해**
  ㉮ 안전사고 : 고의성이 없는 어떤 불안전한 행동이나 조건이 선행되어 발생하는 사고
  ㉯ 재해(Loss, Calamity) : 안전사고의 결과로 일어난 인명피해 및 재산의 손실
  ㉰ 무재해 사고(near accident, 아차사고) : 인명이나 물적 등 일체의 피해가 없는 사고

② **산업재해의 통계적 분류**
  ㉮ 사망 : 업무로 인해서 목숨을 잃게 되는 경우
  ㉯ 중경상 : 부상으로 인하여 8일 이상의 노동 상실을 가져온 상해 정도
  ㉰ 경상해 : 부상으로 1일 이상 7일 이하의 노동 상실을 가져온 상해 정도
  ㉱ 무상해 사고 : 응급처치 이하의 상처로 작업에 종사하면서 치료를 받는 상해 정도

③ **재해예방의 4원칙**
  ㉮ 손실우연의 원칙 : 사고에 의해서 생기는 손실(상해)의 종류와 정도는 우연적이다.(1 : 29 : 300의 법칙)
  ㉯ 원인계기의 원칙 : 모든 재해는 필연적인 원인에 의해 발생한다.
  ㉰ 예방가능의 원칙 : 모든 재해는 원칙적으로 방지가 가능하다.
  ㉱ 대책선정의 원칙 : 사고의 원인이나 불안전 요소가 발견되면 반드시 대책을 선정하여 실시하여야 한다.

④ **무재해운동의 3원칙**
  ㉮ 무(Zero)의 원칙 : 산재 위험의 잠재요인을 근원적으로 해결하기 위한 원칙
  ㉯ 선취의 원칙 : 위험요인 행동 전에 예지, 발견
  ㉰ 전원참가의 원칙 : 전원(근로자, 회사 내 모든 종업원, 근로자 가족) 참가

2) 재해의 원인

① **직접원인(물적요인)**

㉮ 불안전한 행동(행위) : 위험장소 접근, 안전장치의 기능 제거, 복장·보호구의 잘못 사용, 기계·기구 잘못 사용, 운전 중인 기계장치의 손질, 불안전한 속도 조작, 위험물 취급 부주의, 불안전한 상태 방치, 불안전한 자세 및 동작, 감독 및 연락 불충분

㉯ 불안전한 상태 : 물 자체의 결함, 안전 방호장치 결함, 보호구의 결함, 물의 배치 및 작업장소 결함, 작업환경의 결함, 생산 공정의 결함, 경계표시·설비의 결함

② **간접원인**

㉮ 기술적 원인 : 건물·기계장치 설계 불량, 구조·재료의 부적합, 생산 공정의 부적당, 점검·정비·보존 불량

㉯ 교육적 원인 : 안전의식의 부족, 안전수칙의 오해, 경험훈련의 미숙, 작업방법의 교육 불충분, 유해위험 작업의 교육 불충분

㉰ 관리적 원인 : 안전관리 조직 결함, 안전수칙 미제정, 작업준비 불충분, 인원배치 부적당, 작업지시 부적당

2 산업안전보건법 준수

1) 건설업 기초안전보건교육

① **교육대상 및 시간** : 건설업 일용근로자 - 4시간 이상

② **교육내용**

㉮ 산업안전 및 사고 예방에 관한 사항
㉯ 산업보건 및 직업병 예방에 관한 사항
㉰ 산업안전보건법령 및 산업재해보상보험 제도에 관한 사항
㉱ 직무스트레스 예방 및 관리에 관한 사항
㉲ 직장 내 괴롭힘, 고객의 폭언 등으로 인한 건강장해 예방 및 관리에 관한 사항
㉳ 기계·기구의 위험성과 작업의 순서 및 동선에 관한 사항
㉴ 작업 개시 전 점검에 관한 사항
㉵ 정리정돈 및 청소에 관한 사항
㉶ 사고 발생 시 긴급조치에 관한 사항
㉷ 물질안전보건자료에 관한 사항

③ **교육내용에 따른 시간 구성**

구분	교육내용	시간
공통	산업안전보건법령 주요 내용(건설 일용근로자 관련 부분)	1시간
	안전의식 제고에 관한 사항	
교육 대상별	직업별 위험요인과 안전작업 방법(재해사례 및 예방대책)	2시간
	건설 직종별 건강장해 위험요인과 건강관리	1시간

2) 특별교육 대상 작업별 교육(굴착기 작업 관련)

① 교육대상 및 시간

㉮ 아래 표의 특별교육 대상 작업에 종사하는 일용근로자 : 2시간 이상

㉯ 아래 표의 특별교육 대상 작업에 종사하는 일용근로자를 제외한 근로자
  ㉠ 16시간 이상(최초 작업에 종사하기 전 4시간 이상 실시하고 12시간은 3개월 이내에서 분할하여 실시 가능
  ㉡ 단기간 작업 또는 간헐적 작업인 경우에는 2시간 이상

② 특별교육 대상 작업 및 교육내용

작업명	교육내용
굴착면의 높이가 2m 이상이 되는 지반 굴착(터널 및 수직갱 외의 갱 굴착은 제외)작업	• 지반의 형태 · 구조 및 굴착 요령에 관한 사항 • 지반의 붕괴재해 예방에 관한 사항 • 붕괴 방지용 구조물 설치 및 작업방법에 관한 사항 • 보호구의 종류 및 사용에 관한 사항 • 그 밖에 안전 · 보건관리에 필요한 사항
터널 안에서의 굴착작업 또는 같은 작업 (굴착용 기계를 사용하는 굴착작업 중 근로자가 칼날 밑에 접근하지 않고 하는 작업은 제외)	• 작업환경의 점검 요령과 방법에 관한 사항 • 붕괴 방지용 구조물 설치 및 안전작업 방법에 관한 사항 • 재료의 운반 및 취급 · 설치의 안전기준에 관한 사항 • 보호구의 종류 및 사용에 관한 사항 • 소화설비의 설치장소 및 사용방법에 관한 사항 • 그 밖에 안전 · 보건관리에 필요한 사항
굴착면의 높이가 2m 이상이 되는 암석의 굴착작업	• 폭발물 취급 요령과 대비 요령에 관한 사항 • 안전거리 및 안전기준에 관한 사항 • 방호물의 설치 및 기준에 관한 사항 • 보호구 및 신호방법 등에 관한 사항 • 그 밖에 안전 · 보건관리에 필요한 사항
높이가 2m 이상인 물건을 쌓거나 무너뜨리는 작업(하역기계로만 하는 작업은 제외)	• 원부재료의 취급 방법 및 요령에 관한 사항 • 물건의 위험성 · 낙하 및 붕괴재해 예방에 관한 사항 • 적재방법 및 전도 방지에 관한 사항 • 보호구 착용에 관란 사항 • 그 밖에 안전 · 보건관리에 필요한 사항

3 안전보호구 및 안전장치

1) 안전보호구의 구비 조건

① 착용이 간단하고 착용 후 작업하기가 쉬워야 한다.

② 유해 · 위험요소로부터 보호 성능이 충분해야 한다.

③ 품질이 양호해야 한다.

④ 끝 마무리가 양호해야 한다.

⑤ 외관 및 디자인이 양호해야 한다.

•• 주요 보호구의 종류

보호구	사용 환경
안전모	물체가 떨어지거나 날아올 위험 또는 근로자가 추락할 위험이 있는 작업
안전대	높이 또는 깊이 2m 이상의 추락할 위험이 있는 장소에서 하는 작업
안전화	물체의 낙하·충격, 물체에의 끼임, 감전 또는 정전기의 대전(帶電)에 의한 위험이 있는 작업
보안경	물체가 흩날릴 위험이 있는 작업

2) 안전모

① 안전모의 종류

종류기호	사용 구분	모체의 재질	내전압성
AB	물체의 낙하 또는 비래(날아옴) 및 추락에 의한 위험을 방지 또는 경감시키기 위한 것	합성수지	×
AE	물체의 낙하 또는 비래(날아옴)에 의한 위험을 방지 또는 경감하고, 머리 부위 감전에 의한 위험을 방지하기 위한 것	합성수지 (FRP)	○
ABE	물체의 낙하 또는 비래(날아옴) 및 추락에 의한 위험을 방지 또는 경감하고, 머리 부위 감전에 의한 위험을 방지하기 위한 것	합성수지 (FRP)	○

② 안전모 사용 및 관리

㉮ 작업내용에 적합한 안전모를 착용한다.
㉯ 안전모 착용 시 턱끈을 바르게 한다.
㉰ 충격을 받은 안전모나 변형된 안전모는 폐기 처분한다.
㉱ 자신의 크기에 맞도록 착장제의 머리 고정대를 조절한다.
㉲ 안전모에 구멍을 내지 않도록 한다.
㉳ 합성수지는 자외선에 균열 및 노화가 되므로 자동차 뒷 창문 등에 보관을 하지 않는다.

3) 안전화

① 안전화의 종류

종류	성능 구분
가죽제안전화	물체의 낙하, 충격 또는 날카로운 물체에 의한 찔림 위험으로부터 발을 보호하기 위한 것
고무제안전화	물체의 낙하, 충격 또는 날카로운 물체에 의한 찔림 위험으로부터 발을 보호하고 내수성을 겸한 것
정전기안전화	물체의 낙하, 충격 또는 날카로운 물체에 의한 찔림 위험으로부터 발을 보호하고 정전기의 인체대전을 방지하기 위한 것
발등안전화	물체의 낙하, 충격 또는 날카로운 물체에 의한 찔림 위험으로부터 발 및 발등을 보호하기 위한 것

② 안전화의 등급

등급	사용 장소
중(重)작업용	광업, 건설업 및 철광업등에서 원료취급, 가공, 강재취급 및 강재 운반, 건설업 등에서 중량물 운반작업, 가공대상물의 중량이 큰 물체를 취급하는 작업장으로서 날카로운 물체에 의해 찔릴우려가 있는 장소
보통(普通)작업용	기계공업, 금속가공업, 운반, 건축업 등 공구 가공품을 손으로 취급하는 작업 및 차량 사업장, 기계 등을 운전조작하는 일반작업장으로서 날카로운 물체에 의해 찔릴우려가 있는 장소
경(輕)작업용	금속 선별, 전기제품 조립, 화학제품 선별, 반응장치 운전, 식품 가공업 등 비교적 경량의 물체를 취급하는 작업장으로서 날카로운 물체에 의해 찔릴우려가 있는 장소

4) 안전대

① 안전대의 종류

종류	사용 구분	비고
벨트식, 안전그네식	1개 걸이용	추락방지대 및 안전블록은 안전그네식에만 적용 함
	U자 걸이용	
	추락방지대	
	안전블록	

② 안전대의 용도
- ㉮ 작업 제한 : 개구부 또는 측면이 개방 형태로 추락할 위험이 있는 경우 작업자의 행동반경을 제한하여 추락 방지
- ㉯ 작업자세 유지 : 전신주 작업 등에서 작업 시 작업을 할 수 있는 자세를 유지시켜 추락 방지
- ㉰ 추락 억제 : 철골 구조물 또는 비계작업 중 추락 시 충격흡수장치가 부착된 죔줄을 사용하여 추락 하중을 신체에 고루 분산하여 추락 하중 감소

> •• 안전대의 용어
> • 벨트 : 신체지지의 목적으로 허리에 착용하는 띠 모양의 부품
> • 안전그네 : 신체지지의 목적으로 전신에 착용하는 띠 모양의 것으로서 상체 등 신체 일부분만 지지하는 것은 제외

4) 캡이 설치된 굴착기의 조종실 조종사 보호구조

① **운전중량 1,500kg을 초과하는 굴착기** : 위쪽 또는 앞쪽에서 접근하는 물체로부터 조종사를 보호하는 가드를 설치할 수 있는 구조일 것

② **운전중량 1,500kg 초과, 6,000kg 이하인 굴착기** : 전도시에 좌석안전띠를 착용한 상태의 조종사를 보호하기 위하여 전도보호구조를 설치할 것

Lesson 02 위험요소 확인

1 안전표시

1) 안전보건표지의 색채

① **금지표지** : 바탕은 흰색, 기본모형은 빨간색, 관련 부호 및 그림은 검은색
② **경고표지** : 바탕은 노란색, 기본모형, 관련 부호 및 그림은 검은색. 다만, 인화성물질 경고, 산화성물질 경고, 폭발성물질 경고, 급성독성물질 경고, 부식성물질 경고 및 발암성·변이원성·생식독성·전신독성·호흡기과민성물질 경고의 경우 바탕은 무색, 기본모형은 **빨간색**(검은색도 가능)
③ **지시표지** : 바탕은 파란색, 관련 그림은 흰색
④ **안내표지** : 바탕은 흰색, 기본모형 및 관련 부호는 녹색 또는 바탕은 녹색, 관련 부호 및 그림은 흰색
⑤ **출입금지표지** : 글자는 흰색바탕에 흑색. 단, 다음 글자는 적색
　㉮ ○○○제조/사용/보관 중
　㉯ 석면취급/해체 중
　㉰ 발암물질 취급 중

2) 안전보건표지의 색채, 색도기준 및 용도

색채	색도기준	용도	사용례
빨간색	7.5R 4/14	금지	정지신호, 소화설비 및 그 장소, 유해행위의 금지
빨간색	7.5R 4/14	경고	화학물질 취급장소에서의 유해·위험 경고
노란색	5Y 8.5/12	경고	화학물질 취급장소에서의 유해·위험 경고 이외의 위험 경고, 주의 표지 또는 기계방호물
파란색	2.5PB 4/10	지시	특정 행위의 지시 및 사실의 고지
녹색	2.5G 4/10	안내	비상구 및 피난소 사람 또는 차량의 통행 표시
흰색	N9.5	–	파란색 또는 녹색에 대한 보조색
검은색	N0.5	–	문자 및 빨간색 또는 노란색에 대한 보조색

3) 안전보건표지의 종류

금지표시	출입금지	보행금지	차량통행금지	사용금지	탑승금지	금연	화기금지	물체이동금지	
경고표시	인화성 물질경고	산화성 물질경고	폭발성 물질경고	급성독성 물질경고	부식성 물질경고	방사성 물질경고	고압전기 경고	매달린 물체경고	
	낙하물 경고	고온 경고	저온 경고	몸균형 상실경고	레이저 광선경고	발암성 · 변이원성 · 생식독성 · 전신독성 · 호흡기 과민성물질 경고			위험장소 경고
지시표시	보안경 착용	방독마스크 착용	방진마스크 착용	보안면 착용	안전모 착용	귀마개 착용	안전화 착용	안전장갑 착용	안전복 착용
안내표시	녹십자 표시	응급구호 표지	들것	세안장치	비상용 기구	비상구	좌측 비상구	우측 비상구	

2 안전수칙

1) 안전수칙 일반

① 안전보호구 지급 착용
② 안전 · 보건표지 부착
③ 안전 보건교육 실시
④ 안전작업 절차 준수

2) 반드시 신호수를 배치해야 하는 경우

① 차량계 건설기계 작업 시 근로자에게 위험이 미칠 우려가 있는 경우
② 운전 중인 건설기계에 접촉되어 근로자가 부딪칠 위험이 있는 장소
③ 지반의 부동 침하와 및 갓길 붕괴 위험이 있을 경우
④ 근로자를 출입시키는 경우

3 위험요소

1) 위험요소 파악

① 굴착기 주기 상태 파악
② 굴착기 작업 반경 내의 위험요소 확인
③ 주변 시설물의 위치 확인

2) 굴착기 작업 시 위험요소와 대책

위험요소	대책
무자격 운전자 운전 중	• 면허 보유자 운전
암 파쇄 등 작업 시 비산석 발생 위험	• 운전석 유리에 비산석 방지를 위한 렉산시트 철망 설치, 유압 라인 패드 설치로 손상 방지
장비 주변 근로자 접근 시 충돌, 협착 위험	• 신호수 배치, 경광등, 접근 금지 표지판 부착 • 사각 지대 후방 카메라 설치로 운전원 시야 확보
경사지, 단부(시작 또는 끝부분) 작업 시 장비 전도 위험	• 쇼바 잠금장치, 삽을 지면에 내리고 굴착 단부 근접 운행금지 • 무한궤도의 경우 작업면과 직각으로 작업
스윙 시 주변 구조물 파손, 지장물 손괴	• 주변 지장물 사전 확인(전봇대, 케이블 등) • 지하 지장물 파악
굴착기 붐 개조에 의한 전도 위험	• 붐 길이를 길게 할 경우 전도 위험이 높으므로 개조 금지, 전도 위험 검토
붐, 퀵 커플러 등 안전핀 미설치로 인한 낙하 위험	• 규정 안전핀 설치, 핀 이탈 방지핀 설치
굴착기를 양중 및 견인용으로 사용 시 위험	• 전도 위험 고려 적정 하중 검토 • 원칙적으로 용도 외 사용 금지 • 근로자 탑승 금지
버킷 낙하 위험	• 버킷 이탈 방지를 위한 퀵 커플러 안전핀 체결 • 자재 양중작업 시 후크 해지 장치 설치
붐대 유압 라인 누유로 인한 불시 낙하 위험	• 유압 라인 연결부 누유 상태 확인

Lesson 03 안전운반 작업

1. 장비사용설명서

1) 장비사용설명서 개요
장비 제작사에서 장비와 함께 공급되는 장비사용설명서(Operator manual)는 장비의 제원, 각 장치의 그림, 각 부분의 중량, 기술 자료, 운전 방법, 작동 방법, 작동 시 유의 사항, 윤활유 사양 및 주유 위치, 작업 시 안전 유의 사항, 예방 정비 및 고장 시 긴급조치 사항 등이 포함되어 있다.

2) 장비사용설명서의 종류
① **운전자 매뉴얼** : 안전수칙, 운행상의 주의사항, 시동 및 운전 절차를 포함한 장비의 구조와 기능, 정비, 고장진단 및 대책 등 운전자가 알아야 할 전반적인 사항을 수록한 지침서이다.
② **장비사용 매뉴얼** : 굴착기의 올바른 사용을 통해 그 성능을 최상의 상태로 유지하며 작업효율을 증대시키기 위해 필요한 지침서이다.
③ **정비(사용) 지침서** : 장비의 일반사항 및 작동원리, 제원 및 규정값, 고장진단, 부품구성도, 정비 및 수리 등에 대한 내용을 도해와 함께 종합적으로 수록한 지침서이다.

2. 안전운반

1) 제한속도의 지정
① 차량계 건설기계(최대제한속도가 시속 10km 이하인 것은 제외)를 사용하여 작업을 하는 경우 미리 작업장소의 지형 및 지반 상태 등에 적합한 제한속도를 정하고, 운전자로 하여금 준수하도록 하여야 한다.
② 운전자는 제한속도를 초과하여 운전해서는 아니 된다.

2) 운전위치 이탈 시의 조치
① 포크, 버킷, 디퍼 등의 장치를 가장 낮은 위치 또는 지면에 내려 둘 것
② 원동기를 정지시키고 브레이크를 확실히 거는 등 갑작스러운 주행이나 이탈을 방지하기 위한 조치를 할 것
③ 운전석을 이탈하는 경우에는 시동키를 운전대에서 분리시킬 것(다만, 운전석에 잠금장치를 하는 등 운전자가 아닌 사람이 운전하지 못하도록 조치한 경우에는 예외)

2) 기타 사항
① 운전 중인 차량계 건설기계에 접촉되어 근로자가 부딪칠 위험이 있는 장소에 근로자를 출입시키지 말 것(단, 유도자를 배치하고 해당 차량계 건설기계를 유도하는 경우에는 예외)
② 승차석이 아닌 위치에 근로자를 탑승시키지 말 것

3. 작업안전 및 기타 안전사항

1) 작업안전

① **전조등 설치** : 차량계 건설기계에 전조등을 갖추어야 한다. 다만, 작업을 안전하게 수행하기 위하여 필요한 조명이 있는 장소에서 사용하는 경우에는 그러하지 아니하다.

② **전도 등의 방지** : 차량계 건설기계를 사용하는 작업할 때에 그 기계가 넘어지거나 굴러떨어짐으로써 근로자가 위험해질 우려가 있는 경우에는 다음의 조치를 하여야 한다.
  ㉮ 유도자 배치
  ㉯ 지반의 부동침하 방지
  ㉰ 갓길의 붕괴 방지
  ㉱ 도로 폭의 유지

③ **안전도 등의 준수** : 차량계 건설기계를 사용하여 작업을 하는 경우 그 차량계 건설기계가 넘어지거나 붕괴될 위험 또는 붐·암 등 작업장치가 파괴될 위험을 방지하기 위하여 그 기계의 구조 및 사용상 안전도 및 최대사용하중을 준수하여야 한다.

④ **주용도 외의 사용 제한** : 차량계 건설기계를 그 기계의 주된 용도에만 사용하여야 한다. 다만, 근로자가 위험해질 우려가 없는 경우에는 그러하지 아니하다.

⑤ **붐 등의 강하에 의한 위험 방지** : 차량계 건설기계의 붐·암 등을 올리고 그 밑에서 수리·점검작업 등을 하는 경우 붐·암 등이 갑자기 내려옴으로써 발생하는 위험을 방지하기 위하여 해당 작업에 종사하는 근로자에게 안전지지대 또는 안전블록 등을 사용하도록 하여야 한다.

⑥ **수리 등의 작업 시 조치** : 차량계 건설기계의 수리나 부속장치의 장착 및 제거작업을 하는 경우 그 작업을 지휘하는 사람을 지정하여 다음의 사항을 준수하도록 하여야 한다.
  ㉮ 작업순서를 결정하고 작업을 지휘할 것
  ㉯ 안전지지대 또는 안전블록 등의 사용상황 등을 점검할 것

2) 차량계 건설기계의 이송

차량계 건설기계를 이송하기 위해 자주 또는 견인에 의해 화물자동차 등에 싣거나 내리는 작업을 할 때에 발판·성토 등을 사용하는 경우에는 해당 차량계 건설기계의 전도 또는 굴러 떨어짐에 의한 위험을 방지하기 위해 다음의 사항을 준수해야 한다.

① 싣거나 내리는 작업은 평탄하고 견고한 장소에서 할 것
② 발판을 사용하는 경우에는 충분한 길이·폭 및 강도를 가진 것을 사용하고 적당한 경사를 유지하기 위하여 견고하게 설치할 것
③ 자루·가설대 등을 사용하는 경우에는 충분한 폭 및 강도와 적당한 경사를 확보할 것

Lesson 04 장비 안전관리

1. 장비 안전관리

1) 굴착기 안전기준

① **등판능력 및 제동능력**: 100분의 25(무한궤도식 굴착기는 100분의 30) 기울기의 견고한 건조 지면을 올라갈 수 있고, 정지상태를 유지할 수 있는 제동장치 및 제동장금장치를 갖추어야 한다.

② **굴착기의 디퍼 등**: 디퍼 및 크람셀 버킷은 균열이나 손상된 곳이 없어야 하고, 디퍼도어는 원활하게 개폐되어야 한다.

③ **굴착잠금장치**: 굴착잠금장치는 굴착 작업 중 차체 이동을 방지할 수 있어야 하고, 굴착 반발력에 대응할 수 있는 잠금장치 또는 브레이크의 기능을 가진 구조여야 하며, 주행 제동장치로서 이를 겸용할 수 있다.

④ **붐과 암**
  ㉮ 붐(boom): 상부선회체의 앞쪽에 연결핀으로 설치되어 암 및 버킷 등을 지지하고 굴착시의 충격에 견딜 수 있도록 균열, 만곡 및 절단된 곳이 없어야 한다.
  ㉯ 암(arm): 버킷과 붐을 연결하는 구조로 굴착시의 충격에 견딜 수 있어야 한다.

⑤ **좌우의 안정도**: 타이어식 굴착기는 견고한 땅 위에서 자체중량 상태로 좌우로 25°까지 기울여도 넘어지지 않는 구조이어야 한다. 이 경우 굴착기의 자세는 주행자세로 한다.

⑥ **버킷 기울기의 변화량**: 최대작업반경 상태에서 버킷 끝단의 기울기의 변화량이 10분당 5°이내이어야 한다.

⑦ **선회주차브레이크**
  ㉮ 선회할 때 작업의 안전을 위해 선회주차브레이크를 설치해야 한다.
  ㉯ 선회주차브레이크는 선회조작이 중립에 위치할 때 자동으로 제동되어야 하며, 엔진이 가동되는 상태나 정지된 상태에서도 제동기능을 유지하여야 한다.

⑧ **센터조인트**: 센터조인트는 회전부 중심에 설치하며, 상부 및 하부의 유압기기가 선회 중에도 송유(送油) 가능한 구조로서, 굴착 작업을 할 때 발생하는 하중 및 유압의 변동에 대하여 견딜 수 있는 구조여야 한다.

2) 퀵커플러 설치 기준

굴착기 버킷의 결합 및 분리를 신속하게 할 수 있는 퀵커플러를 설치하는 경우 다음의 기준에 적합해야 한다.

① 버킷 잠금장치는 이중 잠금으로 할 것
② 유압잠금장치가 해제된 경우 조종사가 알 수 있을 정도로 충분한 크기의 경고음이 발생되는 장치를 설치할 것

③ 퀵커플러에 과전류가 발생할 때 전원을 차단할 수 있어야 하며, 작동스위치는 조종사의 조작에 의해서만 작동되는 구조일 것

3) 그 밖의 굴착기 안전기준

① 건설기계 차체에는 해당 건설기계의 제원표를 정해진 기준에 따라 보기 쉬운 위치에 부착하여야 한다.
② 굴착기 등 선회하면서 작업할 수 있는 건설기계에는 "작업 반경 내 접근금지"라는 표지를 그 후면에 부착하거나 표시해야 한다.
③ 건설기계에는 능력단위 1 이상의 ABC 소화기 1개 이상 설치하여야 한다.
④ 타이어식 건설기계에는 후진하는 순간부터 정지할 때까지 건설기계 뒷부분 및 주변에 있는 사람이 인지할 수 있는 충분한 크기의 경고음이 발생하는 장치를 설치하여야 한다.
⑤ 건설기계 조종 중 조종사의 손이 닿기 쉬운 치차, 냉각팬, 그 밖의 위험한 부분에는 안전한 덮개를 씌우는 등 적절한 안전장치를 하여야 한다.
⑥ 굴착기의 출입구에는 승하차용 손잡이와 발판을 설치하고, 출입구 제1단 발판의 높이는 지면으로부터 70cm 이하로 하며, 발판의 표면은 거친 면으로 하거나 미끄러지지 않도록 해야 한다.
⑦ 전복보호구조 또는 전보호보구조를 장착한 건설기계와 시속 30km 이상의 속도를 낼 수 있는 타이어식 건설기계에는 좌석안전띠를 설치하여야 한다.
⑧ 타이어식 건설기계(비자주식은 제외)에는 좌우 및 후방의 교통상황 또는 작업 상황을 확인할 수 있도록 후사경을 2개 이상 설치하여야 한다.
⑨ 타이어식 건설기계에는 전조등, 제동 등, 후부반사기 등의 조명장치를 설치하여야 한다.

2 작업요청서

1) 작업 목적 파악

① **작업 종류 및 작업 공정 파악** : 전반적인 작업 종류, 절차 및 작업 공정을 확인한다.
② **작업 지시 사항 파악** : 작업계획서, 작업지시서를 받아 전반적인 작업 물량, 작업 일정, 연계 작업 내용, 작업 기간 등을 확인한다.
③ **작업 대상물의 종류 파악** : 필요한 작업 장치를 준비하기 위해 작업 대상물의 종류를 확인한다.
④ **작업 주변 여건 파악** : 작업 지시 사항에 따라 작업 주변 여건을 파악한다.
⑤ **작업 시 준수 사항 확인** : 작업지시서 및 공사 담당자의 요청 사항 등을 파악하여 기타 필요 준수 사항을 확인한다.

2) 작업 공정 파악

① **공정표 내용 확인** : 작업 종류 및 작업 공정을 파악하기 위해 공정표 내용을 확인하고 굴착기 해당 작업을 확인한다.

② **작업장소와 운행경로 파악** : 도면에 따라 굴착기 위치, 작업 이동 경로, 토사 운반 이동 적치, 현장 위치, 작업 범위 등을 파악한다.
③ **작업 방법 및 순서 파악** : 작업 방법인 터파기, 깎기, 쌓기, 메우기를 파악하여야 한다.

3) 작업 지시 사항 파악

① 작업의 종류를 파악한다.(터파기, 암반 굴착 작업, 건축물 철거 작업 등 작업 종류 및 작업 공종 파악)
② 작업량과 작업 기간을 파악한다.
③ 작업 장소의 넓이 및 지형을 파악한다.(면적, 지반의 평탄 상태, 지반의 다짐 상태 파악)
④ 장비 위치 및 작업 진행 방향을 파악한다.
⑤ 운반 경로, 운반로 주요 사항(노폭, 경사도)을 확인한다.
⑥ 지장물(지상, 지하)의 위치를 파악한다.
⑦ 중점 안전 관리 사항을 관리한다.

4) 작업 대상물의 종류 및 주변 여건 파악

① **작업 대상물의 종류 파악**
  ㉮ 굴착기 작업 대상물에 따라 장착해야 하는 작업 장치가 달라지므로 토사, 골재, 암, 건설 폐기물, 광석, 식재 등 작업 전 작업 대상물이 무엇인지 정확하게 파악한다.
  ㉯ 작업 대상물의 크기, 비중, 체적 변화율을 확인한다.
② **작업 주변 여건 파악**
  ㉮ 장비의 주변 상황을 파악한다.
  ㉯ 주변 지세를 파악한다.

• • **작업의 종류를 고려한 작업장치**

작업장치	작업의 종류
버킷	도랑 파기 및 자재 처리 작업
– 범용 버킷	강도가 높지 않은 작업물 굴착
– 고강도 버킷	점토와 자갈과 같이 밀도가 높은 작업물 굴착
– 록(rock) 버킷	날카롭게 부서진 작업물 굴착
– 초고강도 버킷	암석과 같은 작업물 굴착
– 고랑 파기용 고정 버킷	진흙과 부드러운 작업물 굴착
디칭 버킷	지반 고르기, 조경 작업, 정리 작업, 도랑 작업, 메우기 작업
유압 썸	자재 쌓기, 인양, 운송, 적재 및 상차 작업
브레이커	암석, 콘크리트 등의 파쇄
크러셔	건축물 철거

3 장비안전관리교육

1) 위험예지 훈련교육
① 작업 중에 발생할 수 있는 위험요인을 사전에 파악하여 그에 알맞은 대책을 세워 작업 전 위험요인에 대한 해결책을 강구하기 위한 훈련이다.
② 위험예지 훈련 4단계
　㉮ 제1단계 – 현상파악 : 작업 현장에 어떤 위험이 잠재하고 있는지, 위험에 대한 현상을 파악한다.
　㉯ 제2단계 – 본질추구 : 발견한 위험 포인트 중에서 가장 위험한 사항을 선정한다.
　㉰ 제3단계 – 대책수립 : 위험도가 높은 상황에 대하여 구체적인 대책을 수립한다.
　㉱ 제4단계 – 목표설정 : 대책을 수립한 사항 중 중점 실시 항목을 요약하여 최종적으로 목표설정을 한다.

2) 사고 발생 시 대응조치 교육
① **사고 발생 신고자**
　㉮ 사고 발생 사실 전파 및 사고 현장 접근 금지 경고 안내를 한다.
　㉯ 부상자 발생 시 사고 현장에서 안전하게 대피시키고 응급조치를 실시한다.
　㉰ 안전이 확보되는 범위 내에서 초동대응을 실시한다.
　　㉠ 화재 발생 시 : 소화기 또는 소화전으로 소화한다.
　　㉡ 가스 누출 시 : 가스 밸브를 잠그고 실내를 환기한다.
　　㉢ 약품 누출 시 : 실내를 환기한다.
　㉱ 관련 부서 및 시설관리담당부서에 사고 발생 사실을 통보한다.
② **현장관리자**
　㉮ 안전이 확보되는 범위에서 사고 확대 방지 조치를 한다.
　㉯ 사고 현장 내 다른 작업자의 출입을 통제한다.
　㉰ 관련 부서에 사고 발생 사실에 대한 상황을 보고한다.
③ **안전담당자**
　㉮ 다른 작업자의 사고 현장에 대한 출입을 제한한다.
　㉯ 사고 현장 확인과 현장관리자를 면담하여 사고 상황을 파악한다.
　㉰ 사고 현장을 조사하고 촬영한다.
　㉱ 사고 피해자를 면담하여 피해자의 상태를 파악한다.
　㉲ 사고조사보고서를 작성하여 보고한다.

4 기계 · 기구 및 공구에 관한 사항

1) 스패너 및 렌치 사용
① 스패너의 입이 너트 폭과 맞는 것을 사용하고 입이 변형된 것은 사용치 않는다.

② 스패너를 너트에 단단히 끼워서 앞으로 잡아당길 때 힘이 걸리도록 한다.
③ 스패너를 두 개로 연결하거나 자루에 파이프를 이어 사용해서는 안 된다.
④ 멍키 렌치는 웜과 랙의 마모에 유의하여 물림 상태를 확인한 후 사용한다.
⑤ 멍키 렌치는 아래 턱 방향으로 돌려서 사용한다.
⑥ 복스 렌치는 볼트, 너트 주위를 완전히 감싸게 되어 사용 중에 미끄러지지 않는다.
⑦ 토크 렌치는 볼트나 너트의 조임력을 규정값에 정확히 맞추기 위해 사용하며, 오픈 엔드 렌치는 연료 파이프 피팅을 풀고 조일 때 사용한다.

2) 해머 작업

① 자루가 꺾여질 듯하거나 타격면이 닳아 경사진 것은 사용하지 않는다.
② 쐐기를 박아서 자루가 단단한 것을 사용한다.
③ 작업에 맞는 무게의 해머를 사용하고 또 주위상황을 확인하고 한 두 번 가볍게 친 다음 본격적으로 두들긴다.
④ 장갑이나 기름 묻은 손으로 자루를 잡지 않는다.
⑤ 재료에 변형이나 요철이 있을 때 해머를 타격하면 한쪽으로 튕겨서 부상당할 수 있으므로 주의한다.
⑥ 담금질한 것은 함부로 두들겨서는 안 된다.
⑦ 물건에 해머를 대고 몸의 위치를 정하여 발을 힘껏 딛고 작업한다.
⑧ 처음부터 크게 휘두르지 않고 목표에 잘맞기 시작한 후 차차 크게 휘두른다.

3) 정 작업

① 머리가 벗겨진 정은 사용하지 않는다.
② 정 머리에 기름이 묻어 있으면 깨끗이 닦아내고 사용한다.
③ 날끝이 결손된 것이나 둥글어진 것은 사용하지 않는다.
④ 방진안경을 착용하며 반대편의 차폐막을 설치한다.
⑤ 정 작업은 처음에는 가볍게 두들기고 목표가 정해진 후에 차츰 세게 두들긴다. 또 작업이 끝날 때는 타격을 약하게 한다.
⑥ 담금질한 재료를 정으로 쳐서는 안 된다.
⑦ 절삭 면을 손가락으로 만지거나 절삭 칩을 손으로 제거하지 않도록 한다.

4) 연삭기 작업의 안전수칙

① 안전모, 안전화, 보안경, 귀마개, 가죽장갑 등의 개인보호구를 반드시 착용하고 작업을 실시해야 한다.
② 가공물 등이 절단되거나 절삭편이 날아오는 등 근로자가 위험해질 우려가 있는 기계에는 덮개 또는 울 등을 설치해야 한다.

③ 연삭작업을 하는 연삭기와 같은 고정형, 이동형 또는 휴대형 전동 기계·기구의 노출된 비충전 금속체에는 접지를 실시해야 한다.
④ 회전 중인 연삭숫돌이 근로자에게 위험을 미칠 우려가 있는 경우에 그 부위에 덮개를 설치해야 한다.
⑤ 연삭숫돌을 사용하는 작업의 경우에는 작업을 시작하기 전에는 1분 이상, 연삭숫돌을 교체한 후에는 3분 이상 시험운전을 하고 해당 기계에 이상이 있는지를 확인해야 한다.
⑥ 연삭숫돌은 지정장소에 보관하고 운반이나 교체 시 충격이 가지 않도록 유의한다.
⑦ 연삭숫돌은 작업시작 전에 결함이 있는지를 확인한 후 사용해야 한다.
⑧ 연삭숫돌의 최고 사용 회전속도를 초과하여 사용하도록 해서는 안 된다.
⑨ 연삭작업 시 안전모, 보안경, 가죽장갑, 귀마개 등 개인보호구를 반드시 착용한다.
⑩ 연삭숫돌은 규격에 맞는 것을 사용하며 절단속도 이내에서 작업한다.
⑪ 인화성 물질 주변에서의 연삭작업은 금지한다.
⑫ 작업장소 주위에는 다른 작업자가 접근하지 못하도록 통제한다.
⑬ 작업을 중지하거나 종료 시에는 전원 스위치를 끄고 연삭숫돌이 정지되지 않은 상태에서는 접촉을 금지한다.

5) 드릴 사용 시 주의사항

① 회전하고 있는 주축이나 드릴에 손이나 걸레를 대거나 머리를 가까이하지 말아야 한다.
② 드릴을 사용 전에 점검하고 상처나 균열이 있는 것은 사용하지 않는다.
③ 가공 중에 드릴의 절삭분이 불량해지고 이상음이 발생하면 중지하고 즉시 드릴을 바꾼다.
④ 가공 중 드릴이 깊이 먹어 들어가면 기계를 멈추고 손돌리기로 드릴을 뽑아낸다.
⑤ 드릴이나 척을 뽑을 때는 되도록 주축을 내려서 낙하거리를 적게 하고 테이블 등에 나무조각 등을 놓고 받는다.
⑥ 레이디얼 드릴머신은 작업 중 컬럼(column)과 암(arm)을 확실하게 체결하여 암을 선회시킬 때 주위에 조심하고 정지 시는 암을 베이스의 중심 위치에 놓는다.
⑦ 면장갑을 착용해서는 절대로 안 된다.
⑧ 작은 가공물이라도 가공물을 손으로 고정시키고 작업해서는 안 된다.
⑨ 가공물이 관통될 즈음에는 알맞게 힘을 가해야 한다.
⑩ 드릴 끝이 가공물을 관통하였는가 손으로 확인해서는 안 된다.
⑪ 가공물을 이동시킬 때에는 드릴 날에 손이나 가공물이 접촉되지 않도록 드릴을 안전한 위치에 올려두고 작업해야 한다.
⑫ 드릴 회전 중 칩을 제거하는 것은 위험하므로 절대 금해야 한다.
⑬ 드릴을 척에 고정시킬 때 유동이 되지 않도록 고정시켜야 한다. 천공 작업시는 가공물의 반대쪽을 확인하고 작업해야 한다. 가공 작업 중 소음이나 진동이 발생 시에는 작업을 중지하고 기계의

이상 유무를 확인하여야 한다.
⑭ 드릴 날은 항시 점검하여 생크에 상처나 균열이 생긴 드릴을 사용하면 안 된다.
⑮ 주물 소재 칩은 해머나 입으로 불어서 제거하면 안 된다.

> **• • 장갑 착용 금지 작업**
> 드릴작업, 정밀기계작업, 연삭작업, 해머작업, 선반작업, 목공기계작업 등

6) 가스용접 작업 시 안전수칙

① 봄베 주둥이 쇠나 몸통에 녹이 슬지 않도록 오일이나 그리스를 바르면 폭발한다.
② 토치는 반드시 작업대 위에 놓고 기름이나 그리스가 묻지 않도록 한다.
③ 가스를 완전히 멈추지 않거나 점화된 상태로 방치하지 말아야 한다.
④ 봄베는 던지거나 넘어뜨리지 말아야 한다.
⑤ 산소 용기의 보관 온도는 40℃ 이하로 해야 한다.
⑥ 아세틸렌 밸브를 먼저 열고 점화한 후 산소 밸브를 연다.
⑦ 점화는 성냥불로 직접하지 않으며, 반드시 소화기를 준비해야 한다.
⑧ 산소 용접할 때 역류·역화가 일어나면 빨리 산소 밸브부터 잠가야 한다.
⑨ 운반할 때에는 운반용으로 된 전용 운반차량을 사용한다.

• • 고압가스 용기의 도색

가스의 종류	도색의 구분	가스의 종류	도색의 구분
액화석유가스(LPG)	회색	산소	녹색 (호스는 흑색 또는 녹색)
수소	주황색	아세틸렌	황색(호스는 적색)

7) 카바이드 취급 시 안전수칙

① 밀봉해서 보관한다.
② 인화성이 없는 곳에 보관한다.
③ 저장소에 전등을 설치할 경우 방폭 구조로 한다.
④ 카바이드를 습기가 있는 곳에 보관하면 수분과 카바이드가 작용하여 아세틸렌 가스를 발생시키고, 소석회로 변화한다.
⑤ 카바이드 저장소에는 전등 스위치가 옥내에 있으면 위험하다.

Lesson 05 가스 및 전기 안전관리

1. 가스 안전관련 및 가스배관

1) 도로굴착공사에 의한 도시가스배관 손상방지

① **공사 착공전 도로굴착자가 이행해야 할 사항**
  ㉮ 도면에 표시된 가스배관과 기타 지장물 매설 유무를 조사할 것
  ㉯ 위 ㉮항에 의해 조사된 자료로 시험굴착위치 및 굴착개소등을 정하여 가스배관 매설위치를 확인할 것
  ㉰ 위치표시용 페인트와 표지판 및 황색깃발 등을 준비할 것
  ㉱ 도시가스사업자와 입회일정을 협의하여 시험굴착계획을 수립할 것

② **가스배관 매설위치 확인**
  ㉮ 지하매설배관탐지장치(Pipe Locator)등으로 확인된 지점 중 확인이 곤란한 분기점, 곡선부, 장애물 우회지점은 시험굴착을 실시할 것
  ㉯ 가스배관 주위 1m 이내에는 인력굴착으로 실시할 것

③ **가스배관 위치표시**
  ㉮ 포장도로 위에는 가스배관 직상부에 페인트를 사용하여 두 줄로 표시할 것
  ㉯ 비포장도로 및 페인트 표시가 곤란한 곳에는 표시말뚝, 표시깃발, 표지판등을 설치할 것
  ㉰ 공사진행 등으로 가스배관 표시물이 훼손될 경우에도 지속적으로 표시할 것

④ **줄파기 공사방법**
  ㉮ 공사구간내의 지장물은 관련대장 및 도면으로 위치를 확인하고, 공사현장에 지장물 위치를 종류별로 표시할 것
  ㉯ 가스배관이 있을 것으로 예상되는 지점으로부터 2m 이내에서 줄파기를 할 때에는 안전관리 전담자의 입회하에 시행할 것
  ㉰ 줄파기 1일 시공량 결정은 시공속도가 가장 느린 천공작업에 맞추어 결정할 것
  ㉱ 줄파기 심도는 최소한 1.5m 이상으로 하며 지장물의 유무가 확인되지 않는 곳은 안전관리전담자와 협의후 공사의 진척 여부를 결정할 것
  ㉲ 줄파기는 두 줄 또는 세 줄을 동시에 시행하지 않아야 하며 시공작업, 항타작업 및 가포장이 완료된 후에 다른 줄을 시행할 것
  ㉳ 줄파기공사후 가스배관으로 부터 1m 이내에 파일을 설치할 경우에는 유도관(Guide Pipe)을 먼저 설치한 후 되메우기를 실시할 것

> **• • 굴착작업 수작업(굴착기계 사용 금지)을 실시해야 하는 경우**
> - 보호포가 나타났을 때(적색 또는 황색 비닐 시트)
> - 모래가 나타났을 때
> - 보호판이 나타났을 때
> - 적색 또는 황색의 가스배관이 나타났을 때

2) 굴착공사로 인해 노출된 가스배관의 안전조치

① **노출된 가스배관 길이가 15m 이상인 경우** : 다음 기준에 따라 점검통로 및 조명시설을 설치
  ㉮ 점검통로의 폭은 점검자의 통행이 가능한 80cm 이상으로 하고 발판은 사람의 통행에 지장이 없는 각목등으로 설치할 것
  ㉯ 가드레일은 0.9m 이상의 높이로 설치할 것
  ㉰ 점검통로는 가스배관에 가능한 한 가깝게 설치하되 원칙적으로 가스배관으로부터 수평거리 1m 이내 설치할 것
  ㉱ 가스배관 양끝단부 및 곡관은 항상 관찰이 가능하도록 점검통로를 설치할 것
  ㉲ 조명은 70Lux 이상을 원칙으로 유지할 것

② **노출된 가스배관 길이가 20m 이상인 경우** : 다음 기준에 따라 가스누출경보기 등을 설치
  ㉮ 매 20m 마다에 가스누출경보기(가정용은 제외)를 설치하고 현장관계자가 상주하는 장소에 경보음이 전달되도록 설치할 것
  ㉯ 작업장에는 현장 여건에 맞는 경광등을 설치할 것

3) 공사 중의 이행사항

① 도시가스사업법시행규칙의 규정에 의한 가스안전영향평가 대상 도로 굴착공사중 가스배관의 수직·수평변위 및 지반침하의 우려가 있는 경우에는 가스배관 변형 및 지반침하 여부를 확인할 것
② 계절 온도변화에 따라 와이어로프등의 느슨해짐을 수정하고 가설 구조물의 변형유무를 확인할 것
③ 가스배관 주위에서는 중장비의 배치 및 작업을 제한할 것
④ 도로굴착공사에 의해 노출된 가스배관과 가스안전영향평가대상범위내 가스배관은 일일 안전점검을 실시하고 점검표에 기록할 것

4) 공사완료 시의 이행사항

① 되메우기 작업은 다짐장비에 의한 기계다짐, 물다짐 등의 방법으로 충분한 다짐을 실시할 것
② 되메움용 토사는 운반차로부터 직접 투입하지 않도록 할 것
③ 되메움작업중 장비, 버럭 등에 의해 노출된 가스배관 받침방호시설과 가스배관의 피복 등이 손상되지 않도록 할 것

④ 가스배관 주위의 모래부설, 보호관, 보호판, 검지공, 보호포, 전기부식방지 조치 및 라인마크 등은 도시가스사업법의 관련 규정에 적합하게 조치할 것
⑤ 되메움공사 완료 후 3개월 이상 침하유무를 확인할 것

5) 가스배관의 표시

① 배관의 외부에 사용 가스명·최고 사용 압력 및 가스의 흐름 방향을 표시할 것. 다만 지하에 매설하는 경우에는 흐름방향을 표시하지 아니할 수 있다.
② 가스배관의 표면 색상은 지상 배관을 황색으로, 매설 배관은 최고 사용 압력이 저압인 배관은 황색, 중압인 배관은 적색으로 하여야 한다.
③ 배관을 지하에 매설하는 경우 배관의 직상부에 보호포를, 지면에는 매설위치를 확인할 수 있는 라인마크 및 표지판을 설치한다.

> **•• 압력에 따른 구분**
> - 고압 : 1MPa 이상의 압력관(액화가스의 경우에는 0.2MPa 이상)
> - 중압 : 0.1MPa 이상 1MPa 미만의 압력(기화된 액화석유가스의 경우에는 0.2MPa 미만, 0.01MPa 이상)
> - 저압 : 0.1MPa 미만의 압력(기화된 액화석유가스의 경우에는 0.01MPa 미만인 배관)

6) 가스배관의 도로 매설

① 원칙적으로 자동차 등의 하중의 영향이 적은 곳에 매설할 것
② 배관의 그 외면으로부터 도로의 경계까지 1m 이상의 수평거리를 유지할 것
③ 배관은 그 외면으로부터 도로 밑의 다른 시설물과 0.3m 이상의 거리를 유지할 것
④ 시가지의 도로 밑에 매설하는 경우에는 노면으로부터 배관의 외면까지의 깊이를 1.5m 이상으로 할 것. 다만, 방호구조물 안에 설치하는 경우에는 노면으로부터 그 방호구조물의 외면까지의 깊이를 1.2m 이상으로 할 수 있음
⑤ 포장이 되어 있는 차도에 매설하는 경우에는 그 포장부분의 노반(차단층이 있는 경우에는 그 차단층)의 밑에 매설하고 배관의 외면과 노반의 최하부와의 거리는 0.5m 이상으로 할 것
⑥ 인도·보도 등 노면 외의 도로 밑에 매설하는 경우에는 지표면으로부터 배관의 외면까지의 깊이는 1.2m 이상으로 할 것. 다만 방호구조물 안에 설치하는 경우에는 그 방호구조물의 외면까지의 깊이를 0.6m 이상으로 할 것

7) 가스배관 파손시 긴급조치 요령

① 천공기 등으로 도시가스 배관을 손상시켰을(뚫었을) 경우에는 천공기를 빼지 말고 그대로 둔 상태에서 기계를 정지시킨다.
② 누출되는 가스배관의 지표면에 설치된 라인마크 등을 확인하여 전단 밸브를 차단하고 도시가스사업자에게 신고한다.

③ 주변의 차량 및 사람을 통제하고 경찰서, 소방서, 한국가스안전공사에 연락한다.

8) 가스배관의 라인마크 및 표지판, 보호포

① **가스배관의 라인마크**
  ㉮ 종류 : 금속재 라인마크, 스티커형 라인마크, 네일형(nail) 라인마크
  ㉯ 설치기준
    ㉠ 배관길이 50m 마다 1개 이상 설치
    ㉡ 주요분기점 · 굴곡지점 · 관말지점 및 그 주위 50m 안에 설치(단, 단독주택 분기점은 제외)

② **가스배관의 표지판**
  ㉮ 표지판 형태
    ㉠ 가로 200mm, 세로 150mm 이상의 직사각형
    ㉡ 황색바탕에 검정색 글씨로 도시가스 배관임을 알리는 뜻과 연락처 등을 표시
  ㉯ 설치기준
    ㉠ 시가지 외의 도로 · 산지 · 농지 또는 하천부지 · 철도부지 내에 매설하는 경우 설치(하천부지 · 철도부지를 횡단하여 배관을 매설하는 경우에는 양편에 표지판을 설치)
    ㉡ 배관을 따라 200m 간격으로 1개 이상으로 설치하되, 교통 등의 장애가 없는 장소를 선택해 일반인이 쉽게 볼 수 있도록 설치

③ **보호포**
  ㉮ 종류 : 일반형 보호포와 탐지형 보호포(지면에서 매설된 보호포의 설치위치를 탐지할 수 있도록 제조된 것)
  ㉯ 재질 및 두께 : 폴리에틸렌수지 · 폴리프로필렌수지 등 잘 끊어지지 않는 재질로 직조한 것으로 두께는 0.2mm 이상
  ㉯ 폭 : 15cm 이상
  ㉰ 바탕색 : 최고 압력이 저압인 관은 황색, 중압 이상인 관은 적색
  ㉱ 설치 기준
    ㉠ 중압 이상인 배관 : 보호판의 상부로부터 30cm 이상 떨어진 곳
    ㉡ 저압인 배관으로 매설깊이가 1.0m 이상인 경우 : 배관 정상부로부터 60m 이상 떨어진 곳
    ㉢ 저압인 배관으로 매설깊이가 1.0m 미만인 경우 : 배관 정상부로부터 40m 이상 떨어진 곳
    ㉣ 공동주택 등의 부지 안에 설치하는 배관인 경우 : 배관 정상부로부터 40m 이상 떨어진 곳

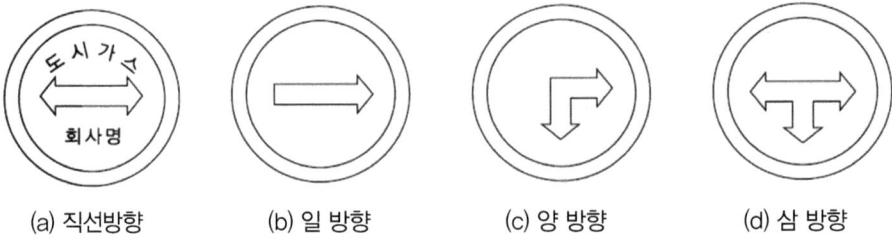

[라인마크의 모양]

2 전기 안전관련 및 전기시설

1) 전압의 종별 구분

구분	교류(AC)	직류(DC)
저압	1000V 이하	1500V 이하
고압	1000V 초과 7000V 이하	1500V 초과 7000V 이하
특고압	7000V 초과	

2) 고압선 관련 유의사항

① 차도에서 전력 케이블은 지표면 아래 약 1.2~1.5m의 깊이에 매설되어 있다.
② 건설기계로 작업 중 고압 전선에 근접 접촉으로 인한 사고 유형에는 감전, 화재, 화상 등이 있다.
③ 전력 케이블에 사용되는 관로(파이프)에는 흄관, 강관, 파형 PE관 등이 있다.
④ 한국전력 맨홀 부근에서 굴착 작업을 하다가 맨홀과 연결된 동선(銅線)을 절단하였을 때에는 절단된 채로 그냥 둔 뒤 한국 전력에 연락한다.
⑤ 콘크리트 전주 주변에서 굴착 작업을 할 때 전주 및 지선 주위를 굴착하면 전주가 쓰러지기 쉬우므로 굴착해서는 안 된다.

3) 지중전선로의 시설

① 지중전선로는 전선에 케이블을 사용하고 또한 관로식·암거식(暗渠式) 또는 직접 매설식에 의하여 시설하여야 한다.
② 지중전선로를 관로식 또는 암거식에 의하여 시설하는 경우에는 견고하고 차량 기타 중량물의 압력에 견디는 것을 사용하여야 한다.
③ 지중전선로를 직접 매설식에 의하여 시설하는 경우에는 매설 깊이를 차량 기타 중량물의 압력을 받을 우려가 있는 장소에는 1.2m 이상, 기타 장소에는 60cm 이상으로 하고 또한 지중전선을 견고한 트라프(trough)나 기타 방호물에 넣어 시설하여야 한다.

4) 안전 이격거리와 애자

① **애자수가 많을수록 전압이 높다.**
  ㉮ 애자수 2~3개 : 22.9kV
  ㉯ 애자수 4~5개 : 66kV
  ㉰ 애자수 9~11개 : 154kV

② **안전 이격거리**
  ㉮ 애자수가 많을수록 멀어져야 한다.
  ㉯ 전압이 높을수록 멀어져야 한다.
  ㉰ 전선이 굵을수록 멀어져야 한다.

•• 애자(insulator)

전기도체(電氣導體)를 절연하고 지지(支持)할 목적으로 사용되는 고체절연물로 절연체로는 보통 경질자기를 사용한다. 고전압 전기설비의 외부 절연은 모두 애자에 의존하므로 그 종류도 다양하다.

5) 작업 시 유의사항

① 전력선 밑에서 굴착 작업을 하기 전의 조치사항은 작업 안전원을 배치하여 안전원의 지시에 따라 작업한다.
② 굴착 장비를 이용하여 도로 굴착 작업 중 "고압선 위험"표지 시트가 발견되었을 경우 표지 시트 직하(直下)에 전력 케이블이 묻혀 있다.
③ 전선로 부근에서 굴착 작업으로 인해 수목(樹木)이 전선로에 넘어지는 사고가 발생하였을 때의 조치는 마닐라 로프를 연결하여 수목을 당겨서 제거하여야 한다.
④ 고압 선로 주변에서 건설기계에 의한 작업 중 고압선로 또는 지지물에 가장 접촉이 많은 부분은 권상로프와 붐대이다.
⑤ 관련법령상 고압전선으로부터 굴착기의 안전 이격거리는 다음과 같다.
　㉮ 고압전선으로부터 300cm(높이를 낮춘 상태에서 이동하는 경우에는 120cm) 이상 이격
　㉯ 대지전압이 50kV를 넘는 경우 10kV 증가할 때마다 10cm 증가시켜 이격
⑥ 전기 동력선 부근에서 작업을 진행해야 할 경우 법규상에서 요구하는 최소 허용 접근 거리보다 더 많이 떨어져서 작업을 할 수 있도록 사전에 안전 사항을 숙지하는 것이 필요하다.
⑦ 전기 동력선 부근에서 작업할 경우 매우 심각한 인명 손상이 발생할 수 있으므로 안전작업을 위해 주의 사항 등에 대하여 작업 관계자와 협의가 필요하다.

PART 02
공단 기출문제

01 공단 기출문제

2012년 04회

QUESTIONS FROM PREVIOUS TESTS

01 디젤기관의 출력을 저하시키는 직접적인 원인이 아닌 것은?

① 실린더 내 압력이 낮을 때
② 연료 분사량이 적을 때
③ 노킹이 일어날 때
④ 점화플러그 간극이 틀릴 때

🔍 점화플러그는 가솔린 엔진의 경우에만 있다.

02 기관에 사용되는 윤활유의 소비가 증대될 수 있는 두 가지 원인은?

① 연소와 누설
② 비산과 압력
③ 희석과 혼합
④ 비산과 희석

03 건설기계장비 작업 시 계기판에서 오일 경고등이 점등되었을 때 우선 조치 사항으로 적합한 것은?

① 엔진을 분해한다.
② 즉시 시동을 끄고 오일 계통을 점검한다.
③ 엔진오일을 교환하고 운전한다.
④ 냉각수를 보충하고 운전한다.

04 기관의 전동식 냉각팬은 어느 온도에 따라 ON/OFF 되는가?

① 냉각수
② 배기관
③ 흡기
④ 엔진오일

🔍 전동팬은 냉각수 온도에 따라 작동되며 물펌프는 엔진이 회전하면 전동팬과 관계없이 작동된다.

05 배기관이 불량하여 배압이 높을 때 기관에 미치는 영향과 가장 거리가 먼 것은?

① 기관이 과열된다.
② 냉각수 온도가 내려간다.
③ 기관의 출력이 감소된다.
④ 피스톤의 운동을 방해한다.

06 작업 중 운전자가 확인해야 할 것으로 틀린 것은?

① 온도계기
② 전류계기
③ 오일압력계기
④ 실린더압력계기

07 배기터빈 과급기에서 터빈축의 베어링에 급유로 맞는 것은?

① 그리스로 윤활
② 기관오일로 급유
③ 오일리스 베어링 사용
④ 기어오일을 급유

🔍 과급기의 터빈 축 베어링 급유는 엔진오일이 파이프에 의해 순환시킨다.

08 라디에이터 캡을 열었을 때 냉각수에 오일이 섞여있는 경우의 원인은?

① 실린더 블록이 과열되었다.
② 수냉식 오일 쿨러가 파손되었다.
③ 기관의 윤활유가 너무 많이 주입되었다.
④ 라디에이터가 불량하다.

🔍 오일냉각기(쿨러)가 파손되면 윤활유가 누출되어 냉각수에 섞인다. 이는 라디에이터 캡을 열어 보았을 때 확인할 수 있다.

09 엔진의 온도를 항상 일정하게 유지하기 위하여 냉각계통에 설치되는 것은?

① 크랭크축 풀리
② 물 펌프 풀리
③ 수온 조절기
④ 벨트 조절기

🔍 수온 조절기(서모스탯) : 냉각수 온도에 의해 자동 개폐되며 65℃에서 열리기 시작하여 85℃에서 완전히 개방된다.

10 건설기계 기관에 사용되는 습식 라이너의 단점은?

① 냉각 효과가 좋다.
② 냉각수가 크랭크실로 누출될 우려가 있다.
③ 직접 냉각수와 접촉하므로 냉각 성능이 우수하다.
④ 라이너의 압입 압력이 높다.

🔍 습식라이너 : 바깥 둘레가 물재킷으로 되어 냉각수와 직접 접촉한다.

11 커먼레일 방식 디젤기관에서 크랭킹은 되는데 기관이 시동되지 않는다. 점검부위로 틀린 것은?

① 인젝터
② 레일압력
③ 연료탱크 유량
④ 분사펌프 딜리버리밸브

🔍 고압화한 엔진오일로 연료를 축적하여 각 인젝터로 균일하게 보내 신속하게 연소를 끝마치는 연소상태이다.

12 전자제어 디젤 엔진의 회전을 감지하여 분사순서와 분사시기를 결정하는 센서는?

① 가속 페달 센서
② 냉각수 온도 센서
③ 엔진 오일 온도 센서
④ 크랭크축 센서

🔍 크랭크축 센서 : 연료분사 및 점화시기를 제어하기 위해 각 실린더 크랭크축의 위치를 감지한다.

13 축전지에서 방전 중일 때 화학작용을 설명하였다. 틀린 것은?

① 음극판 : 해면상납 → 황산납
② 전해액 : 묽은 황산 → 물
③ 격리판 : 황산납 → 물
④ 양극판 : 과산화납 → 황산납

🔍 격리판 : 양극판과 음극판 사이에 끼워 있으며 양쪽극판이 단락되는 것을 방치한다

14 교류 발전기의 부품이 아닌 것은?

① 다이오드
② 슬립링
③ 스테이터 코일
④ 전류 조정기

🔍 교류발전기에는 전압조정기가 있다.

15 전동기의 종류와 특성 설명으로 틀린 것은?

① 직권 전동기는 계자 코일과 전기자 코일이 직렬로 연결된 것이다.
② 분권 전동기는 계자 코일과 전기자 코일이 병렬로 연결된 것이다.
③ 복권 전동기는 직권 전동기와 분권 전동기 특성을 합한 것이다.
④ 내연 기관에서는 순간적으로 강한 토크가 요구되는 복권 전동기가 주로 사용된다.

🔍 전동기의 특성

전동기	장점	단점
직권	기동회전력이 크다.	회전속도의 변화가 크다.
분권	회전속도 변화가 없다.	회전력이 비교적 작다.
복권	회전속도 변화가 없고 회전력이 비교적 크다.	구조가 복잡하다.

16 축전지의 기전력은 셀(Cell) 당 약 2.1V 이지만 전해액의 ( ), 전해액의 ( ), 방전의 정도에 따라 약간 다르다. ( )에 알맞은 말은?

① 비중, 온도
② 압력, 비중
③ 온도, 압력
④ 농도, 압력

17 전력(P)를 구하는 공식으로 틀린 것은? (단, E : 전압, I : 전류, R : 저항)

① E × I
② I² × R
③ E × R²
④ E² / R

🔍 $P = E \times I$, $I = \frac{P}{E}$, $E = \frac{P}{I}$, $P = I^2 \times R$, $P = \frac{E^2}{R}$

18 배선 회로도에서 표시된 0.85RW 의 "R"은 무엇을 나타내는가?

① 단면적
② 바탕색
③ 줄 색
④ 전선의 재료

🔍 0.85 : 단면적(cm²), R : 바탕색, W : 줄 색

19 굴착기의 트랙이 구덩이에 대하여 직각으로 서고 옆으로 이동하면서 채굴하는 것은?

① 직각 채굴법
② 좌우 채굴법
③ 횡진 채굴법
④ 병진 채굴법

20 굴착기의 작업 중 운전자가 관심을 가져야 할 사항이 아닌 것은?

① 엔진속도 게이지
② 온도 게이지
③ 작업속도 게이지
④ 장비의 잡음상태

21 예방정비에 대한 설명 중 틀린 것은?

① 예기치 않은 고장이나 사고를 사전에 방지하기 위하여 행하는 정비이다.
② 예방정비를 실시할 때는 일정한 계획표를 작성 후 실시하는 것이 바람직하다.
③ 예방정비의 효과는 장비의 수명연장, 성능유지, 수리비 절감 등이 있다.
④ 예방정비는 정비사만 할 수 있다.

🔍 점검은 운전 전 점검, 운전 중 점검, 운전 후 점검이 있으며 조종사가 한다.

22 크롤러형 굴착기가 진흙에 빠져서, 자력으로는 탈출이 거의 불가능하게 된 상태의 경우 견인방법으로 가장 적당한 것은?

① 두 대의 굴착기 버킷을 서로 걸고 견인한다.
② 하부기구 본체에 와이어로프를 걸고 크레인으로 당길 때 굴착기는 주행 레버를 견인 방향으로 밀면서 나온다.
③ 버킷으로 지면을 걸고 나온다.
④ 전부장치로 잭업시킨 후, 후진으로 밀면서 나온다.

23 굴착기 작업 시 작업 안전사항으로 틀린 것은?

① 기중 작업은 가능한 피하는 것이 좋다.
② 경사지 작업 시 측면절삭을 행하는 것이 좋다.
③ 타이어식 굴착기로 작업 시 안전을 위하여 아웃트리거를 받치고 작업한다.
④ 한쪽 트랙을 들 때는 암과 붐 사이의 각도는 90~110° 범위로 해서 들어주는 것이 좋다.

24 클러치의 미끄러짐은 언제 가장 현저하게 나타나는가?

① 공전
② 저속
③ 가속
④ 고속

🔍 클러치 미끄러짐은 가속 때 가장 현저하게 일어난다.

25 트랙장치에서 주행 중인 트랙과 아이들러의 충격을 완화시키기 위해 설치한 것은?

① 스프로킷
② 리코일 스프링
③ 상부 롤러
④ 하부 롤러

🔍 리코일 스프링 : 2중 스프링으로 되어 있고 전면에서 오는 충격을 완화하여 트랙과 차체의 파손을 막는다.

26 무한궤도식 건설기계에서 트랙장력이 약간 팽팽하게 되었을 때 작업조건이 오히려 효과적일 경우는?

① 수풀이 있는 땅
② 진흙땅
③ 바위가 깔린 땅
④ 모래땅

27 특별표지 부착 대상 건설기계가 아닌 것은?

① 총중량 42톤인 건설기계
② 총중량 상태에서 축하중 11톤인 건설기계
③ 높이가 3.5m인 건설기계
④ 너비가 2.7m인 건설기계

> 특별표지판 부착 대상 대형 건설기계
> • 길이가 16.7m를 초과하는 건설기계
> • 너비가 2.5m를 초과하는 건설기계
> • 높이가 4.0m를 초과하는 건설기계
> • 최소회전반경이 12m를 초과하는 건설기계
> • 총중량이 40톤을 초과하는 건설기계
> • 총중량 상태에서 축하중이 10톤을 초과하는 건설기계

28 구조변경검사를 받지 아니한 자에 대한 처벌은?

① 2년 이하의 징역 또는 2천만원 이하의 벌금
② 1년 이하의 징역 또는 1천만원 이하의 벌금
③ 300만원 이하의 벌금
④ 300만원 이하의 과태료

> 1년 이하의 징역 또는 1천만원 이하의 벌금(주요사항)
> • 거짓이나 그 밖의 부정한 방법으로 건설기계 등록을 한 자
> • 건설기계의 구조변경검사 또는 수시검사를 받지 아니한 자
> • 매매용 건설기계를 운행하거나 사용한 자
> • 건설기계조종사면허를 받지 아니하고 건설기계를 조종한 자
> • 건설기계조종사면허를 거짓이나 그 밖의 부정한 방법으로 받은 자
> • 건설기계를 도로나 타인의 토지에 버려둔 자

29 시·도지사가 저당권이 등록된 건설기계를 말소할 때 미리 그 뜻을 건설기계의 소유자 및 이해관계인에게 통보한 후 몇 개월이 지나지 않으면 등록을 말소할 수 없는가?

① 1개월
② 3개월
③ 6개월
④ 12개월

> 시·도지사가 등록을 말소하려는 경우에는 미리 그 뜻을 건설기계의 소유자 및 이해관계인에게 알려야 하며, 통지 후 1개월(저당권이 등록된 경우에는 3개월)이 지난 후가 아니면 이를 말소할 수 없다.

30 건설기계의 임시운행 사유에 해당되는 것은?

① 작업을 위하여 건설현장에서 건설기계를 운행할 때
② 정기검사를 받기 위하여 건설기계를 검사장소로 운행할 때
③ 등록신청을 위하여 건설기계를 등록지로 운행할 때
④ 등록말소를 위하여 건설기계를 폐기장으로 운행할 때

> 건설기계의 임시운행 사유
> • 등록신청을 하기 위하여 건설기계를 등록지로 운행하는 경우
> • 신규등록검사 및 확인검사를 받기 위하여 건설기계를 검사장소로 운행하는 경우
> • 수출을 하기 위하여 건설기계를 선적지로 운행하는 경우
> • 수출을 하기 위하여 등록말소한 건설기계를 점검·정비의 목적으로 운행하는 경우
> • 신개발 건설기계를 시험·연구의 목적으로 운행하는 경우
> • 판매 또는 전시를 위하여 건설기계를 일시적으로 운행하는 경우

31 4차로 이상 고속도로에서 건설기계의 법정 최고속도는 시속 몇 km인가?

① 50
② 60
③ 80
④ 100

> 고속도로에서 별도로 추가 지정 또는 고시한 경우가 아니라면 차로수와 관계없이 건설기계의 최고속도는 시속 80km 이며, 최저속도는 시속 50km 이다.

32 정기검사 신청을 받은 검사대행자는 며칠 이내 검사일시 및 장소를 신청인에게 통지하여야 하는가?

① 20일
② 15일
③ 5일
④ 3일

> 검사연기신청을 받은 시·도지사 또는 검사대행자는 그 신청일부터 5일 이내에 검사연기여부를 결정하여 신청인에게 통지하여야 한다. 이 경우 검사연기 불허통지를 받은 자는 검사신청기간 만료일부터 10일 이내에 검사신청을 하여야 한다.

33 2년 이하의 징역 또는 2천만원 이하의 벌금에 해당하는 것은?

① 매매용 건설기계를 운행하거나 사용한 자
② 등록번호표를 지워 없애거나 그 식별을 곤란하게 한 자
③ 건설기계사업을 등록하지 않고 건설기계사업을 하거나 거짓으로 등록을 한 자
④ 사후관리에 관한 명령을 이행하지 아니한 자

🔍 2년 이하의 징역 또는 2천만원 이하의 벌금
- 등록되지 아니한 건설기계를 사용하거나 운행한 자
- 등록이 말소된 건설기계를 사용하거나 운행한 자
- 시·도지사의 지정을 받지 아니하고 등록번호표를 제작하거나 등록번호를 새긴 자
- 건설기계의 주요 구조나 원동기, 동력전달장치, 제동장치 등 주요 장치를 변경 또는 개조한 자
- 무단 해체한 건설기계를 사용·운행하거나 타인에게 유상·무상으로 양도한 자
- 제작결함의 시정명령을 이행하지 아니한 자
- 등록을 하지 아니하고 건설기계사업을 하거나 거짓으로 등록을 한 자
- 등록이 취소되거나 사업의 전부 또는 일부가 정지된 건설기계사업자로서 계속하여 건설기계사업을 한 자

34 노면표시 중 진로변경 제한선에 대한 설명으로 맞는 것은?

① 황색 점선은 진로 변경을 할 수 없다.
② 백색 점선은 진로 변경을 할 수 없다.
③ 황색 실선은 진로 변경을 할 수 있다.
④ 백색 실선은 진로 변경을 할 수 없다.

🔍 진로변경 제한선이 노면에 표시되어 있는 경우 백색실선이 있는 쪽에서는 진로 변경을 할 수 없으며, 백색 점선이 있는 쪽에서만 진로 변경이 가능하다.

35 다음 중 도로교통법상 주차가 가능한 장소는?

① 도로의 모퉁이로부터 5m 지점
② 교차로 가장자리로부터 5m 지점
③ 비상소화장치가 설치된 곳으로부터 7m 지점
④ 안전지대로부터 5m 지점

🔍 정차 및 주차가 모두 금지되는 장소
- 교차로, 횡단보도, 건널목이나 보도와 차도가 구분된 도로의 보도
- 교차로 가장자리, 도로의 모퉁이로부터 5m 이내의 곳
- 안전지대가 설치된 도로에서 10m 이내의 곳
- 정류소 표시기둥, 표지판 설치된 지점으로부터 10m 이내의 곳
- 건널목의 가장자리 또는 횡단보도로부터 10m 이내의 곳
- 소방용시설 또는 비상소화장치가 설치된 곳으로부터 5m 이내인 곳
- 어린이 보호구역

36 도로주행의 일반적인 주의사항으로 틀린 것은?

① 시력이 저하될 수 있으므로 터널 진입 전 헤드라이트를 켜고 주행한다.
② 고속주행 시 급 핸들조작, 급 브레이크는 옆으로 미끄러지거나 전복될 수 있다.
③ 야간 운전은 주간보다 주의력이 양호하며, 속도감이 민감하여 과속 우려가 없다.
④ 비오는 날 고속주행은 수막현상이 생겨 제동효과가 감소된다.

🔍 야간에는 시야가 전조등의 불빛으로 식별할 수 있는 범위로 제한됨에 주의력이 주간보다 현저히 떨어지게 된다.

37 유압유가 과열되는 원인으로 가장 거리가 먼 것은?

① 릴리프 밸브(Relief Valve)가 닫힌 상태로 고장될 때
② 오일 냉각기의 냉각핀이 오손 되었을 때
③ 유압유가 부족할 때
④ 유압유량이 규정보다 많을 때

38 방향전환밸브 포트의 구성 요소가 아닌 것은?

① 유로의 연결 포트 수
② 작동 방향 수
③ 작동 위치 수
④ 감압 위치 수

🔍 방향 전환 밸브의 구성요소 : 위치 수, 포트 수, 방향 수

39 기어 모터의 장점에 해당하지 않는 것은?

① 구조가 간단하다.
② 토크 변동이 크다.
③ 가혹한 운전조건에서 비교적 잘 견딘다.
④ 먼지나 이물질에 의한 고장 발생율이 낮다.

> 기어 모터의 단점
> • 잔류량이 많다.
> • 토크 변동이 크다.
> • 수명이 짧다.

40 고압 소용량, 저압 대용량 펌프를 조합 운전할 경우 회로 내의 압력이 설정압력에 도달하면 저압 대용량 펌프의 토출량을 기름 탱크로 귀환시키는데 사용하는 밸브는?

① 무부하 밸브
② 카운터 밸런스 밸브
③ 체크 밸브
④ 시퀀스 밸브

41 축압기(어큐뮬레이터)의 기능과 관계가 없는 것은?

① 충격 압력 흡수
② 유압 에너지 축적
③ 릴리프 밸브 제어
④ 유압 펌프 맥동 흡수

> 어큐뮬레이터(축압기)의 용도 : 대유량의 작동유 공급, 유압 펌프 맥동 제거, 충격 압력 흡수, 압력 보상

42 펌프의 최고 토출압력, 평균효율이 가장 높아 고압 대출력에 사용하는 유압펌프로 가장 적합한 것은?

① 기어 펌프
② 베인 펌프
③ 트로코이드 펌프
④ 피스톤 펌프

> 기어 펌프의 효율 : 80~88%, 베인 펌프의 효율 : 80~85%, 트로코이드 펌프 : 75~85%, 피스톤 펌프 : 90~95%

43 아래 그림에서 "A" 부분은?

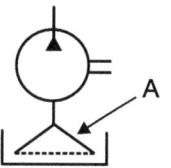

① 유압모터
② 오일 스트레이너
③ 가변용량 유압펌프
④ 가변용량 유압모터

> 스트레이너는 오일탱크에 있는 여과망으로서 오일펌프로 올리는 오일을 여과시킨다.

44 베인 펌프의 펌핑 작용과 관련되는 주요 구성요소만 나열한 것은?

① 배플, 베인, 캠링
② 베인, 캠링, 로터
③ 캠링, 로터, 스풀
④ 로터, 스풀, 배플

45 유압회로 내의 밸브를 갑자기 닫았을 때, 오일의 속도 에너지가 압력 에너지로 변하면서 일시적으로 큰 압력 증가가 생기는 현상을 무엇이라 하는가?

① 캐비테이션(cavitation) 현상
② 서지(surge) 현상
③ 채터링(chattering) 현상
④ 에어레이션(aeration) 현상

> 용어 설명
> • 캐비테이션 : 유압이 진공에 가까워짐으로서 기포가 생기며 이로 인해 국부적인 고압이나 소음이 발생하는 현상
> • 채터링 : 릴리프 밸브 등에서 밸브 시트를 때려 비교적 높은 소리를 내는 일종의 자력진동현상
> • 에어레이션 : 공기가 미세한 기포의 형태로 액체 내에 존재하는 상태

46 유압기기는 작은 힘으로 큰 힘을 얻기 위해 어느 원리를 적용하는가?

① 베르누이의 원리
② 아르키메데스의 원리
③ 보일의 원리
④ 파스칼의 원리

> 파스칼의 원리 : 밀폐된 용기 중에 액체에 전해지는 압력은 모든 방향에 동일하게 작용하고 압력용기의 각 면에 직각으로 작용한다.

47 안전하게 공구를 취급하는 방법으로 적합하지 않은 것은?

① 공구를 사용한 후 제자리에 정리하여 둔다.
② 끝 부분이 예리한 공구 등을 주머니에 넣고 작업을 하여서는 안된다.
③ 공구를 사용 전에 손잡이에 묻은 기름 등은 닦아내어야 한다.
④ 숙달이 되면 옆 작업자에게 공구를 던져서 전달하여 작업능률을 올린다.

48 작업 중 기계에 손이 끼어 들어가는 안전사고가 발생했을 경우 우선적으로 해야 할 것은?

① 신고부터 한다.
② 응급처치를 한다.
③ 기계의 전원을 끈다.
④ 신경 쓰지 않고 계속 작업한다.

49 기계 설비의 안전 확보를 위한 사항 중 사용상의 잘못이 아닌 것은?

① 주위 환경
② 설치 방법
③ 무부하 사용
④ 조작 방법

50 재해조사 목적을 가장 옳게 설명한 것은?

① 적절한 예방대책을 수립하기 위하여
② 작업능률 향상과 근로기강 확립을 위하여
③ 재해 발생에 대한 통계를 작성하기 위하여
④ 재해를 발생케 한 자의 책임을 추궁하기 위하여

> 재해조사는 같은 유형의 재해를 반복하지 않도록 재해의 원인이 되었던 불안전한 상태와 불안전한 행동을 발견하고, 이것을 다시 분석 검토해서 적정한 방지대책을 수립하기 위한 것으로 재해발생 직후에 실시하여야 한다

51 기계 운전 중 안전 측면에서 설명으로 옳은 것은?

① 빠른 속도로 작업 시는 일시적으로 안전장치를 제거한다.
② 기계장비의 이상으로 정상가동이 어려운 상황에서는 중속 회전 상태로 작업한다.
③ 기계운전 중 이상한 냄새, 소음, 진동이 날 때는 정지하고, 전원을 끈다.
④ 작업의 속도 및 효율을 높이기 위해 작업범위 이외의 기계도 동시에 작동한다.

52 건설기계 장비를 조작함에 있어 불안전한 행동과 상태를 발견하기 위해 필요로 하는 사항이 아닌 것은?

① 기계장치 기구 등의 각 부분이 양호한 상태인가?
② 안전장치 등이 확실하게 사용되고 있는가?
③ 작업자의 행동은 안전기준에 적합한가?
④ 건설장비 연식이 내구연한에 적합한가?

53 렌치 작업 시 설명으로 옳지 못한 것은?

① 스패너는 조금씩 돌리며 사용한다.
② 스패너를 사용할 때는 앞으로 당기며 사용한다.
③ 파이프 렌치는 반드시 둥근 물체에만 사용한다.
④ 스패너는 자루에 항상 둥근 파이프로 연결하여 사용한다.

> 스패너는 볼트 너트에 알맞은 사이즈로 사용하며 파이프를 끼우거나 쐐기를 박아서 사용하면 위험을 초래한다.

54 유류화재 시 소화용으로 가장 거리가 먼 것은?

① 물
② 소화기
③ 모래
④ 흙

🔍 유류화재시 물을 뿌리면 더욱 위험해진다.

55 보안경 착용, 방독 마스크 착용, 방진 마스크 착용, 안전모자 착용, 귀마개 착용 등을 나타내는 표지의 종류는?

① 금지표지
② 지시표지
③ 안내표지
④ 경고표지

56 하인리히가 말한 안전의 3요소가 아닌 것은?

① 교육적 요소
② 자본적 요소
③ 기술적 요소
④ 관리적 요소

57 10Ω의 저항에 2A의 전류가 흐를 때 저항의 전압은?

① 5V   ② 16V
③ 24V ④ 20V

🔍 $A = \dfrac{V}{\Omega}$ 이므로 "전압(V) = 2(A) × 10(Ω)"이다.

58 고압 충전 전선로 근방에서 작업을 할 경우에 작업자가 감전되지 않도록 사용하는 안전장구로 가장 적합한 것은?

① 절연용 방호구   ② 방수복
③ 보호용 가죽장갑 ④ 안전대

59 지하매설 배관탐지장치 등으로 확인된 지점 중 확인이 곤란한 분기점, 곡선부, 장애물 우회지점의 안전 굴착 방법으로 가장 적합한 것은?

① 절대 불가 작업 구간으로 제한되어 굴착할 수 없다.
② 유도관(가이드 파이프)을 설치하여 굴착한다.
③ 가스배관 좌·우측 굴착을 실시한다.
④ 시험굴착을 실시하여야 한다.

60 도시가스배관보호기준에서 굴착공사장에 비치, 부착하고 굴착·공사관계자가 항상 휴대·숙지하여야 하는 것은?

① 가스배관 손상방지기준
② 가스배관 굴착기준
③ 가스배관 공사기준
④ 가스배관 공사시방서

정답 공단 기출문제 – 2012년 04회

01 ④	02 ①	03 ②	04 ①	05 ②
06 ④	07 ②	08 ②	09 ③	10 ②
11 ④	12 ④	13 ③	14 ④	15 ④
16 ①	17 ③	18 ②	19 ④	20 ③
21 ④	22 ②	23 ②	24 ③	25 ②
26 ④	27 ③	28 ②	29 ③	30 ④
31 ④	32 ③	33 ③	34 ④	35 ④
36 ③	37 ④	38 ④	39 ②	40 ①
41 ③	42 ④	43 ②	44 ②	45 ②
46 ④	47 ④	48 ②	49 ③	50 ①
51 ③	52 ④	53 ④	54 ①	55 ②
56 ②	57 ④	58 ①	59 ④	60 ①

2013년 01회 공단 기출문제

01 커먼레일 디젤기관의 센서에 대한 설명이 아닌 것은?

① 연료 온도센서는 연료온도에 따른 연료량 보정 신호를 한다.
② 수온센서는 기관의 온도에 따른 연료량을 증감하는 보정신호로 사용된다.
③ 수온센서는 기관의 온도에 따른 냉각 팬 제어 신호로 사용된다.
④ 크랭크 포지션 센서는 밸브개폐시기를 감지한다.

> 크랭크 포지션 센서는 연료분사 시기를 제어하기 위해 각 실린더 크랭크 축의 위치를 감지한다.

02 디젤기관에서 타이머의 역할로 가장 적합한 것은?

① 분사량 조절
② 자동 변속 단 조절
③ 연료 분사시기 조절
④ 기관속도 조절

> 디젤기관에서 타이머는 연료의 분사시기를 조절하는 역할을 한다.

03 디젤기관 냉각장치에서 냉각수의 비등점을 높여주기 위해 설치된 부품으로 알맞은 것은?

① 코어
② 냉각핀
③ 보조탱크
④ 압력식 캡

> 디젤기관 냉각장치에서 압력식 캡은 라디에이터 내의 압력을 $0.2 \sim 0.9 kg/cm^2$ 정도 상승시킨다.

04 기관에서 엔진오일이 연소실로 올라오는 주된 이유는?

① 피스톤 링 마모
② 피스톤 핀 마모
③ 커넥팅로드 마모
④ 크랭크축 마모

> 실린더 벽이나 피스톤 링이 마모되면 윤활유가 연소실로 올라와 타게 된다.

05 디젤기관 운전 중 흑색의 배기가스를 배출하는 원인으로 틀린 것은?

① 공기청정기 막힘
② 압축 불량
③ 노즐 불량
④ 오일 팬 내 유량 과다

> 공기보다 연료비가 많을 경우 흑색의 배기가스가 배출된다.

06 디젤기관의 시동을 용이 하게 하기 위한 방법이 아닌 것은?

① 압축비를 높인다.
② 흡기온도를 상승시킨다.
③ 겨울철에 예열장치를 사용한다.
④ 시동 시 회전속도를 낮춘다.

> 시동을 용이하게 하기 위해서는 회전속도를 높여야 한다.

07 연료계통의 고장으로 기관이 부조를 하다가 시동이 꺼졌다. 그 원인이 될 수 없는 것은?

① 연료파이프 연결 불량
② 탱크 내에 오물이 연료장치에 유입
③ 연료필터 막힘
④ 프라이밍 펌프 불량

> 프라이밍 펌프 : 연료장치 공기빼기 작업시 연료펌프를 수동으로 작동시킬 때 사용된다.

08 디젤기관에서 사용되는 공기청정기에 관한 설명으로 틀린 것은?

① 공기청정기는 실린더 마멸과 관계없다.
② 공기청정기가 막히면 배기색은 흑색이 된다.
③ 공기청정기가 막히면 출력이 감소한다.
④ 공기청정기가 막히면 연소가 나빠진다.

🔍 공기청정기(에어 클리너)의 기능에는 실린더에 흡입되는 공기의 여과, 소음방지, 역화시 불길저지, 실린더와 피스톤의 마멸방지, 베어링 오손을 방지 등이 있다.

09 엔진의 윤활장치 목적에 해당되지 않는 것은?

① 냉각 작용　　② 방청 작용
③ 윤활 작용　　④ 연소 작용

🔍 윤활장치는 냉각, 세척, 응력분산, 밀봉, 방청, 감마작용을 한다.

10 기관이 작동 중 라디에이터 캡 쪽으로 물이 상승하면서 연소가스가 누출될 때의 원인에 해당되는 것은?

① 실린더 헤드에 균열이 생겼다.
② 분사노즐의 동 와셔가 불량하다.
③ 물 펌프에 누설이 생겼다.
④ 라디에이터 캡이 불량하다.

11 플라이 휠 런 아웃을 점검할 때 필요한 게이지는?

① 마이크로미터
② 시크니스 게이지
③ 다이얼 게이지
④ 필러 게이지

🔍 다이얼 게이지는 회전축의 휨을 측정할 때 사용된다.

12 왕복형 엔진에서 상사점과 하사점까지의 거리는?

① 사이클　　② 과급
③ 행정　　　④ 소기

🔍 피스톤이 상사점에서 하사점까지의 간격을 왕복할 때, 상승 또는 하강하는 편도의 거리를 행정(行程)이라고 하며, 크랭크축은 180° 회전한다.

13 다음 중 교류발전기를 설명한 내용으로 맞지 않는 것은?

① 정류기로 실리콘 다이오드를 사용한다.
② 스테이터 코일은 주로 3상 결선으로 되어 있다.
③ 발전 조정은 전류조정기를 이용한다.
④ 로터 전류를 변화시켜 출력이 조정된다.

🔍 교류발전기의 전압은 전압조정기로 조정된다.

14 전류의 크기를 측정하는 단위로 맞는 것은?

① V
② A
③ R
④ K

🔍 전류(I) : A, 전압(E) : V, 저항(R) : Ω

15 헤드라이트에서 세미 실드빔 형은?

① 렌즈, 반사경 및 전구를 분리하여 교환이 가능한 것
② 렌즈, 반사경 및 전구가 일체인 것
③ 렌즈와 반사경은 일체이고, 전구는 교환이 가능한 것
④ 렌즈와 반사경을 분리하여 제작한 것

🔍 헤드라이트
　• 실드빔 형 : 렌즈, 반사경 및 전구가 일체인 것
　• 세미 실드빔 형 : 렌즈와 반사경은 일체이고, 전구는 교환이 가능한 것

16 축전지가 방전될 때 일어나는 현상이 아닌 것은?

① 양극판은 과산화납이 황산납으로 변함
② 전해액은 황산이 물로 변함
③ 음극판은 황산납이 해면상납으로 변함
④ 전압과 비중은 점점 낮아짐

🔍 납산축전지가 방전되면 양극판·음극판 모두 황산납으로 변화된다.

17 자동차에 사용되는 납산 축전지에 대한 내용 중 맞지 않는 것은?

① 음(-)극판이 양(+)극판보다 1장 더 많다.
② 격리판은 비전도성이며 다공성이어야 한다.
③ 축전지 케이스 하단에 엘리먼트 레스트 공간을 두어 단락을 방지한다.
④ (+)단자 기둥은 (-)단자 기둥보다 가늘고 회색이다.

🔍 (+)단자 기둥이 (-)단자 기둥보다 굵다.

18 기동전동기는 회전되나 엔진은 크랭킹이 되지 않는 원인으로 옳은 것은?

① 축전지 방전
② 기동전동기의 전기자 코일 단선
③ 플라이휠 링기어의 소손
④ 발전기 브러시 장력 과다

🔍 플라이휠 링기어가 소손되면 기동전동기는 회전되지만 엔진은 돌지 않게 된다.

19 크롤러식 굴착기의 롤러에 오일의 누설을 방지하는 것은?

① 베어링   ② 리테이너
③ 플로팅 실   ④ 플랜지

20 변속기에서 기어 빠짐을 방지하는 것은?

① 셀렉터
② 인터록 볼
③ 로킹 볼
④ 싱크로나이저 링

🔍 로킹 볼은 기어가 물림 위치에서 빠지지 않도록 하며, 인터록 볼은 기어가 이중으로 물리는 것을 방지한다.

21 무한궤도식 굴착기의 부품이 아닌 것은?

① 유압펌프   ② 오일쿨러
③ 자재이음   ④ 주행모터

22 무한궤도식 굴착기에서 트랙의 진로를 조정하면서 진행방향을 유도하는 기능을 담당하는 것은?

① 상부롤러
② 하부롤러
③ 프론트 아이들러
④ 평형 스프링

🔍 프론트 아이들러는 트랙 프레임의 앞쪽에 설치되며 프레임 위에서 미끄럼 운동할 수 있는 요크(yoke)에 의해서 장착되어 있다. 기능은 트랙의 진로를 조정하면서 트랙을 유도하며 진행방향을 유도한다.

23 하부 롤러, 링크 등 트랙부품이 조기 마모되는 원인으로 가장 적절한 것은?

① 겨울철에 작업을 하였을 때
② 트랙장력이 너무 팽팽했을 때
③ 일반 객토에서 작업을 하였을 때
④ 트랙 장력 실린더에 그리스가 누유 될 때

🔍 트랙장력이 너무 팽팽하면 하부롤러, 링크 등 트랙부품의 조기 마모 원인이 된다.

24 굴착기의 프론트 아이들러와 스프로켓이 일치되게 하기 위해서는 브래킷 옆에 무엇을 조정하는가?

① 시어핀
② 쐐기
③ 편심볼트
④ 심(shim)

🔍 프론트 아이들러와 스프로킷이 일치되게 하기 위해서는 브래킷 옆에 심(shim)으로 조정한다.

25 크롤러형의 굴착기를 주행 운전할 때 적합하지 않은 것은?

① 주행 시 버킷의 높이는 30~50cm가 좋다.
② 가능하면 평탄지면을 택하고, 엔진은 중속이 적합하다.
③ 암반 통과 시 엔진속도는 고속이어야 한다.
④ 주행 시 전부장치는 전방을 향해야 좋다.

26 배토판(블레이드)이 올라가지 않거나 상승하는 힘이 약할 때의 원인이 아닌 것은?

① 유압실린더 내부의 노출
② 조작레버의 링크 기구 불량
③ 조절 밸브 스풀(spool)의 고착
④ 릴리프 밸브의 조정 불량

27 건설기계 등록 말소신청시 구비서류에 해당되는 것은?

① 건설기계등록증
② 주민등록등본
③ 수입면장
④ 제작증명서

🔍 등록 말소 서류 : 등록말소신청서, 건설기계등록증, 건설기계 검사증

28 다음 ( ) 안에 들어갈 알맞은 것은?

> 도로를 통행하는 차마의 운전자는 교통안전시설이 표시하는 신호 또는 지시와 교통정리를 하는 경찰공무원의 신호 또는 지시가 서로 다른 경우에는 (A)의 (B)에 따라야한다.

① A - 운전자,   B - 판단
② A - 교통안전시설,   B - 신호 또는 지시
③ A - 경찰공무원,   B - 신호 또는 지시
④ A - 교통신호,   B - 신호

🔍 경찰공무원의 신호 또는 지시가 모든 신호에 우선한다.

29 검사소 이외의 장소에서 출장검사를 받을 수 있는 건설기계해 해당하는 것은?

① 덤프트럭
② 콘크리트믹시트럭
③ 아스팔트살포기
④ 지게차

30 그림과 같은 교통안전표지의 뜻은?

① 좌합류도로가 있음을 알리는 것
② 철길건널목이 있음을 알리는 것
③ 회전형교차로가 있음을 알리는 것
④ 좌로 굽은 도로가 있음을 알리는 것

31 건설기계 등록번호표가 06-6543인 것은?

① 로더-대여사업용
② 덤프트럭-대여사업용
③ 지게차-자가용
④ 덤프트럭-관용

🔍 등록번호
• 로더 03, 지게차 04, 덤프트럭 06
• 관용 0001~0999, 자가용 1000~5999, 대여사업용 6000~9999

32 국토교통부장관은 검사대행자 지정을 취소하거나 기간을 정하여 사업의 전부 또는 일부의 정지를 명할 수 있다. 지정을 취소해야만 하는 경우는?

① 부정한 방법으로 지정을 받은 때
② 재검사를 시행한 때
③ 건설기계검사증을 재교부하였을 때
④ 위반에 의한 벌금형의 선고를 받은 때

33 건설기계조종사의 적성검사 기준으로 가장 거리가 먼 것은?

① 두 눈을 동시에 뜨고 잰 시력이 0.7 이상이고, 두 눈의 시력이 각각 0.3 이상일 것
② 시각은 150도 이상일 것
③ 언어분별력이 80% 이상일 것
④ 교정시력의 경우는 시력이 1.5 이상일 것

34 건설기계조종사의 면허취소 사유에 해당하는 것은? (단, 산업안전보건법에 따른 중대재해가 아닌 경우이다.)

① 과실로 인하여 1명을 사망하게 하였을 때
② 면허정지 처분을 받은 자가 그 기간 중에 건설기계를 조종한 때
③ 과실로 인하여 10명에게 경상을 입힌 때
④ 건설기계로 1천만 원 이상의 재산 피해를 냈을 때

> 🔍 건설기계조종사의 면허 취소 사유
> • 거짓이나 그 밖의 부정한 방법으로 건설기계조종사면허를 받은 경우
> • 면허의 효력정지기간 중 건설기계를 조종한 경우
> • 건설기계조종사면허의 결격사유에 해당하게 된 경우
> • 건설기계 조종 중 고의로 사망, 중상, 경상 등을 입힌 경우
> • 건설기계 조종 중 과실로 산업안전보건법에 따른 다음의 중대재해가 발생한 경우
>   - 사망자가 1명 이상 발생한 재해
>   - 3개월 이상의 요양이 필요한 부상자가 동시에 2명 이상 발생한 재해
>   - 부상자 또는 직업성질병자가 동시에 10명 이상 발생한 재해

35 동일방향으로 주행하고 있는 전·후차 간의 안전운전 방법으로 틀린 것은?

① 뒤차는 앞차가 급정거할 때 충돌을 피할 수 있는 필요한 안전거리를 유지한다.
② 뒤에서 따라오는 차량의 속도보다 느린 속도로 진행하려고 할 때에는 진로를 양보한다.
③ 앞차가 다른 차를 앞지르고 있을 때에는 더욱 빠른 속도로 앞지른다.
④ 앞차는 부득이한 경우를 제외하고는 급정지·급감속을 하여서는 안 된다.

> 🔍 도로교통법상 앞차가 다른 차를 앞지르고 있을 때에는 앞지르기를 할 수 없다.

36 다음 중 진로변경을 해서는 안 되는 경우는?

① 3차로의 도로일 때
② 안전표지(진로변경 제한선)가 설치되어 있을 때
③ 시속 50킬로미터 이상으로 주행할 때
④ 교통이 복잡한 도로일 때

> 🔍 진로변경 제한선이 있는 경우 진로를 변경해서는 안 된다.

37 유압계통의 수명연장을 위해 가장 중요한 요소는?

① 오일탱크의 세척
② 오일 냉각기의 점검 및 세척
③ 오일 액추에이터의 점검 및 교환
④ 오일과 오일필터 정기점검 및 교환

38 유압장치에서 오일 쿨러(Cooler)의 구비조건으로 틀린 것은?

① 촉매 작용이 없을 것
② 오일 흐름에 저항이 클 것
③ 온도 조정이 잘 될 것
④ 정비 및 청소하기에 편리할 것

> 🔍 오일 쿨러 : 작동유의 오일을 냉각시키는 것으로 적정온도는 대략 40℃~60℃ 정도이다.

39 유압유의 구비조건이 아닌 것은?

① 부피가 클 것
② 내열성이 클 것
③ 화학적 안정성이 클 것
④ 적정한 유동성과 점성을 갖고 있을 것

40 감압 밸브에 대한 설명으로 틀린 것은?

① 상시 폐쇄상태로 되어 있다.
② 입구(1차쪽)의 주회로에서 출구(2차쪽)의 감압회로로 유압유가 흐른다.
③ 유압장치에서 회로 일부의 압력을 릴리프 밸브의 설정압력 이하로 하고 싶을 때 사용한다.
④ 출구(2차쪽)의 압력이 감압밸브의 설정압력보다 높아지면 밸브가 작동하여 유로를 닫는다.

> 🔍 감압 밸브는 분기회로에 쓰이며 2차측 압력을 낮게 할 필요가 있을 때 사용된다.

41 유압펌프가 작동 중 소음이 발생할 때의 원인으로 틀린 것은?

① 펌프 축의 편심 오차가 크다.
② 펌프흡입관 접합부로부터 공기가 유입된다.
③ 릴리프 밸브 출구에서 오일이 배출되고 있다.
④ 스트레이너가 막혀 흡입용량이 너무 작아졌다.

42 유압유의 점검사항과 관계없는 것은?

① 점도
② 마멸성
③ 소포성
④ 윤활성

43 일반적으로 유압유가 갖추어야 하는 성질로 틀린 것은?

① 점성이 높아야 한다.
② 인화점이 높아야 한다.
③ 압축성이 낮아야 한다.
④ 유동점이 낮아야 한다.

> 유압유는 넓은 온도 범위에서 점도의 변화가 적어야 하며, 인화점이 높아야 증발 및 화재를 예방할 수 있다.

44 축압기의 사용목적이 아닌 것은?

① 압력 보상
② 유체의 맥동 감쇠
③ 유압회로 내 압력제어
④ 보조 동력원으로 사용

> 축압기(어큐뮬레이터)의 용도
> • 대유량의 순간적 공급
> • 유압 펌프의 맥동을 제거
> • 충격압력의 흡수
> • 압력보상

45 방향제어 밸브를 동작시키는 방식이 아닌 것은?

① 수동식
② 전자식
③ 스프링식
④ 유압 파일럿식

46 유압 모터와 유압 실린더의 설명으로 맞는 것은?

① 둘 다 회전운동을 한다.
② 둘 다 왕복운동을 한다.
③ 모터는 직선운동, 실린더는 회전운동을 한다.
④ 모터는 회전운동, 실린더는 직선운동을 한다.

> 액추에이터(actuator)는 유압의 에너지를 기계적 에너지로 변화시키는 장치로 유압의 에너지에 의해서 직선 왕복 운동을 하는 유압 실린더와 유압의 에너지에 의해서 회전 운동을 하는 유압 모터가 있다.

47 다음 중 안전사항으로 틀린 것은?

① 전선의 연결부는 되도록 저항을 적게 해야 한다.
② 전기장치는 반드시 접지하여야 한다.
③ 퓨즈 교체 시에는 기존보다 용량이 큰 것을 사용한다.
④ 계측기는 최대 측정범위를 초과하지 않도록 해야 한다.

48 작업시 일반적인 안전에 대한 설명으로 적합하지 않은 것은?

① 장비는 사용 전에 점검한다.
② 장비 사용법은 사전에 숙지한다.
③ 장비는 취급자가 아니어도 사용한다.
④ 회전되는 물체에 손을 대지 않는다.

49 기계의 보수 점검시, 운전 상태에서 해야 하는 작업은?

① 체인의 장력상태 확인
② 베어링의 급유상태 확인
③ 벨트의 장력상태 확인
④ 클러치의 상태 확인

> 운전 상태에서는 클러치의 동력전달, 동력차단 상태를 확인한다.

50 사고 원인으로서 작업자의 불안전한 행위는?

① 안전 조치의 불이행
② 고용자의 능력한계
③ 물적 위험상태
④ 기계의 결함상태

> 재해의 직접 원인
> • 불안전한 행동 : 위험장소 접근, 안전장치의 기능 제거, 복장 보호구의 잘못사용, 기계·기구 잘못사용, 운전중인 기계장치의 손질, 불안전한 속도 조작, 위험물 취급 부주의, 불안전한 상태 방치, 불안전한 자세 동작, 감독 및 연락 불충분
> • 불안전한 상태 : 물 자체 결함, 안전 방호장치 결함, 보호구의 결함, 물의 배치 및 작업장소 결함, 작업환경의 결함, 생산 공정의 결함, 경계표시·설비의 결함

51 스패너 사용시 안전 사항으로 틀린 것은?

① 스패너는 밀면서 작업한다.
② 스패너는 볼트, 너트의 규격에 맞는 것을 사용한다.
③ 녹이 슨 볼트나 너트는 녹을 제거하고 사용한다.
④ 스패너 사용시 몸의 균형을 유지한다.

> 스패너는 몸쪽으로 당기면서 작업한다.

52 드릴 작업시 주의사항으로 틀린 것은?

① 칩을 털어낼 때는 칩털이를 사용한다.
② 작업이 끝나면 드릴을 척에서 빼놓는다.
③ 드릴이 움직일 때는 칩을 손으로 치운다.
④ 재료는 힘껏 조이든가 정지구로 고정한다.

53 다음 중 B급 화재에 대한 설명으로 옳은 것은?

① 목재, 섬유류 등의 화재로서 일반적으로 냉각 소화를 한다.
② 유류 등의 화재로서 일반적으로 질식효과(공기 차단)로 소화한다.
③ 전기기기의 화재로서 일반적으로 전기절연성을 갖는 소화제로 소화한다.
④ 금속나트륨 등의 화재로서 일반적으로 건조사를 이용한 질식효과로 소화한다.

> 화재의 분류
> • A급 화재 : 일반화재(목재, 종이, 석탄 등)
> • B급 화재 : 유류화재(휘발유, 벤젠)
> • C급 화재 : 전기화재
> • D급 화재 : 금속화재

54 먼지가 많은 장소에서 착용하여야 하는 마스크는?

① 방독 마스크
② 산소 마스크
③ 방진 마스크
④ 일반 마스크

> 방진 마스크는 분체작업, 연마작업, 광택작업, 배합작업 등이 이루어지는 작업 및 작업장에서 사용하는 호흡용 보호구이다.

55 산업공장에서 재해의 발생을 줄이기 위한 방법으로 틀린 것은?

① 폐기물은 정해진 위치에 모아둔다.
② 공구는 소정의 장소에 보관한다.
③ 소화기 근체에 물건을 적재한다.
④ 통로나 창문 등에 물건을 세워 놓아서는 안 된다.

56 견고한 땅을 굴착할 때의 방법으로 가장 적절한 것은?

① 버킷 투스를 찍어 단번에 강하게 굴착 작업을 한다.
② 버킷으로 찍고 선회 등을 하며 굴착 작업을 한다.
③ 버킷을 최대한 높이 들어 하강하는 자중을 이용하여 굴착 작업을 한다.
④ 버킷 투스로 표면을 얇게 여러 번 굴착 작업을 한다.

57 철탑에 154000V라는 표시판이 부착되어 있는 전선 근처에서의 작업으로 틀린 것은?

① 철탑 기초에서 충분히 이격하여 굴착한다.
② 전선이 바람에 흔들리는 것을 고려하여 접근 금지 로프를 설치한다.
③ 전선에 30cm 이내로 접근되지 않게 작업 한다.
④ 철탑 기초 주변 흙이 무너지지 않도록 한다.

58 일반도시가스사업자의 지하배관 설치 시 도로 폭이 4m 이상 8m 미만인 도로에서 규정상 어느 정도의 깊이에 배관이 설치되어 있는가?

① 1.5m 이상
② 1.2m 이상
③ 1.0m 이상
④ 0.6m 이상

🔍 가스배관 지하매설 심도
• 공동주택 등의 부지 내에서는 0.6m 이상
• 폭 8m 이상의 도로에서는 1.2m 이상. 다만, 최고 사용 압력이 저압인 배관에서 횡으로 분기하여 수요자에게 직접 연결되는 배관의 경우 1m 이상
• 폭 4m 이상 8m 미만인 도로에서는 1m 이상. 다만 최고 사용 압력이 저압인 배관에서 횡으로 분기하여 수요자에게 직접 연결되는 배관의 경우 0.8m 이상
• 상기에 해당하지 아니하는 곳에서는 0.8m 이상. 다만 암반 등에 의하여 매설 깊이 유지가 곤란하다고 허가 관청이 인정하는 경우에는 0.6m 이상

59 건설기계를 이용하여 도로 굴착작업 중 "고압선 위험" 표지시트가 발견되었다. 다음 중 맞는 것은?

① 표지시트의 직각방향에 전력 케이블이 묻혀 있다.
② 표지시트의 직하에 전력 케이블이 묻혀 있다.
③ 표지시트의 우측에 전력 케이블이 묻혀 있다.
④ 표지시트의 좌측에 전력 케이블이 묻혀 있다.

🔍 굴착작업 시 유의사항
• 전력선 밑에서 작업을 하기 전에 작업 안전원을 배치하여 안전원의 지시에 따라 작업한다.
• 굴착 장비를 이용하여 도로 굴착 작업 중 '고압선 위험' 표지 시트가 발견되었을 경우에는 표지 시트 바로 아래에 전력 케이블이 묻혀 있다.
• 전선로 부근에서 굴착 작업으로 인해 수목이 전선로에 넘어지는 사고가 발생하였을 때의 조치는 기중기에 마닐라 로프를 연결하여 수목을 당겨서 제거하여야 한다.
• 고압 선로 주변에서 건설기계에 의한 작업 중 고압선로 또는 지지물에 가장 접촉이 많은 부분은 권상 로프와 붐대이다.

60 굴착작업 중 줄파기 작업에서 줄파기 1일 시공량 결정은 어떻게 하도록 되어 있는가?

① 시공속도가 가장 느린 천공작업에 맞추어 결정한다.
② 시공속도가 가장 빠른 천공작업에 맞추어 결정한다.
③ 공사시방서에 명기된 일정에 맞추어 결정한다.
④ 공사관리 감독기관에 보고한 날짜를 맞추어 결정한다.

🔍 줄파기 1일 시공량 결정은 천공작업에 맞추어 결정해야 한다.

정답 공단 기출문제 – 2013년 01회

01 ④	02 ③	03 ④	04 ①	05 ④
06 ④	07 ④	08 ①	09 ④	10 ①
11 ③	12 ③	13 ③	14 ②	15 ③
16 ③	17 ④	18 ③	19 ③	20 ③
21 ③	22 ③	23 ③	24 ④	25 ③
26 ①	27 ①	28 ③	29 ③	30 ③
31 ②	32 ③	33 ④	34 ②	35 ③
36 ②	37 ④	38 ②	39 ①	40 ①
41 ③	42 ②	43 ①	44 ③	45 ③
46 ④	47 ③	48 ③	49 ③	50 ①
51 ①	52 ③	53 ②	54 ③	55 ③
56 ④	57 ③	58 ③	59 ②	60 ①

03 공단 기출문제
2013년 02회

01 건설기계장비 운전 시 계기판에서 냉각수량 경고등이 점등되었다. 그 원인으로 가장 거리가 먼 것은?

① 냉각수량이 부족할 때
② 냉각 계통의 물 호스가 파손되었을 때
③ 라디에이터 캡이 열린 채 운행하였을 때
④ 냉각수 통로에 스케일(물 때)이 없을 때

🔍 냉각수 통로에 스케일이 없으면 정상이므로 경고등이 점등되지 않는다.

02 엔진의 밸브가 닫혀있는 동안 밸브 시트와 밸브 페이스를 밀착시켜 기밀이 유지 되도록 하는 것은?

① 밸브 리테이너   ② 밸브 가이드
③ 밸브 스템   ④ 밸브 스프링

🔍 엔진의 흡배기 밸브는 캠축에 의해 열리고 밸브 스프링에 의해 닫혀져 기밀을 유지한다.

03 다음 디젤기관에서 과급기를 사용하는 이유로 맞지 않는 것은?

① 체적효율 증대
② 냉각효율 증대
③ 출력 증대
④ 회전력 증대

🔍 디젤기관에서 과급기를 사용하는 이유는 공기를 많이 흡입하여 체적효율과 출력 그리고 회전력을 증대시키기 위한 것이다.

04 윤활유의 점도가 기준보다 높은 것을 사용했을 때의 현상으로 맞는 것은?

① 좁은 공간에 잘 스며들어 충분한 윤활이 된다.
② 동절기에 사용하면 기관 시동이 용이하다.
③ 점차 묽어짐으로 경제적이다.
④ 윤활유 압력이 다소 높아진다.

05 디젤엔진의 연료탱크에서 분사노즐까지 연료의 순환 순서로 맞는 것은?

① 연료탱크 → 연료공급 펌프 → 분사펌프 → 연료필터 → 분사노즐
② 연료탱크 → 연료필터 → 분사펌프 → 연료공급 펌프 → 분사노즐
③ 연료탱크 → 연료공급 펌프 → 연료필터 → 분사펌프 → 분사노즐
④ 연료탱크 → 분사펌프 → 연료필터 → 연료공급 펌프 → 분사노즐

06 기관을 점검하는 요소 중 디젤기관과 관계없는 것은?

① 예열   ② 점화
③ 연료   ④ 연소

🔍 • 가솔린기관 : 휘발유 사용, 점화성
　• 디젤기관 : 경유 사용, 착화성

07 디젤엔진에서 오일을 가압하여 윤활부에 공급하는 역할을 하는 것은?

① 냉각수 펌프
② 진공 펌프
③ 공기 압축 펌프
④ 오일 펌프

🔍 오일 펌프는 기관 내부의 각 접동부에 윤활유를 공급하여 부품의 마모를 감소시키고 기계 효율을 향상시킨다.

08 4행정 디젤엔진에서 흡입행정 시 실린더 내에 혼입되는 것은?

① 혼합기   ② 연료
③ 공기   ④ 스파크

🔍 디젤기관은 흡입행정시 순수한 공기만 흡입한 다음 연료를 분사시킨다.

09 착화지연기간이 길어져 실린더 내에 연소 및 압력상승이 급격하게 일어나는 현상은?

① 디젤 노크
② 조기점화
③ 가솔린 노크
④ 정상연소

🔍 착화지연기간이 길어지면 연소가 급격히 일어나 폭발적인 연소로 피스톤이 충격을 받아 회전의 불균형과 함께 출력이 저하된다.

10 노킹이 발생하였을 때 기관에 미치는 영향은?

① 압축비가 커진다.
② 제동마력이 커진다.
③ 기관이 과열될 수 있다.
④ 기관의 출력이 향상된다.

🔍 노킹이 발생하면 화염속도가 빨라져 연소실 온도가 상승하고 기관이 과열될 수 있으며, 불완전연소가 일어나 배기가스 온도는 낮아진다.

11 기관이 과열되는 원인이 아닌 것은?

① 물 재킷 내의 물 때 형성
② 팬벨트의 장력 과다
③ 냉각수 부족
④ 무리한 부하 운전

🔍 팬 벨트의 장력과다는 벨트가 팽팽하다는 뜻으로 베어링이 손상된다.

12 다음 중 커먼레일 연료분사장치의 고압 연료 펌프에 부착된 것은?

① 압력 제어 밸브
② 커먼레일 압력센서
③ 압력 제한 밸브
④ 유량 제한기

13 방향 지시등 스위치를 작동할 때 한쪽은 정상이고, 다른 한쪽은 점멸 작용이 정상과 다르게(빠르게 또는 느리게) 작용한다. 고장 원인이 아닌 것은?

① 전구 1개가 단선 되었을 때
② 전구를 교체하면서 규정 용량의 전구를 사용하지 않았을 때
③ 플래셔 유닛이 고장 났을 때
④ 한쪽 전구 소켓에 녹이 발생하여 전압 강하가 있을 때

14 기동 전동기의 구성품의 아닌 것은?

① 전기자
② 브러시
③ 스테이터
④ 구동피니언

🔍 스테이터는 교류발전기에서 전기가 발생하는 부분이다.

15 축전지 전해액 내의 황산을 설명한 것이다. 틀린 것은?

① 피부에 닿게 되면 화상을 입을 수도 있다.
② 의복에 묻으면 구멍을 뚫을 수도 있다.
③ 눈에 들어가면 실명될 수도 있다.
④ 라이터를 사용하여 점검할 수도 있다.

🔍 (+)극에서는 산소가 발생하고 (-)극에서는 수소가 발생하므로 라이터를 사용하면 위험하다.

16 납산 축전지 터미널에 녹이 발생했을 때의 조치방법으로 가장 적합한 것은?

① 물걸레로 닦아내고 더 조인다.
② 녹을 닦은 후 고정 시키고 소량의 그리스를 상부에 도포한다.
③ (+)와 (-)터미널을 서로 교환한다.
④ 녹슬지 않게 엔진오일을 도포하고 확실히 더 조인다.

17 디젤기관에만 해당되는 회로는?

① 예열플러그 회로
② 시동 회로
③ 충전 회로
④ 등화 회로

🔍 예열플러그 회로는 디젤기관에서 한랭시 예열을 통해 시동을 돕는 역할을 한다.

18 교류발전기(AC)의 주요부품이 아닌 것은?

① 로터
② 브러시
③ 스테이터 코일
④ 솔레노이드 조정기

19 굴착 작업 시 작업 능력이 떨어지는 원인으로 맞는 것은?

① 트랙 슈에 주유가 안 됨
② 릴리프 밸브 조정 불량
③ 조향핸들 유격 과다
④ 아워미터 고장

20 클러치 페달에 대한 설명으로 틀린 것은?

① 펜던트식과 플로어식이 있다.
② 페달 자유유격은 일반적으로 20~30mm 정도로 조정한다.
③ 클러치판이 마모될수록 자유유격이 커져서 미끄러지는 현상이 발생한다.
④ 클러치가 완전히 끊긴 상태에서도 발판과 페달과의 간격은 20mm 이상 확보해야 한다.

> 클러치판이 마모될 경우 자유유격은 적어지게 된다.

21 굴착기의 트랙이 구덩이에 대하여 직각으로 서고 옆으로 이동하면서 채굴하는 것은?

① 직각 채굴법
② 좌우 채굴법
③ 횡진 채굴법
④ 병진 채굴법

22 무한궤도식 굴착기에서 하부 주행체 동력전달 순서로 맞는 것은?

① 유압펌프 → 제어밸브 → 센터조인트 → 주행모터
② 유압펌프 → 제어밸브 → 주행모터 → 자재이음
③ 유압펌프 → 센터조인트 → 제어밸브 → 주행모터
④ 유압펌프 → 센터조인트 → 주행모터 → 자재이음

23 유압 브레이크 장치에서 잔압을 유지 시켜주는 부품으로 옳은 것은?

① 피스톤
② 피스톤 컵
③ 체크밸브
④ 실린더 보디

> 유압 브레이크 장치에서 잔압을 유지시켜주는 부품은 체크밸브와 스프링이다.

24 굴착기에 부착하여 사용되는 다공정 임업 기계로 벌도, 가지훑기, 통나무 자르기 등의 조재 작업을 한 공정에 수행하는 작업 장치로 맞는 것은?

① 프로세서
② 스키더
③ 펠러번처
④ 하베스터

> • 프로세서 : 벌도는 불가능 하며 가지자르기, 마름질 작업 및 원목을 한곳에 쌓는 장비
> • 펠러번처 : 벌도 후 벌도되는 나무를 집재 작업하는 장비
> • 하베스터 : 벌도와 가지훑기, 통나무 자르기의 조재 작업을 하나의 공정으로 수행하는 장비

25 양축 끝에 십자형의 조인트를 가지며 중간축은 Y형의 원통으로 되어 있고 그 양끝의 각 축에 십자축이 설치되어 있는 조인트는 무엇인가?

① 파빌레 조인트
② 스파이서 그랜저 조인트
③ 트랙타 조인트
④ 벤딕스 조인트

26 타이어식 굴착기의 브레이크 파이프 내에 베이퍼 록이 생기는 원인이다. 관계없는 것은?

① 드럼의 과열
② 지나친 브레이크 조작
③ 잔압의 저하
④ 라이닝과 드럼의 간극 과다

> 라이닝과 드럼의 간극이 과다하면 브레이크가 미끄러져 제동이 잘 되지 않는다.

27 건설기계조종사면허의 종류와 해당 건설기계조종사 면허로 조종할 수 있는 건설기계에 대한 설명이다. 틀린 것은?

① 롤러 조종사 면허를 받은 자는 아스팔트피니셔, 모터그레이더, 천공기 등을 조종할 수 있다.
② 2012년 5월 이전 공기압축기 조종사 면허를 받은 자는 한시적으로 2013년 말까지 천공기 조종사 면허로 갱신 신청할 수 있다.
③ 2012년 5월 이전 기중기 면허를 받은 자는 한시적으로 2013년 말까지 천공기 조종사 면허로 갱신 신청할 수 있다.
④ 2012년에 모터그레이더 및 아스팔트피니셔 조종사 면허를 발급받은 자는 롤러 조종사 면허를 받은 것으로 본다.

> 롤러 조종사 면허를 받은 자는 모터그레이더, 스크레이퍼, 아스팔트피니셔, 콘크리트피니셔, 콘크리트살포기 및 골재살포기를 조종할 수 있다.

28 정지선이나 횡단보도 및 교차로 직전에서 정지하여야 할 신호의 종류로 옳은 것은?

① 녹색 및 황색 등화
② 황색 등화의 점멸
③ 황색 및 적색 등화
④ 녹색 및 적색 등화

29 정기검사에 불합격한 건설기계의 정비명령 기간으로 적합한 것은?

① 7일 이내
② 10일 이내
③ 15일 이내
④ 31일 이내

> 정기검사에 불합격한 건설기계는 31일 이내의 기간을 정하여 해당 건설기계소유자에게 검사를 완료한 날부터 10일 이내에 정비명령을 해야 한다.

30 건설기계 임시운행 사유가 아닌 것은?

① 확인검사를 받기 위하여 건설기계를 검사장소로 운행하는 경우
② 신규등록검사를 받기 위하여 건설기계를 검사장소로 운행하고자 할 때
③ 신개발 건설기계를 시험·연구의 목적으로 운행하고자 할 때
④ 말소등록을 하기 위하여 운행하고자 할 때

> 건설기계의 임시운행 사유
> • 등록신청을 하기 위하여 건설기계를 등록지로 운행하는 경우
> • 신규등록검사 및 확인검사를 받기 위하여 건설기계를 검사장소로 운행하는 경우
> • 수출을 하기 위하여 건설기계를 선적지로 운행하는 경우
> • 수출을 하기 위하여 등록말소한 건설기계를 점검·정비의 목적으로 운행하는 경우
> • 신개발 건설기계를 시험·연구의 목적으로 운행하는 경우
> • 판매 또는 전시를 위하여 건설기계를 일시적으로 운행하는 경우

31 건설기계 사업에 해당되지 않는 것은?

① 건설기계 대여업
② 건설기계 매매업
③ 건설기계 재생업
④ 건설기계 정비업

> 건설기계사업의 종류 : 건설기계대여업, 건설기계정비업, 건설기계매매업, 건설기계해체활용업

32 도로교통법상 도로에 해당되지 않는 것은?

① 해상 도로법에 의한 항로
② 차마의 통행을 위한 도로
③ 유료 도로법에 의한 유료도로
④ 도로법에 의한 도로

33 규정상 올바른 정차 방법은?

① 정차는 도로의 모퉁이에서도 할 수 있다.
② 일방통행로에서는 도로의 좌측에 정차할 수 있다.
③ 도로의 우측 단에 타 교통에 방해가 되지 않도록 정차해야 한다.
④ 정차는 교차로 측단에서 할 수 있다.

34 건설기계를 주택가 주변의 도로나 공터 등에 주차하여 교통소통을 방해하거나 소음 등으로 주민의 조용하고 평온한 생활환경을 침해한 자에 대한 벌칙은?

① 200만원 이하의 벌금
② 100만원 이하의 벌금
③ 100만원 이하의 과태료
④ 50만원 이하의 과태료

> 건설기계를 주택가 주변에 세워 두어 교통소통을 방해하거나 소음 등으로 주민의 생활 환경을 침해하거나 건설기계를 도로에 계속하여 버려두거나 정당한 사유 없이 타인의 토지에 버려둔 자에게는 50만원 이하의 과태료가 부과된다.

35 도로교통법상 건설기계를 운전하여 도로를 주행할 때 서행에 대한 정의로 옳은 것은?

① 매시 60km 미만의 속도로 주행하는 것을 말한다.
② 운전자가 차를 즉시 정지시킬 수 있는 느린 속도로 진행하는 것을 말한다.
③ 정지거리 2m 이내에서 정지할 수 있는 경우를 말한다.
④ 매시 20km 이내로 주행하는 것을 말한다.

36 건설기계 등록사항 변경이 있을 때, 그 소유자는 누구에게 신고하여야 하는가?

① 관할검사소장
② 고용노동부장관
③ 행정안전부장관
④ 시 · 도지사

37 피스톤식 유압펌프에서 회전경사판의 기능으로 가장 적합한 것은?

① 펌프 압력을 조정
② 펌프 출구의 개 · 폐
③ 펌프 용량을 조정
④ 펌프 회전속도를 조정

> 피스톤식 유압펌프에서 회전경사판의 기능은 펌프의 용량을 조정하는 것이다.

38 유압장치의 방향전환밸브(중립 상태)에서 실린더가 외력에 의해 충격을 받았을 때 발생되는 고압을 릴리프시키는 밸브는?

① 반전 방지밸브
② 메인 릴리프밸브
③ 과부하(포트) 릴리프밸브
④ 유량 감지밸브

39 유압 회로의 최고압력을 제한하는 밸브로서, 회로의 압력을 일정하게 유지시키는 밸브는?

① 첵 밸브
② 감압 밸브
③ 릴리프 밸브
④ 카운터밸런스 밸브

> 용어 설명
> • 첵 밸브 : 한쪽 방향으로 흐름을 허용하는 밸브
> • 감압 밸브 : 회로내의 일부 압력을 감압시키고 유지하는 밸브
> • 카운터밸런스 밸브 : 유압 실린더 등의 하중이 하강할 때 그 차제의 자중으로 하강속도가 빨라지는 것을 제어하는 밸브

40 유압모터의 일반적인 특징으로 가장 적합한 것은?

① 운동량을 직선으로 속도조절이 용이하다.
② 운동량을 자동으로 직선조작 할 수 있다.
③ 넓은 범위의 무단변속이 용이하다.
④ 각도에 제한 없이 왕복 각운동을 한다.

> 유압모터는 유압에 의해 축의 회전운동을 하는 것으로 0에서 최대속도까지 임의의 속도로 변화시킬 수 있다.

41 유압 작동유의 점도가 지나치게 낮을 때 나타날 수 있는 현상은?

① 출력이 증가한다.
② 압력이 상승한다.
③ 유동 저항이 증가한다.
④ 유압 실린더의 속도가 늦어진다.

> 유압 작동유의 점도가 지나치게 낮을 때 유압 실린더의 속도가 늦어지고, 누유가 발생한다.

42 유압장치에서 회전축 둘레의 누유를 방지하기 위하여 사용되는 밀봉장치(seal)는?

① 오링(O-ring)
② 가스켓(gasket)
③ 더스트 실(dust seal)
④ 기계적 실(mechanical seal)

> 회전하는 축의 둘레에는 약간의 면압(面壓)을 갖는 기계적 실(mechanical seal)을 사용한다.

43 유압 펌프에서 경사판의 각을 조정하여 토출유량을 변화시키는 펌프는?

① 기어 펌프   ② 로터리 펌프
③ 베인 펌프   ④ 플런저 펌프

44 유압장치의 장점이 아닌 것은?

① 작은 동력원으로 큰 힘을 낼 수 있다.
② 과부하 방지가 용이하다.
③ 운동방향을 쉽게 변경할 수 있다.
④ 고장원인의 발견이 쉽고 구조가 간단하다.

45 실린더의 피스톤이 고속으로 왕복 운동할 때 행정의 끝에서 피스톤이 커버에 충돌하여 발생하는 충격을 흡수하고, 그 충력에 의해서 발생하는 유압회로의 악영향이나 유압기기의 손상을 방지하기 위해서는 설치하는 것은?

① 쿠션기구   ② 밸브기구
③ 유량제어기구   ④ 셔틀기구

> 쿠션기구는 유압회로 및 유압기기의 손실을 방지하기 위한 기기이다.

46 유압실린더의 숨돌리기 현상이 생겼을 때 일어나는 현상이 아닌 것은?

① 작동 지연 현상이 생긴다.
② 서지압이 발생한다.
③ 오일의 공급이 과대해진다.
④ 피스톤 작동이 불안정하게 된다.

> 숨돌리기 현상은 유압 실린더에서 일어나는 현상으로 피스톤 작동이 불안정해지고 작동지연이 일어나며 서지압이 발생된다.

47 도로에 가스배관을 매설할 때 지켜야 할 사항으로 잘못된 것은?

① 자동차 등의 하중에 대한 영향이 적은 곳에 매설한다.
② 배관은 외면으로부터 도로 밑의 다른 매설물과 0.1m 이상의 거리를 유지한다.
③ 포장되어 있는 차도에 매설하는 경우 배관의 외면과 노반의 최하부와의 거리는 0.5m 이상으로 한다.
④ 배관의 외면에서 도로 경계까지는 1m 이상의 수평거리를 유지한다.

48 현장에서 작업자가 작업 안전상 꼭 알아두어야 할 사항은?

① 장비의 가격
② 종업원의 작업환경
③ 종업원의 기술 정도
④ 안전 규칙 및 수칙

49 목재, 종이, 석탄 등 일반 가연물의 화재는 어떤 화재로 분류하는가?

① A급 화재
② B급 화재
③ C급 화재
④ D급 화재

> 화재의 분류
> • A급 화재 : 일반화재(목재, 종이, 석탄 등)
> • B급 화재 : 유류화재(휘발유, 벤젠)
> • C급 화재 : 전기화재
> • D급 화재 : 금속화재

50 사고의 결과로 인하여 인간이 입는 인명 피해와 재산상의 손실을 무엇이라 하는가?

① 재해   ② 안전
③ 사고   ④ 부상

51 건설기계 작업 시 주의사항으로 틀린 것은?

① 운전석을 떠날 경우에는 기관을 정지시킨다.
② 작업 시에는 항상 사람의 접근에 특별히 주의한다.
③ 주행 시는 가능한 한 평탄한 지면으로 주행한다.
④ 후진 시는 후진 후 사람 및 장애물 등을 확인한다.

🔍 후진 시는 후진하기 전에 사람 및 장애물 등을 확인해야 한다.

52 다음 중 안전 보호구가 아닌 것은?

① 안전모
② 안전화
③ 안전가드레일
④ 안전장갑

🔍 안전가드레일은 안전시설로 분류된다.

53 수공구 사용시 주의사항이 아닌 것은?

① 작업에 알맞은 공구를 선택하여 사용한다.
② 공구는 사용 전에 기름등을 닦은 후 사용한다.
③ 공구를 취급할 때는 올바른 방법으로 사용한다.
④ 개인이 만든 공구는 일반적인 작업에 사용한다.

54 소화하기 힘든 정도로 화재가 진행된 현장에서 제일 먼저 취하여야 할 조치사항으로 가장 올바른 것은?

① 소화기 사용
② 화재 신고
③ 인명 구조
④ 경찰서에 신고

🔍 소화가 불가능한 경우라면 가장 최선의 선택은 인명을 구조하는 것이다.

55 보안경을 사용하는 이유로 틀린 것은?

① 유해 약물의 침입을 막기 위하여
② 떨어지는 중량물을 피하기 위하여
③ 비산되는 칩에 의한 부상을 막기 위하여
④ 유해 광선으로부터 눈을 보호하기 위하여

🔍 떨어지는 중량물을 피하기 위해서는 방호장치를 설치하고 적합한 안전모를 착용해야 한다.

56 방호장치의 일반원칙으로 옳지 않은 것은?

① 작업방해의 제거
② 작업점의 방호
③ 외관상의 안전화
④ 기계특성에의 부적합성

🔍 방호장치의 일반원칙 : 작업방해의 제거, 작업점의 방호, 외관상의 안전화, 기계특성에의 적합성

57 지상에 설치되어 있는 도시가스배관 외면에 반드시 표시해야 하는 사항이 아닌 것은?

① 사용 가스명
② 가스 흐름방향
③ 소유자명
④ 최고사용압력

🔍 도시가스 배관의 외부에는 사용가스명, 최고사용압력 및 도시가스의 흐름방향을 표시하여야 한다. 다만, 지하에 매설하는 경우에는 흐름방향을 표시하지 아니할 수 있다.

58 특별고압 가공 송전선로에 대한 설명으로 틀린 것은?

① 애자의 수가 많을수록 전압이 높다.
② 겨울철에 비하여 여름철에는 전선이 더 많이 처진다.
③ 154,000V 가공전선은 피복전선이다.
④ 철탑과 철탑과의 거리가 멀수록 전선의 흔들림이 크다.

🔍 특별고압 가공 송전선로는 케이블의 냉각, 유지보수를 위하여 나선으로 가설한다.

59 공동주택 부지 내에서 굴착작업시 황색의 가스보호포가 나왔다. 도시가스 배관은 그 보호포가 설치된 위치로부터 최소한 몇 m 이상 깊이에 매설되어 있는가?(단, 배관의 심도는 0.6m 이다.)

① 0.2m
② 0.3m
③ 0.4m
④ 0.5m

🔍 공동주택 부지 내 가스관 매설 깊이는 최소 1.2m로 황색의 가스보호포가 나왔을 때는 바로 밑 0.4m 지점에 가스배관이 매설되어 있다.

60 전기 선로 주변에서 크레인, 지게차, 굴착기 등으로 작업 중 활선에 접촉하여 사고가 발생하였을 경우 조치 요령으로 가장 거리가 먼 것은?

① 발생개소, 정돈, 진척상태를 정확히 파악하여 조치한다.
② 이상상태 확대 및 재해 방지를 위한 조치, 강구 등의 응급조치를 한다.
③ 사고 당사자가 모든 상황을 처리한 후 상사인 안전담당자 및 작업관계자에게 통보한다.
④ 재해가 더 이상 확대되지 않도록 응급 상황에 대처한다.

정답 공단 기출문제 - 2013년 02회

01 ④	02 ④	03 ②	04 ④	05 ③
06 ②	07 ④	08 ③	09 ①	10 ③
11 ②	12 ①	13 ③	14 ③	15 ④
16 ②	17 ①	18 ④	19 ②	20 ③
21 ④	22 ①	23 ③	24 ④	25 ②
26 ④	27 ①	28 ③	29 ④	30 ④
31 ③	32 ①	33 ③	34 ④	35 ②
36 ④	37 ③	38 ③	39 ③	40 ③
41 ④	42 ④	43 ④	44 ④	45 ①
46 ③	47 ②	48 ④	49 ①	50 ①
51 ④	52 ③	53 ④	54 ③	55 ②
56 ④	57 ③	58 ③	59 ③	60 ③

04 2013년 03회 공단 기출문제

01 터보차저에 대한 설명으로 틀린 것은?

① 배기관에 설치된다.
② 과급기라고도 한다.
③ 배기가스 배출을 위한 일종의 블로워(blower)이다.
④ 기관 출력을 증가시킨다.

> 터보차저(과급기)란 기관출력 증가를 위한 장치이다.

02 연료의 세탄가와 가장 밀접한 관련이 있는 것은?

① 열효율
② 폭발압력
③ 착화성
④ 인화성

> 세탄가는 디젤기관 연료의 착화성을 나타내는 치수로 높을수록 착화성이 좋은 연료이다.

03 오토기관에 비해 디젤기관의 장점이 아닌 것은?

① 화재의 위험이 적다.
② 열효율이 높다.
③ 가속성이 좋고 운전이 정숙하다.
④ 연료소비율이 낮다.

> 가솔린기관을 오토기관이라고도 부르며, 가속성이 좋고 운전이 정숙한 것은 가솔린기관의 장점이다.

04 윤활유 공급펌프에서 공급된 윤활유 전부가 엔진오일 필터를 거쳐 윤활부로 가는 방식은?

① 분류식
② 자력식
③ 전류식
④ 샨트식

> 윤활유 전부가 필터를 거쳐서 윤활부로 공급되는 것은 전류식이고 일부가 필터를 거쳐 윤활부로 가는 것은 분류식이다.

05 디젤기관 연료 중에 공기가 흡입될 경우 나타나는 현상은?

① 분사압력이 높아진다.
② 노크가 일어난다.
③ 시동이 잘된다.
④ 기관 회전이 불량해진다.

06 디젤기관의 진동 원인과 가장 거리가 먼 것은?

① 각 실린더의 분사 압력과 분사량이 다르다.
② 분사시기, 분사간격이 다르다.
③ 윤활펌프의 유압이 높다.
④ 각 피스톤의 중량차가 크다.

> 디젤 기관의 진동은 각 실린더별 중량 차이, 분사시기와 압력 및 분사량이 차이가 있으면 생긴다.

07 기관의 정상적인 냉각수 온도에 해당되는 것으로 가장 적절한 것은?

① 20~35℃
② 35~60℃
③ 75~95℃
④ 110~120℃

> 냉각수 수온은 실린더 헤드 물재킷 내의 온도로 나타내며, 정상적인 냉각수 온도 범위는 75~95℃ 정도이다.

08 기관이 과열되는 원인이 아닌 것은?

① 냉각수의 양이 적다.
② 물재킷에 스케일이 많이 쌓였다.
③ 물펌프의 작용이 불완전하다.
④ 온도조절기가 열린 채로 고장이 났다.

> 수온조절기가 닫힌 채로 고장이 났을 때 과열이 된다.

09 건설기계기관에서 사용하는 윤활유의 주요 기능이 아닌 것은?

① 기밀작용　　② 방청작용
③ 냉각작용　　④ 산화작용

> 윤활유를 공급하는 주요 목적은 감마, 방청, 소음 완화, 냉각, 기밀 유지 및 응력 분산 작용이다.

10 축전지 전해액의 온도가 상승하면 비중은?

① 일정하다.　　② 올라간다.
③ 내려간다.　　④ 무관하다.

> 축전지 전해액의 비중은 온도와 반비례한다.

11 기관에서 열효율이 높다는 것은?

① 일정한 연료 소비로서 큰 출력을 얻는 것이다.
② 연료가 완전 연소하지 않는 것이다.
③ 기관의 온도가 표준 보다 높은 것이다.
④ 부조가 없고 진동이 적은 것이다.

12 엔진 압축압력이 낮을 경우 원인으로 맞는 것은?

① 압축링이 절손 또는 과마모되었다.
② 배터리 출력이 높다.
③ 연료펌프가 손상되었다.
④ 연료 세탄가가 높다.

> 압축링이 절손되거나 과마모되면 실린더 벽으로 압축압력이 새므로 압력이 낮아진다.

13 교류발전기의 특징으로 틀린 것은?

① 속도변화에 따른 적용 범위가 넓고 소형, 경량이다.
② 저속시에도 충전이 가능하다.
③ 정류자를 사용한다.
④ 다이오드를 사용하기 때문에 정류 특성이 좋다.

> 정류자를 사용하는 것은 직류(DC)발전기이다.

14 기관에서 예열 플러그의 사용시기는?

① 축전지가 방전되었을 때
② 축전지가 과충전되었을 때
③ 기온이 낮을 때
④ 냉각수의 양이 많을 때

> 예열 플러그는 디젤 기관에서 흡입되는 공기가 차가울 때 시동을 쉽게 하기 위해 공기를 가열해 준다.

15 축전지의 일반적인 충전방법으로 가장 많이 사용되는 것은?

① 정전류 충전
② 정전압 충전
③ 단별전류 충전
④ 급속 충전

> 정전류 충전은 충전 시작부터 끝까지 일정한 전류로 충전을 하는 방법으로 충전 전압은 축전지 전압보다 1~2A정도 높아야 하며, 가장 많이 사용된다.

16 방향지시등 스위치를 작동시 한쪽은 정상이고, 다른 한쪽은 점멸작용이 정상과 다르게(빠르게 또는 느리게) 작용한다. 고장원인으로 가장 거리가 먼 것은?

① 플래셔 유닛이 고장났을 때
② 한쪽 램프 교체시 규정용량의 전구를 사용하지 않을 때
③ 전구 1개가 단선 되었을 때
④ 한쪽 전구소켓에 녹이 발생하여 전압강하가 있을 때

> 플래셔 유닛이 고장나면 양쪽방향 지시등에 영향을 준다.

17 건설기계에서 시동전동기가 회전이 안될 경우 점검할 사항이 아닌 것은?

① 축전지의 방전 여부
② 배터리 단자의 접촉 여부
③ 팬벨트의 이완 여부
④ 배선의 단선 여부

> 팬벨트는 발전기, 물펌프 및 냉각팬, 크랭크축 풀리 등의 회전을 돕는다.

18 굴착기 작업중 운전자가 하차시 주의 사항으로 틀린 것은?

① 버켓을 땅에 완전히 내린다.
② 엔진을 정지시킨다.
③ 타이어식인 경우 경사지에서 고임목을 설치
④ 엔진 정지 후 가속 레버를 최대로 당겨 놓는다.

> 엔진을 정지하였을 때 가속 레버를 최대로 당겨 놓을 필요는 없다.

19 굴착기의 일상점검 사항이 아닌 것은?

① 엔진 오일량
② 냉각수 누출 여부
③ 오일쿨러 세척
④ 유압 오일량

20 토크컨버터가 구조상 유체클러치와 다른 점은?

① 임펠러
② 터빈
③ 스테이터
④ 펌프

> 토크 변화기(컨버터)는 유체 클러치보다 스테이터가 더 구성되어 있어 유체 흐름 방향을 바꾸어 준다.

21 굴착 위치와 덤프 위치 사이의 각도와 관계있는 것은?

① 플리트 각도
② 스윙 각도
③ 굴착 각도
④ 회전 반경

22 무한궤도식 건설기계에서 트랙장력 조정은?

① 스프라켓의 조정볼트로 한다.
② 긴도 조정 실린더로 한다.
③ 상부롤러의 베어링으로 한다.
④ 하부롤러의 시임을 조정한다.

> 무한궤도식의 트랙 장력 조정은 유압식은 긴도 조정 실린더로 하며 나사식은 조정 렌치로 좌·우로 회전시켜서 한다.

23 브레이크를 연속하여 자주 사용하면 브레이크 드럼이 과열되어, 마찰계수가 떨어지고 브레이크가 잘 듣지 않는 것으로 짧은 시간 내에 반복 조작이나, 내리막길을 내려갈 때 브레이크 효과가 나빠지는 현상은?

① 자기작동
② 페이드
③ 하이드로 플래닝
④ 와전류

> 페이드 현상이 생기면 드럼의 마찰 부분이 순간적으로 타원형 팽창이 되면서 마찰계수가 떨어진다.

24 굴착기 붐과 암을 들어 두었는데 자연 하강하는 이유가 아닌 것은?

① 유압 실린더의 마모
② 유압 실린더의 피스톤 링 마모
③ 유압 실린더의 마모
④ 부하가 클 때

25 타이어의 구조에서 직접 노면과 접촉되어 마모에 견디고 적은 슬립으로 견인력을 증대시키는 것의 명칭은?

① 트레드(tread)
② 브레이커(breaker)
③ 카커스(carcass)
④ 비드(bead)

> 타이어의 구조
> • 비드 : 타이어와 림이 접촉하는 부분
> • 브레이커 : 트레드와 카커스 사이 코드층
> • 카커스 : 튜브가 접촉되는 내면
> • 트레드 : 노면과 접촉하는 부분

26 굴착기 등 건설기계 운전 작업장에서 이동 및 선회시에 안전을 위해서 행하는 적절한 조치로 맞는 것은?

① 경적을 울려서 작업장 주변 사람에게 알린다.
② 버킷을 내려서 점검하고 작업한다.
③ 급방향 전환을 하여 위험시간을 최대한 줄인다.
④ 굴착 작업으로 안전을 확보한다.

27 편도 4차로의 고속도로에서 건설기계의 주행차로는?

① 1차로
② 1차로와 2차로
③ 2차로와 3차로
④ 3차로와 4차로

> 편도 4차로인 고속도로에서 1차로는 2차로가 주행차로인 차의 앞지르기 차로, 2차로는 왼쪽차로로 승용자동차 및 경형·소형·중형 승합자동차의 주행차로, 3차로와 4차로는 오른쪽차로로 대형 승합자동차, 화물자동차, 특수자동차, 건설기계의 주행차로이다.

28 교통사고시 사상자가 발생하였을 때 운전자가 즉시 취하여야 할 조치사항 중 가장 옳은 것은?

① 증인 확보 → 정차 → 사상자 구호
② 즉시정차 → 신고 → 위해방지
③ 즉시정차 → 위해방지 → 신고
④ 즉시정차 → 사상자 구호 → 신고

29 대형 건설기계의 특별표지 부착대상으로 맞는 것은?

① 너비 2.3m 초과시
② 높이 3.5m 초과시
③ 총중량 40톤 초과시
④ 축하중 8톤 초과시

> 특별표지 부착대상 대형건설기계
> • 길이가 16.7m를 초과하는 건설기계
> • 너비가 2.5m를 초과하는 건설기계
> • 높이가 4.0m를 초과하는 건설기계
> • 최소회전반경이 12m를 초과하는 건설기계
> • 총중량이 40톤을 초과하는 건설기계
> • 총중량 상태에서 축하중이 10톤을 초과하는 건설기계

30 신호등이 없는 교차로에 좌회전하려는 버스와 그 교차로에 진입하여 직진하고 있는 건설기계가 있을 때 어느 차가 우선권이 있는가?

① 건설기계
② 그때의 형편에 따라서 우선 순위가 정해짐
③ 사람이 많이 탄 차 우선
④ 좌회전 차가 우선

> 신호등이 없는 교차로에서는 직진차량이 우선이다.

31 도로교통법상 정차 및 주차가 금지되어 있지 않은 장소는?

① 건널목
② 교차로
③ 횡단보도
④ 경사로의 정상부근

> 경사로의 정상 부근(비탈길의 고갯마루 부근)은 앞지르기 금지 장소이다.

32 건설기계 조종사 결격사유에 해당되지 않는 것은?

① 정신 미약자
② 파산자로 복권되지 않은자
③ 18세 미만자
④ 마약 또는 알콜 중독자

> 건설기계조종사면허의 결격사유
> • 18세 미만인 사람
> • 건설기계 조종상의 위험과 장해를 일으킬 수 있는 정신질환자 또는 뇌전증환자로서 국토교통부령으로 정하는 사람
> • 앞을 보지 못하는 사람, 듣지 못하는 사람, 그 밖에 국토교통부령으로 정하는 장애인
> • 건설기계 조종상의 위험과 장해를 일으킬 수 있는 마약·대마·향정신성의약품 또는 알코올중독자로서 국토교통부령으로 정하는 사람
> • 건설기계조종사면허가 취소된 날부터 1년(거짓이나 부정한 방법으로 면허를 받은 경우와 면허 효력정지기간 중 건설기계를 조종하여 면허가 취소된 경우에는 2년)이 지나지 아니하였거나 건설기계조종사면허의 효력정지처분 기간 중에 있는 사람

33 정기검사연기신청을 하였으나 불허통지를 받은 자는 언제까지 정기 검사를 신청하여야 하는가?

① 불허통지를 받은 날부터 5일 이내
② 불허통지를 받은 날부터 10일 이내
③ 정기검사신청기간 만료일부터 5일 이내
④ 정기검사신청기간 만료일부터 10일 이내

> 정기검사 연기신청은 정기검사 신청기간 만료일까지 검사대행자에게 신청하면 5일 이내 연기 여부를 결정하여 통보하고, 이 때 검사연기 불허통지를 받으면 정기검사 신청기간 만료일로부터 10일 이내 검사를 신청하여야 한다.

34 주행 중 진로를 변경하고자 할 때 운전자가 지켜야 할 사항으로 틀린 것은?

① 후사경 등으로 주위의 교통상황을 확인한다.
② 신호를 실시하여 뒤차에 알린다.
③ 진로를 변경할 때에는 뒤차에 주의할 필요가 없다.
④ 뒤차와 충돌을 피할 수 있는 거리를 확보할 수 없을 때는 진로를 변경하지 않는다.

35 유압기기의 과부하 방지를 위한 밸브로 맞는 것은?

① 분류 밸브
② 방향제어 밸브
③ 릴리프 밸브
④ 스로틀 밸브

> 릴리프 밸브는 압력을 일정하게 유지하거나 조정할 수 있어 과부하를 방지한다.

36 유압펌프 내의 내부 누설은 무엇에 반비례하여 증가하는가?

① 작동유의 오염
② 작동유의 점도
③ 작동유의 압력
④ 작동유의 온도

> 유압펌프 내의 내부 누설은 작동유의 점도가 반비례하며, 점도가 너무 낮은 경우 내부 오일 누설이 증대된다.

37 유압장치에서 액추에이터의 설명으로 가장 적절한 것은?

① 압력에너지를 기계적 에너지로 바꾸는 기기
② 압력에너지를 발생시키는 기기
③ 기계적 동력을 감속시키는 기기
④ 압력에너지를 변환하여 에너지를 높이는 기기

> 유압 액추에이터는 유압을 기계적 에너지로 바꾸는 것으로 유압 모터와 실린더를 말한다.

38 유압모터의 단점에 해당되지 않는 것은?

① 작동유에 먼지나 공기가 침입하지 않도록 특히 보수에 주의 해야 한다.
② 작동유가 누출되면 작업성능에 지장이 있다.
③ 작동유의 점도변화에 의하여 유압모터의 사용에 제약이 있다.
④ 릴리프 밸브를 부착하여 속도나 방향제어하기가 곤란하다.

> 유압모터는 속도나 방향의 제어가 용이하여 릴리프 밸브를 달면 기구적 손상을 주지 않고 급속 정지를 시킬 수 있다.

39 유압장치에서 오일에 거품이 생기는 원인으로 가장 거리가 먼 것은?

① 오일탱크와 펌프 사이에서 공기가 유입될 때
② 오일이 부족할 때
③ 펌프축 주위의 토출측 실(seal)이 손상되었을 때
④ 유압유의 점도지수가 클 때

> 유압유 점도지수가 클수록 여러 가지 조건 변화에 견딜 수 있는 성질이 높다.

40 유압장치의 구성요소가 아닌 것은?

① 오일탱크
② 펌프
③ 제어밸브
④ 차동장치

> 차동기어 장치는 동력전달계통에 해당된다.

41 유압모터의 가장 큰 특징은?

① 유량조정이 용이하다.
② 오일의 누출이 많다.
③ 간접적으로 큰 회전력을 얻는다.
④ 무단변속이 용이하다.

> 유압모터는 신호시 응답성이 빠르고 관성력과 소음이 적으며 소형이고 무단 변속이 가능하다.

42 건설기계에 사용되는 유압실린더는 어떠한 것을 응용한 것인가?

① 베르누이의 정리
② 파스칼의 원리
③ 지렛대의 원리
④ 후크의 법칙

🔍 모든 유압의 원리는 파스칼의 원리를 응용한 것이다.

43 오일 필터의 여과 입도가 너무 조밀하였을 때 가장 발생하기 쉬운 현상은?

① 오일 누출 현상
② 공동현상
③ 맥동 현상
④ 블로바이 현상

🔍 오일 필터의 여과 입도가 너무 조밀하면 공동현상(캐비테이션)이 발생한다.

44 유압 실린더의 구성부품이 아닌 것은?

① 피스톤 로드
② 피스톤
③ 실린더
④ 암

🔍 유압 실린더는 내부에 피스톤과 피스톤 로드가 있다.

45 다음 보기에서 회로내의 압력을 설정치 이하로 유지하는 밸브로만 조합된 것은?

[보기]
㉠ 릴리프 밸브(relief valve)
㉡ 리듀싱 밸브(reducing valve)
㉢ 시퀀스 밸브(sequence valve)
㉣ 언로더 밸브(unloader valve)

① ㉠, ㉡, ㉣
② ㉡, ㉢
③ ㉢, ㉣
④ ㉠, ㉡, ㉢

🔍 시퀀스 밸브는 압력을 순차적으로 작동시킨다.

46 파스칼(Pascal)의 원리 중 틀린 것은?

① 유체의 압력은 면에 대하여 직각으로 작용한다.
② 각 점의 압력은 모든 방향으로 같다.
③ 정지해 있는 유체에 힘을 가하면 단면적이 적은 곳은 속도가 느리게 전달된다.
④ 밀폐 용기 속의 유체 일부에 가해진 압력은 각부에 똑같은 세기로 전달된다.

🔍 유압에서 속도조절은 유량에 의해 달라진다.

47 드라이버 사용시 바르지 못한 것은?

① 드라이버 날 끝이 나사 홈의 너비와 길이에 맞는 것을 사용한다.
② (-) 드라이버 날 끝은 평평한 것이어야 한다.
③ 이가 빠지거나 둥글게 된 것은 사용하지 않는다.
④ 필요에 따라서 정으로 대신 사용한다.

🔍 드라이버를 정으로 사용하면 손상되어 사용할 수 없다.

48 안전한 작업을 위해 보안경을 착용하여야 하는 작업은?

① 엔진 오일 보충 및 냉각수 점검작업
② 제동등 작동 점검 시
③ 장비의 하체 점검작업
④ 전기저항 측정 및 배선 점검 작업

🔍 장비 하체 부분을 점검할 때 눈으로 흙이나 오물 등이 떨어질 수 있으므로 보안경을 착용하여야 한다.

49 연삭기의 안전한 사용방법이 아닌 것은?

① 숫돌 측면 사용제한
② 보안경과 방진마스크 착용
③ 숫돌덮개 설치 후 작업
④ 숫돌과 받침대 간격 가능한 넓게 유지

🔍 연삭숫돌과 받침대 간격은 3mm 이내로 유지하여야 한다.

50 장갑을 끼고 작업을 할 때 위험한 작업은?

① 건설기계운전
② 타이어 교환작업
③ 해머작업
④ 오일 교환작업

🔍 해머작업시 장갑을 끼면 미끄러지기 쉬워 위험하다.

51 가스장치의 누출 여부 및 위치를 가장 쉽고, 정확하게 확인하는 방법은?

① 분말 소화기 사용
② 소리를 감지
③ 비눗물을 사용
④ 냄새로 감지

🔍 가스장치의 누출 여부와 위치를 소리나 냄새로 찾을 수 있지만 매우 숙련을 요하는 사항이며 일반적으로 비눗물을 사용하여 확인한다.

52 중량물 운반에 대한 설명으로 맞지 않는 것은?

① 무거운 물건을 운반할 경우 주위사람에게 인지하게 한다.
② 무거운 물건을 상승시킨 채 오랫동안 방치하지 않는다.
③ 규정 용량을 초과해서 운반하지 않는다.
④ 흔들리는 화물은 사람이 붙잡아서 이동한다.

🔍 흔들리는 화물을 사람이 붙잡아서 이동하면 위험하다.

53 안전관리상 작업복으로 적절하지 않는 것은?

① 몸에 잘 맞을 것
② 작업에 따라 보호구 및 기타 물건을 착용할 수 있는 것
③ 단추가 많을 것
④ 소매 자락이 조여질 수 있는 것

🔍 단추가 많으면 오히려 불편하여 입고 벗기가 어렵다.

54 일반적으로 사고로 인한 재해가 가장 많이 발생할 수 있는 것은?

① 캠
② 벨트, 풀리
③ 기관
④ 래크

55 가연성 가스 저장실에서의 안전사항으로 가장 적합한 것은?

① 기름걸레를 통과 통 사이에 끼워 충격을 적게 한다.
② 휴대용 전등을 사용한다.
③ 사람들이 담뱃불을 가지고 출입한다.
④ 조명은 형광등이나 백열등으로 한다.

56 유류화재시 소화방법으로 가장 부적절한 것은?

① B급 화재 소화기를 사용한다.
② 다량의 물을 부어 끈다.
③ 모래를 뿌린다.
④ A, B, C 소화기를 사용한다.

🔍 유류화재시 다량의 물을 부으면 불이 더욱 번지기 쉬워 위험하다.

57 도시가스 매설배관 표지판의 설치기준으로 바르지 않은 것은?

① 설치간격은 500m 마다 1개 이상이다.
② 표지판의 가로치수는 200mm, 세로치수는 150mm 이상의 직사각형이다.
③ 포장도로 및 공동주택 부지 내의 도로에 라인마크(line-mark)와 함께 설치한다.
④ 황색바탕에 검정색 글씨로 도시가스 배관임을 알리고 연락처 등을 표시한다.

58 고압 전력케이블을 지중에 매설하는 방법이 아닌 것은?

① 직매식
② 관로식
③ 전력구식
④ 궤도식

🔍 궤도란 철길과 같은 레일을 말하며 전력케이블을 지중에 매설하는 방법은 직매식, 관로식, 전력구식이 있다.

59 천연가스의 특성으로 틀린 것은?

① 누출시 공기보다 무겁다.
② 원래 무색, 무취이나 부취제를 첨가한다.
③ 천연고무에 대한 용해성은 거의 없다.
④ 주성분은 메탄이다.

🔍 천연가스(LNG)는 공기보다 가벼워 가스 누출시 위로 올라간다.

60 전선로 부근에서 작업할 때 사항 중 틀린 것은?

① 전선은 바람에 흔들리게 되므로 이를 고려하여 이격 거리를 증가시켜 작업해야 한다.
② 전선이 바람에 흔들리는 정도는 바람이 강할수록 많이 흔들린다.
③ 전선은 철탑 또는 전주에서 멀어질수록 많이 흔들린다.
④ 전선은 자체 무게가 있어 바람에는 흔들리지 않는다.

🔍 전선의 무게가 있어도 흔들린다.

정답 공단 기출문제 – 2013년 03회

01 ③	02 ③	03 ③	04 ③	05 ④
06 ③	07 ③	08 ④	09 ④	10 ③
11 ①	12 ①	13 ③	14 ③	15 ①
16 ①	17 ③	18 ④	19 ③	20 ③
21 ④	22 ②	23 ②	24 ④	25 ①
26 ①	27 ④	28 ④	29 ③	30 ①
31 ④	32 ②	33 ④	34 ③	35 ③
36 ②	37 ①	38 ④	39 ④	40 ④
41 ④	42 ②	43 ②	44 ④	45 ①
46 ③	47 ④	48 ③	49 ④	50 ③
51 ③	52 ④	53 ③	54 ②	55 ②
56 ②	57 ③	58 ④	59 ①	60 ④

05 공단 기출문제
2013년 04회

01 고속 디젤기관의 장점으로 틀린 것은?

① 열효율이 가솔린 기관보다 높다.
② 인화점이 높은 경유를 사용하므로 취급이 용이하다.
③ 가솔린 기관보다 최고 회전수가 빠르다.
④ 연료 소비량이 가솔린 기관보다 적다.

🔍 디젤기관의 최고 회전수는 가솔린기관에 비해 낮다.

02 실린더 벽이 마멸되었을 때 발생 되는 현상은?

① 기관의 회전수가 증가한다.
② 오일 소모량이 증가한다.
③ 열효율이 증가한다.
④ 폭발압력이 증가한다.

🔍 실린더 벽이 마모되면 간극이 커지므로 압축 압력의 저하, 블로바이 및 오일이 희석되고 피스톤 슬랩 현상이 일어난다.

03 건설기계기관에 설치되는 오일 냉각기의 주 기능으로 맞는 것은?

① 오일 온도를 30℃ 이하로 유지하기 위한 기능을 한다.
② 오일 온도를 정상 온도로 일정하게 유지한다.
③ 수분, 슬러지(sludge) 등을 제거한다.
④ 오일의 압을 일정하게 유지한다.

04 디젤엔진의 시동불량 원인과 관계없는 것은?

① 흡·배기 밸브의 밀착이 좋지 않을 때
② 압축 압력이 저하되었을 때
③ 밸브의 개폐시기가 부정확할 때
④ 점화 플러그가 젖어 있을 때

🔍 점화 플러그는 가솔린 엔진에서 사용된다.

05 엔진 과열의 원인이 아닌 것은?

① 히터 스위치 고장
② 수온 조절기의 고장
③ 헐거워진 냉각 팬 벨트
④ 물 통로 내의 물 때(scale)

06 엔진오일 교환 후 압력이 높아졌다면 그 원인으로 가장 적절한 것은?

① 엔진오일 교환 시 냉각수가 혼입되었다.
② 오일의 점도가 낮은 것으로 교환하였다.
③ 오일회로 내 누설이 발생하였다.
④ 오일 점도가 높은 것으로 교환하였다.

🔍 오일 점도가 높은 것으로 교환하게 되면 시동 저항이 증가한다.

07 건설기계기관에 사용되는 여과장치가 아닌 것은?

① 공기청정기
② 오일 필터
③ 오일 스트레이너
④ 인젝션 타이머

🔍 인젝션 타이머는 연료의 분사시기를 조정한다.

08 디젤기관을 정지시키는 방법으로 가장 적합한 것은?

① 연료공급을 차단한다.
② 초크밸브를 닫는다.
③ 기어를 넣어 기관을 정지한다.
④ 축전지를 분리시킨다.

🔍 디젤기관은 점화장치가 없으므로 연료공급을 차단하여 기관을 정지시킨다.

09 실린더헤드 등 면적이 넓은 부분에서 볼트를 조이는 방법으로 가장 적합한 것은?

① 규정 토크로 한 번에 조인다.
② 중심에서 외측을 향하여 대각선으로 조인다.
③ 외측에서 중심을 향하여 대각선으로 조인다.
④ 조이기 쉬운 곳부터 조인다.

> 실린더헤드를 풀 때는 바깥쪽에서 중심을 향하여 대각선 방향으로 푼다.

10 라디에이터 캡의 스프링이 파손 되었을 때 가장 먼저 나타나는 현상은?

① 냉각수 비등점이 낮아진다.
② 냉각수 순환이 불량해진다.
③ 냉각수 순환이 빨라진다.
④ 냉각수 비등점이 높아진다.

> 캡의 스프링이 파손되면 라디에이터 내의 압력이 낮아져서 비등점이 낮아진다.

11 동력을 전달하는 계통의 순서를 바르게 나타낸 것은?

① 피스톤 → 커넥팅로드 → 클러치 → 크랭크축
② 피스톤 → 클러치 → 크랭크축 → 커넥팅로드
③ 피스톤 → 크랭크축 → 커넥팅로드 → 클러치
④ 피스톤 → 커넥팅로드 → 크랭크축 → 클러치

> 내연기관의 동력 전달 순서
> 피스톤 → 커넥팅로드 → 크랭크축 → 클러치

12 분사 노즐 시험기로 점검 할 수 있는 것은?

① 분사개시 압력과 분사 속도를 점검 할 수 있다.
② 분포 상태와 플런저의 성능을 점검 할 수 있다.
③ 분사개시 압력과 후적을 점검 할 수 있다.
④ 분포 상태와 분사량을 점검 할 수 있다.

> 분사 노즐 시험기로 점검할 수 있는 것은 분사량, 분사각도, 분사압력, 후적 여부이다.

13 납산 축전지의 충·방전 상태를 나타낸 것이 아닌 것은?

① 축전지가 방전되면 양극판은 과산화납이 황산납으로 된다.
② 축전지가 방전되면 전해액은 묽은 황산이 물로 변하여 비중이 낮아진다.
③ 축전지가 충전되면 음극판은 황산납이 해면상 납으로 된다.
④ 축전지가 충전되면 양극판에서 수소를, 음극판에서 산소를 발생시킨다.

> 충전작용시 양극판에서는 산소를, 음극판에서는 수소를 발생시킨다.

14 건설기계장비의 충전장치는 어떤 발전기를 가장 많이 사용하는가?

① 직류발전기
② 단상 교류발전기
③ 3상 교류발전기
④ 와전류 발전기

15 축전지의 양극과 음극 단자의 구별하는 방법으로 틀린 것은?

① 양극은 적색, 음극은 흑색이다.
② 양극 단자에 +, 음극 단자에는 - 의 기호가 있다.
③ 양극 단자에 Positive, 음극 단자에 Negative 라고 표기 되었다.
④ 양극 단자의 직경이 음극 단자의 직경보다 작다.

> 양극 단자의 직경이 음극 단자의 직경보다 크다.

16 전조등의 좌·우 램프 간 회로에 대한 설명으로 맞는 것은?

① 직렬 또는 병렬로 되어 있다.
② 병렬과 직렬로 되어 있다.
③ 병렬로 되어 있다.
④ 직렬로 되어 있다.

17 예열 플러그의 사용시기로 가장 알맞은 것은?

① 냉각수의 양이 많을 때
② 기온이 영하로 떨어졌을 때
③ 축전지가 방전되었을 때
④ 축전지가 과충전되었을 때

18 기동 전동기의 전기자 축으로부터 피니언 기어로는 동력이 전달되나 피니언 기어로부터 전기자 축으로는 동력이 전달되지 않도록 해주는 장치는?

① 오버헤드 가드
② 솔레노이드 스위치
③ 시프트 칼라
④ 오버러닝 클러치

🔍 오버러닝 클러치에는 2 종류가 있다. 롤러식은 일반차용, 다판식은 대형차용이다.

19 출발 시 클러치의 페달이 거의 끝부분에서 차량이 출발되는 원인으로 틀린 것은?

① 클러치 디스크 과대 마모
② 클러치 자유간극 조정 불량
③ 클러치 케이블 불량
④ 클러치 오일의 부족

🔍 클러치 면에 오일이 부착되면 클러치가 미끄러지는 원인으로 동력 전달이 불량해진다.

20 조향핸들의 조작이 무거운 원인으로 틀린 것은?

① 유압유 부족 시
② 타이어 공기압 과다 주입 시
③ 앞바퀴 휠 얼라인먼트 조정 불량 시
④ 유압 계통 내에 공기 혼입 시

🔍 조향 핸들의 조작을 가볍게 하는 방법 중 하나는 타이어의 공기압을 높이는 것이다.

21 굴착기에서 그리스를 주입하지 않아도 되는 곳은?

① 버킷 핀   ② 링키지
③ 트랙 슈   ④ 선회 베어링

22 굴착기의 스윙이 안 되는 원인이 아닌 것은?

① 선회 모터의 고장
② 작동유량의 과부족
③ 스윙 기어의 작동불능
④ 주행 모터의 파손

🔍 스윙은 상부회전체와 관련이 있다.

23 굴착기의 센터 조인트(선회 이음)의 기능으로 맞는 것은?

① 상부 회전체가 회전 시에도 오일관로가 꼬이지 않고 오일을 하부 주행체로 원활히 공급한다.
② 주행 모터가 상부 회전체에 오일을 전달한다.
③ 하부 주행체에 공급되는 오일을 상부 회전체로 공급한다.
④ 자동변속장치에 의하여 스윙 모터를 회전시킨다.

24 굴착기의 붐 제어레버를 계속하여 상승위치로 당기고 있으면 다음 중 어느 곳에 가장 큰 손상이 발생하는가?

① 엔진
② 유압펌프
③ 릴리프 밸브 및 시트
④ 유압모터

25 무한 궤도식 굴착기의 하부 추진체 동력전달 순서로 맞는 것은?

① 기관 → 컨트롤밸브 → 센터조인트 → 유압펌프 → 주행모터 → 트랙
② 기관 → 컨트롤밸브 → 센터조인트 → 주행모터 → 유압펌프 → 트랙
③ 기관 → 센터조인트 → 유압펌프 → 컨트롤밸브 → 주행모터 → 트랙
④ 기관 → 유압펌프 → 컨트롤밸브 → 센터조인트 → 주행모터 → 트랙

26 유니버설 조인트 중에서 훅형(십자형)조인트가 가장 많이 사용되는 이유가 아닌 것은?

① 구조가 간단하다.
② 급유가 불필요하다.
③ 큰 동력의 전달이 가능하다.
④ 작동이 확실하다.

> 훅조인트(십자형 자재 이음) : 구조가 간단하며 큰 동력 전달로 가장 많이 사용된다.

27 검사연기신청을 하였으나 불허통지를 받은 자는 언제까지 신청하여야 하는가?

① 불허통지를 받은 날부터 5일 이내
② 불허통지를 받은 날부터 10일 이내
③ 검사신청기간 만료일부터 5일 이내
④ 검사신청기간 만료일부터 10일 이내

> 검사 연기 신청을 받은 시·도지사 또는 검사 대행자는 그 신청일로부터 5일 이내에 검사 연기 여부를 결정하여 신청인에 통지하고 불허통지를 받은 자는 만료일로부터 10일 이내에 검사신청을 하여야 한다.

28 건설기계조종사면허가 취소된 상태로 건설기계를 계속하여 조종한 자에 대한 벌칙은?

① 2년 이하의 징역 또는 2천 만원 이하의 벌금
② 1년 이하의 징역 또는 1천 만원 이하의 벌금
③ 2백 만원 이하의 벌금
④ 1백 만원 이하의 벌금

> 1년 이하의 징역 또는 1천만원 이하의 벌금
> • 거짓이나 그 밖의 부정한 방법으로 건설기계 등록을 한 자
> • 건설기계의 등록번호를 지워 없애거나 그 식별을 곤란하게 한 자
> • 건설기계의 구조변경검사 또는 수시검사를 받지 아니한 자
> • 건설기계의 정비명령을 이행하지 아니한 자
> • 매매용 건설기계를 운행하거나 사용한 자
> • 건설기계조종사면허를 받지 아니하고 건설기계를 조종한 자
> • 건설기계조종사면허를 거짓이나 그 밖의 부정한 방법으로 받은 자
> • 술에 취하거나 마약 등 약물을 투여한 상태에서 건설기계를 조종한 자와 그러한 자가 건설기계를 조종하는 것을 알고도 말리지 아니하거나 건설기계를 조종하도록 지시한 고용주
> • 건설기계를 도로나 타인의 토지에 버려둔 자

29 건설기계관리법령상 건설기계가 정기검사신청기간 내에 정기검사를 받은 경우, 다음 정기검사 유효기간의 산정방법으로 옳은 것은?

① 정기검사를 받은 날부터 기산한다.
② 정기검사를 받은 날의 다음날부터 기산한다.
③ 종전 검사유효기간 만료일부터 기산한다.
④ 종전 검사유효기간 만료일의 다음날부터 기산한다.

30 다음 중 건설기계 대여업에 대한 설명이 틀린 것은?

① 일반건설기계 대여업은 5대 이상의 건설기계로 운영하는 사업이다.(2이상의 개인 또는 법인이 공동운영하는 경우 포함)
② 개별건설기계 대여업은 1인의 개인 또는 법인이 4대 이하의 건설기계로 운영하는 사업이다.
③ 건설기계대여업은 건설기계를 건설기계조종사와 함께 대여하는 경우도 가능하다.
④ 건설기계대여업의 등록을 하려는 자는 국토교통부령이 정하는 서류를 구비하여 관한 시·도지사에게 제출한다.

> 건설기계 대여업 등록을 하려는 자는 국토교통부령이 정하는 서류를 첨부하여 시장·군수 또는 구청장에게 제출하여야 한다.

31 주차·정차가 금지되어 있지 않은 장소는?

① 교차로
② 건널목
③ 횡단보도
④ 경사로의 정상부근

> 정차 및 주차를 모두 금지하는 장소
> • 교차로·횡단보도·건널목이나 보도와 차도가 구분된 도로의 보도
> • 교차로의 가장자리나 도로의 모퉁이로부터 5m 이내인 곳
> • 안전지대가 설치된 도로에서는 그 안전지대의 사방으로부터 각각 10m 이내인 곳
> • 버스의 정류지임을 표시하는 기둥이나 표지판 또는 선이 설치된 곳으로부터 10m 이내인 곳
> • 건널목의 가장자리 또는 횡단보도로부터 10m 이내인 곳
> • 소방용수시설 또는 비상소화장치가 설치된 곳으로부터 5m 이내인 곳
> • 소방시설로서 대통령령으로 정하는 시설이 설치된 곳으로부터 5m 이내인 곳
> • 시장등이 지정한 어린이 보호구역

32 도로교통법에서 안전운행을 위해 차속을 제한하고 있는데, 악천후 시 최고 속도의 100분의 50으로 감속 운행하여야 할 경우가 아닌 것은?

① 노면이 얼어붙은 때
② 폭우·폭설·안개 등으로 가시거리가 100m 이내인 때
③ 비가 내려 노면이 젖어 있을 때
④ 눈이 20mm 이상 쌓인 때

> 비가 내려 노면에 습기가 있을 때, 눈이 20mm 미만 쌓인 때는 최고속도의 100분의 20으로 감속 운행하여야 한다.

33 건설기계조종사 면허증의 반납사유에 해당하지 않는 것은?

① 면허가 취소된 때
② 면허의 효력이 정지된 때
③ 건설기계조종을 하지 않을 때
④ 면허증의 재교부를 하지 않은 후 잃어버린 면허증을 발견한 때

34 건설기계관리법상 건설기계 소유자는 건설기계를 도난당한 날로부터 얼마 이내에 등록말소를 신청해야 하는가?

① 30일 이내   ② 2개월 이내
③ 3개월 이내 ④ 6개월 이내

> 건설기계 소유자는 건설기계를 도난당한 경우 사유가 발생한 경우에는 2개월 이내에 시·도지사에게 등록 말소를 신청하여야 한다.

35 편도 4차로의 일반도로에서 건설기계는 어느 차로로 통행해야 하는가?

① 1차로
② 2차로
③ 1차로 또는 2차로
④ 3차로 또는 4차로

> 편도 4차로인 일반도로에서 1차로와 2차로는 왼쪽차로로 승용자동차 및 경형·소형·중형 승합자동차의 주행차로, 3차로와 4차로는 오른쪽차로로 대형 승합자동차, 화물자동차, 특수자동차, 건설기계, 이륜자동차, 원동기장치자전거의 주행차로이다.

36 교차로에서 적색 등화 시 진행할 수 있는 경우는?

① 경찰공무원의 진행 신호에 따를 때
② 교통이 한산한 야간 운행시
③ 보행자가 없을 때
④ 앞차를 따라 진행할 때

> 경찰공무원 등의 신호는 도로교통표지 및 신호등의 신호 보다 우선한다.

37 릴리프 밸브 등에서 밸브 시트를 때려 비교적 높은 소리를 내는 진동현상을 무엇이라 하는가?

① 채터링
② 캐비테이션
③ 점핑
④ 서지압

38 유압 에너지의 저장, 충격흡수 등에 이용되는 것은?

① 축압기(accumulator)
② 스트레이너(strainer)
③ 펌프(pump)
④ 오일 탱크(oil tank)

> 축압기(어큐물레이터) : 유체 에너지를 축적하기 위한 용기

39 유압펌프에서 사용되는 GPM의 의미는?

① 분당 토출하는 작동유의 양
② 복동 실린더의 치수
③ 계통내에서 형성되는 압력의 크기
④ 흐름에 대한 저항

> GPM은 gal/min(gallons per minute)의 약자로 분당 토출하는 작동유의 양을 의미한다.

40 유압계통의 오일장치 내에 슬러지 등이 생겼을 때 이것을 용해하여 장치 내를 깨끗이 하는 작업은?

① 플러싱   ② 트램핑
③ 서징   ④ 코킹

41 유압회로 내에서 유압을 일정하게 조절하여 일의 크기를 결정하는 밸브가 아닌 것은?

① 시퀀스 밸브
② 서보 밸브
③ 언로더 밸브
④ 카운터 밸런스 밸브

🔍 용어 설명
- 시퀀스 밸브 : 유압에 의해 압축 액추에이터의 작동순서를 제어한다.
- 언로더 밸브 : 유압회로의 압력이 설정압력에 이르면 펌프로부터 전유량을 직접 탱크로 리턴시켜 펌프를 무부하시킨다.
- 카운터 밸런스 밸브 : 유압실린더 등의 하중이 하강할 때 그 자체의 자중으로 하강속도가 빨라지는 것을 제어한다.

42 유압장치 운전 중 갑작스럽게 유압배관에서 오일이 분출되기 시작하였을 때 가장 먼저 운전자가 취해야 할 조치는?

① 작업장치를 지면에 내리고 시동을 정지한다.
② 작업을 멈추고 배터리 선을 분리한다.
③ 오일이 분출되는 호스를 분리하고 플러그로 막는다.
④ 유압회로 내의 잔압을 제거한다.

🔍 유압장치 운전 중 유압배관에서 오일이 분출되는 이상 증상이 나타나면 가장 먼저 작업장치를 지면에 내린 후 기관의 시동을 정지시켜야 한다. 이는 작업장치를 지면에 내리지 않았을 경우 사고의 위험이 있기 때문이다.

43 유압장치의 기호 회로도에 사용되는 유압 기호의 표시 방법으로 적합하지 않은 것은?

① 기호에는 흐름의 방향을 표시한다.
② 각 기기의 기호는 정상상태 또는 중립상태를 표시한다.
③ 기호는 어떠한 경우에도 회전하여서는 안 된다.
④ 기호에는 각 기기의 구조나 작용압력을 표시하지 않는다.

🔍 기호의 표시법은 한정되어 있는 것을 제외 하고는 어떠한 방향이라도 좋으나 90° 방향마다 쓰는 것이 바람직하다. 또한, 표시방법에 따라 기호의 의미가 달라지는 것은 아니다.

44 보기 항에서 유압계통에 사용되는 오일의 점도가 너무 낮을 경우 나타날 수 있는 현상으로 모두 맞는 것은?

[보기]
ㄱ. 펌프 효율 저하
ㄴ. 실린더 및 컨트롤 밸브에서 누출 현상
ㄷ. 계통(회로) 내의 압력저하
ㄹ. 시동 시 저항 증가

① ㄱ, ㄴ, ㄷ
② ㄱ, ㄴ, ㄹ
③ ㄴ, ㄷ, ㄹ
④ ㄱ, ㄷ, ㄹ

🔍 오일의 점도가 높은 경우 시동시 저항 증가가 일어난다.

45 유체의 에너지를 이용하여 기계적인 일로 변환하는 기기는?

① 유압모터
② 근접스위치
③ 오일탱크
④ 밸브

🔍 유압 에너지를 기계적 에너지로 변환시키는 역할을 하는 것을 액추에이터라고 하며 유압실린더와 유압모터가 바로 액추에이터이다.

46 건설기계 작업 중 갑자기 유압회로 내의 유압이 상승되지 않아 점검하려고 한다. 내용으로 적합하지 않은 것은?

① 펌프로부터 유압발생이 되는지 점검
② 오일탱크의 오일량 점검
③ 오일이 누출되었는지 점검
④ 작업장치의 자기탐상법에 의한 균열 점검

47 조정렌치 사용 및 관리요령으로 적합지 않은 것은?

① 볼트를 풀 때는 렌치에 연결대 등을 이용한다.
② 적당한 힘을 가하여 볼트, 너트를 죄고 풀어야 한다.
③ 잡아당길 때 힘을 가하면서 작업한다.
④ 볼트, 너트를 풀거나 조일 때는 볼트머리나 너트에 꼭 끼워져야 한다.

조정 렌치는 제한된 범위 내에서 어떠한 규격의 볼트나 너트에도 사용할 수 있는 공구로 연결대는 사용하지 않는다.

48 다음 그림은 안전표지의 어떠한 내용을 나타내는가?

① 지시표지 ② 금지표지
③ 경고표지 ④ 안내표지

보안경 착용은 지시표지에 해당된다.

49 작업현장에서 작업시 사고 예방을 위해 알아 두어야 할 가장 중요한 사항은?

① 장비의 최고 주행 속도
② 1인당 작업량
③ 최신 기술 적용 정도
④ 안전수칙

50 전등 스위치가 옥내에 있으면 안 되는 경우는?

① 건설기계장비 차고
② 절삭유 저장소
③ 카바이드 저장소
④ 기계류 저장소

카바이드 저장소는 가스 발생에 따른 화재의 위험이 있어 전등 스위치를 옥내에 설치해서는 안 되며, 저장소 출입 시에는 손전등 등을 이용해야 한다.

51 일반적으로 장갑을 착용하고 작업을 하게 되는데, 안전을 위해서 오히려 장갑을 사용하지 않아야 하는 작업은?

① 전기 용접 작업
② 해머 작업
③ 타이어 교환 작업
④ 건설기계 운전

해머 작업 시 장갑을 끼면 미끄러지기 쉬워 위험하다.

52 인양작업시 하물의 중심에 대하여 필요한 사항을 설명한 것으로 틀린 것은?

① 하물의 중량 중심을 정확히 판단할 것
② 하물 중량 중심은 스윙을 고려하여 여유 옵셋을 확보할 것
③ 하물 중량 중심의 바로 위에 훅을 유도할 것
④ 하물 중량 중심이 하물의 위에 있는 것과 좌·우로 치우쳐 있는 것은 특히 경사지지 않도록 주의 할 것

53 해머 사용 중 사용법이 틀린 것은?

① 타격 면이 마모되어 경사진 것은 사용하지 않는다.
② 담금질 한 것은 단단하므로 한 번에 정확히 강타한다.
③ 기름 묻은 손으로 자루를 잡지 않는다.
④ 물건에 해머를 대고 몸의 위치를 정한다.

해머 작업 시 작게 시작하여 차차 큰 행정으로 작업하는 것이 좋다.

54 감전되거나 전기화상을 입을 위험이 있는 작업에서 제일 먼저 작업자 구비해야 할 것은?

① 완강기 ② 구급차
③ 보호구 ④ 신호기

55 벨트를 풀리에 걸 때에는 어떤 상태에서 걸어야 하는가?

① 회전을 중지시킨 후 건다.
② 저속으로 회전시키면서 건다.
③ 중속으로 회전시키면서 건다.
④ 고속으로 회전시키면서 건다.

회전을 정지시키고 안전한 상태에서 걸어야 한다.

56 보통화재라고 하며 목재, 종이 등 일반 가연물의 화재로 분류되는 것은?

① A급화재 ② B급화재
③ C급화재 ④ D급화재

🔍 화재의 분류
- A급 화재 : 일반화재(목재, 종이, 석탄 등)
- B급 화재 : 유류화재(휘발유, 벤젠)
- C급 화재 : 전기화재
- D급 화재 : 금속화재

57 도시가스 배관 주위를 굴착 후 되메우기 시 지하에 매몰하면 안 되는 것은?

① 전기방식 전위 테스트박스(T/B)
② 보호판
③ 전기방식용 양극
④ 보호포

🔍 라인마크나 테스트박스 등은 매몰하면 안 된다.

58 특고압 전선로 주변에서 건설기계에 의한 작업을 위해 전선을 지지하는 애자수를 확인한 결과 애자 수가 3개 이었다. 예측 가능한 전압은 몇 V 인가?

① 22,900V
② 66,000V
③ 154,000V
④ 345,000V

🔍 애자와 전압
- 애자수 2~3개 (22.9kV)
- 애자수 4~5개 (66kV)
- 애자수 9~11개 (154kV)

59 도로에서 굴착작업 중 매설된 전기설비의 접지선이 노출되어 일부가 손상되었을 때 조치방법으로 맞는 것은?

① 손상된 접지선은 임의로 철거한다.
② 접지선 단선시에는 철선 등으로 연결 후 되메운다.
③ 접지선 단선은 사고와 무관하므로 그대로 되메운다.
④ 접지선 단선시에는 시설관리자에게 연락 후 그 지시를 따른다.

60 가스배관이 매설되어 있을 것으로 예상되는 지점으로부터 몇 m 이내에서 줄파기를 할 때에는 안전관리전담자의 입회하에 시행하여야 하는가?

① 1m
② 2m
③ 3m
④ 5m

🔍 가스배관이 있을 것으로 예상되는 지점으로부터 2m 이내에서 줄파기를 할 때에는 안전관리 전담자의 입회하에 시공하여야 한다.

정답 공단 기출문제 – 2013년 04회

01 ③	02 ②	03 ②	04 ④	05 ①
06 ④	07 ④	08 ①	09 ②	10 ①
11 ④	12 ③	13 ④	14 ③	15 ④
16 ③	17 ②	18 ④	19 ④	20 ②
21 ③	22 ④	23 ①	24 ②	25 ④
26 ②	27 ④	28 ②	29 ④	30 ④
31 ④	32 ④	33 ③	34 ④	35 ④
36 ①	37 ①	38 ①	39 ①	40 ①
41 ②	42 ①	43 ③	44 ①	45 ①
46 ④	47 ①	48 ①	49 ①	50 ③
51 ②	52 ②	53 ②	54 ③	55 ①
56 ①	57 ①	58 ①	59 ④	60 ②

2014년 01회 공단 기출문제

01 기관에서 실린더 마모가 가장 큰 부분은?

① 실린더 아랫부분
② 실린더 윗부분
③ 실린더 중간 부분
④ 실린더 연소실 부분

> 실린더의 마모는 피스톤링의 접촉과 이물질의 흡입 및 연소 생성물에 그 원인이 있으며, 연소실에 가까운 실린더 윗부분이 마모가 가장 크다.

02 엔진에서 오일의 온도가 상승하는 원인이 아닌 것은?

① 과부하 상태에서 연속작업
② 오일 냉각기의 불량
③ 오일의 점도가 부적당할 때
④ 유량의 과대

> 엔진오일의 온도상승 원인
> • 오일량 부족
> • 오일의 점도가 너무 높을 때
> • 과부하로 연속 작업할 때
> • 냉각기가 불량할 때

03 디젤 기관의 노즐(nozzle)의 연료분사 3대 요건이 아닌 것은?

① 무화
② 관통력
③ 착화
④ 분포

> 연료분사의 3대 요건은 연료를 안개화(무화)하고, 압축력을 통과할 수 있는 관통력, 연료를 연소실 구석까지 뿌려줄 수 있는 분산(분포)도이다.

04 가솔린기관과 비교한 디젤기관의 단점이 아닌 것은?

① 소음이 크다.
② rpm이 높다.
③ 진동이 크다.
④ 마력 당 무게가 무겁다.

> 디젤기관의 단점은 소음과 진동이 크고, 마력당 무게가 무거우며, 제작비가 비싸고, 압축비가 높아 기동전동기 출력이 커야 한다는 것이다.

05 디젤기관에서 회전속도에 따라 연료의 분사시기를 조절하는 장치는?

① 과급기
② 기화기
③ 타이머
④ 조속기

> 디젤기관의 회전속도에 따라 연료의 분사시기를 조절하는 장치가 타이머이다.

06 디젤기관에 과급기를 부착하는 주된 목적은?

① 출력의 증대
② 냉각효율의 증대
③ 배기효율의 증대
④ 윤활성의 증대

> 과급기는 흡입행정시 흡입효율을 높여주며 35~45% 정도의 출력증가 효과를 볼 수 있다.

07 디젤기관 작동 시 과열되는 원인이 아닌 것은?

① 냉각수 량이 적다.
② 물 재킷 내의 물 때(scale)가 많다.
③ 수온 조절기가 열려 있다.
④ 물 펌프 회전이 느리다.

> 수온조절기가 닫힌 채로 고장이 났을 때 과열이 된다.

08 기관의 과급기에서 공기의 속도 에너지를 압력 에너지로 변환시키는 것은?

① 터빈(turbine)
② 디퓨저(diffuser)
③ 압축기
④ 배기관

> 터빈은 배기가스 압력으로 회전되며, 속도에너지를 압력 에너지로 변환시키는 것은 디퓨저이다.

09 디젤기관의 배출물로 규제 대상은?

① 탄화수소 ② 매연
③ 일산화탄소 ④ 공기과잉율(λ)

🔍 디젤기관에서 규제하는 배출가스는 매연이다.

10 기관의 수온 조절기에 있는 바이패스(bypass) 회로의 기능은?

① 냉각수 온도를 제어한다.
② 냉각팬의 속도를 제어한다.
③ 냉각수의 압력을 제어한다.
④ 냉각수를 여과한다.

🔍 기관 수온조절기의 바이패스 회로는 냉각수의 온도가 정상에 달하지 못하였을 때 실린더 블록으로 물을 재순환시켜 엔진의 워밍업 속도를 높이는 기능을 가진다.

11 엔진의 피스톤 링에 대한 설명 중 틀린 것은?

① 압축링과 오일링이 있다.
② 기밀 유지의 역할을 한다.
③ 연료분사를 좋게 한다.
④ 열전도 작용을 한다.

🔍 피스톤에는 3~5개의 압축링과 오일링이 있으며, 이들 피스톤 링은 기밀유지, 냉각(열전도)작용, 오일제어 등의 역할을 한다.

12 기관의 윤활장치에서 오일의 역할에 해당되지 않는 것은?

① 방청작용 ② 냉각작용
③ 응력분산작용 ④ 오일제어작용

🔍 윤활장치에서 오일의 역할 : 감마작용, 밀봉작용, 냉각작용, 세척작용, 응력분산작용, 방청작용

13 건설기계에서 방향지시등의 점멸횟수가 너무 빠른 원인으로 가장 거리가 먼 것은?

① 퓨즈 용량이 크다.
② 회로 내 전압이 높다.
③ 플래셔 유닛이 고장이다.
④ 램프 규격이 틀리다.

14 전구나 전동기에 전압을 가하여 전류를 흐르게 하면 빛이나 열을 발생하거나 기계적인 일을 한다. 이 때 전기가 하는 일의 크기를 (㉮)이라고 하고, 전류가 어떤 시간 동안에 한 일의 총량을 (㉯)이라 한다. ㉮와 ㉯에 알맞은 말은?

① ㉮ - 일,   ㉯ - 일률
② ㉮ - 일률,   ㉯ - 일
③ ㉮ - 전력,   ㉯ - 전력량
④ ㉮ - 전력량, ㉯ - 전력

🔍 1초간에 전기가 하는 일의 크기를 전력이라 하며, 전력량은 어떤 시간 동안에 한 일의 크기를 말한다.

15 축전지 격리판의 필요조건으로 틀린 것은?

① 기계적 강도가 있을 것
② 다공성이고 전해액에 부식되지 않을 것
③ 극판에 좋지 않은 물질을 내뿜지 않을 것
④ 전도성이 좋으며 전해액의 확산이 잘될 것

🔍 축전지 격리판은 양극판과 음극판 사이에 끼워져 양쪽 극판의 단락을 방지하는 것으로 비전도성이어야 한다.

16 발전기의 발전 전압이 과다하게 높은 원인은?

① 메인 퓨즈의 단선
② 발전기 "L" 단자의 접촉 불량
③ 아이들 베어링 손상
④ 발전기 벨트 소손

🔍 메인 퓨즈가 단선되면 발전기의 발생 기전력이 배터리 등 외부의 전기부하로 공급이 되지 않아 발전기의 전압이 높아지게 된다.

17 납산 축전지를 충전할 때 화기를 가까이 하면 위험한 이유는?

① 수소가스가 폭발성 가스이기 때문에
② 산소가스가 폭발성 가스이기 때문에
③ 수소가스가 조연성 가스이기 때문에
④ 산소가스가 인화성 가스이기 때문에

🔍 납산 축전지 충전시 양극에서는 산소가스, 음극에서는 수소가스가 발생한다. 이중 수소가스는 폭발성이 매우 강하기 때문에 화기를 가까이 하면 위험하다.

18 건설기계에서 기동 전동기가 회전하지 않을 경우 점검할 사항이 아닌 것은?

① 축전지의 방전 여부
② 배터리 단자의 접촉 여부
③ 타이밍 벨트의 이완 여부
④ 배선의 단선 여부

🔍 타이밍 벨트는 엔진의 크랭크축과 캠축을 이어주는 벨트이다.

19 일반적으로 굴착기가 할 수 없는 작업은?

① 땅고르기 작업 ② 차량 토사 적재
③ 경사면 굴토   ④ 리핑 작업

🔍 리핑작업은 도저나 트랙터 후부에 리퍼를 설치하여 토사나 암석을 파내는 작업으로 굴착기로도 가능하나 일반적인 작업은 아니다.

20 변속기에서 기어의 이중 물림을 방지하는 역할을 하는 것은?

① 인터록 볼   ② 로크 핀
③ 셀렉터   ④ 로킹 볼

🔍 로킹 볼과 인터록 볼
• 로킹 볼 : 기어가 중립 또는 물림 위치에서 쉽게 빠지지 않도록 하는 기구
• 인터록 볼 : 기어가 이중으로 물리는 것을 방지

21 유압 브레이크에서 잔압을 유지시키는 것은?

① 부스터   ② 실린더
③ 첵 밸브   ④ 피스톤 스프링

🔍 유압브레이크 마스터실린더의 피스톤과 부스터는 유압을 발생시키며, 첵(check) 밸브는 잔압을 유지시킨다.

22 브레이크에서 하이드로 백에 관한 설명으로 틀린 것은?

① 대기압과 흡기 다기관 부압과의 차를 이용하였다.
② 하이드로 백이 고장이 나면 브레이크가 전혀 작동하지 않는다.
③ 외부에 누출이 없는 데도 브레이크 작동이 나빠지는 것은 하이드로 백 고장일 수 있다.
④ 하이드로 백은 브레이크 계통에 설치되어 있다.

🔍 하이드로 백은 제동력을 강화시키기 위한 배력기구로 고장이 나면 일반 브레이크는 작동이 되지만 브레이크 페달 밟은 힘을 크게 해야 한다.

23 크롤러형 굴착기에서 하부 추진제의 동력전달순서로 맞는 것은?

① 기관 → 트랙 → 유압모터 → 변속기 → 토크 컨버터
② 기관 → 토크 컨버터 → 변속기 → 트랙 → 클러치
③ 기관 → 유압펌프 → 컨트롤 밸브 → 주행모터 → 트랙
④ 기관 → 트랙 → 스프로킷 → 변속기 → 클러치

🔍 크롤러형(무한궤도식) 굴착기의 하부 추진체 동력전달 순서 : 기관 → 유압 펌프 → 컨트롤밸브 → 센터조인트 → 주행모터 → 트랙

24 제동장치의 기능을 설명한 것으로 틀린 것은?

① 속도를 감속시키거나 정지시키기 위한 장치이다.
② 독립적으로 작동시킬 수 있는 2계통의 제동장치가 있다.
③ 급제동 시 노면으로부터 발생되는 충격을 흡수하는 장치이다.
④ 경사로에서 정지된 상태로 유지할 수 있는 구조이다.

🔍 보기 중 ③항은 현가장치에 대한 설명이다.

25 타이어식 굴착기의 장점이 아닌것은?

① 주행저항이 적다.
② 자력으로 이동한다.
③ 견인력이 약하다.
④ 기동성이 좋다.

🔍 타이어식 굴착기는 주행저항이고, 변속 및 주행속도가 빨라 기동성이 좋고 자력으로 이동이 가능하지만 견인력은 무한궤도형에 비하여 떨어진다.

26 무한궤도의 굴착기와 타이어식 굴착기의 운전 특성에 대한 설명으로 틀린것은?

① 무한궤도식은 기복이 심한 곳에서 작업이 불리하다.
② 타어식은 변속 및 주행 속도가 빠르다.
③ 무한궤도식은 습지, 사지에서 작업이 유리하다.
④ 타이어식은 장거리 이동이 쉽고 기동성이 양호하다.

🔍 • 무한궤도식 : 습지, 사지, 연약지 등에서 작업이 유리하다.
• 타이어식 : 기동성과 이동성이 좋으나 습지나 사지 등의 작업이 곤란하다.

27 건설기계의 등록번호표를 부착하지 아니하거나 봉인하지 아니한 건설기계를 운행한 자에게 부과하는 법규상의 과태료로 맞는 것은?

① 30만원 이하의 과태료
② 50만원 이하의 과태료
③ 100만원 이하의 과태료
④ 300만원 이하의 과태료

🔍 300만원 이하의 과태료
• 등록번호표를 부착하지 아니하거나 봉인하지 아니한 건설기계를 운행한 자
• 건설기계의 정기검사를 받지 아니한 자
• 건설기계임대차 등에 관한 계약서를 작성하지 아니한 자
• 건설기계조종사의 정기적성검사 또는 수시적성검사를 받지 아니한 자
• 시설 또는 업무에 관한 보고를 하지 아니하거나 거짓으로 보고한 자
• 소속 공무원의 검사·질문을 거부·방해·기피한 자
• 중대한 사고 발생 시 제작결함 또는 안전기준 적합여부의 조사를 위해 사고 현장을 출입하는 직원의 출입을 거부하거나 방해한 자

28 건설기계 소유자가 정비업소에 건설기계 정비를 의뢰한 후 정비업자로부터 정비완료 통보를 받고 며칠 이내에 찾아가지 않을 때 보관·관리 비용을 지불하여야 하는가?

① 5일
② 10일
③ 15일
④ 20일

🔍 건설기계사업자가 건설기계소유자로부터 받을 수 있는 보관·관리비용은 정비완료사실을 건설기계소유자에게 통보한 날부터 5일이 경과하여도 당해 건설기계를 찾아가지 아니하는 경우 당해 건설기계의 보관·관리에 소요되는 실제비용으로 한다. 다만, 그 금액은 당해 지역의 공영주차장의 주차요금을 초과할 수 없으며, 정비완료 사실을 통보한 날부터 5일 이내의 기간에 해당하는 비용은 이를 징수할 수 없다.

29 도로교통법규상 4차로 이상 고속도로에서 건설기계의 최저속도는?

① 30km/h
② 40km/h
③ 50km/h
④ 60km/h

🔍 고속도로에서 건설기계의 속도 규정

도로구분		최고속도	최저속도
편도1차로		80km/h	50km/h
편도 2차로 이상	모든 고속도로	80km/h	50km/h
	지정·고시한 노선 또는 구간	90km/h 이내	50km/h

30 건설기계 형식신고 대상 기계가 아닌 것은?

① 불도저
② 무한궤도식 굴착기
③ 리프트
④ 아스팔트 피니셔

🔍 건설기계의 범위(총 27종) : 불도저, 굴착기, 로더, 지게차, 스크레이퍼, 덤프트럭, 기중기, 모터그레이더, 롤러, 노상안정기, 콘크리트뱃칭플랜트, 콘크리트피니셔, 콘크리트살포기, 콘크리트믹서트럭, 콘크리트펌프, 아스팔트믹싱플랜트, 아스팔트피니셔, 아스팔트살포기, 골재살포기, 쇄석기, 공기압축기, 천공기, 항타 및 항발기, 사리채취기, 준설선, 특수건설기계, 타워크레인

31 건설기계 등록번호표에 대한 설명으로 틀린 것은?

① 모든 번호표의 규격은 동일하다.
② 재질은 철판 또는 알루미늄 판이 사용된다.
③ 굴착기의 경우 기종별 기호 표시는 02로 한다.
④ 번호표에 표시되는 문자 및 외곽선은 1.5mm 튀어 나와야 한다.

🔍 번호표의 규격은 덤프트럭·콘크리트믹서트럭·콘크리트펌프·타워크레인과 그 밖의 건설기계로 구분되어 정해져 있다.

32 도로교통법상 폭우, 폭설, 안개 등으로 가시거리가 100m 이내일 때 최고속도의 감속기준으로 옳은 것은?

① 20% ② 50%
③ 60% ④ 80%

> 최고속도의 감속기준
> • 20% 감속 : 비가 내려 노면이 젖어있는 경우, 눈이 20mm 미만 쌓인 경우
> • 50% 감속 : 기상 조건 등으로 가시거리가 100m 이내인 경우, 노면이 얼어붙은 경우, 눈이 20mm 이상 쌓인 경우

33 건설기계 등록 번호표의 색칠 기준으로 틀린 것은?

① 자가용 – 흰색 바탕에 검은색 문자
② 관용 – 흰색 바탕에 검은색 문자
③ 대여사업용 – 주황색 바탕에 검은색 문자
④ 임시용 – 파란색 페인트판에 검은색 문자

> 임시번호표(미등록 및 등록된 건설기계) : 흰색 페인트판에 검은색 문자

34 횡단보도로부터 몇 m 이내에 정차 및 주차를 해서는 안 되는가?

① 3m ② 5m
③ 8m ④ 10m

> 안전지대가 설치된 도로인 경우 안전지대 사방으로부터 각각 10m 이내인 곳, 건널목의 가장자리 또는 횡단보도로부터 10m 이내인 곳에서는 정차 및 주차가 금지된다.

35 자동차 1종 대형 면허 소지자가 조종할 수 없는 건설기계는?

① 지게차 ② 콘크리트펌프
③ 아스팔트살포기 ④ 노상안정기

> 제1종 대형면허로 운전할 수 있는 건설기계 : 덤프트럭, 아스팔트살포기, 노상안정기, 콘크리트믹서트럭, 콘크리트펌프, 천공기(트럭적재식), 콘크리트믹서트레일러, 아스팔트콘크리트재생기, 도로보수트럭, 도로를 운행하는 3톤 미만의 지게차(단, 3톤 미만의 지게차는 제1종 보통면허 또는 대형면허를 소지하고 건설기계관리법에 따라 시·도지사가 지정한 교육기관에서 조종에 관한 교육과정을 마치고 받은 조종사 면허가 있어야 실제로 도로에서 운행할 수 있다.)

36 철길건널목 안에서 차가 고장이 나서 운행할 수 없게 된 경우 운전자의 조치사항과 가장 거리가 먼 것은?

① 철도 공무 중인 직원이나 경찰 공무원에게 즉시 알려 차를 이동하기 위한 필요한 조치를 한다.
② 차를 즉시 건널목 밖으로 이동시킨다.
③ 승객을 하차시켜 즉시 대피시킨다.
④ 현장을 그대로 보존하고 경찰서로 가서 고장 신고를 한다.

> 차가 고장 나서 운행할 수 없게 된 경우 우선적으로 취해야 할 조치는 사고를 방지하기 위한 조치를 취하는 것이다.

37 유압회로에서 메인 유압보다 낮은 압력으로 유압 작동기를 동작시키고자 할 때 사용하는 밸브는?

① 감압 밸브
② 릴리프 밸브
③ 시퀀스 밸브
④ 카운터 밸런스 밸브

> 용어설명
> • 감압 밸브 : 부분 회로의 압력을 낮춤
> • 릴리프 밸브 : 압력을 일정하게 유지
> • 시퀀스 밸브 : 2개 이상의 분기회로가 있을 경우 순차적인 작동
> • 카운터 밸런스 밸브 : 자유 낙하 방지

38 유압장치에서 작동 유압에너지에 의해 연속적으로 회전운동을 함으로써 기계적인 일을 하는 것은?

① 유압 모터 ② 유압 실린더
③ 유압 제어밸브 ④ 유압 탱크

> 유압 실린더는 직선왕복운동을 통해, 유압 모터는 회전운동을 통해 유압 에너지를 기계적 에너지로 변환시킨다.

39 오일필터의 여과 입도가 너무 조밀하였을 때 가장 발생하기 쉬운 현상은?

① 오일 누출 현상 ② 공동 현상
③ 맥동 현상 ④ 블로바이 현상

> 필터의 여과 입도가 너무 조밀하면 오일이 쉽게 통과되지 못하므로 회전에 일시적인 공동현상이 발생되기 쉽다.

40 유압 펌프의 작동유 유출여부 점검방법에 해당하지 않는 것은?

① 정상 작동온도로 난기운전을 실시하여 점검하는 것이 좋다.
② 고정 볼트가 풀린 경우에는 추가 조임을 한다.
③ 작동유 유출 점검은 운전자가 관심을 가지고 점검하여야 한다.
④ 하우징에 균열이 발생되면 패킹을 교환한다.

🔍 하우징의 균열이란 금이 생기거나 깨진 것을 말하므로 패킹을 교환할 것이 아니라 하우징 자체를 수리 또는 교환하도록 한다.

41 다음 유압 도면기호의 명칭은?

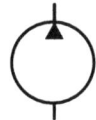

① 스트레이너 ② 유압 모터
③ 유압 펌프   ④ 압력계

🔍 그림의 도면은 유압 펌프의 일반 기호이다.

42 일반적으로 유압장치에서 릴리프 밸브가 설치되는 위치는?

① 펌프와 오일탱크 사이
② 여과기와 오일탱크 사이
③ 펌프와 제어밸브 사이
④ 실린더와 여과기 사이

🔍 릴리프 밸브는 유압 회로의 최고압력을 제어하는 밸브로 회로의 압력을 일정하게 유지시키는 밸브이다. 일반적으로 펌프와 제어밸브 사이에 설치된다.

43 액추에이터(actuator)의 작동 속도와 가장 관계가 깊은 것은?

① 압력   ② 온도
③ 유량   ④ 점도

🔍 액추에이터(actuator)는 유압의 에너지를 기계적 에너지로 변화시키는 장치로 작동 속도는 유량에 의해 이루어진다.

44 현장에서 오일의 열화를 찾아내는 방법이 아닌 것은?

① 색깔의 변화나 수분, 침전물의 유무 확인
② 흔들었을 때 생기는 거품이 없어지는 양상
③ 자극적인 악취 유무 확인
④ 오일을 가열 했을 때 냉각되는 시간 확인

🔍 현장에서 오일 열화를 찾는 방법으로는 보기 중 ①, ②, ③항 외에도 가열된 철판에 오일을 떨어뜨려 수분의 유입 여부를 확인하는 방법이 있다.

45 유체의 압력, 유량 또는 방향을 제어하는 밸브의 총칭은?

① 안전밸브
② 제어밸브
③ 감압밸브
④ 축압기

🔍 제어밸브의 종류와 역할
 • 압력제어밸브 : 일의 크기 조절
 • 유량제어밸브 : 속도 조절
 • 방향제어밸브 : 방향 조절

46 유압유 온도가 상승할 경우 나타날 수 있는 현상이 아닌 것은?

① 오일 누설 저하
② 오일 점도 저하
③ 펌프 효율 저하
④ 작동유 열화 촉진

🔍 유압유 온도가 상승할 경우 오일의 점도 저하로 오일 누설이 발생할 수 있다.

47 화재 예방 조치로서 적합하지 않은 것은?

① 가연성 물질을 인화장소에 두지 않는다.
② 유류취급 장소에는 방화수를 준비한다.
③ 흡연은 정해진 장소에서만 한다.
④ 화기는 정해진 장소에서만 취급한다.

🔍 유류화재는 물을 이용한 냉각소화방법이 아니라 질식소화방법을 통해 소화하여야 한다. 특히 유류화재시 물을 이용하면 물 위에 유류가 떠 있게 되어 더 위험하다.

48 다음 중 유해한 작업환경 요소가 아닌 것은?

① 화재나 폭발의 원인이 되는 환경
② 신선한 공기가 공급되도록 환풍장치 등의 설비
③ 소화기와 호흡기를 통하여 흡수되어 건강장애를 일으키는 물질
④ 피부나 눈에 접촉하여 자극을 주는 물질

49 벨트를 풀리에 걸 때는 어떤 상태에서 거는 것이 좋은가?

① 고속 상태
② 중속 상태
③ 저속 상태
④ 정지 상태

🔍 회전을 정지시키고 안전한 상태에서 걸어야 한다.

50 와이어 줄 걸이 작업에서 사용되는 용구를 점검하여야 하는 안전조건으로 맞는 것은?

① 단위 용구에 시험 인양하중을 확인하여야 한다.
② 스크류 및 핀의 상태를 확인하여야 한다.
③ 샤클의 나사부는 해체하여 점검한다.
④ 샤클 본체는 구부려서 인장강도 시험을 한다.

51 안전한 작업을 하기 위하여 작업 복장을 선정할 때의 유의사항으로 가장 거리가 먼 것은?

① 화기 사용 장소에서는 방염성, 불연성의 것을 사용하도록 한다.
② 착용자의 취미, 기호 등에 중점을 두고 선정한다.
③ 작업복은 몸에 맞고 동작이 편하도록 제작한다.
④ 상의의 소매나 바지 자락 끝 부분이 안전하고 작업하기 편리하게 잘 처리된 것을 선정한다.

🔍 작업복(근무복)은 안전과 작업의 성격을 우선적으로 고려하여야 선정하여야 한다.

52 줄 작업시 주의사항으로 틀린 것은?

① 줄은 반드시 자루를 끼워서 사용한다.
② 줄은 반드시 바이스 등에 올려놓아야 한다.
③ 줄은 부러지기 쉬우므로 절대로 두드리거나 충격을 주어서는 안 된다.
④ 줄은 사용하기 전에 균열의 유무를 충분히 점검하여야 한다.

🔍 줄은 다듬질 공구로 바이스 등에 올려놓아서는 안 되며 공구함 등에 넣어 사용하여야 한다.

53 건설기계에 비치할 가장 적합한 종류의 소화기는?

① A급 화재 소화기
② 포말B 소화기
③ ABC 소화기
④ 포말 소화기

🔍 건설기계와 차량 등에는 ABC소화기를 비치하여야 한다.

54 안전·보건 표지의 종류와 형태에서 그림의 표지로 맞는 것은?

① 차량통행금지
② 사용금지
③ 탑승금지
④ 물체이동금지

55 공구사용 시 주의사항이 아닌 것은?

① 결함이 없는 공구를 사용한다.
② 작업에 적당한 공구를 선택한다.
③ 공구의 이상 유무는 사용 후 점검한다.
④ 공구를 올바르게 취급하고 사용한다.

🔍 공구의 이상 유무는 사용하기 전에 미리미리 점검해야 한다.

56 산업안전의 중요성에 대한 설명으로 틀린 것은?

① 직장의 신뢰도를 높여준다.
② 기업의 투자경비가 많이 소요된다.
③ 이직률이 감소된다.
④ 근로자의 생명과 건강을 지킬 수 있다.

🔍 산업안전이란 작업현장 및 작업공간에서 산업재해가 일어날 가능성이 있는 건설물, 장치, 기계, 재료 등의 손상, 파괴에 기인하는 잠재 위험성(hazard)을 배제해서 안전성을 확보하는 것을 목적으로 한다.

57 굴착공사를 위하여 가스배관과 근접하여 H파일을 설치하고자 할 때 가장 근접하여 설치할 수 있는 수평거리는?

① 10cm   ② 20cm
③ 30cm   ④ 50cm

🔍 도시가스배관과의 수평거리 30cm 이내일 경우 파일박기를 하지 말아야 하며, 도시가스배관 주위에서 다른 매설물들을 설치할 때에도 30cm 이상 이격하여야 한다.

58 도로 굴착자가 굴착공사 전에 이행할 사항에 대한 설명으로 옳지 않은 것은?

① 도면에 표시된 가스 배관과 기타 지장물 매설 유무를 조사하여야 한다.
② 조사된 자료로 시험굴착 위치 및 굴착 개소 등을 정하여 가스배관 매설 위치를 확인하여야 한다.
③ 위치 표시용 페인트와 표지판 및 황색 깃발 등을 준비하여야 한다.
④ 굴착 용역회사의 안전관리자가 지정하는 일정에 시험 굴착을 수립하여야 한다.

🔍 용역회사의 안전관리자는 용역회사 근로자의 안전을 담당하는 직책이다.

59 건설현장의 이동식 전기기계·기구에 의한 감전사고 방지를 위한 설비로 맞는 것은?

① 시건장치   ② 피뢰기 설치
③ 접지설비   ④ 대지전위 상승장치

🔍 이동식 전기기계·기구에 의한 감전사고 방지에는 접지설비가 사용된다.

60 작업 중 고압전력선에 근접 및 접촉할 우려가 있을 때 조치사항으로 가장 적합한 것은?

① 우선 줄자를 이용하여 전력선과의 거리를 측정한다.
② 관할 시설물 관리자에게 연락을 취한 후 지시를 받는다.
③ 현장의 작업반장에게 도움을 청한다.
④ 고압전력선에 접촉만 하지 않으면 되므로 주의를 기울이면서 작업을 계속한다.

🔍 반드시 관할 시설물 관리자에게 연락을 취한 후 지시를 받아 작업을 진행한다.

정답 공단 기출문제 – 2014년 01회

01 ②	02 ④	03 ③	04 ②	05 ③
06 ①	07 ③	08 ②	09 ②	10 ①
11 ③	12 ④	13 ①	14 ③	15 ④
16 ①	17 ①	18 ③	19 ④	20 ①
21 ③	22 ②	23 ②	24 ③	25 ③
26 ①	27 ④	28 ①	29 ②	30 ③
31 ①	32 ②	33 ④	34 ④	35 ①
36 ④	37 ①	38 ①	39 ②	40 ④
41 ③	42 ③	43 ③	44 ②	45 ②
46 ①	47 ②	48 ②	49 ④	50 ②
51 ②	52 ②	53 ③	54 ①	55 ③
56 ②	57 ③	58 ④	59 ③	60 ②

2014년 02회 공단 기출문제

01 기관에서 배기상태가 불량하여 배압이 높을 때 발생하는 현상과 관련 없는 것은?

① 기관이 과열된다.
② 냉각수 온도가 내려간다.
③ 기관의 출력이 감소된다.
④ 피스톤의 운동을 방해한다.

> 기관에서 배기가스가 배출되지 못하면 열에 의해 냉각수가 과열된다.

02 윤활유에 첨가하는 첨가제의 사용 목적으로 틀린 것은?

① 유성을 향상시킨다.
② 산화를 방지한다.
③ 점도지수를 향상시킨다.
④ 응고점을 높게 해준다.

> 윤활유 첨가제 : 산화방지제, 부식방지제, 청정분산제, 소포제, 유동점 강화제, 극압성 향상제, 방청제, 점도지수 향상제

03 기관 운전 중에 진동이 심해질 경우 점검해야 할 사항으로 거리가 먼 것은?

① 기관의 점화시기 점검
② 기관과 차체 연결 마운틴의 점검
③ 라디에이터의 냉각수 누설 여부 점검
④ 연료계통의 공기 누설 여부 점검

04 기관의 크랭크 케이스를 환기하는 목적으로 가장 옳은 것은?

① 크랭크 케이스의 청소를 쉽게 하기 위하여
② 출력의 손실을 막기 위하여
③ 오일의 증발을 막기 위하여
④ 오일의 슬러지 형성을 막기 위하여

> 크랭크 케이스를 환기하지 않으면 압축행정시 생기는 블로바이 가스에 의해 오일에 슬러지가 발생한다.

05 압력의 단위가 아닌 것은?

① kgf/cm^2
② dyne
③ psi
④ bar

> 압력의 단위에는 bar, atm, Pa, kgf/cm^2, psi 등이 있다. 참고로 dyne은 힘의 CGS 단위로 질량 1g의 물체에 작용하여 $1cm/s^2$의 가속도가 생기게 하는 힘이다.

06 점도지수가 큰 오일의 온도변화에 따른 점도 변화는?

① 크다.
② 작다.
③ 불변이다.
④ 온도와는 무관하다.

> 점도지수란 온도변화에 따른 점도변화를 나타내는 수치로 그 값이 100에 가까울수록 온도에 따른 점도 변화가 작다. 엔진 등에 사용되는 윤활유에서는 이러한 이유로 점도지수가 큰 오일이 요구된다.

07 디젤기관의 과급기에 대한 설명으로 틀린 것은?

① 흡입 공기에 압력을 가해 기관에 공기를 공급한다.
② 체적효율을 높이기 위해 인터쿨러를 사용한다.
③ 배기 터빈과급기는 주로 원심식이 가장 많이 사용된다.
④ 과급기를 설치하면 엔진 중량과 출력이 감소된다.

> 디젤기관에 과급기를 부착하는 이유는 출력을 증대하기 위해서이다.

08 다음 중 디젤 기관만이 가지고 있는 부품은?

① 분사노즐
② 오일펌프
③ 물펌프
④ 연료펌프

🔍 디젤기관은 분사펌프에서 전달된 연료를 노즐에서 고압으로 분사시켜준다.

09 커먼레일 디젤기관에서 부하에 따른 주된 연료 분사량 조절방법으로 옳은 것은?

① 저압펌프 압력 조절
② 인젝터 작동 전압 조절
③ 인젝터 작동 전류 조절
④ 고압라인의 연료압력 조절

🔍 커먼레일 디젤기관에서 고압연료라인은 커먼레일에 공급된 고압의 연료를 각 인젝터로 공급하는 역할을 담당한다.

10 라디에이터의 구비 조건으로 틀린 것은?

① 공기 흐름 저항이 적을 것
② 냉각수 흐름 저항이 적을 것
③ 가볍고 강도가 클 것
④ 단위 면적 당 방열량이 적을 것

🔍 라디에이터는 단위 면적 당 방열량이 많아야 한다.

11 밀봉 압력식 냉각 방식에서 보조탱크 내의 냉각수가 라디에이터로 빨려 들어갈 때 개방되는 압력 캡의 밸브는?

① 릴리프 밸브
② 진공 밸브
③ 압력 밸브
④ 리듀싱 밸브

🔍 공기 밸브는 라디에이터 냉각수 팽창 시 개방되어 보조 탱크로 냉각수를 배출하게 하며, 진공 밸브는 냉각수 수축 시 부압되면 개방되어 보조탱크로부터 냉각수를 유입하여 균형을 맞추게 한다.

12 피스톤 링에 대한 설명으로 틀린 것은?

① 피스톤이 받는 열의 대부분을 실린더 벽에 전달한다.
② 압축과 팽창가스 압력에 대해 연소실의 기밀을 유지한다.
③ 링의 절개구의 모양은 버튼 이음, 랩 이음 등이 있다.
④ 피스톤 링이 마모된 경우 크랭크케이스 내에 블로다운 현상으로 인한 연소가스가 많아진다.

🔍 피스톤 링이 마모되면 압축압력이 저하되어 블로바이 현상이나 오일의 희석, 피스톤 슬랩 현상이 일어난다.

13 같은 용량, 같은 전압의 축전지를 병렬로 연결하였을 때 맞는 것은?

① 용량과 전압은 일정하다.
② 용량과 전압이 2배로 된다.
③ 용량은 한 개 일 때와 같으나 전압은 2배로 된다.
④ 용량은 2배이고 전압은 한 개 일 때와 같다.

🔍 축전지를 직렬로 연결하면 전압이 상승하고, 병렬로 연결하면 전류(용량으로 표시)가 상승한다.

14 건설기계의 교류발전기에서 마모성 부품은?

① 스테이터
② 슬립링
③ 다이오드
④ 엔드 프레임

15 오버런닝 클러치 형식의 기동 전동기에서 기관이 기동된 후 계속해서 스위치(I/G Key)를 ST 위치에 놓고 있으면 어떻게 되는가?

① 기동전동기의 전기자에 과전류가 흘러 전기자가 탄다.
② 기동전동기가 부하를 많이 받아 정지된다.
③ 기동전동기의 마그네트 스위치가 손상된다.
④ 기동전동기의 피니어 기어가 고속 회전한다.

오버런닝 클러치는 기동 전동기의 회전력을 플라이 휠 링 기어에 전달하지만 플라이 휠의 회전력은 기동 전동기에 전달되지 않도록 하는 장치이다. 따라서 엔진이 기동된 다음에는 피니언이 공전하여 엔진에 의해 기동 전동기가 회전되지 않도록 하며 종류로는 롤러식, 스프래그식, 다판 클러치식이 있다.

AND회로

입력(A)	입력(B)	출력(Q)
0	0	0(OFF)
0	1	0(OFF)
1	0	0(OFF)
1	1	1(ON)

16 축전지 및 발전기에 대한 설명으로 옳은 것은?

① 시동 전 전원은 발전기이다.
② 시동 후 전원은 배터리이다.
③ 시동 전과 후 모든 전력은 배터리로부터 공급된다.
④ 발전하지 못해도 배터리로만 운행이 가능하다.

시동 전 전원은 배터리이며, 시동 후에는 발전기가 엔진의 회전에 의해 함께 회전하면서 각종 전기장치의 전원공급을 담당하고 배터리를 충전하는 역할을 한다.

17 실드빔식 전조등에 대한 설명으로 틀린 것은?

① 대기조건에 따라 반사경이 흐려지지 않는다.
② 내부에 불활성 가스가 들어있다.
③ 사용에 따른 광도의 변화가 적다.
④ 필라멘트를 갈아 끼울 수 있다.

실드빔식은 렌즈, 반사경, 필라멘트가 일체로 되어 있어 필라멘트를 갈아 끼울 수 있는 구조가 아니다.

18 그림과 같은 AND회로(논리적 회로)에 대한 설명으로 틀린 것은?

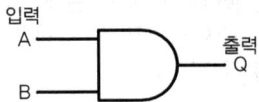

① 입력 A가 0이고, B가 0이면 출력 Q는 0이다.
② 입력 A가 1이고, B가 0이면 출력 Q는 0이다.
③ 입력 A가 0이고, B가 1이면 출력 Q는 0이다.
④ 입력 A가 1이고, B가 1이면 출력 Q는 0이다.

19 무한궤도식 건설기계 프론트 아이들러에 미치는 충격을 완화시켜주는 완충장치로 틀린 것은?

① 코일 스프링식
② 압축 피스톤식
③ 접지 스프링식
④ 질소 가스식

완충방식은 코일 스프링식, 접지 스프링식, 질소 가스식 등이 있으며 그 중 코일 스프링이 가장 많이 사용된다. 특히 리코일 스프링은 차체의 전면에서 오는 충격을 흡수하여 진동을 방지하며, 안전작업을 도와준다.

20 주행 중 트랙 전면에서 오는 충격을 완화하여 차체 파손을 방지하고, 운전을 원활하게 해주는 것은?

① 트랙 롤러
② 상부 롤러
③ 리코일 스프링
④ 댐퍼 스프링

19번 문제 해설 참조

21 엔진과 직결되어 같은 회전수로 회전하는 토크 컨버터의 구성품은?

① 터빈
② 펌프
③ 스테이터
④ 변속기 출력축

토크 컨버터는 유체의 운동에너지를 이용하여 토크를 자동으로 변환하는 장치로 펌프(구동축), 터빈(피동축), 스테이터(반작용 요소)의 3개 요소로 되어 있다. 이 중 엔진과 직결되어 같은 회전수로 회전하는 구성품은 구동축인 펌프이다.

22 굴착기에서 작업시 안정 및 균형을 잡아주기 위해 설치하는 것은?

① 버킷(bucket)
② 암(atm)
③ 카운터 웨이트(counter weight)
④ 붐(boom)

> 카운터 웨이트(밸런스 웨이트)는 굴착기의 상부회전체의 제일 뒷 부분에 설치되어 버킷 등의 중량물이 실릴 때 장비의 뒷부분이 들리는 것을 방지하고 장비의 밸런스를 잡아준다.

23 건설기계에서 변속기의 구비조건으로 가장 적합한 것은?

① 대형이고, 고장이 없어야 한다.
② 조작이 쉬우므로 신속할 필요는 없다.
③ 연속적 변속에는 단계가 있어야 한다.
④ 전달효율이 좋아야 한다.

> 변속기의 구비조건
> • 소형으로 고장이 없어야 한다.
> • 조작이 쉽고 단계가 없이 연속적인 변속이 가능해야 한다.
> • 전달효율이 좋아야 한다.

24 무한궤도식 건설기계에서 트랙이 자주 벗겨지는 원인으로 가장 거리가 먼 것은?

① 유격(긴도)이 규정보다 클 때
② 트랙의 상·하부 롤러가 마모 되었을 때
③ 최종 구동기어가 마모 되었을 때
④ 트랙의 중심 정렬이 맞지 않았을 때

> 트랙이 벗겨지는 원인
> • 프론트 아이들러와 스프로킷 및 상부 롤러의 마모가 클 때
> • 프론트 아이들러와 스프로킷의 중심이 틀릴 때
> • 고속 주행시 급선회하였을 경우
> • 트랙의 긴도가 너무 클 때(느슨할 때)
> • 리코일 스프링의 장력이 약할 때
> • 측면을 경사시켜 작업할 때

25 굴착기 스윙(선회) 동작이 원활하게 안 되는 원인으로 틀린 것은?

① 컨트롤 밸브 스풀 불량
② 릴리프 밸브 설정 압력 부족
③ 터닝 조인트(Turnning joint) 불량
④ 스윙(선회) 모터 내부 손상

> 굴착기의 스윙은 유압으로 구동되는 모터로 작동되므로 유압 밸브나 스윙모터 등에 영향을 받는다.

26 굴착기의 작업장치에 해당되지 않는 것은?

① 마스트(mast)
② 버킷(bucket)
③ 암(arm)
④ 붐(boom)

> 마스트는 지게차의 작업장치이다.

27 등록되지 아니한 건설기계를 사용하거나 운행한 자의 벌칙은?

① 1년 이하의 징역 또는 1000만원 이하의 벌금
② 2년 이하의 징역 또는 2000만원 이하의 벌금
③ 20만원 이하의 벌금
④ 10만원 이하의 벌금

> 2년 이하의 징역 또는 2천만원 이하의 벌금
> • 등록되지 아니한 건설기계를 사용하거나 운행한 자
> • 등록이 말소된 건설기계를 사용하거나 운행한 자
> • 시·도지사의 지정을 받지 아니하고 등록번호표를 제작하거나 등록번호를 새긴 자
> • 건설기계의 주요 구조나 원동기, 동력전달장치, 제동장치 등 주요 장치를 변경 또는 개조한 자
> • 무단 해체한 건설기계를 사용·운행하거나 타인에게 유상·무상으로 양도한 자
> • 제작결함의 시정명령을 이행하지 아니한 자
> • 등록을 하지 아니하고 건설기계사업을 하거나 거짓으로 등록을 한 자
> • 등록이 취소되거나 사업의 전부 또는 일부가 정지된 건설기계사업자로서 계속하여 건설기계사업을 한 자

28 도로주행의 일반적인 주의사항으로 틀린 것은?

① 가시거리가 저하될 수 있으므로 터널 진입 전 헤드라이트를 켜고 주행한다.
② 고속주행 시 급 핸들조작, 급브레이크는 옆으로 미끄러지거나 전복될 수 있다.
③ 야간운전은 주간보다 주의력이 양호하며 속도감이 민감하여 과속 우려가 없다.
④ 비오는 날 고속주행은 수막현상이 생겨 제동효과가 감소된다.

🔍 야간에는 시야가 전조등의 불빛으로 식별할 수 있는 범위로 제한되고, 주의력이 주간보다 현저히 떨어지게 된다.

29 도로교통법에 따라 도로공사를 하고 있는 공사 구역의 양쪽 가장자리로부터 (   ) 이내인 곳, 다중이용업소의 영업장이 속한 건축물로 소방본부장의 요청에 의하여 시·도경찰청장이 지정한 곳으로부터 (   ) 이내인 곳에서는 주차가 금지된다. (   ) 안에 공통으로 들어갈 거리는?

① 10미터
② 7미터
③ 5미터
④ 3미터

🔍 주차금지 장소
• 터널 안 및 다리 위
• 도로공사를 하고 있는 공사 구역의 양쪽 가장자리로부터 5m 이내인 곳
• 다중이용업소의 영업장이 속한 건축물로 소방본부장의 요청에 의하여 시·도경찰청장이 지정한 곳으로부터 5m 이내인 곳
• 시·도경찰청장이 도로에서의 위험을 방지하고 교통의 안전과 원활한 소통을 확보하기 위하여 필요하다고 인정하여 지정한 곳

30 건설기계 형식 승인은 누가 하는가?

① 국토교통부장관
② 시·도지사
③ 시장·군수 또는 구청장
④ 고용노동부장관

🔍 건설기계를 제작·조립 또는 수입하려는 자는 해당 건설기계의 형식에 관하여 국토교통부령으로 정하는 바에 따라 국토교통부장관의 승인을 받아야 한다.

31 건설기계조종사면허를 받지 아니하고, 건설기계를 조종한 자에 대한 처벌기준은?

① 1년 이하의 징역 또는 1000만원 이하의 벌금
② 6개월 이하의 징역 또는 100만원 이하의 벌금
③ 100만원 이하의 벌금
④ 50만원 이하의 과태료

🔍 1년 이하의 징역 또는 1천만원 이하의 벌금
• 거짓이나 그 밖의 부정한 방법으로 건설기계 등록을 한 자
• 건설기계의 등록번호를 지워 없애거나 그 식별을 곤란하게 한 자
• 건설기계의 구조변경검사 또는 수시검사를 받지 아니한 자
• 건설기계의 정비명령을 이행하지 아니한 자
• 매매용 건설기계를 운행하거나 사용한 자
• 건설기계조종사면허를 받지 아니하고 건설기계를 조종한 자
• 건설기계조종사면허를 거짓이나 그 밖의 부정한 방법으로 받은 자
• 술에 취하거나 마약 등 약물을 투여한 상태에서 건설기계를 조종한 자와 그러한 자가 건설기계를 조종하는 것을 알고도 말리지 아니하거나 건설기계를 조종하도록 지시한 고용주
• 건설기계를 도로나 타인의 토지에 버려둔 자

32 도로교통법령에 따라 뒤차에게 앞지르기를 시키려는 때 적절한 신호방법은?

① 오른팔 또는 왼팔을 차체의 왼쪽 또는 오른쪽 밖으로 수평으로 펴서 손을 앞뒤로 흔들 것
② 팔을 차체의 밖으로 내어 45도 밑으로 펴서 손바닥을 뒤로 향하게 하여 그 팔을 앞뒤로 흔들거나 자동차안전기준에 따라 장치된 후진등을 켤 것
③ 팔을 차체의 밖으로 내어 45도 밑으로 펴거나 제동등을 켤 것
④ 양팔을 모두 차체의 밖으로 내어 크게 흔들 것

🔍 보기 ②항은 후진할 때의 신호, ③항은 정지할 때의 신호방법이며, ④항은 도로교통법령에 따른 신호방법에 해당되지 않는다.

33 건설기계등록번호표를 가리거나 훼손하여 알아보기 곤란하게 한 자 또는 그러한 건설기계를 운행한 자에게 부과하는 과태료로 옳은 것은?

① 50만원 이하
② 100만원 이하
③ 300만원 이하
④ 1000만원 이하

🔍 100만원 이하의 과태료
• 수출의 이행 여부를 신고하지 아니하거나 폐기 또는 등록을 하지 아니한 자
• 건설기계에 등록번호표를 부착·봉인하지 아니하거나 등록번호를 새기지 아니한 자

- 등록번호표를 가리거나 훼손하여 알아보기 곤란하게 한 자 또는 그러한 건설기계를 운행한 자
- 건설기계 등록번호의 새김명령을 위반한 자
- 건설기계안전기준에 적합하지 아니한 건설기계를 사용하거나 운행한 자 또는 사용하게 하거나 운행하게 한 자
- 검사유효기간이 끝난 날부터 31일이 지난 건설기계를 사용하게 하거나 운행하게 한 자 또는 사용하거나 운행한 자
- 특별한 사정 없이 건설기계임대차 등에 관한 계약과 관련된 자료를 제출하지 아니한 자
- 법에서 정한 건설기계사업자의 의무를 위반한 자
- 안전교육 등을 받지 아니하고 건설기계를 조종한 자

34 국내에서 제작된 건설기계를 등록할 때 필요한 서류에 해당하지 않는 것은?

① 건설기계제작증
② 수입면장
③ 건설기계제원표
④ 매수증서(관청으로부터 매수한 건설기계만)

🔍 건설기계의 등록신청 구비서류
- 건설기계의 출처를 증명하는 서류 : 건설기계제작증(국내제작 건설기계인 경우), 수입면장(수입한 건설기계인 경우), 매수증서(관청으로부터 매수한 경우)
- 건설기계의 소유자임을 증명하는 서류
- 건설기계제원표
- 보험 또는 공제의 가입을 증명하는 서류

35 도로교통법에서는 교차로, 터널 안, 다리 위 등을 앞지르기 금지장소로 규정하고 있다. 그 외 앞지르기 금지장소를 다음 [보기]에서 모두 고르면?

[보기]
A. 도로의 구부러진 곳
B. 비탈길의 고갯마루 부근
C. 가파른 비탈길의 내리막

① A
② A, B
③ B, C
④ A, B, C

🔍 도로의 구부러진 곳, 비탈길의 고갯마루 부근 또는 가파른 비탈길의 내리막 등 시·도경찰청장이 도로에서의 위험을 방지하고 교통의 안전과 원활한 소통을 확보하기 위하여 필요하다고 인정하는 곳으로서 안전표지로 지정한 곳에서도 앞지르기가 금지된다.

36 건설기계의 등록을 말소할 수 있는 사유에 해당하지 않는 것은?

① 건설기계를 폐기한 경우
② 건설기계를 수출하는 경우
③ 건설기계를 장기간 운행하지 않게 된 경우
④ 건설기계를 교육·연구 목적으로 사용하는 경우

🔍 등록의 말소 사유(주요 사항)
- 거짓이나 그 밖의 부정한 방법으로 등록을 한 경우(시·도지사 직권 말소)
- 건설기계가 천재지변 또는 이에 준하는 사고 등으로 사용할 수 없게 되거나 멸실된 경우
- 건설기계의 차대(車臺)가 등록 시의 차대와 다른 경우
- 건설기계안전기준에 적합하지 아니하게 된 경우
- 시·도지사의 정기검사 명령, 수시검사 명령 또는 정비 명령에 따르지 아니한 경우(시·도지사 직권 말소)
- 건설기계를 수출하는 경우
- 건설기계를 도난당한 경우
- 건설기계를 폐기한 경우(시·도지사 직권 말소)
- 구조적 제작 결함 등으로 건설기계를 제작자 또는 판매자에게 반품한 때
- 건설기계를 교육·연구 목적으로 사용하는 경우

37 기어 펌프에 대한 설명으로 틀린 것은?

① 소형이며, 구조가 간단하다.
② 플런저 펌프에 비해 흡입력이 나쁘다.
③ 플런저 펌프에 비해 효율이 낮다.
④ 초고압에는 사용이 곤란하다.

🔍 기어 펌프는 흡입력이 크기 때문에 가압식 유압 탱크를 사용하지 않아도 된다

38 유압장치에서 액추에이터의 종류에 속하지 않는 것은?

① 감압밸브
② 유압실린더
③ 유압모터
④ 플런저 모터

🔍 액추에이터(actuator)는 유압의 에너지를 기계적 에너지로 변화시키는 장치로 유압의 에너지에 의해서 직선 왕복 운동을 하는 유압 실린더와 유압의 에너지에 의해서 회전 운동을 하는 유압 모터가 있다. 플런저 모터는 유압 모터의 한 종류이다.

39 유압오일 내에 기포(거품)가 형성되는 이유로 가장 적합한 것은?

① 오일에 이물질 혼입
② 오일의 점도가 높을 때
③ 오일에 공기 혼입
④ 오일의 누설

40 유압모터의 가장 큰 장점은?

① 공기와 먼지 등이 침투하면 성능에 영향을 준다.
② 오일의 누출을 방지한다.
③ 압력조정이 용이하다.
④ 무단변속이 용이하다.

🔍 유압모터의 가장 큰 장점은 무단변속이 용이하다는 점이며, 속도조절은 유량에 의하여 이루어진다.

41 유압 실린더를 교환하였을 경우 조치해야 할 작업으로 가장 거리가 먼 것은?

① 오일필터의 교환
② 공기빼기 작업
③ 누유 점검
④ 시운전하여 작동상태 점검

🔍 오일필터는 오일펌프, 유압실린더, 밸브의 마모에 의하여 발생되는 각종 이물질을 제거하는 역할을 하는 것으로 유압 실린더 교환시 교환하는 것이 아니라 사용시간에 따라 주기적으로 교환해주어야 한다.

42 릴리프밸브에서 포핏밸브를 밀어 올려 기름이 흐르기 시작할 때의 압력은?

① 설정압력
② 허용압력
③ 크랭킹압력
④ 전량압력

🔍 크랭킹압력(cranking pressure)이란 체크 밸브 또는 릴리프 밸브 등으로 압력이 상승하여 밸브가 열리기 시작하고 어떤 일정한 흐름의 양이 확인되는 압력을 말한다.

43 파스칼의 원리와 관련된 설명이 아닌 것은?

① 정지액체에 접하고 있는 면에 가해진 압력은 그 면에 수직으로 작용한다.
② 정지액체의 한 점에 있어서의 압력의 크기는 전 방향에 대하여 동일하다.
③ 점성이 없는 비압축성 유체에서 압력에너지, 위치에너지, 운동에너지의 합은 같다.
④ 밀폐용기 내의 한 부분에 가해진 압력은 액체 내의 여러 부분에 같은 압력으로 전달된다.

44 유압장치의 정상적인 작동을 위한 일상점검 방법으로 옳은 것은?

① 유압 컨트롤 밸브의 세척 및 교환
② 오일량 점검 및 필터의 교환
③ 유압 펌프의 점검 및 교환
④ 오일 냉각기의 점검 및 세척

🔍 유압장치의 일상점검 항목은 오일의 양, 오일의 변질상태, 오일의 누유 여부 등을 점검하는 것이다.

45 방향제어밸브에서 내부누유에 영향을 미치는 요소가 아닌 것은?

① 관로의 유량
② 밸브 간극의 크기
③ 밸브 양단의 압력차
④ 유압유의 점도

46 유압장치에서 유량 제어밸브가 아닌 것은?

① 교축밸브
② 분류밸브
③ 유량조정밸브
④ 릴리프밸브

🔍 릴리프 밸브는 압력을 일정하게 유지하기 위한 압력조절 밸브이다.

47 수공구 중 드라이버의 사용 상 안전하지 않은 것은?

① 날 끝이 수평이어야 한다.
② 전기 작업 시 절연된 자루를 사용한다.
③ 날 끝이 홈의 폭과 길이가 같은 것을 사용한다.
④ 전기 작업 시 금속 부분이 자루 밖으로 나와 있어야 한다.

> 전기 작업 시에는 감전 등을 방지하기 위해 절연된 자루를 사용해야 한다.

48 수공구 사용 시 안전사고 발생 원인으로 틀린 것은?

① 힘에 맞지 않는 공구를 사용하였다.
② 수공구의 성능을 알고 선택하였다.
③ 사용 방법이 미숙하였다.
④ 사용공구의 점검 및 정비를 소홀히 하였다.

49 전조등 회로에서 퓨즈의 접촉이 불량할 때 나타나는 현상으로 옳은 것은?

① 전류의 흐름이 나빠지고 퓨즈가 끊어질 수 있다.
② 기동 전동기가 파손된다.
③ 전류의 흐름이 일정하게 된다.
④ 전압이 과대하게 흐르게 된다.

> 퓨즈는 전기 회로에서 단락에 의해 전선이 타거나 과대 전류가 부하에 흐르지 않도록 하는 구성품으로 퓨즈의 접촉이 불량하면 전류의 흐름이 불량해지고 퓨즈 자체에 단락이 일어날 수 있다.

50 안전을 위하여 눈으로 보고, 손으로 가리키고, 입으로 복창하여 귀로 듣고, 머리로 종합적인 판단을 하는 지적확인의 특성은?

① 의식을 강화한다.
② 지식수준을 높인다.
③ 안전태도를 형성한다.
④ 육체적 기능 수준을 높인다.

> 지적확인이란 작업현장에서 확인해야 할 사항을 눈으로만 보는 것이 아니라 직접 하나하나 손가락으로 가리키면서 입으로 복창하며 확인하는 행위를 말하며, 이는 안전의식을 강화하기 위한 조치이다.

51 체인블록을 이용하여 무거운 물체를 이동시키고자 할 때 가장 안전한 방법은?

① 체인이 느슨한 상태에서 급격히 잡아당기면 재해가 발생할 수 있으므로 시간적 여유를 가지고 작업한다.
② 작업의 효율을 위해 가는 체인을 사용한다.
③ 내릴 때는 하중 부담을 줄이기 위해 최대한 빠른 속도로 실시한다.
④ 이동 시는 무조건 최단거리 코스로 빠른 시간 내에 이동시켜야 한다.

52 안전·보건표지에서 그림이 표시하는 것으로 맞는 것은?

① 독극물 경고
② 폭발물 경고
③ 고압전기 경고
④ 낙하물 경고

> 경고표지의 종류
>
> | 독극물 경고 | 폭발물 경고 | 낙하물 경고 |
> | --- | --- | --- |

53 연소의 3요소가 아닌 것은?

① 가연성 물질
② 산소(공기)
③ 점화원
④ 이산화탄소

> 연소는 3요소인 가연물, 산소공급원, 점화원이 반드시 구비되어야 일어나며, 이 중 하나라도 구비되지 않으면 연소는 일어나지 않는다.

54 체인이나 벨트, 풀리 등에서 일어나는 사고로 기계의 운동 부분 사이에 신체가 끼는 사고는?

① 협착
② 접촉
③ 충격
④ 얽힘

> 물건에 끼워진 상태 또는 말려든 상태를 협착이라 하고, 왕복 운동하는 동작부분과 움직임이 없는 고정부분 사이에 형성되는 위험점을 협착점이라 한다.

55 산업재해 중 중대재해가 아닌 것은?

① 사망자가 1명 이상 발생한 재해
② 부상자 또는 직업성질병자가 동시에 10명 이상 발생한 재해
③ 3개월 이상의 요양을 요하는 부상자가 동시에 2명 이상 발생한 재해
④ 4일 이상의 요양을 요하는 부상을 입은 자가 5명 발생한 재해

> 중대재해
> • 사망자가 1명 이상 발생한 재해
> • 3개월 이상의 요양이 필요한 부상자가 동시에 2명 이상 발생한 재해
> • 부상자 또는 직업성질병자가 동시에 10명 이상 발생한 재해

56 안전작업의 복장상태로 틀린 것은?

① 땀을 닦기 위한 수건이나 손수건을 허리나 목에 걸고 작업해서는 안 된다.
② 옷소매 폭이 너무 넓지 않은 것이 좋고, 단추가 달린 것은 되도록 피한다.
③ 물체 추락의 우려가 있는 작업장에서는 작업모를 착용해야 한다.
④ 복장을 단정하게 하기 위해 넥타이를 꼭 매야 한다.

> 넥타이를 착용한 경우 넥타이가 회전 공작물 등에 말려드는 등의 안전사고 발생 가능성이 높아진다.

57 도시가스배관이 매설된 지점에서 가스배관 주위를 굴착하고자 할 때에 반드시 인력으로 굴착해야 하는 범위는?

① 배관 좌우 1m 이내
② 배관 좌우 2m 이내
③ 배관 좌우 3m 이내
④ 배관 좌우 4m 이내

> 도시가스배관의 손상방지
> • 가스배관과 수평 최단거리 2m 이내에서 파일박기를 하는 경우에는 도시가스사업자의 입회하에 시험굴착으로 도시가스배관의 위치를 정확히 확인할 것
> • 도시가스배관의 위치를 파악한 경우에는 도시가스배관의 위치를 알리는 표지판을 설치할 것
> • 도시가스배관과의 수평거리 30cm 이내일 경우 파일박기를 하지 말 것
> • 항타기는 도시가스배관과 수평거리가 2m 이상 되는 곳에 설치할 것
> • 파일을 뺀 자리는 충분히 메울 것
> • 도시가스배관 주위를 굴착하는 경우 도시가스배관의 좌우 1m 이내 부분은 인력으로 굴착할 것
> • 도시가스배관 주위에서 다른 매설물들을 설치할 때에는 30cm 이상 이격할 것

58 다음 조건에서 도시가스가 누출되었을 경우 폭발할 수 있는 조건으로 모두 맞는 것은?

[보기]
a. 누출된 가스의 농도는 폭발범위 내에 들어야 한다.
b. 누출된 가스에 불씨 등의 점화원이 있어야 한다.
c. 점화가 가능한 공기(산소)가 있어야 한다.
d. 가스가 누출되는 압력이 30MPa 이상 이어야 한다.

① a
② a, b
③ a, b, c
④ a, c, d

> 폭발이 발생하려면 공기 또는 산소와 혼합된 가연성 가스나 증기 및 분진이 일정 농도의 범위에 있고 혼합된 물질의 일부에 점화원이 존재해야 하며 최소 점화에너지 이상의 에너지를 가할 수 있어야 한다.

59 감전사고 예방을 위한 주의사항의 내용으로 틀린 것은?

① 젖은 손으로는 전기 기기를 만지지 않는다.
② 코드를 뺄 때는 반드시 플러그의 몸체를 잡고 뺀다.
③ 전력선에 물체를 접촉하지 않는다.
④ 220V는 단상이고, 저압이므로 생명의 위협은 없다.

🔍 인체에 흐르는 전류의 양에 따라 위험성이 결정되므로 저압전기라도 소홀히 취급하면 위험하다.

60 고압선로 주변에서 건설기계에 의한 작업 중 고압선로 또는 지지물에 접촉 위험이 가장 높은 것은?

① 붐 또는 권상로프
② 상부 회전체
③ 하부 주행체
④ 장비 운전석

🔍 기중기작업의 붐(지브) 또는 권상장치 들은 길게 부착되어 있어 고압선과 접촉되기 쉽다.

정답 공단 기출문제 – 2014년 02회

01 ②	02 ④	03 ③	04 ④	05 ②
06 ②	07 ④	08 ①	09 ④	10 ④
11 ②	12 ④	13 ④	14 ②	15 ④
16 ④	17 ④	18 ①	19 ②	20 ③
21 ②	22 ③	23 ④	24 ②	25 ③
26 ①	27 ②	28 ③	29 ③	30 ①
31 ①	32 ①	33 ②	34 ②	35 ④
36 ③	37 ②	38 ①	39 ③	40 ④
41 ①	42 ③	43 ③	44 ②	45 ①
46 ④	47 ④	48 ②	49 ①	50 ①
51 ①	52 ③	53 ④	54 ①	55 ④
56 ④	57 ①	58 ③	59 ④	60 ①

08 공단 기출문제
2014년 03회

01 부동액에 대한 설명으로 옳은 것은?
① 에틸렌 글리콜과 글린세린은 단맛이 있다.
② 부동액 100%인 원액 사용을 원칙으로 한다.
③ 온도가 낮아지면 화학적 변화를 일으킨다.
④ 부동액은 냉각 계통에 부식을 일으키는 특징이 있다.

> 부동액으로 사용되는 에틸렌 글리콜은 물 60%와 혼합했을 때 어는 점이 가장 낮아진다. 또한 부동액은 부식성이 없어야 하며, 온도 변화와 관계없이 화학적으로 안정해야 한다.

02 프라이밍 펌프를 이용하여 디젤기관 연료장치 내에 있는 공기를 배출하기 어려운 곳은?
① 공급 펌프
② 연료 필터
③ 분사 펌프
④ 분사 노즐

> 분사 노즐은 인젝션 펌프에서 보내온 고압의 연료를 미세하게 연소실에 분사하는 장치로 프라이밍 펌프를 이용한 공기 배출이 어렵다.

03 예열플러그의 고장이 발생하는 경우로 거리가 먼 것은?
① 엔진이 과열되었을 때
② 발전기의 발전 전압이 낮을 때
③ 예열시간이 길었을 때
④ 정격이 아닌 예열플러그를 사용했을 때

> 발전기는 전원을 공급하는 장치로 예열플러그의 고장 원인과 관련성이 없다.

04 기관의 연소실에서 발생하는 스퀴시(Squish)의 설명으로 옳은 것은?
① 연소 가스가 크랭크 케이스로 누출되는 현상
② 흡입밸브에 의한 와류 현상
③ 압축행정 말기에 발생하는 와류 현상
④ 압축공기가 피스톤 링 사이로 누출되는 현상

> 연소실 내부의 일부와 피스톤 윗면에서 형성되는 틈 부분을 스퀴시 지역이라며, 압축행정 말기에 발생하는 와류현상인 스퀴시에 의해 연소속도가 빨라지고 연소 효율이 향상된다.

05 압력식 라디에이터 캡을 사용함으로써 얻어지는 이점은?
① 냉각수의 비등점을 올릴 수 있다.
② 냉각 팬의 크기를 작게 할 수 있다.
③ 물 펌프의 성능을 향상시킬 수 있다.
④ 라디에이터의 구조를 간단하게 할 수 있다.

> 라디에이터의 압력밸브는 냉각수 비등점을 올려주는 작용을 하고, 진공밸브는 부압상태에서 열려 내부를 대기압과 같게 한다.

06 디젤기관의 시동을 용이하게 하기 위한 사항으로 틀린 것은?
① 압축비를 높인다.
② 시동 시 회전속도를 낮춘다.
③ 흡기온도를 상승시킨다.
④ 예열장치를 사용한다.

> 시동 시 엔진의 회전속도가 낮으면 압축압력이 잘 되지 않아 시동이 어렵게 된다.

07 착화순서가 1-5-3-6-2-4인 기관에서 1번 실린더가 동력 행정을 할 때 6번 실린더의 행정은?
① 흡입 행정
② 압축 행정
③ 동력 행정
④ 배기 행정

> 착화순서가 1-5-3-6-2-4인 6기통 우수식 기관에서 1번과 6번, 2번과 5번, 3번과 4번은 핀 저널이 같이 움직이므로 1번 실린더가 동력 행정을 한다면 6번은 흡입 행정이 된다. 만약 같은 기관에서 1번 실린더가 흡입행정을 한다면 6번 실린더는 동력 행정이 된다.

08 기관에서 공기청정기의 설치 목적으로 옳은 것은?

① 연료의 여과와 가압작용
② 공기의 가압작용
③ 공기의 여과와 소음방지
④ 연료의 여과와 소음방지

> 공기청정기는 내부에 여과용 필터를 두어 오물 등을 여과하며 필터 통과시에 소음을 줄이는 기능을 한다.

09 디젤 기관 인젝션 펌프에서 딜리버리 밸브의 기능으로 틀린 것은?

① 역류 방지
② 후적 방지
③ 잔압 유지
④ 유량 조정

> 딜리버리 밸브(delivery valve)는 노즐에서 분사된 후의 연료 역류 방지와 잔압을 유지해 후적을 방지한다.

10 배기행정 초기에 배기밸브가 열려 실린더 내의 연소가스가 스스로 배출되는 현상은?

① 피스톤 슬랩
② 블로우 바이
③ 블로우 다운
④ 피스톤 행정

> 용어 설명
> • 피스톤 슬랩 : 피스톤 간극이 클 때 실린더 벽에 충격적으로 접촉되어 금속음을 발생하는 현상
> • 블로우 바이 : 압축행정 시 피스톤 링과 실린더 사이로 혼합가스가 새는 현상
> • 블로우 다운 : 배기행정 초기에 배기밸브가 열려 연소가스 자체 압력으로 배출되는 현상

11 엔진오일의 점도지수가 작은 경우 온도 변화에 따른 점도변화는?

① 온도에 따른 점도변화가 작다.
② 온도에 따른 점도변화가 크다.
③ 점도가 수시로 변화한다.
④ 온도와 점도는 무관하다.

> 점도지수가 크면 온도 변화에 따른 점도의 변화가 작고, 점도지수가 작으면 온도 변화에 따른 점도의 변화가 크다.

12 과급기를 부착하였을 때의 이점으로 틀린 것은?

① 고지대에서도 출력의 감소가 적다.
② 회전력이 증가한다.
③ 기관 출력이 향상된다.
④ 압축온도의 상승으로 착화지연 시간이 길어진다.

> 과급기 설치 시 이점
> • 과급기 설치 시 엔진의 무게는 10~15% 정도 증가되며, 엔진의 출력은 35~45% 정도 증가한다.
> • 체적 효율이 증가하므로 평균 유효 압력과 회전력이 상승한다.
> • 연료 소비율이 감소한다.

13 겨울철에 디젤기관 기동전동기의 크랭킹 회전수가 저하되는 원인으로 틀린 것은?

① 엔진오일의 점도 상승
② 온도에 의한 축전지의 용량 감소
③ 점화코일의 저항 증가
④ 기온저하로 기동부하 증가

> 크랭크축의 회전이 어려운 것은 점도가 높은 오일과 축전지 용량의 저하로 축의 회전저항이 증가될 때, 기온저하로 기동부하가 증가할 때이다.

14 전조등 회로의 구성품으로 틀린 것은?

① 전조등 릴레이
② 전조등 스위치
③ 디머 스위치
④ 플래셔 유닛

> 플래셔 유닛은 좌우 방향표시등에 흐르는 전류를 일정한 주기로 단속하여 램프를 점멸시키는 구성품이다.

15 축전지의 케이스와 커버를 청소할 때 사용하는 용액으로 가장 옳은 것은?

① 비누와 물
② 소금과 물
③ 소다와 물
④ 오일과 가솔린

> 축전지 케이스와 커버를 청소할 때는 소다로 중화시킨 다음 물로 씻어준다.

16 충전장치에서 IC 전압조정기의 장점으로 틀린 것은?

① 조정 전압 정밀도 향상이 크다.
② 내열성이 크며 출력을 증대시킬 수 있다.
③ 진동에 의한 전압변동이 크고 내구성이 우수하다.
④ 초소형화가 가능하므로 발전기내에 설치할 수 있다.

🔍 IC 전압조정기의 장점
• 배선을 간소화할 수 있다.
• 진동에 의한 전압 변동이 없고, 내구성이 크다.
• 축전지 충전 성능이 향상되고, 각 전기 부하에 적절한 전력 공급이 가능하다.
• 이 외에도 보기 중 ①, ②, ④항이 장점에 해당된다.

17 납산 축전지가 불량 했을 때에 대한 설명으로 옳은 것은?

① 크랭킹 시 발열하면서 심하며 터질 수 있다.
② 방향지시등이 켜졌다가 꺼짐을 반복한다.
③ 제동등이 상시 점등된다.
④ 가감속이 어렵고 공회전 상태가 심하게 흔들린다.

🔍 납산 축전지가 불량한 경우 충전 시 발생되는 수소 가스에 의해 발열 과정에서 터질 수도 있다.

18 퓨즈의 접촉이 나쁠 때 나타나는 현상으로 옳은 것은?

① 연결부의 저항이 떨어진다.
② 전류의 흐름이 높아진다.
③ 연결부가 끊어진다.
④ 연결부가 튼튼해진다.

🔍 퓨즈의 접촉이 불량하면 전류의 흐름이 불량해지고 퓨즈 자체에 단락이 일어날 수 있다.

19 수동변속기가 장착된 건설기계에서 기어의 이중 물림을 방지하는 장치는?

① 인젝션 장치
② 인터쿨러 장치
③ 인터록 장치
④ 인터널 기어 장치

🔍 용어 설명
• 로킹 볼 : 기어가 중립 또는 물림 위치에서 쉽게 빠지지 않도록 하는 기구
• 인터록 볼 : 기어가 이중으로 물리는 것을 방지

20 무한궤도식 건설기계에서 트랙 장력이 너무 팽팽하게 조정 되었을 때 보기와 같은 부분에서 마모가 촉진되는 부분(기호)을 모두 나열한 항은?

[보기]
a. 트랙 핀의 마모   b. 부싱의 마모
c. 스프로킷 마모   d. 블레이드 마모

① a, c
② a, b, d
③ a, b, c
④ a, b, c, d

🔍 무한궤도식 건설기계에서 트랙은 핀, 부싱, 링크, 슈 등으로 구성되어 있고 스프로킷의 구동력을 받아 지면과 직접 접촉하면서 본체를 지지 및 주행하는 기구이다.

21 굴착기 붐의 작동이 느린 이유가 아닌 것은?

① 기름에 이물질 혼입
② 기름의 압력 저하
③ 기름의 압력 과다
④ 기름의 압력 부족

22 타이어에서 고무로 피복된 코드를 여러 겹으로 겹친 층에 해당되며 타이어 골격을 이루는 부분은?

① 카커스(carcass)부
② 트레드(tread)부
③ 숄더(shoulder)부
④ 비드(bead)부

🔍 타이어의 구조
• 카커스부 : 목면·나일론 코드를 내열성 고무로 접착한 부분으로 타이어의 골격을 형성한다.
• 트레드부 : 노면과 접촉하는 부분으로 미끄럼 방지·열발산 역할을 한다.
• 비드부 : 타이어와 림에 접하는 부분이다.
• 숄더부 : 트레드와 사이드 월의 경계 부분. 주행 중 내부 발생열을 쉽게 발산시키는 구조로 설계되어 있다.

23 무한궤도식 굴착기에서 상부롤러의 설치목적은?

① 전부 유동륜을 고정한다.
② 기동륜을 지지한다.
③ 트랙을 지지한다.
④ 리코일 스프링을 지지한다.

> 상부롤러는 트랙을 지지하고 하부롤러는 트랙터 전체의 무게를 지지한다.

24 무한궤도식 굴착기의 하부 추진체 동력전달 순서로 맞는 것은?

① 기관 → 컨트롤 밸브 → 센터조인트 → 유압펌프 → 주행모터 → 트랙
② 기관 → 컨트롤 밸브 → 센터조인트 → 주행모터 → 유압펌프 → 트랙
③ 기고나 → 센터조인트 → 유압펌프 → 컨트롤밸브 → 주행모터 → 트랙
④ 기관 → 유압펌프 → 컨트롤밸브 → 센터조인트 → 주행모터 → 트랙

25 기관의 플라이휠과 항상 같이 회전하는 부품은?

① 압력판
② 릴리스 베어링
③ 클러치 축
④ 디스크

> 기관의 플라이휠에는 클러치 압력판이 디스크와 함께 부착되어 있다.

26 트랙 슈의 종류로 틀린 것은?

① 단일 돌기 슈
② 습지용 슈
③ 이중 돌기 슈
④ 변하중 돌기 슈

> 트랙 슈의 종류에는 일반(단일 돌기) 슈, 2중 돌기 슈, 3중 돌기 슈, 세미(반) 2중 돌기 슈, 암반용 슈, 스노우 슈, 평활 슈, 습지용 슈, 고무 슈 등이 있다.

27 건설기계조종사의 적성검사 기준으로 가장 거리가 먼 것은?

① 두 눈을 동시에 뜨고 잰 시력이 0.7 이상이고, 두 눈의 시력이 각각 0.3 이상일 것
② 시각은 150° 이상일 것
③ 언어분별력이 80% 이상일 것
④ 교정시력의 경우는 시력이 2.0 이상일 것

> 적성검사 기준
> • 두 눈을 동시에 뜨고 잰 시력(교정시력 포함)이 0.7 이상이고 두 눈의 시력이 각각 0.3 이상일 것
> • 55dB(보청기를 사용하는 사람은 40dB)의 소리를 들을 수 있고, 언어분별력이 80% 이상일 것
> • 시각은 150° 이상일 것

28 야간에 화물자동차를 도로에서 운행하는 경우 등의 등화로 옳은 것은?

① 주차등
② 방향지시등 또는 비상등
③ 안개등과 미등
④ 전조등·차폭등·미등·번호등

> 야간에 켜야 하는 등화
> • 자동차 : 전조등, 차폭등, 미등, 번호등, 실내조명등(실내조명등은 승합자동차와 여객자동차용에 한함)
> • 원동기장치자전거 : 전조등 및 미등
> • 견인되는 차 : 미등, 차폭등 및 번호등

29 야간에 차가 서로 마주보고 진행하는 경우의 등화조작 방법 중 맞는 것은?

① 전조등, 보호등, 실내조명등을 조작한다.
② 전조등을 켜고 보조등을 끈다.
③ 전조등 불빛을 하향으로 한다.
④ 전조등 불빛을 상향으로 한다.

> 야간에 서로 마주보고 진행할 때에는 전조등의 밝기를 줄이거나 불빛의 방향을 아래로 향하게 하거나 잠시 전조등을 끄도록 한다.

30 검사대행자 지정을 받고자 할 때 신청서에 첨부할 사항이 아닌 것은?

① 검사 업무 규정안
② 시설 소유 증명서
③ 기술자 보유 증명서
④ 장비 보유 증명서

> 검사대행자 지정 시 첨부서류
> • 시설의 소유권 또는 사용권이 있음을 증명하는 서류
> • 보유하고 있는 기술자의 명단 및 그 자격을 증명하는 서류
> • 검사업무규정안

31 건설기계관리법령상 자동차손해배상보장법에 따른 자동차보험에 반드시 가입하여야 하는 건설기계가 아닌 것은?

① 타이어식 지게차
② 타이어식 굴착기
③ 타이어식 기중기
④ 덤프트럭

> 자동차보험에 가입해야하는 건설기계
> • 덤프트럭, 타이어식 기중기, 콘크리트믹서트럭, 트럭적재식 콘크리트펌프, 트럭적재식 아스팔트살포기, 타이어식 굴착기
> • 특수건설기계 중 트럭지게차, 도로보수트럭, 자주식 노면측정 장비

32 건설기계관리법령상 건설기계조종사 면허취소 또는 효력정지를 시킬 수 있는 자는?

① 대통령
② 경찰서장
③ 시·군·구청장
④ 국토교통부장관

> 건설기계를 조종하려는 사람은 시장·군수 또는 구청장에게 건설기계조종사면허를 받아야 하며, 면허취소 및 효력정지 권한도 시장·군수·구청장에게 있다.

33 철길 건널목 통과 방법에 대한 설명으로 옳지 않은 것은?

① 철길 건널목에서는 앞지르기를 하여서는 안 된다.
② 철길 건널목 부근에서는 주·정차를 하여서는 안된다.
③ 철길 건널목에 일시 정지표지가 없을 때에는 서행하면서 통과한다.
④ 철길 건널목에서는 반드시 일시 정지 후 안전함을 확인한 후 통과한다.

> 모든 차의 운전자는 철길 건널목을 통과하려는 경우에는 건널목 앞에서 일시정지하여 안전한지 확인한 후에 통과하여야 한다. 다만, 신호기 등이 표시하는 신호에 따르는 경우에는 정지하지 아니하고 통과할 수 있다.

34 대형 건설기계 특별 표지판 부착을 하지 않아도 되는 건설기계는?

① 너비 3미터인 건설기계
② 길이 16미터인 건설기계
③ 최소 회전반경 13미터인 건설기계
④ 총중량 50톤인 건설기계

> 대형건설기계
> • 길이가 16.7미터를 초과하는 건설기계
> • 너비가 2.5미터를 초과하는 건설기계
> • 높이가 4.0미터를 초과하는 건설기계
> • 최소회전반경이 12미터를 초과하는 건설기계
> • 총중량이 40톤을 초과하는 건설기계
> • 총중량 상태에서 축하중이 10톤을 초과하는 건설기계

35 타이어식 굴착기의 정기검사 유효기간으로 옳은 것은?

① 1년   ② 2년
③ 3년   ④ 4년

> 주요 건설기계의 정기검사 유효기간

기종	검사유효기간	
	연식 20년 이하	연식 20년 초과
굴착기(타이어식)	1년	
로더(타이어식)	2년	1년
지게차(1톤 이상)	2년	1년
기중기	1년	
천공기	1년	

36 차로가 설치된 도로에서 통행방법 위반으로 옳은 것은?

① 택시가 건설기계를 앞지르기하였다.
② 차로를 따라 통행하였다.

③ 경찰관의 지시에 따라 중앙 좌측으로 진행하였다.
④ 두 개의 차로에 걸쳐 운행하였다.

🔍 차로가 설치되어 있는 도로에서는 그 차로를 따라 통행하여야 한다.

37 유압펌프 중 토출량을 변화시킬 수 있는 것은?

① 가변 토출량형
② 고정 토출량형
③ 회전 토출량형
④ 수평 토출량형

🔍 가변 토출 펌프는 동일 회전수로 작동되더라도 토출량을 변화시킬 수 있는 펌프를 말한다.

38 유압펌프의 소음발생 원인으로 틀린 것은?

① 펌프 흡입관부에서 공기가 혼입된다.
② 흡입오일 속에 기포가 있다.
③ 펌프의 회전이 너무 빠르다.
④ 펌프축의 센터와 원동기축의 센터가 일치한다.

39 유압 실린더의 움직임이 느리거나 불규칙할 때의 원인이 아닌 것은?

① 피스톤 링이 마모 되었다.
② 유압유의 점도가 너무 높다.
③ 회로 내에 공기가 혼입되어 있다.
④ 체크 밸브의 방향이 반대로 설치되어 있다.

🔍 유압이 낮거나 회로에 공기가 차면 유압 실린더의 움직임이 느려지거나 불규칙해진다.

40 유압유에 대한 구비조건으로 가장 거리가 먼 것은?

① 적당한 크기의 주유구 및 스트레이너를 설치한다.
② 드레인(배출밸브) 및 유면계를 설치한다.
③ 오일에 이물질이 혼입되지 않도록 밀폐되어야 한다.
④ 오일 냉각을 위한 쿨러를 설치한다.

41 유압장치에서 사용되는 오일의 점도가 너무 낮을 경우 나타날 수 있는 현상이 아닌 것은?

① 펌프 효율 저하
② 오일 누설
③ 계통내의 압력 저하
④ 시동시 저항 증가

🔍 오일의 점도가 너무 높은 경우 시동 시 저항 증가가 나타날 수 있다.

42 유압모터에 대한 설명 중 맞는 것은?

① 유압발생장치에 속한다.
② 압력, 유량, 방향을 제어한다.
③ 직선운동을 하는 작동기(Actuator) 이다.
④ 유압 에너지를 기계적 에너지 일로 변환한다.

🔍 액추에이터(actuator)는 유압의 에너지를 기계적 에너지로 변화시키는 장치로 유압의 에너지에 의해서 직선 왕복 운동을 하는 유압 실린더와 유압의 에너지에 의해서 회전 운동을 하는 유압 모터가 있다.

43 다음 중 압력제어 밸브가 아닌 것은?

① 릴리프 밸브
② 체크 밸브
③ 언로더 밸브
④ 카운터 밸런스밸브

🔍 체크밸브는 유압 회로에서 역류를 방지하고 회로 내의 잔류 압력을 유지하는 밸브이다.

44 굴착기의 기본 작업 사이클 과정으로 맞는 것은?

① 선회 → 굴착 → 적재 → 선회 → 굴착 → 붐상승
② 굴착 → 적재 → 붐상승 → 선회 → 굴착 → 선회
③ 선회 → 적재 → 굴착 → 적재 → 붐상승 → 선회
④ 굴착 → 붐상승 → 스윙 → 적재 → 스윙 → 굴착기

> 굴착기는 굴착 후 버킷을 들어 덤프할 장소로 스윙을 하여 적재한 다음 다시 본래 위치로 와서 굴착을 하게 된다.

> 멍키렌치는 아래턱 방향으로 돌려서 사용하여야 하며, 역방향으로 돌리면 아래턱에 무리한 힘이 가해져 파손의 원인이 된다.

45 유압장치 중에서 회전운동을 하는 것은?

① 급속배기 밸브
② 유압 모터
③ 하이드로릭 실린더
④ 복동 실린더

> 유압 모터는 회전 운동을 통해 유압 에너지를 기계적 에너지로 변화시키는 장치이다.

46 그림의 유압기호가 나타내는 것은?

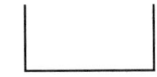

① 유압 밸브   ② 차단 밸브
③ 오일 탱크   ④ 유압 실린더

47 운반 작업 시 지켜야 할 사항으로 옳은 것은?

① 운반 작업은 장비를 사용하기보다 가능한 많은 인력을 동원하여 하는 것이 좋다.
② 인력으로 운반 시 무리한 자세로 장시간 취급하지 않도록 한다.
③ 인력으로 운반 시 보조구를 사용하되 몸에서 멀리 떨어지게 하고, 가슴 위치에서 하중이 걸리게 한다.
④ 통로 및 인도에 가까운 곳에서는 빠른 속도로 벗어나는 것이 좋다.

48 스패너 및 렌치 사용 시 유의 사항이 아닌 것은?

① 스패너의 입이 너트 폭과 잘 맞는 것을 사용한다.
② 스패너를 너트에 단단히 끼워서 앞으로 당겨 사용한다.
③ 멍키렌치는 웜과 랙의 마모 상태를 확인한다.
④ 멍키렌치는 윗 턱 방향으로 돌려서 사용한다.

49 작업장의 안전수칙 중 틀린 것은?

① 공구는 오래 사용하기 위하여 기름을 묻혀서 사용한다.
② 작업복과 안전공구는 반드시 착용한다.
③ 각종기계를 불필요하게 공회전 시키지 않는다.
④ 기계의 청소나 손질은 운전을 정지 시킨 후 실시한다.

> 공구사용 시 기름을 묻혀서 사용하면 미끄러지기 쉬워 위험하다.

50 하인리히의 사고예방원리 5단계를 순서대로 나열한 것은?

① 조직, 사실의 발견, 평가분석, 시정책의 선정, 시정책의 적용
② 시정책의 적용, 조직, 사실의 발견, 평가분석, 시정책의 선정
③ 사실의 발견, 평가분석, 시정책의 선정, 시정책의 적용, 조직
④ 시정책의 선정, 시정책의 적용, 조직, 사실의 발견, 평가분석

> 사고 예방대책의 기본원리 5단계(사고방지원리의 단계)
> • 1단계 – 조직
> • 2단계 – 사실의 발견
> • 3단계 – 분석평가
> • 4단계 – 시정방법의 선정
> • 5단계 – 시정책의 적용(3E 적용)

51 자연발화가 일어나기 쉬운 조건으로 틀린 것은?

① 발열량이 클 때
② 주위온도가 높을 때
③ 착화점이 낮을 때
④ 표면적이 작을 때

> 자연발화가 일어나기 위해서는 표면적이 넓어야 한다.

52 굴착기 주행 시 안전운전 방법으로 맞는 것은?

① 지그재그로 운전을 한다.
② 천천히 속도를 증가시킨다.
③ 버킷을 2m 상승시켜 유지한 채 운전한다.
④ 방향 전환 시 가속을 한다.

> 굴착기 주행 시 버킷의 높이는 30~50m가 적당하며, 방향전환 시 속도를 줄여야 하며, 지그재그 운전은 하지 않아야 한다.

53 화재발생으로 부득이 화염이 있는 곳을 통과할 때의 요령으로 틀린 것은?

① 몸을 낮게 엎드려서 통과한다.
② 물수건으로 입을 막고 통과한다.
③ 머리카락, 얼굴, 발, 손 등을 불과 닿지 않게 한다.
④ 뜨거운 김은 입으로 마시면서 통과한다.

> 화재현장에서 뜨거운 김을 들이마셔서 나타나는 흡입화상은 부드러운 호흡기 점막에 화상을 유발하여 열로 손상 받은 점막으로 인해 기도가 막혀 숨을 쉬지 못하게 함으로써 사망에 이르게도 한다.

54 작업장에서 수공구 재해예방 대책으로 잘못된 사항은?

① 결함이 없는 안전한 공구 사용
② 공구의 올바른 사용과 취급
③ 공구는 항상 오일을 바른 후 보관
④ 작업에 알맞은 공구 사용

> 공구에 오일이 발라져 있을 경우에는 손에서 미끄러져 사고가 발생 할 수 있다.

55 다음 그림과 같은 안전 표지판이 나타내는 것은?

① 비상구
② 출입금지
③ 인화성 물질 경고
④ 보안경 착용

56 산업재해 방지 대책을 수립하기 위하여 위험요인을 발견하는 방법으로 가장 적합한 것은?

① 안전 점검
② 재해 사후 조치
③ 경영층 참여와 안전조직 진단
④ 안전 대책 회의

> 안전점검은 시설, 기계 등의 사용 과정에서 안전상 자율적으로 기능을 체크하여 사전·보수하여 안전성을 확보하기 위해 행해지는 것으로 위험요인을 발견하는 방법으로 가장 적합하다.

57 전력케이블이 매설돼 있음을 표시하기 위한 표지시트는 차도에서 지표면 아래 몇 cm 깊이에 설치되어 있는가?

① 10
② 30
③ 50
④ 100

> 전력 케이블이 매설되어 있음을 표시하기 위한 표지시트는 차도에서 지표면 아래 30cm 깊이에 설치되어 있다.

58 도로 굴착 시 적색의 도시가스 보호포가 나왔다. 매설된 도시가스 배관의 압력은?

① 중압 또는 저압
② 고압 또는 중압
③ 저압 또는 고압
④ 배관압력에 관계없이 보호포 색상은 적색이다.

> 보호포의 색상은 저압(0.1MPa 미만)인 경우 황색, 중압(0.1MPa 이상 1MPa 미만) 또는 고압(1MPa 이상)인 경우에는 적색이다.

59 굴착공사 시 도시가스배관의 안전조치와 관련된 사항 중 다음 (   )에 적합한 것은?

> 도시가스사업자는 굴착예정 지역의 매설배관 위치를 굴착공사자에게 알려주어야 하며, 굴착공사자는 매설배관 위치를 매설배관 (㉠)의 지면에 (㉡) 페인트로 표시할 것

① ㉠ 직상부   ㉡ 황색
② ㉠ 우측부   ㉡ 황색
③ ㉠ 좌측부   ㉡ 적색
④ ㉠ 직하부   ㉡ 황색

🔍 굴착공사 시 도시가스배관의 안전조치
- 굴착공사자는 굴착공사 예정지역의 위치를 흰색 페인트로 표시할 것
- 도시가스사업자는 굴착예정 지역의 매설배관 위치를 굴착공사자에게 알려주어야 하며, 굴착공사자는 매설배관 위치를 매설배관 직상부의 지면에 황색 페인트로 표시할 것
- 대규모굴착공사, 긴급굴착공사 등으로 인해 페인트로 매설배관 위치를 표시하는 것이 곤란한 경우에는 위의 규정에도 불구하고 표시 말뚝·표시 깃발·표지판 등을 사용하여 표시할 수 있다.

60 그림과 같이 시가지에 있는 배전선로 A에는 보통 몇 V의 전압이 인가되고 있는가?

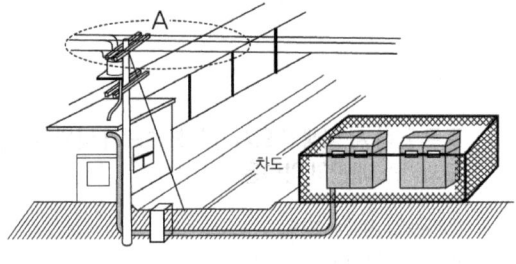

① 110V   ② 220V
③ 440V   ④ 22900V

🔍 특고압 전선로 주변에서 건설기계에 의한 작업을 위해 전선을 지지하는 애자수가 2~3개이면 예측 가능한 전압은 22,900V(22.9kV) 이다. 참고로 5~6개이면 66kV, 9~10개이면 154kV 이다.

정답 공단 기출문제 – 2014년 03회

01 ①	02 ④	03 ②	04 ③	05 ①
06 ②	07 ①	08 ③	09 ④	10 ③
11 ②	12 ④	13 ③	14 ④	15 ③
16 ③	17 ①	18 ③	19 ③	20 ③
21 ③	22 ①	23 ③	24 ④	25 ①
26 ④	27 ④	28 ④	29 ③	30 ④
31 ①	32 ③	33 ③	34 ②	35 ①
36 ④	37 ①	38 ④	39 ④	40 ④
41 ④	42 ④	43 ②	44 ④	45 ②
46 ③	47 ②	48 ④	49 ①	50 ①
51 ④	52 ②	53 ④	54 ③	55 ②
56 ①	57 ②	58 ②	59 ①	60 ④

2015년 01회 공단 기출문제

01 과급기 케이스 내부에 설치되며 공기의 속도 에너지를 압력에너지로 바꾸는 장치는?

① 임펠러　　② 디퓨저
③ 터빈　　　④ 디플렉터

> 임펠러는 터빈에 의해 회전하는 공기 가압날개이고, 터빈은 배기가스 압력으로 회전되며, 속도에너지를 압력에너지로 변화시키는 것은 디퓨저이다.

02 기관을 시동하여 공전 상태에서 점검하는 사항으로 틀린 것은?

① 배기가스 색 점검
② 냉각수 누수 점검
③ 팬벨트 장력 점검
④ 이상소음 발생 유무 점검

> 팬벨트의 장력 점검은 기관이 정지된 상태에서 해야 한다.

03 디젤 기관에서 연료장치의 구성 요소가 아닌 것은?

① 분사노즐
② 연료필터
③ 분사펌프
④ 예열플러그

> 예열플러그는 디젤 기관에서 흡입되는 공기가 차가울 때 시동을 쉽게 하기 위해 공기를 가열해 주는 장치이다.

04 오일펌프로 사용되고 있는 로터리 펌프에 대한 설명으로 틀린 것은?

① 기어 펌프와 같은 장점이 있다.
② 바깥 로터의 잇수는 안 로터 잇수보다 1개가 적다.
③ 소형화할 수 있어 현재 가장 많이 사용되고 있다.
④ 일명 트로코이드 펌프(Trochoid Pump)라고도 한다.

> 로터리 펌프는 바깥 로터의 잇수가 1개 더 많아 내측 로터 회전 시 체적의 변화가 발생되어 펌핑작용을 할 수 있다.

05 윤활유가 갖추어야 할 성질로 틀린 것은?

① 점도가 적당할 것
② 응고점이 낮을 것
③ 인화점이 낮을 것
④ 발화점이 높을 것

> 윤활유는 인화점과 발화점이 모두 높아야 한다.

06 디젤 기관에서 시동이 되지 않는 원인으로 가장 거리가 먼 것은?

① 연료가 부족하다.
② 기관의 압축압력이 높다.
③ 연료 공급펌프가 불량하다.
④ 연료계통에 공기가 혼입되어 있다.

> 디젤 기관에서 실린더 벽이 마모되거나 피스톤 링이 마모되면 압축압력이 저하되어 블로바이 현상이나 오일의 희석, 피스톤 슬랩 현상이 일어난다.

07 디젤 기관에서 주행 중 시동이 꺼지는 경우로 틀린 것은?

① 연료 필터가 막혔을 때
② 분사 파이프 내에 기포가 있을 때
③ 연료 파이프에 누설이 있을 때
④ 플라이밍 펌프가 작동하지 않을 때

> 플라이밍 펌프는 수동으로 작동되는 것으로 공기빼기 작업을 할 때 사용된다.

08 실린더 헤드의 변형원인으로 틀린 것은?

① 기관의 과열
② 실린더 헤드 볼트 조임 불량
③ 실린더 헤드 커버 개스킷 불량
④ 제작시 열처리 불량

🔍 실린더 헤드 커버 개스킷이 불량하면 오일이 누유되며, 이는 실린더 헤드의 변형과는 관계가 없다.

09 냉각장치에서 소음이 발생하는 원인으로 틀린 것은?

① 수온조절기 불량
② 팬벨트 장력 헐거움
③ 냉각 팬 조립 불량
④ 물 펌프 베어링 마모

🔍 수온조절기는 냉각수의 온도를 일정하게 유지할 수 있도록 하는 일종의 온도 조절 장치로 이것이 불량하면 엔진이 과열되거나 워밍업 시간이 길어지는 등의 결과를 초래하지만 소음 발생과는 관련이 없다.

10 실린더 라이너(Cylinder liner)에 대한 설명으로 틀린 것은?

① 종류는 습식과 건식이 있다.
② 일명 슬리브(Sleeve)라고도 한다.
③ 냉각효과는 습식보다 건식이 더 좋다.
④ 습식은 냉각수가 실린더 안으로 들어갈 염려가 있다.

🔍 습식 라이너는 냉각수가 직접 접촉되어 건식 라이너에 비해 냉각 효과가 좋으나 라이너 외측 하부의 고무 시일링 등의 열화 및 밀착 불량 등으로 냉각수가 실린더 안으로 들어갈 염려가 있다.

11 4행정 사이클 디젤 기관의 압축행정에 관한 설명으로 틀린 것은?

① 흡입한 공기의 압축온도는 약 400~700℃가 된다.
② 압축행정의 끝부분에서 연료가 분사된다.
③ 압축행정의 중간부분에서는 단열압축의 과정을 거친다.
④ 연료가 분사되었을 때 고온의 공기는 와류운동을 하면 안 된다.

🔍 연소실 내부의 일부와 피스톤 윗면에서 형성되는 틈 부분을 스쿼시 지역이라하며, 압축행정 말기에 발생하는 와류현상인 스쿼시에 의해 연소속도가 빨라지고 연소 효율이 향상된다.

12 왁스 실에 왁스를 넣어 온도가 높아지면 팽창 축을 올려 열리는 온도 조절기는?

① 벨로즈형
② 펠릿형
③ 바이패스 밸브형
④ 바이메탈형

🔍 펠릿형은 수온이 규정 온도까지 높아지면 펠릿안의 왁스가 팽창하여 밸브가 열리는 방식으로 벨로즈형에 비해 수압의 영향을 덜 받아 온도를 정확히 제어할 수 있다.

13 건설기계에 사용되는 전기장치 중 플레밍의 오른손 법칙이 적용되어 사용되는 부품은?

① 발전기   ② 기동전동기
③ 점화코일   ④ 릴레이

🔍 플레밍 법칙
• 왼손 법칙 : 자기장의 전류에 미치는 힘의 방향에 관한 법칙 (전동기, 전압기, 전류계)
• 오른손 법칙 : 전자유도에 의해서 생기는 유도전류의 방향을 나타내는 법칙(발전기)

14 엔진 정지 상태에서 계기판 전류계의 지침이 정상에서 (-)방향을 지시하고 있다. 그 원인이 아닌 것은?

① 전조등 스위치가 점등 위치에서 방전되고 있다.
② 배선에서 누전되고 있다.
③ 엔진 예열장치를 동작시키고 있다.
④ 발전기에서 축전지로 충전되고 있다.

🔍 발전기에서 축전지로 충전이 되고 있으면 전류계의 지침은 (+)방향을 지시한다.

15 건설기계 기관에서 축전지를 사용하는 주된 목적은?

① 기동전동기의 작동
② 연료펌프의 작동
③ 워터펌프의 작동
④ 오일펌프의 작동

🔍 축전지는 전기적인 에너지를 화학적인 에너지로 바꾸어 저장하고, 다시 필요에 따라 전기적인 에너지로 바꾸어 공급할 수 있는 기능을 갖고 있다.

16 기동 전동기의 동력전달기구를 동력전달방식으로 구분한 것이 아닌 것은?

① 벤딕스식
② 피니언 섭동식
③ 계자 섭동식
④ 전기자 섭동식

🔍 기동 전동기 동력전달방식 : 벤딕스식, 피니언 섭동식, 전기자 섭동식

17 도체 물질 내부의 원자와 충돌하는 고유저항이 있다. 고유저항과 관련이 없는 것은?

① 물질의 모양
② 자유전자의 수
③ 원자핵의 구조 또는 온도
④ 물질의 색깔

🔍 도체의 전기저항은 재료의 종류, 온도, 길이, 단면적 등에 의해 결정되는 것으로 물질의 색과는 관련이 없다.

18 황산과 증류수를 이용하여 전해액을 만들 때의 설명으로 옳은 것은?

① 황산을 증류수에 부어야 한다.
② 증류수를 황산에 부어야 한다.
③ 황산과 증류수를 동시에 부어야한다.
④ 철재용기를 사용한다.

🔍 질그릇이나 전기가 통하지 않는 그릇을 사용해야 하며, 황산을 증류수에 조금씩 섞어가며 혼합한다.

19 무한궤도식 굴착기의 유압식 하부 주행체 동력전달 순서로 맞는 것은?

① 기관 → 컨트롤 밸브 → 센터 조인트 → 유압 펌프 → 주행 모터 → 트랙
② 기관 → 컨트롤 밸브 → 센터 조인트 → 주행 모터 → 유압 펌프 → 트랙
③ 기관 → 센터 조인트 → 유압 펌프 → 컨트롤 밸브 → 주행 모터 → 트랙
④ 기관 → 유압 펌프 → 컨트롤 밸브 → 센터 조인트 → 주행 모터 → 트랙

🔍 무한궤도식 굴착기의 하부 추진체 동력전달순서는 기관 → 유압 펌프 → 제어 밸브 → 센터 조인트 → 주행 모터 → 트랙이다.

20 작업 장치로 토사 굴토 작업이 가능한 건설기계는?

① 로더와 기중기
② 불도저와 굴착기
③ 천공기와 굴착기
④ 지게차와 모터그레이더

🔍 건설기계의 주 작업
• 지게차 : 운반작업
• 로더 : 정지 및 운반작업
• 천공기 : 구멍 뚫는 작업
• 기중기 : 인양작업
• 모터그레이더 : 정지작업

21 굴착기 운전 시 작업안전 사항으로 적합하지 않은 것은?

① 굴착하면서 주행하지 않는다.
② 안전한 작업 반경을 초과해서 하중을 이동시킨다.
③ 작업을 중지할 때는 파낸 모서리로부터 장비를 이동시킨다.
④ 스윙하면서 버킷으로 암석을 부딪쳐 파쇄하는 작업을 하지 않는다.

🔍 굴착기의 운전 및 작업은 항상 안전한 작업 반경 내에서 해야 한다.

22 클러치 페달의 자유간극 조정 방법은?

① 클러치 링키지 로드로 조정
② 클러치 베어링을 움직여서 조정
③ 클러치 스프링 장력으로 조정
④ 클러치 페달 리턴 스프링 장력으로 조정

> 클러치 페달의 자유간극은 링키지 로드나 페달 또는 마스터 실린더 뒤편의 로드 조정 너트로 한다.

23 무한궤도식 굴착기에서 트랙 장력을 조정하는 이유가 아닌 것은?

① 스프로킷 마모 방지
② 스윙모터의 과부하 방지
③ 구성품 수명 연장
④ 트랙의 이완방지

> 무한궤도 건설기계의 트랙장력은 트랙의 이완으로 인한 이탈 방지, 스프로킷 마모방지, 구성품의 수명연장 등을 위하여 하며, 스윙모터는 선회장치의 구성품이다.

24 유압식 굴착기에서 센터 조인트의 기능은?

① 스티어링 링키지의 하나로 차체의 중앙 고정축 주위에 움직이는 암이다.
② 상부 회전체의 오일을 하부주행모터에 공급한다.
③ 전·후륜의 중앙에 있는 디퍼렌셜을 가르키는 것이다.
④ 물체가 원운동을 하고 있을 때 그 물체에 작용하는 원심력으로서 원의 중심에서 멀어지는 기능을 하는 것이다.

> 센터 조인트는 상부 회전체가 회전하더라도 오일 관로가 꼬이지 않고 오일을 하부주행체로 원활히 공급하는 기능을 한다.

25 타이어식 장비에서 핸들의 유격이 클 경우가 아닌 것은?

① 타이로드의 볼 조인트 마모
② 스티어링 기어박스 장착부의 풀림
③ 스테빌라이저 마모
④ 아이들 암 부시의 마모

> 스테빌라이저는 차체의 기울기를 방지하는 현가장치로 차의 평형을 유지시키고 차의 롤링을 방지한다.

26 운행 중 브레이크에 페이드 현상이 발생했을 때 조치 방법은?

① 브레이크를 자주 밟아 열을 발생시킨다.
② 운행속도를 조금 올려준다.
③ 운행을 멈추고 열이 식도록 한다.
④ 주차 브레이크를 대신 사용한다.

> 페이드 현상이란 브레이크를 연속하여 자주 사용하면 브레이크 드럼이 과열되어, 마찰계수가 떨어지고 브레이크가 잘 듣지 않는 것으로 짧은 시간 내에 반복 조작이나, 내리막길을 내려갈 때 브레이크 효과가 나빠지는 현상을 말하며, 운행을 멈추고 브레이크 드럼의 열이 식도록 해야 한다.

27 대여사업용 건설기계등록 번호표의 색으로 맞는 것은?

① 흰색 바탕에 검은색 문자
② 녹색 바탕에 흰색 문자
③ 파란색 바탕에 흰색 문자
④ 주황색 바탕에 검은색 문자

> 건설기계의 임시번호표 및 등록번호표
> • 임시번호표(미등록 및 등록된 건설기계) : 흰색 페인트판에 검은색 문자
> • 등록번호표
>   - 비사업용(관용 또는 자가용) : 흰색 바탕에 검은색 문자
>   - 대여사업용 : 주황색 바탕에 검은색 문자

28 범칙금 납부 통고서를 받은 사람은 며칠 이내에 경찰청장이 지정하는 곳에 납부하여야 하는가?(단, 천재지변이나 그 밖의 부득이한 사유가 있는 경우는 제외한다.)

① 5일
② 10일
③ 15일
④ 30일

> 범칙금 납부통고서를 받은 사람은 10일 이내에 경찰청장이 지정하는 곳에 범칙금을 내야 한다. 다만, 천재지변이나 그 밖의 부득이한 사유로 말미암아 그 기간에 범칙금을 낼 수 없는 경우에는 부득이한 사유가 없어지게 된 날부터 5일 이내에 내야 한다.

29 건설기계를 도로에 계속 버려두거나 정당한 사유 없이 타인의 토지에 버려둔 자에 대한 벌칙은?

① 강제 처리 외 벌칙은 없음
② 1년 이하의 징역 또는 1천만원 이하의 벌금
③ 과태료 30만원
④ 주차장 폐쇄조치

🔍 **1년 이하의 징역 또는 1천만원 이하의 벌금**
- 거짓이나 그 밖의 부정한 방법으로 건설기계 등록을 한 자
- 건설기계의 등록번호를 지워 없애거나 그 식별을 곤란하게 한 자
- 건설기계의 구조변경검사 또는 수시검사를 받지 아니한 자
- 건설기계의 정비명령을 이행하지 아니한 자
- 매매용 건설기계를 운행하거나 사용한 자
- 건설기계조종사면허를 받지 아니하고 건설기계를 조종한 자
- 건설기계조종사면허를 거짓이나 그 밖의 부정한 방법으로 받은 자
- 술에 취하거나 마약 등 약물을 투여한 상태에서 건설기계를 조종한 자와 그러한 자가 건설기계를 조종하는 것을 알고도 말리지 아니하거나 건설기계를 조종하도록 지시한 고용주
- 건설기계조종사면허가 취소되거나 건설기계조종사면허의 효력정지처분을 받은 후에도 건설기계를 계속하여 조종한 자
- 건설기계를 도로나 타인의 토지에 버려둔 자

30 건설기계 소유자가 건설기계의 정비를 요청하여 그 정비가 완료된 후 장기간 해당 건설기계를 찾아가지 아니하는 경우 정비사업자가 할 수 있는 조치사항은?

① 건설기계를 말소시킬 수 있다.
② 건설기계의 보관·관리에 드는 비용을 받을 수 있다.
③ 건설기계의 폐기인수증을 발부할 수 있다.
④ 과태료를 부과할 수 있다.

🔍 건설기계사업자는 건설기계의 정비를 요청한 자가 정비가 완료된 후 장기간 건설기계를 찾아가지 아니하는 경우에는 국토교통부령으로 정하는 바에 따라 건설기계의 정비를 요청한 자로부터 건설기계의 보관·관리에 드는 비용을 받을 수 있다.

31 건설기계관리법상 건설기계 정비업의 등록 구분으로 옳은 것은?

① 종합건설기계정비업, 부분건설기계정비업, 전문건설기계정비업
② 종합건설기계정비업, 단종건설기계정비업, 전문건설기계정비업
③ 부분건설기계정비업, 전문건설기계정비업, 개별건설기계정비업
④ 종합건설기계정비업, 특수건설기계정비업, 전문건설기계정비업

🔍 건설기계정비업의 종류 : 종합건설기계정비업, 부분건설기계정비업, 전문건설기계정비업

32 도로교통법상 주차를 금지하는 곳으로 틀린 것은?

① 상가앞 도로의 5m 이내인 곳
② 터널 안
③ 도로공사를 하고 있는 경우에는 그 공사구역의 양쪽 가장자리로부터 5m 이내의 곳
④ 다리 위

🔍 도로교통법상 보기 중 ②, ③, ④항 외에 다중이용업소의 영업장이 속한 건축물로 소방본부장의 요청에 의하여 시·도경찰청장이 지정한 곳으로부터 5m 이내인 곳은 주차가 금지된다.

33 건설기계 소유자가 관련법에 의하여 등록번호표를 반납하고자 하는 때에는 누구에게 하여야 하는가?

① 국토교통부장관
② 구청장
③ 시·도지사
④ 동장

🔍 사유가 발생한 날로부터 10일 이내에 등록번호표의 봉인을 떼어낸 후 그 등록번호표를 시·도지사에게 반납하여야 한다.

34 도로교통법상 교통사고에 해당되지 않는 것은?

① 도로 운전 중 언덕길에서 추락하여 부상한 사고
② 차고에서 적재하던 화물이 전락하여 사람이 부상한 사고
③ 주행 중 브레이크 고장으로 도로변의 전주를 충돌한 사고
④ 도로 주행 중 적재한 화물이 추락하여 사람이 부상한 사고

🔍 도로교통법상 교통사고란 차의 교통으로 인해 사람이 사망 또는 상해를 입거나 물건이 손괴되는 것을 말하는 것으로 보기 중 ②항은 산업재해에 해당된다.

35 도로교통법상 차로에 대한 설명으로 틀린 것은?

① 차로는 횡단보도나 교차로에는 설치할 수 없다.
② 차로의 너비는 원칙적으로 3미터 이상으로 설치하여야 한다. 다만 좌회전 전용차로의 설치 등 부득이한 경우 275센티미터 이상으로 할 수 있다.
③ 일반적인 차로(일방통행도로 제외)의 순위는 도로의 중앙 쪽에 있는 차로부터 1차로로 한다.
④ 차로의 너비보다 넓은 건설기계는 별도의 신청 절차가 필요 없이 경찰청에 전화로 통보만 하면 운행할 수 있다.

🔍 차로의 너비보다 넓은 건설기계를 운행하기 위해서는 특별표지판을 부착하고 출발지를 관할하는 경찰서장의 허가를 받아야 한다.

36 건설기계관리법상 건설기계의 범위로 옳은 것은?

① 덤프트럭 : 적재 용량 10톤 이상인 것
② 기중기 : 무한궤도식으로 레일식인 것
③ 불도저 : 무한궤도식 또는 타이어식인 것
④ 공기 압축기 : 공기 토출량이 매분당 10세제곱미터 이상의 이동식인 것

🔍 건설기계의 범위
• 덤프트럭 : 적재용량 12톤 이상인 것
• 기중기 : 무한궤도 또는 타이어식으로 강재의 지주 및 선회장치를 가진 것
• 공기압축기 : 공기토출량이 매분당 2.83m³ 이상의 이동식인 것

37 유압장치 내에 국부적인 높은 압력과 소음·진동이 발생하는 현상은?

① 필터링
② 오버 랩
③ 캐비테이션
④ 하이드로 록킹

🔍 유압이 진공에 가까워짐으로서 기포가 생기며 이로 인해 국부적인 고압이나 소음이 발생하는 현상을 캐비테이션(공동현상)이라 한다.

38 유압유의 열화를 촉진시키는 가장 직접적인 요인은?

① 유압유의 온도 상승
② 배관에 사용되는 금속의 강도 약화
③ 공기 중의 습도 저하
④ 유압펌프의 고속회전

🔍 유압유 열화의 가장 직접적인 원인은 유압유의 온도 상승이다.

39 압력제어 밸브 종류에 해당하지 않는 것은?

① 감압 밸브
② 시퀀스 밸브
③ 교축 밸브
④ 언로더 밸브

🔍 압력제어 밸브는 일의 크기를 제어하는 것으로 릴리프 밸브, 리듀싱 밸드(감압밸브), 시퀀스 밸브, 언로더 밸브, 카운터 밸런스 밸브가 있다. 참고로 교축 밸브(스로틀 밸브)는 유량 제어 밸브에 속한다.

40 유압계통에서 오일 누설 시의 점검사항이 아닌 것은?

① 오일의 윤활성
② 실(seal)의 마모
③ 실(seal)의 파손
④ 펌프 고정볼트의 이완

🔍 오일의 윤활성은 누설과 관련이 없다.

41 그림의 유압기호는 무엇을 표시하는가?

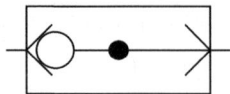

① 고압 우선형 셔틀밸브
② 저압 우선형 셔틀밸브
③ 급속 배기밸브
④ 급속 흡기밸브

🔍 그림의 유압기호는 고압 우선형 셔틀밸브를 표시한다.

42 유압 작동기의 방향을 전환시키는 밸브에 사용되는 형식 중 원통형 슬리브 내면에 내접하여 축 방향으로 이동하면서 유로를 개폐하는 형식은?

① 스풀 밸브
② 포핏 밸브
③ 베인 형식
④ 카운터 밸런스 밸브 형식

🔍 스풀 밸브(spool valve)는 하나의 밸브 보디 외부에 여러 개의 홈이 있는 밸브로 축 방향으로 이동하여 작동유의 흐름 방향을 변환시키는 역할을 한다.

43 일반적으로 유압 계통을 수리할 때마다 항상 교환해야 하는 것은?

① 샤프트 실(Shaft Seals)
② 커플링(Couplings)
③ 밸브 스풀(Valve Spools)
④ 터미널 피팅(Terminal Fittings)

🔍 유압계통을 수리하면 계통 내에 공기가 혼입되므로 공기빼기는 물론 오일실(Seal)은 항상 교환해야 한다.

44 유압 실린더의 주요 구성부품이 아닌 것은?

① 피스톤로드
② 피스톤
③ 실린더
④ 커넥팅 로드

🔍 유압 실린더는 내부에 피스톤과 피스톤 로드가 있다. 참고로 커넥팅로드는 엔진에서 피스톤과 크랭크축을 연결하여주는 연결 막대를 말한다.

45 유압유가 갖추어야 할 성질로 틀린 것은?

① 점도가 적당할 것
② 인화점이 낮을 것
③ 강인한 유막을 형성할 것
④ 점성과 온도와의 관계가 양호할 것

🔍 유압유는 넓은 온도 범위에서 점도의 변화가 적어야 하며, 인화점이 높아야 증발 및 화재를 예방할 수 있다.

46 유압장치에 사용되는 것으로 회전운동을 하는 것은?

① 유압 실린더
② 셔틀 밸브
③ 유압 모터
④ 컨트롤 밸브

🔍 액추에이터(actuator)는 유압의 에너지를 기계적 에너지로 변화시키는 장치로 유압의 에너지에 의해서 직선 왕복 운동을 하는 유압 실린더와 유압의 에너지에 의해서 회전 운동을 하는 유압 모터가 있다.

47 산업안전보건법상 안전 · 보건표지의 종류가 아닌 것은?

① 위험 표지
② 경고 표지
③ 지시 표지
④ 금지 표지

🔍 안전 · 보건표지의 종류 : 금지표지, 경고표지, 지시표지, 안내표지

48 산소가 결핍되어 있는 장소에서 사용하는 마스크는?

① 방진 마스크
② 방독 마스크
③ 특급 방진 마스크
④ 송풍 마스크

🔍 호흡용 보호구과 적용작업
• 방진마스크 : 분체 · 연마 · 광택 · 배합작업
• 방독마스크 : 유기용제, 가스, 미스트, 흄발생작업
• 송풍(송기)마스크 : 저장조, 하수구 등 산소결핍 위험작업장

49 일반 공구사용에 있어 안전관리에 적합하지 않은 것은?

① 작업 특성에 맞는 공구를 선택하여 사용할 것
② 공구는 사용 전에 점검하여 불완전한 공구는 사용하지 말 것
③ 작업 진행 중 옆 사람에게 공구를 줄때는 가볍게 던져줄 것
④ 손이나 공구에 기름이 묻었을 때에는 완전히 닦은 후 사용할 것

🔍 공구의 전달은 손에서 손으로 옮겨야 하며, 던져서 전달하는 등의 행위를 금한다.

50 재해 유형에서 중량물을 들어 올리거나 내릴 때 손 또는 발이 취급 중량물과 물체에 끼어 발생하는 것은?

① 전도　　② 낙하
③ 감전　　④ 협착

🔍 재해 형태
・전도 : 사람이 평면상으로 넘어졌을 때를 말함(과속, 미끄러짐 포함)
・낙하 : 물건이 주체가 되어 사람이 맞은 경우
・감전 : 전기 접촉이나 방전에 의해 사람이 충격을 받은 경우

51 산소-아세틸렌 사용 시 안전수칙으로 잘못된 것은?

① 산소는 산소병에 35℃, 150기압으로 충전한다.
② 아세틸렌의 사용압력은 15기압으로 제한한다.
③ 산소통의 메인 밸브가 얼면 60℃ 이하의 물로 녹인다.
④ 산소의 누출 여부는 비눗물로 확인한다.

🔍 아세틸렌은 1kg/cm²(게이지 압력, 1기압) 이상의 압력으로 사용하지 말아야 한다.

52 세척작업 중에 알칼리 또는 세척유가 눈에 들어갔을 경우 가장 먼저 조치하여야 하는 응급 처치는?

① 수돗물로 씻어낸다.
② 눈을 크게 뜨고 바람 부는 쪽을 향해 눈물을 흘린다.
③ 알칼리성 세척유가 눈에 들어가면 붕산수를 구입하여 중화시킨다.
④ 산성 세척유가 눈에 들어가면 병원으로 호송하여 알칼리성으로 중화시킨다.

🔍 먼저 수돗물로 씻어내고 병원으로 후송 조치한다.

53 일반작업 환경에서 지켜야 할 안전사항으로 틀린 것은?

① 안전모를 착용한다.
② 해머는 반드시 장갑을 끼고 작업한다.
③ 주유시는 시동을 끈다.
④ 정비나 청소 작업은 기계를 정지 후 실시한다.

🔍 해머 작업 시에는 안전을 위하여 장갑을 사용하지 않아야 한다.

54 작업장에서 휘발유 화재가 일어났을 경우 가장 적합한 소화방법은?

① 물 호스의 사용
② 불의 확대를 막는 덮개의 사용
③ 소다 소화기 사용
④ 탄산가스 소화기의 사용

🔍 유류 화재는 B급 화재에 해당되며, 탄산가스 소화기, CO_2 소화기 등의 질식소화를 통해 불길을 잡아야 한다.

55 작업장의 안전을 위해 작업장의 시설을 정기적으로 안전 점검을 하여야 하는데 그 대상이 아닌 것은?

① 설비의 노후화 속도가 빠른 것
② 노후화의 결과로 위험성이 큰 것
③ 작업자의 출퇴근 시 사용하는 것
④ 변조에 현저한 위험을 수반하는 것

56 굴착작업 시 주의해야 할 안전에 관한 설명으로 맞지 않는 것은?

① 굴착작업 전 장비가 위치할 지반을 확인하여 안전성을 확보한다.
② 굴착작업 시 암을 완전히 오므리거나 완전히 펴서 작업을 한다.
③ 경사면 작업 시 붕괴 가능성을 항상 확인하면서 작업한다.
④ 굴착작업 시 구덩이 끝단과 거리를 두어 지반의 붕괴가 없도록 한다.

🔍 굴착작업 시 장비의 능력을 잘 숙지하여 작업범위 내에서 작업하도록 하며, 암을 완전히 펼치지 않고 실린더 행정의 끝부분에 약간의 여유를 두고 작업을 하는 것이 좋다.

57 굴착기, 지게차 및 불도저가 고압전선에 근접 접촉하여 발생할 수 있는 사고 유형이 아닌 것은?

① 화재　　② 화상
③ 휴전　　④ 감전

> 휴전은 전기 공급이 중지된 것을 말한다.

58 노출된 배관의 길이가 몇 m 이상인 경우에 가스 누출 경보기를 설치하여야 하는가?

① 20m
② 50m
③ 100m
④ 200m

> 노출된 가스 배관의 길이가 20m 이상인 경우에는 노출된 배관 20m 마다 가스 누출 경보기를 설치하여야 한다.

59 가공송전선로 애자에 관한 설명으로 틀린 것은?

① 애자 수는 전압이 높을수록 많다.
② 애자는 고전압 선로의 안전시설에 필요하다.
③ 애자는 코일에 전류가 흐르면 자기장을 형성하는 역할을 한다.
④ 애자는 전선과 철탑과의 절연을 하기 위해 취부한다.

> 애자는 절연(전류의 흐름을 막음)을 위해 부착한다.

60 다음 중 LP가스의 특성이 아닌 것은?

① 주성분은 프로판과 메탄이다.
② 액체 상태일 때 피부에 닿으면 동상의 우려가 있다.
③ 누출시 공기보다 무거워 바닥에 체류하기 쉽다.
④ 원래 무색, 무취이나 누출 시 쉽게 발견하도록 부취제를 첨가한다.

> 액화석유가스 즉, LP가스의 주성분은 프로판과 부탄이다.

정답 공단 기출문제 – 2015년 01회

01 ②	02 ③	03 ④	04 ②	05 ③
06 ②	07 ④	08 ③	09 ①	10 ③
11 ④	12 ②	13 ①	14 ④	15 ①
16 ③	17 ④	18 ①	19 ③	20 ②
21 ②	22 ①	23 ②	24 ②	25 ③
26 ②	27 ④	28 ②	29 ②	30 ②
31 ①	32 ①	33 ③	34 ②	35 ④
36 ③	37 ③	38 ①	39 ③	40 ①
41 ①	42 ①	43 ①	44 ④	45 ②
46 ③	47 ①	48 ④	49 ③	50 ④
51 ②	52 ①	53 ②	54 ④	55 ③
56 ②	57 ③	58 ①	59 ③	60 ①

2015년 02회 공단 기출문제

01 기관에서 피스톤의 행정이란?

① 피스톤의 길이
② 실린더 벽의 상하 길이
③ 상사점과 하사점과의 총 면적
④ 상사점과 하사점과의 거리

🔍 피스톤이 상사점에서 하사점까지의 간격을 왕복할 때, 상승 또는 하강하는 편도의 거리를 행정(行程)이라고 하며, 크랭크 축은 180도 회전한다.

02 압력식 라디에이터 캡에 있는 밸브는?

① 입력 밸브와 진공 밸브
② 압력 밸브와 진공 밸브
③ 입구 밸브와 출구 밸브
④ 압력 밸브와 메인 밸브

🔍 라디에이터의 압력밸브는 냉각수 비등점을 올려주는 작용을 하고, 진공밸브는 부압상태에서 열려 내부를 대기압과 같게 한다.

03 오일펌프에서 펌프량이 적거나 유압이 낮은 원인이 아닌 것은?

① 오일탱크에 오일이 너무 많을 때
② 펌프 흡입라인(여과망) 막힘이 있을 때
③ 기어와 펌프 내벽 사이 간격이 클 때
④ 기어 옆 부분과 펌프 내벽 사이 간격이 클 때

🔍 오일량이 부족하면 유압이 낮아지는 원인이 된다.

04 라디에이터 캡의 스프링이 파손되는 경우 발생하는 현상은?

① 냉각수 비등점이 높아진다.
② 냉각수 순환이 불량해진다.
③ 냉각수 순환이 빨라진다.
④ 냉각수 비등점이 낮아진다.

🔍 라디에이터 캡의 스프링이 파손되면 라디에이터 내의 압력이 낮아져서 비등점이 낮아진다.

05 엔진오일의 작용에 해당되지 않는 것은?

① 오일제거작용
② 냉각작용
③ 응력분산작용
④ 방청작용

🔍 오일의 역할 : 감마(마찰 감소 및 마멸 방지)작용, 밀봉작용, 냉각작용, 세척작용, 응력분산작용, 방청작용

06 기관에 작동중인 엔진오일에 가장 많이 포함되는 이물질은?

① 유입먼지　② 금속분말
③ 산화물　　④ 카본(carbon)

🔍 엔진오일은 열분해에 의해 발생한 카본입자 및 마모에 의해 생긴 금속가루 등의 미세한 이물질을 씻어낸다.

07 실린더의 내경이 행정보다 작은 기관을 무엇이라고 하는가?

① 스퀘어 기관　② 단행정 기관
③ 장행정 기관　④ 정방행정 기관

🔍 행정과 지름(내경)
• 장행정기관 : 실린더 내경 < 피스톤 행정
• 단행정 엔진 : 실린더 내경 > 피스톤 행정
• 정방행정 엔진 : 실린더 내경 = 피스톤 행정

08 유압식 밸브 리프터의 장점이 아닌 것은?

① 밸브 간극은 자동으로 조절된다.
② 밸브 개폐시기가 정확하다.
③ 밸브 구조가 간단하다.
④ 밸브 기구의 내구성이 좋다.

> 유압식 밸브 리프터는 오일회로 또는 오일펌프에 고장이 발생하면 작동이 불량하고, 구조가 복잡하다는 단점이 있다.

09 디젤기관의 노크 방지 방법으로 틀린 것은?

① 세탄가가 높은 연료를 사용한다.
② 압축비를 높게 한다.
③ 흡기압력을 높게 한다.
④ 실린더 벽의 온도를 낮춘다.

10 다음 중 내연기관의 구비 조건으로 틀린 것은?

① 단위 중량 당 출력이 적을 것
② 열 효율이 높을 것
③ 저속에서 회전력이 작을 것
④ 점검 및 정비가 쉬울 것

> 내연기관은 단위 중량당 출력이 크고, 출력의 변화에 대한 적응력이 좋아야 한다.

11 디젤기관 연료장치의 구성품이 아닌 것은?

① 예열플러그
② 분사노즐
③ 연료공급펌프
④ 연료여과기

> 예열 플러그는 디젤 기관에서 흡입되는 공기가 차가울 때 시동을 쉽게 하기 위해 공기를 가열해 주는 장치이다.

12 피스톤과 실린더 사이의 간극이 너무 클 때 일어나는 현상은?

① 실린더의 소결
② 압축 압력 증가
③ 기관 출력 향상
④ 윤활유 소비량 증대

> 피스톤과 실린더 사이의 간극이 너무 클 때
> • 엔진오일이 연소실로 유입(윤활유 소비량 증대)
> • 압축 압력 저하
> • 엔진 출력 저하
> • 시동 성능 저하

13 기동전동기의 전기자 코일을 시험하는데 사용되는 시험기는?

① 전류계 시험기
② 전압계 시험기
③ 그로울러 시험기
④ 저항 시험기

> 그로울러 시험기는 전기자 주위에 자계를 형성하는 공구로 전기자의 단선, 접지, 단락시험에 사용된다.

14 축전지의 용량을 결정짓는 인자가 아닌 것은?

① 셀 당 극판수
② 극판의 크기
③ 단자의 크기
④ 전해액의 양

> 축전지의 용량은 극판의 크기, 극판의 수 및 황산(전해액)의 양에 의해 결정된다.

15 종합경보장치인 에탁스(ETACS)의 기능으로 가장 거리가 먼 것은?

① 간헐 와이퍼 제어기능
② 뒤 유리 열선 제어기능
③ 감광 룸 램프 제어기능
④ 메모리 파워시트 제어기능

> 에탁스는 각종 시간 기능과 경보 기능을 마이크로컴퓨터로 제어하여 행하는 시스템으로 보기 중 ①, ②, ③항 외에도 와셔 연동 와이퍼, 라이팅 모니터, 시동 키 삽입 상태에서의 도어 잠김 방지, 시동 키 홀 조명, 운전석 도어 키 실린더 조명, 시트 벨트 경고, 센터 도어로크, 반 도어 경보, 자동 도어로크 등의 기능을 지원한다.

16 디젤기관의 전기장치에 없는 것은?

① 스파크플러그
② 글로우플러그
③ 축전지
④ 솔레노이드 스위치

> 스파크플러그는 가솔린기관에서 사용되는 전기 점화장치이다. 디젤기관의 경우 실린더 속으로 공기를 흡합하여 높은 압축비로 압축된 고온 고압의 공기 중에 연료를 분사함으로써 자연 발화하여 연소가 이루어진다.

17 AC 발전기에서 전류가 발생되는 곳은?

① 여자 코일
② 레귤레이터
③ 스테이터 코일
④ 계자 코일

🔍 교류(AC) 발전기의 스테이터 코일은 직류(DC) 발전기의 전기자(아마추어)에 해당되는 것으로 전류를 발생시킨다.

18 건설기계 기관에 사용되는 축전지의 가장 중요한 역할은?

① 주행 중 점화장치에 전류를 공급한다.
② 주행 중 등화장치에 전류를 공급한다.
③ 주행 중 발생하는 전기부하를 담당한다.
④ 기동장치의 전기적 부하를 담당한다.

🔍 축전지는 전기적인 에너지를 화학적인 에너지로 바꾸어 저장하고, 다시 필요에 따라 전기적인 에너지로 바꾸어 공급할 수 있는 기능을 갖고 있는 것으로 기동장치의 전기적 부하를 담당한다.

19 다음 중 굴착기의 작업 장치에 해당되지 않는 것은?

① 브레이커
② 파일드라이브
③ 힌지버킷
④ 크러셔

🔍 힌지 버킷은 지게차의 작업장치이다.

20 타이어식 건설기계의 휠얼라인먼트에서 토인의 필요성이 아닌 것은?

① 조향바퀴의 방향성을 준다.
② 타이어의 이상마멸을 방지한다.
③ 조향바퀴를 평행하게 회전시킨다.
④ 바퀴가 옆방향으로 미끄러지는 것을 방지한다.

🔍 조향바퀴에 방향성을 주는 것은 캐스터이다.

21 크롤러형 유압식 굴착기의 주행 동력으로 이용되는 것은?

① 전기 모터
② 종감속기어
③ 변속기동력
④ 차동장치

🔍 무한궤도식은 유압으로 작동되는 주행모터가 트랙을 구동시키며, 일반적인 굴착기에는 좌우 트랙에 각 1개씩 두 개가 설치된다.

22 클러치의 필요성으로 틀린 것은?

① 전·후진을 위해
② 관성운동을 하기 위해
③ 기어 변속 시 기관의 동력을 차단하기 위해
④ 기관 시동 시 기관을 무부하 상태로 하기 위해

🔍 클러치는 기관에서 발생된 동력을 변속기로 전달 또는 차단하는 것으로 변속기와 기관 사이에 설치된다.

23 타이어식 건설기계에서 전·후 주행이 되지 않을 때 점검 하여야 할 곳으로 틀린 것은?

① 타이로드 엔드를 점검 한다.
② 변속 장치를 점검한다.
③ 유니버설 조인트를 점검한다.
④ 주차 브레이크 잠김 여부를 점검한다.

🔍 타이로드(tie rod)와 타이로드 엔드(tie rod end)는 타이어식 건설기계에서 기계식 조향기구의 구성품이다.

24 무한궤도식 굴착기가 주행 중 트랙이 벗겨지는 원인이 아닌 것은?

① 고속주행 중 급커브를 돌았을 때
② 전부 유동륜과 스프로킷의 마모
③ 전부 유동륜과 스프로킷의 중심이 맞지 않았을 때
④ 트랙의 장력이 너무 팽팽할 때

🔍 무한궤도식 굴착기의 트랙 장력이 느슨해지면 트랙이 벗겨진다.

25 타이어식 건설기계에서 조향 바퀴의 토인을 조정하는 것은?

① 핸들
② 타이로드
③ 워엄기어
④ 드래그링크

> 타이로드(tie rod)는 타이어식 건설기계에서 조향 바퀴의 토인을 조정하는 곳이다.

26 굴착기 동력전달 계통에서 최종적으로 구동력을 증가시키는 것은?

① 트랙 모터
② 종감속 기어
③ 스프로킷
④ 변속기

> 종감속 기어는 추진축의 회전력을 구동 피니언이 받아 직각에 가까운 각도로 변화시키면서 동시에 최종 감속을 하고 구동력을 증가시키는 장치로 웜과 웜 기어, 베벨 기어, 하이포이드 기어 등이 있다.

27 도로교통법령상 교통 안전표지의 종류를 올바르게 나열한 것은?

① 교통안전 표지는 주의, 규제, 지시, 안내, 교통표지로 되어있다.
② 교통안전 표지는 주의, 규제, 지시, 보조, 노면표지로 되어있다.
③ 교통안전 표지는 주의, 규제, 지시, 안내, 보조표지로 되어있다.
④ 교통안전 표지는 주의, 규제, 안내, 보조, 통행표지로 되어 있다.

> 도로교통법 시행규칙에 의하면 교통안전표지는 주의표지, 규제표지, 지시표지, 보조표지 및 노면표시로 되어 있다.

28 건설기계 안전기준에 관한 규칙상 건설기계 높이의 정의로 옳은 것은?

① 앞 차축의 중심에서 건설기계의 가장 윗부분까지의 최단거리
② 작업장치를 부착한 자체중량 상태의 건설기계의 가장 위쪽 끝이 만드는 수평면으로부터 지면까지의 최단거리
③ 뒷바퀴의 윗부분에서 건설기계의 가장 윗부분까지의 수직 최단거리
④ 지면에서부터 적재할 수 있는 최고의 최단거리

> 건설기계의 길이, 너비, 높이
> • 길이 : 작업장치를 부착한 자체중량 상태인 건설기계의 앞뒤 양쪽 끝이 만드는 두 개의 횡단방향의 수직평면 사이의 최단거리(후사경 및 그 고정용 장치는 포함하지 않음)
> • 너비 : 작업장치를 부착한 자체중량 상태의 건설기계의 좌우 양쪽 끝이 만드는 두 개의 종단방향의 수직평면 사이의 최단거리(후사경 및 그 고정용 장치는 포함하지 않음)
> • 높이 : 작업장치를 부착한 자체중량 상태의 건설기계의 가장 위쪽 끝이 만드는 수평면으로부터 지면까지의 최단거리

29 다음 중 도로교통법을 위반한 경우는?

① 밤에 교통이 빈번한 도로에서 전조등을 계속 하향했다.
② 낮에 어두운 터널 속을 통과할 때 전조등을 켰다.
③ 소방용 방화 물통으로부터 10 m 지점에 주차하였다.
④ 노면이 얼어붙은 곳에서 최고 속도의 20/100을 줄인 속도로 운행하였다.

> 폭우·폭설·안개 등으로 가시거리가 100m 이내인 때, 노면이 얼어붙은 때, 눈이 20mm 이상 쌓인 때에는 최고속도의 50/100을 줄인 속도로 운행하여야 한다.

30 건설기계관리법상 등록번호표를 부착하지 아니하거나 봉인하지 아니한 건설기계를 운행한 자에 과태료는 얼마 이상인가?

① 50만원
② 100만원
③ 200만원
④ 300만원

> 과태료 부과 금액
> • 등록번호표를 부착하지 아니하거나 봉인하지 아니한 건설기계를 운행한 자 : 300만원 이상
> • 건설기계에 등록번호표를 부착·봉인하지 아니하거나 등록번호를 새기지 아니한 자 : 100만원 이상
> • 등록번호표를 가리거나 훼손하여 알아보기 곤란하게 한 자 또는 그러한 건설기계를 운행한 자 : 100만원 이상

31 제1종 운전면허를 받을 수 없는 사람은?

① 두 눈의 시력이 각각 0.5인 이상인 사람
② 대형면허를 취득하려는 경우 보청기를 착용하지 않고 55데시벨의 소리를 들을 수 있는 사람
③ 두 눈을 동시에 뜨고 잰 시력이 0.1인 사람
④ 붉은색, 녹색 및 노란색을 구별할 수 있는 사람

> 운전면허 종별 시력 기준(교정시력 포함)
> • 제1종 운전면허 : 두 눈을 동시에 뜨고 잰 시력이 0.8 이상 이고, 두 눈의 시력이 각각 0.5 이상일 것
> • 제2종 운전면허 : 두 눈을 동시에 뜨고 잰 시력이 0.5 이상일 것. 한쪽 눈을 보지 못하는 사람은 다른 쪽 눈의 시력이 0.6 이상

32 건설기계에서 등록의 갱정은 어느 때 하는가?

① 등록을 행한 후에 그 등록에 관하여 착오 또는 누락이 있음을 발견한 때
② 등록을 행한 후에 소유권이 이전되었을 때
③ 등록을 행한 후에 등록지가 이전되었을 때
④ 등록을 행한 후에 소재지가 변동되었을 때

> 시·도지사는 건설기계의 등록을 행한 후에 그 등록에 관하여 착오 또는 누락이 있음을 발견한 때에는 부기로써 갱정등록을 하고, 그 뜻을 지체없이 등록명의인 및 그 건설기계의 검사대행자에게 통보하여야 한다.

33 건설기계소유자 또는 점유자가 건설기계를 도로에 계속하여 버려두거나 정당한 사유 없이 타인의 토지에 버려둔 경우의 처벌은?

① 1년 이하의 징역 또는 500만원 이하의 벌금
② 1년 이하의 징역 또는 400만원 이하의 벌금
③ 1년 이하의 징역 또는 1000만원 이하의 벌금
④ 1년 이하의 징역 또는 200만원 이하의 벌금

> 1년 이하의 징역 또는 1천만원 이하의 벌금
> • 거짓이나 그 밖의 부정한 방법으로 건설기계 등록을 한 자
> • 건설기계의 등록번호를 지워 없애거나 그 식별을 곤란하게 한 자
> • 건설기계의 구조변경검사 또는 수시검사를 받지 아니한 자
> • 건설기계의 정비명령을 이행하지 아니한 자
> • 매매용 건설기계를 운행하거나 사용한 자
> • 건설기계조종사면허를 받지 아니하고 건설기계를 조종한 자
> • 건설기계조종사면허를 거짓이나 그 밖의 부정한 방법으로 받은 자
> • 술에 취하거나 마약 등 약물을 투여한 상태에서 건설기계를 조종한 자와 그러한 자가 건설기계를 조종하는 것을 알고도 말리지 아니하거나 건설기계를 조종하도록 지시한 고용주
> • 건설기계조종사면허가 취소되거나 건설기계조종사면허의 효력정지처분을 받은 후에도 건설기계를 계속하여 조종한 자
> • 건설기계를 도로나 타인의 토지에 버려둔 자

34 편도 4차로 일반도로에서 4차로가 버스전용차로일 때, 건설기계는 어느 차로로 통행하여야 하는가?

① 1차로
② 2차로와 3차로
③ 1차로와 2차로
④ 한가한 차로

> 편도 4차로인 일반도로에서 4차로가 버스전용차로인 경우 1차로는 왼쪽차로로 승용자동차 및 경형·소형·중형 승합자동차의 주행차로, 2차로와 3차로는 오른쪽차로로 대형 승합자동차, 화물자동차, 특수자동차, 건설기계, 이륜자동차, 원동기장치자전거의 주행차로이다.

35 건설기계관리법령에서 건설기계의 주요구조 변경 및 개조의 범위에 해당하지 않는 것은?

① 기종변경
② 원동기의 형식변경
③ 유압장치의 형식변경
④ 동력전달장치의 형식변경

> 주요구조의 변경 및 개조의 범위
> • 원동기의 형식변경
> • 동력전달장치의 형식변경
> • 제동장치·주행장치·유압장치·조종장치·조향장치의 형식변경
> • 작업장치의 형식변경(단, 가공작업을 수반하지 아니하고 작업장치를 선택부착하는 경우는 제외)
> • 건설기계의 길이·너비·높이 등의 변경
> • 수상작업용 건설기계의 선체의 형식변경
> ※ 건설기계의 기종변경, 육상작업용 건설기계규격의 증가 또는 적재함의 용량증가를 위한 구조변경은 이를 할 수 없다.

36 시·도지사로부터 등록번호표제작통지 등에 관한 통지서를 받은 건설기계소유자는 받은 날부터 며칠 이내에 등록번호표 제작자에게 제작 신청을 하여야 하는가?

① 3일
② 10일
③ 20일
④ 30일

- 등록번호표 제작 등
  - 등록번호표 제작 등의 통지서 또는 명령서를 받은 건설기계 소유자는 그 받은 날부터 3일 이내에 등록번호표제작자에게 그 통지서 또는 명령서를 제출하고 등록번호표제작등을 신청하여야 한다.
  - 등록번호표제작자는 등록번호표제작등의 신청을 받은 때에는 7일 이내에 등록번호표제작등을 하여야 하며, 등록번호표제작등통지(명령)서는 이를 3년간 보존하여야 한다.

37 유압모터의 특징을 설명한 것으로 틀린 것은?

① 관성력이 크다.
② 구조가 간단하다.
③ 무단변속이 가능하다.
④ 자동 원격조작이 가능하다.

유압모터는 관성력이 작으며, 소음이 적다.

38 체크 밸브를 나타낸 것은?

①    ②

③    ④ ⌐⌐

① 체크 밸브, ④ 오일탱크

39 유압회로 내의 밸브를 갑자기 닫았을 때, 오일의 속도에너지가 압력에너지로 변하면서 일시적으로 큰 압력 증가가 생기는 현상을 무엇이라 하는가?

① 캐비테이션(cavitation) 현상
② 서지(surge) 현상
③ 채터링(chattering) 현상
④ 에어레이션(aeration) 현상

- 용어 설명
  - 캐비테이션 : 유압이 진공에 가까워짐으로서 기포가 생기며 이로 인해 국부적인 고압이나 소음이 발생하는 현상
  - 채터링 : 릴리프 밸브 등에서 밸브 시트를 때려 비교적 높은 소리를 내는 일종의 자력진동현상
  - 에어레이션 : 공기가 미세한 기포의 형태로 액체 내에 존재하는 상태

40 유압으로 작동되는 작업 장치에서 작업 중 힘이 떨어질 때의 원인과 가장 밀접한 밸브는?

① 메인 릴리프 밸브
② 체크(Check) 밸브
③ 방향 전환 밸브
④ 메이크업 밸브

압력 제어 밸브는 일의 크기를 조절해 주므로 메인 릴리프 밸브에 이상이 있다고 볼 수 있다.

41 유압회로에서 유량제어를 통하여 작업속도를 조절하는 방식에 속하지 않는 것은?

① 미터 인(meter-in) 방식
② 미터 아웃(meter-out) 방식
③ 블리드 오프(bleed-off) 방식
④ 블리드 온(bleed-on) 방식

속도제어회로 : 미터 인 회로, 미터 아웃 회로, 블리드 오프 회로

42 유압유의 점도가 지나치게 높았을 때 나타나는 현상이 아닌 것은?

① 오일 누설이 증가한다.
② 유동저항이 커져 압력손실이 증가한다.
③ 동력손실이 증가하여 기계효율이 감소한다.
④ 내부마찰이 증가하고 압력이 상승한다.

오일 누설의 증가는 유압유의 점도가 낮았을 때 나타날 수 있다.

43 유압장치에 사용되는 펌프가 아닌 것은?

① 기어 펌프
② 원심 펌프
③ 베인 펌프
④ 플런저 펌프

원심 펌프는 기어 펌프와 함께 냉각기기에서 물 펌프에 사용된다.

44 유압펌프 내의 내부 누설은 무엇에 반비례하여 증가하는가?

① 작동유의 오염
② 작동유의 점도
③ 작동유의 압력
④ 작동유의 온도

> 작동유의 점도가 낮을 때
> • 내부 누설이 증가한다.
> • 펌프 효율이 떨어진다.
> • 회로 압력이 떨어진다.

45 유압장치에서 금속가루 또는 불순물을 제거하기 위해 사용되는 부품으로 짝지어진 것은?

① 여과기와 어큐뮬레이터
② 스크레이퍼와 필터
③ 필터와 스트레이너
④ 어큐뮬레이터와 스트레이너

> 여과기능은 필터와 스트레이너가 담당한다.

46 유압펌프에서 발생한 유압을 저장하고 맥동을 제거시키는 것은?

① 어큐뮬레이터
② 언로더 밸브
③ 릴리프 밸브
④ 스트레이너

> 축압기(어큐뮬레이터)는 유압 에너지의 저장, 충격흡수 등에 이용된다.

47 중량물 운반 시 안전사항으로 틀린 것은?

① 크레인은 규정용량을 초과하지 않는다.
② 화물을 운반할 경우에는 운전반경 내를 확인한다.
③ 무거운 물건을 상승시킨 채 오랫동안 방치하지 않는다.
④ 흔들리는 화물은 사람이 승차하여 붙잡도록 한다.

> 중량물 운반 시 화물은 움직이지 않도록 결속하여야 하며, 이동 중 화물이 흔들릴 경우 차량을 정지시키고 재결속해야 한다.

48 수공구 사용시 유의사항으로 맞지 않는 것은?

① 무리한 공구 취급을 금한다.
② 토크렌치는 볼트를 풀 때 사용한다.
③ 수공구는 사용법을 숙지하여 사용한다.
④ 공구를 사용하고 나면 일정한 장소에 관리 보관한다.

> 토크렌치는 볼트너트의 조임 토크를 측정하기 위한 공구로 오른손은 렌치를 돌리고, 왼손은 지지점을 누르며 눈은 게이지 눈금을 읽는다.

49 작업장의 사다리식 통로를 설치하는 관련법상 틀린 것은?

① 견고한 구조로 할 것
② 발판의 간격은 일정하게 할 것
③ 사다리가 넘어지거나 미끄러지는 것을 방지하기 위한 조치를 할 것
④ 사다리식 통로의 길이가 10m 이상인 때에는 접이식으로 설치할 것

> 사다리식 통로의 구조
> • 견고한 구조로 할 것
> • 심한 손상·부식 등이 없는 재료를 사용할 것
> • 발판의 간격은 일정하게 할 것
> • 발판과 벽과의 사이는 15cm 이상의 간격을 유지할 것
> • 폭은 30cm 이상으로 할 것
> • 사다리가 넘어지거나 미끄러지는 것을 방지하기 위한 조치를 할 것
> • 사다리의 상단은 걸쳐놓은 지점으로부터 60cm 이상 올라가도록 할 것
> • 사다리식 통로의 길이가 10m 이상인 경우에는 5m 이내마다 계단참을 설치할 것
> • 사다리식 통로의 기울기는 75° 이하로 할 것. 다만, 고정식 사다리식 통로의 기울기는 90° 이하로 하고, 그 높이가 7m 이상인 경우에는 바닥으로부터 높이가 2.5m 되는 지점부터 등받이울을 설치할 것
> • 접이식 사다리 기둥은 사용 시 접혀지거나 펼쳐지지 않도록 철물 등을 사용하여 견고하게 조치할 것

50 작업을 위한 공구관리의 요건으로 가장 거리가 먼 것은?

① 공구별로 장소를 지정하여 보관 할 것
② 공구는 항상 최소 보유량 이하로 유지할 것
③ 공구 사용 점검 후 파손된 공구는 교환할 것
④ 사용한 공구는 항상 깨끗이 한 후 보관할 것

🔍 공구는 적정 보유량을 확보하여야 한다.

51 가스 용접 시 사용되는 산소용 호스는 어떤 색인가?

① 적색
② 황색
③ 녹색
④ 청색

🔍 산소용기는 녹색으로만 사용하지만 호스는 아세틸렌과의 혼용을 방지하기 위하여 녹색이나 검은색을 사용한다.

52 벨트에 대한 안전사항으로 틀린 것은?

① 벨트의 이음쇠는 돌기가 없는 구조로 한다.
② 벨트를 걸 때나 벗길 때에는 기계를 정지한 상태에서 실시한다.
③ 벨트가 풀리에 감겨 돌아가는 부분은 커버나 덮개를 설치한다.
④ 바닥면으로부터 2m 이내에 있는 벨트는 덮개를 제거한다.

53 공장 내 작업 안전수칙으로 옳은 것은?

① 기름걸레나 인화물질은 철재 상자에 보관한다.
② 공구나 부속품을 닦을 때에는 휘발유를 사용한다.
③ 차가 잭에 의해 올려져 있을 때는 직원 외에는 차내 출입을 삼가 한다.
④ 높은 곳에서 작업 시 훅을 놓치지 않게 잘 잡고, 체인 블록을 이용한다.

🔍 기름걸레나 인화물질을 나무 상자에 보관하는 경우 자연발화에 따른 화재의 우려가 있으므로 철재 상자에 보관하여야 한다.

54 산업안전보건법령상 안전·보건표지에서 색채와 용도가 틀리게 짝지어진 것은?

① 파란색 : 지시
② 녹색 : 안내
③ 노란색 : 위험
④ 빨간색 : 금지, 경고

🔍 안전·보건표지에서 색채와 용도

색채	용도	사용례
빨간색	금지	정지신호, 소화설비 및 그 장소, 유해행위의 금지
	경고	화학물질 취급장소에서의 유해·위험 경고
노란색	경고	화학물질 취급장소에서의 유해·위험 경고 이외의 위험 경고, 주의 표지 또는 기계방호물
파란색	지시	특정 행위의 지시 및 사실의 고지
녹색	안내	비상구 및 피난소 사람 또는 차량의 통행 표시
흰색	–	파란색 또는 녹색에 대한 보조색
검은색	–	문자 및 빨간색 또는 노란색에 대한 보조색

55 소화방식의 종류 중 주된 작용이 질식소화에 해당하는 것은?

① 강화액
② 호스방수
③ 에어-폼
④ 스프링클러

🔍 질식소화는 연소에 필요한 산소의 공급을 막는 소화방법으로 에어-폼이 질식소화에 해당된다.

56 소화설비 선택 시 고려하여야 할 사항이 아닌 것은?

① 작업의 성질
② 작업자의 성격
③ 화재의 성질
④ 작업장의 환경

🔍 작업자의 성격은 소화설비 선택과 관련이 없다.

57 다음 그림에서 A는 배전선로에서 전압을 변환하는 기기이다. A의 명칭으로 옳은 것은?

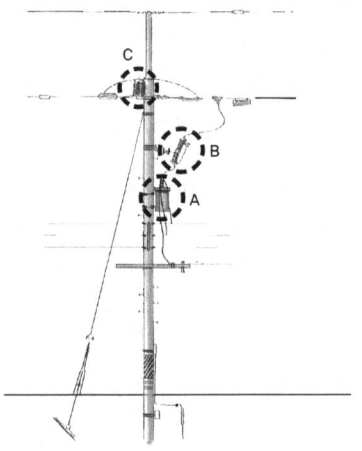

① 현수애자
② 컷아웃스위치(COS)
③ 아킹혼(Arcing Horn)
④ 주상변압기(P.Tr)

🔍 교류 배전선의 고압을 저압으로 낮추기 위해 전주 위에 설치되는 변압기를 주상변압기라 하며, 그림의 경우 A가 주상변압기, B는 컷아웃스위치이다.

58 도시가스가 공급되는 지역에서 굴착공사 중에 [그림]과 같은 것이 발견되었다. 이것은 무엇인가?

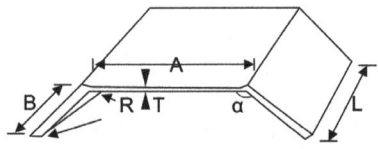

① 보호포
② 보호판
③ 라인마크
④ 가스누출검지공

59 노출된 가스배관의 길이가 몇 m 이상인 경우에 기준에 따라 점검통로 및 조명시설을 설치하여야 하는가?

① 10
② 15
③ 20
④ 30

🔍 가스배관의 주위를 굴착하고자 하는 경우 가스배관의 좌우 1m 이내의 부분은 인력으로 굴착하여야 하며, 노출된 가스배관의 길이가 15m 이상인 경우 폭 80cm 이상의 점검통로와 70Lux 이상의 조명시설을 설치해야 한다.

60 6600V 고압전선로 주변에서 굴착 시 안전작업 조치 사항으로 가장 올바른 것은?

① 버켓과 붐의 길이는 무시해도 된다.
② 전선에 버켓이 근접하는 것은 괜찮다.
③ 고압전선에 붐이 근접하지 않도록 한다.
④ 고압전선에 장비가 직접 접촉하지 않으면 작업을 할 수 있다.

🔍 고압전선과 안전거리를 확인하고 작업하여야 하며, 고압전선에 붐이 근접하지 않도록 한다.

정답 공단 기출문제 – 2015년 02회

01 ④	02 ②	03 ①	04 ④	05 ①
06 ④	07 ③	08 ③	09 ④	10 ①
11 ①	12 ④	13 ③	14 ③	15 ④
16 ①	17 ③	18 ④	19 ③	20 ①
21 ②	22 ①	23 ①	24 ④	25 ②
26 ②	27 ②	28 ②	29 ④	30 ④
31 ③	32 ①	33 ③	34 ②	35 ③
36 ①	37 ③	38 ①	39 ②	40 ①
41 ④	42 ①	43 ②	44 ②	45 ③
46 ①	47 ③	48 ②	49 ④	50 ②
51 ③	52 ②	53 ①	54 ③	55 ③
56 ②	57 ④	58 ②	59 ②	60 ③

11 2015년 03회 공단 기출문제

01 크랭크축 베어링의 바깥둘레와 하우징 둘레와의 차이인 크러시를 두는 이유는?

① 안쪽으로 찌그러지는 것을 방지한다.
② 조립할 때 캡에 베어링이 끼워져 있도록 한다.
③ 조립할 때 베어링이 제자리에 밀착되도록 한다.
④ 볼트로 압착시켜 베어링 면의 열전도율을 높여준다.

> 베어링 크러시는 크랭크 축과 함께 회전하는 것을 방지하고 볼트로 압착시켜 베어링 면의 열전도율을 높이기 위한 것이다.

02 다음 중 연소실과 연소의 구비조건이 아닌 것은?

① 분사된 연료를 가능한 한 긴 시간 동안 완전 연소 시킬 것
② 평균유효압력이 높을 것
③ 고속회전에서의 연소상태가 좋을 것
④ 노크 발생이 적을 것

> 연소실의 구비조건
> • 분사된 연료를 가능한 한 단시간에 완전연소 시킬 것
> • 평균유효압력이 높을 것
> • 고속회전에서 연소상태가 좋을 것
> • 노크 발생이 적을 것
> • 연료소비율이 작을 것
> • 시동이 용이할 것

03 엔진 오일량 점검에서 오일게이지에 상한선(Full)과 하한선(Low)표시가 되어 있을 때, 가장 적합한 것은?

① Low 표시에 있어야 한다.
② Low와 Full 표시 사이에서 Low에 가까이 있으면 좋다.
③ Low와 Full 표시 사이에서 Full에 가까이 있으면 좋다.
④ Full 표시 이상이 되어야 한다.

> 엔진오일은 기관정지 상태에서 오일게이지의 Full 표시나 Full 표시 가까이 있으면 정상이다.

04 디젤기관의 감압장치 설명으로 맞는 것은?

① 크랭킹을 원활히 해준다.
② 냉각팬을 원활히 회전시킨다.
③ 흡·배기 효율을 높인다.
④ 엔진 압축압력을 높인다.

> 디젤기관의 감압장치(디컴프)는 흡기 또는 배기밸브를 열어 실린더 내의 압력을 감소시킴으로써 크랭킹을 원활하게 한다.

05 디젤기관의 특성으로 가장 거리가 먼 것은?

① 연료소비율이 적고 열효율이 높다.
② 예열플러그가 필요 없다.
③ 연료의 인화점이 높아서 화재의 위험성이 적다.
④ 전기 점화장치가 없어 고장율이 적다.

> 고압으로 연료를 뿜어내고 그 압력을 이용해 스스로 불이 붙는 압축착화 방식을 사용하는 디젤 기관의 예열플러그는 압력을 고온으로 예열해줘 시동이 걸리는 것을 도와주는 역할을 한다.

06 기관에서 연료를 압축하여 분사순서에 맞게 노즐로 압송 시키는 장치는?

① 연료분사 펌프
② 연료공급 펌프
③ 프라이밍 펌프
④ 유압 펌프

> 연료탱크 내의 연료는 공급펌프가 여과기를 거쳐 분사펌프의 저압부분으로 공급하는 일을 하며, 분사펌프가 고압으로 하여 노즐로 보낸다.

07 커먼레일 디젤기관의 공기유량센서(AFS)로 많이 사용되는 방식은?

① 칼만 와류 방식
② 열막 방식
③ 베인 방식
④ 피토관 방식

🔍 AFS(Air Flow Sensor)는 기본 연료분사량을 계산하기 위해 실린더 내로 공급되는 흡입공기량을 계측하는 것으로 커먼레일 디젤기관에서는 열막 방식을 사용한다.

08 디젤기관 연소과정에서 착화 늦음 원인과 가장 거리가 먼 것은?

① 연료의 미립도
② 연료의 압력
③ 연료의 착화성
④ 공기의 와류 상태

🔍 착화 지연은 연료 자체의 착화성, 실린더의 온도와 압력, 연료의 미립도, 분산상태 및 공기의 와류 등이 원인이다.

09 건설기계 기관에서 부동액으로 사용할 수 없는 것은?

① 메탄
② 알코올
③ 에틸렌글리콜
④ 글리세린

🔍 건설기계 기관의 부동액으로는 메탄올(알콜), 에틸렌글리콜, 글리세린 등이 있다. 참고로 메탄은 가연성 기체이다.

10 다음 중 기관에서 팬벨트 장력 점검 방법으로 맞는 것은?

① 벨트길이 측정게이지로 측정 점검
② 정지된 상태에서 벨트의 중심을 엄지손가락으로 눌러서 점검
③ 엔진을 가동한 후 텐셔너를 이용하여 점검
④ 발전기의 고정 볼트를 느슨하게 하여 점검

🔍 팬벨트 장력은 정지된 상태에서 발전기 풀리와 물 펌프 사이에서 벨트의 중심을 엄지손가락으로 눌러서 점검하며, 10kgf의 힘으로 눌렀을 때 13~20mm 정도의 헐거운 상태가 적당하다.

11 엔진의 윤활방식 중 오일펌프로 급유하는 방식은?

① 비산식
② 압송식
③ 분사식
④ 비산분무식

🔍 엔진의 윤활방식
• 비산식 : 오일펌프가 없고 오일디퍼가 오일을 퍼올려서 뿌려준다.
• 압송식 : 오일펌프로 각 윤활 부분에 공급하는 것으로 가장 많이 사용된다.
• 비산 압송식 : 비산식과 압송식을 함께 사용한다.

12 연료 분사노즐 테스트기로 노즐을 시험할 때 검사하지 않는 것은?

① 연료 분포 상태
② 연료 분사 시간
③ 연료 후적 유무
④ 연료 분사 개시 압력

🔍 분사노즐 테스트기 검사 : 연료 분포 상태(분사 각도), 연료 후적, 연료 분사 개시 압력

13 축전지를 교환 및 장착할 때 연결 순서로 맞는 것은?

① (+)나 (-)선 중 편리한 것부터 연결하면 된다.
② 축전지의 (-)선을 먼저 부착하고, (+)선을 나중에 부착한다.
③ 축전지의 (+), (-)선을 동시에 부착한다.
④ 축전지의 (+)선을 먼저 부착하고, (-)선을 나중에 부착한다.

🔍 축전지를 교환, 장착할 때는 (+)선을 먼저 부착하고, (-)선을 나중에 부착한다. 일반 납산 축전지의 경우 보관, 관리할 경우 15일마다 정기적으로 보충 충전하는 것이 좋다.

14 전류의 3대 작용에 해당하지 않는 것은?

① 충전작용
② 발열작용
③ 화학작용
④ 자기작용

🔍 전류의 3대 작용 : 발열작용, 화학작용, 자기작용

15 교류(AC) 발전기의 장점이 아닌 것은?

① 소형 경량이다.
② 저속 시 충전 특성이 양호하다.
③ 정류자를 두지 않아 풀리비를 작게 할 수 있다.
④ 반도체 정류기를 사용하므로 전기적 용량이 크다.

🔍 교류(AC) 발전기는 풀리비를 크게(회전을 빠르게) 할 수 있다.

16 건설기계에 사용되는 전기장치 중 플레밍의 왼손법칙이 적용된 부품은?

① 발전기
② 점화코일
③ 릴레이
④ 시동전동기

🔍 플레밍의 왼손법칙은 전동기, 전압기, 전류계에 적용되며, 오른손법칙은 발전기에 적용된다.

17 기동 전동기의 시험과 관계없는 것은?

① 부하 시험
② 무부하 시험
③ 관성 시험
④ 저항 시험

🔍 기동 전동기의 시험 항목에는 회전력(부하) 시험, 무부하 시험, 저항 시험 등이 있다.

18 교류 발전기에서 회전체에 해당하는 것은?

① 스테이터
② 브러시
③ 엔드프레임
④ 로터

🔍 로터는 직류 발전기의 계자 코일에 해당하는 것으로 팬 벨트에 의해서 엔진 동력으로 회전하며 브러시를 통해 들어온 전류에 의해 철심이 N극과 S극의 자석을 띤다.

19 타이어식 건설장비에서 추진축의 스플라인부가 마모되면 어떤 현상이 발생하는가?

① 차동기어의 물림이 불량하다.
② 클러치 페달의 유격이 크다.
③ 가속 시 미끄럼 현상이 발생한다.
④ 주행 중 소음이 나고 차체에 진동이 있다.

🔍 추진축의 스플라인부가 마모되어 유격이 과대하면 주행 중 소음이 나고 차체에 진동이 발생한다.

20 굴착기 상부 회전체에서 선회장치의 구성요소가 아닌 것은?

① 차동기어
② 선회모터
③ 링기어
④ 스윙 볼 레이스

🔍 굴착기 선회장치는 선회모터(스윙모터), 피니언, 링기어, 스윙 볼 레이스 등으로 구성되며, 차동장치는 동력전달 장치에서 선회를 원활하게 하여 주는 장치이다.

21 트랙 구성품을 설명한 것으로 틀린 것은?

① 링크는 핀과 부싱에 의하여 연결되어 상하부 롤러 등이 굴러갈 수 있는 레일을 구성해 주는 부분으로 마멸되었을 때 용접하여 재사용할 수 있다.
② 부싱은 링크의 큰 구멍에 끼워지며 스프로킷 이빨이 부싱을 물고 회전하도록 되어 있으며 마멸되면 용접하여 재사용할 수 있다.
③ 슈는 링크에 4개의 볼트에 의해 고정되며 도저의 전체하중을 지지하고 견인하면서 회전 하고 마멸되면 용접하여 재사용할 수 있다.
④ 핀은 부싱속을 통과하여 링크의 적은 구멍에 끼워진다. 핀과 부싱을 교환할 때는 유압 프레스로 작업하며 약 100톤 정도의 힘이 필요하다. 그리고 무한궤도의 분리를 쉽게 하기 위하여 마스터 핀을 두고 있다.

🔍 부싱은 링크의 큰 구멍에 끼워지며 스프로킷 이빨이 부싱을 물고 회전하도록 되어 있다. 부싱은 마멸되면 용접하여 재사용할 수 없으며, 구멍이 나기 전에 1회 180° 돌려서 재사용할 수 있다.

22 휠식 굴착기에서 아워 미터의 역할은?

① 엔진 가동시간을 나타낸다.
② 주행거리를 나타낸다.
③ 오일량을 나타낸다.
④ 작동유량을 나타낸다.

> 굴착기의 아워미터(시간계)는 엔진 가동시간을 나타내며, 이를 통해 예방정비와 오일 교환, 각 부위 주유를 정기적으로 수행하도록 설치된 것이다.

23 타이어식 건설기계의 동력전달장치에서 추진축의 밸런스 웨이트에 대한 설명으로 맞는 것은?

① 추진축의 비틀림을 방지한다.
② 추진축의 회전수를 높인다.
③ 변속 조작시 변속을 용이하게 한다.
④ 추진축의 회전시 진동을 방지한다.

> 밸런스 웨이트 : 타이어와 휠에 무게의 불균형이 있으면 바퀴가 돌아갈 때 원심력으로 회전축이 흔들리는데, 이와 같은 불균형을 바로잡기 위해 휠에 부착하는 평형 장치를 말한다.

24 무한궤도식 굴착기의 제동에 대한 설명으로 옳지 않은 것은?

① 수동에 의한 제동이 불가하며, 주행신호에 의해 제동이 해제된다.
② 주행모터의 주체 제동은 네거티브 형식이다.
③ 제동은 주차 제동 한 가지만 상용한다.
④ 주행모터 내부에 설치된 브레이크 밸브에 의해 상시 감겨있다.

> 무한궤도식 굴착기의 제동장치는 네가티브 형식으로 주행신호에 의해 제동이 해제되며, 주행모터 내부에 설치된 브레이크 밸브는 주행 시 열린다.
> ※ 네가티브 제동 : 멈추어 있는 상태가 기본이며, 주행할 때 제동이 풀리는 형식을 말한다.

25 동력조향장치의 장점으로 적합하지 않은 것은?

① 작은 조작력으로 조향 조작을 할 수 있다.
② 조향 기어비는 조작력에 관계없이 선정할 수 있다.
③ 굴곡 노면에서의 충격을 흡수하여 조향핸들에 전달되는 것을 방지한다.
④ 조작이 미숙하면 엔진이 자동으로 정지된다.

> 동력조향장치의 장점
> • 조향조작력이 작아도 된다.
> • 조향조작력에 관계없이 조향 기어비를 선정할 수 있다.
> • 노면으로부터의 충격 및 진동을 흡수한다.
> • 앞바퀴의 시미현상을 방지한다.
> • 조향조작이 경쾌하고 신속하다.
> • 유압계통에 고장이 있어도 조향조작을 할 수 있다.

26 굴착기의 주행 시 주의해야 할 사항으로 거리가 먼 것은?

① 상부 회전체를 선회로크장치로 고정시킨다.
② 버킷, 암, 붐 실린더는 오므리고 하부주행체 프레임에 올려 놓는다.
③ 암반이나 부정지 등에서는 트랙을 느슨하게 조정 후 고속으로 주행한다.
④ 가능한 평탄지면을 택하여 주행하고 엔진은 중속범위가 적당하다.

> 암반이나 부정지, 연약한 지반, 요철이 심한 지반 등에서는 저속으로 주행해야 한다.

27 건설기계관리법령상 건설기계의 소유자에게 건설기계 등록증을 교부할 수 없는 단체장은?

① 전주시장
② 강원도지사
③ 대전광역시장
④ 세종특별자치시장

> 건설기계 등록증을 발부할 수 있는 단체장은 특별시장, 광역시장, 도지사 또는 특별자치도지사이다.

28 견고한 땅을 굴착할 때 가장 적절한 방법은?

① 버킷 투스로 표면을 얇게 여러 번 굴착작업을 한다.
② 버킷으로 찍고 선회 등을 하며 굴착작업을 한다.
③ 버킷 투스로 찍어 단번에 강하게 굴착작업을 한다.
④ 버킷을 최대한 높이 들어 하강하는 자중을 이용하여 굴착 작업을 한다.

> 견고한 땅을 작업할 때는 표면을 얇게 하여 여러 번 작업하는 것이 좋다.

29 도로교통법령상 운전자의 준수사항이 아닌 것은?

① 출석지시서를 받은 때에는 운전하지 아니 할 것
② 자동차의 운전 중에 휴대용 전화를 사용하지 않을 것
③ 자동차의 화물 적재함에 사람을 태우고 운행하지 말 것
④ 물이 고인 곳을 운행할 때에는 고인 물을 튀게 하여 다른 사람에게 피해를 주는 일이 없도록 할 것

> 출석지시서와 운전 가능 여부는 아무런 관련이 없다.

30 도로교통법령상 보도와 차도가 구분된 도로에 중앙선이 설치되어 있는 경우 차마의 통행방법으로 옳은 것은?(단, 도로의 파손 등 특별한 사유는 없다.)

① 중앙선 좌측
② 중앙선 우측
③ 보도
④ 보도의 좌측

> 운전자는 도로(보도와 차도가 구분된 도로에서는 차도)의 중앙(중앙선이 설치되어 있는 경우에는 그 중앙선) 우측 부분을 통행하여야 한다.

31 도로교통법령상 도로에서 교통사고로 인하여 사람을 사상한 때, 운전자의 조치로 가장 적합한 것은?

① 경찰관을 찾아 신고하는 것이 가장 우선 행위이다.
② 경찰서에 출두하여 신고한 다음 사상자를 구호한다.
③ 중대한 업무를 수행하는 중인 경우에는 후조치를 할 수 있다.
④ 즉시 정차하여 사상자를 구호하는 등 필요한 조치를 한다.

> 차의 운전 등 교통으로 인하여 사람을 사상하거나 물건을 손괴한 경우에는 그 차의 운전자나 그 밖의 승무원은 즉시 정차하여 사상자를 구호하는 등 필요한 조치를 하여야 한다.

32 건설기계관리법령상 건설기계조종사 면허의 취소 사유가 아닌 것은?

① 건설기계의 조종 중 고의로 3명에게 경상을 입힌 경우
② 건설기계의 조종 중 고의로 중상의 인명 피해를 입힌 경우
③ 등록이 말소된 건설기계를 조종한 경우
④ 부정한 방법으로 건설기계조종사 면허를 받은 경우

> 등록되지 않은 건설기계 또는 등록이 말소된 건설기계를 사용하거나 운행한 사람은 2년 이하의 징역 또는 2천만원 이하의 벌금에 처한다.

33 건설기계관리법령상 건설기계의 소유자가 건설기계를 도로나 타인의 토지에 계속 버려두어 방치한 자에 대해 적용하는 벌칙은?

① 1000만원 이하의 벌금
② 2000만원 이하의 벌금
③ 1년 이하의 징역 또는 1천만원 이하의 벌금
④ 2년 이하의 징역 또는 2천만원 이하의 벌금

> 1년 이하의 징역 또는 1천만원 이하의 벌금
> • 거짓이나 그 밖의 부정한 방법으로 건설기계 등록을 한 자
> • 건설기계의 등록번호를 지워 없애거나 그 식별을 곤란하게 한 자
> • 건설기계의 구조변경검사 또는 수시검사를 받지 아니한 자
> • 건설기계의 정비명령을 이행하지 아니한 자
> • 매매용 건설기계를 운행하거나 사용한 자
> • 건설기계조종사면허를 받지 아니하고 건설기계를 조종한 자
> • 건설기계조종사면허를 거짓이나 그 밖의 부정한 방법으로 받은 자
> • 술에 취하거나 마약 등 약물을 투여한 상태에서 건설기계를 조종한 자와 그러한 자가 건설기계를 조종하는 것을 알고도 말리지 아니하거나 건설기계를 조종하도록 지시한 고용주
> • 건설기계조종사면허가 취소되거나 건설기계조종사면허의 효력정지처분을 받은 후에도 건설기계를 계속하여 조종한 자
> • 건설기계를 도로나 타인의 토지에 버려둔 자

34 건설기계관리법령상 건설기계의 등록말소 사유에 해당하지 않은 것은?

① 건설기계를 도난당한 경우
② 건설기계를 변경할 목적으로 해체한 경우
③ 건설기계를 교육·연구 목적으로 사용한 경우
④ 건설기계의 차대가 등록 시의 차대와 다른 경우

🔍 **등록의 말소 사유**
- 건설기계가 천재지변 또는 이에 준하는 사고 등으로 사용할 수 없게 되거나 멸실된 경우
- 건설기계의 차대가 등록 시의 차대와 다른 경우
- 건설기계가 법 규정에 따른 건설기계안전기준에 적합하지 아니하게 된 경우
- 건설기계를 수출하는 경우
- 건설기계를 도난당한 경우
- 건설기계해체재활용업자에게 폐기를 요청한 경우
- 구조적 제작결함 등으로 건설기계를 제작자 또는 판매자에게 반품한 경우
- 건설기계를 교육·연구목적으로 사용하는 경우
- 거짓이나 그 밖의 부정한 방법으로 등록을 한 경우
- 시·도지사의 정기검사 명령, 수시검사 명령 또는 정비 명령에 따르지 아니한 경우
- 건설기계를 폐기한 경우
- 내구연한(정밀진단을 받아 연장된 경우에는 그 연장기간)을 초과한 건설기계

35 건설기계관리법령상 건설기계의 정기검사 유효기간이 잘못된 것은?(단, 연식 20년 이하인 경우이다.)

① 덤프트럭 : 1년
② 타워크레인 : 2년
③ 아스팔트살포기 : 1년
④ 지게차 1톤 이상 : 2년

🔍 **정기검사 유효기간**

기종	검사유효기간	
	연식 20년 이하	연식 20년 초과
덤프트럭	1년	6개월
타워크레인	6개월	
아스팔트살포기	1년	
지게차(1톤 이상)	2년	1년

36 도로교통법령상 총중량 2000kg 미만인 자동차를 총중량이 그의 3배 이상인 자동차로 견인할 때의 속도는?(단, 견인하는 차량이 견인자동차가 아닌 경우이다.)

① 매시 30km 이내
② 매시 50km 이내
③ 매시 80km 이내
④ 매시 100km 이내

🔍 **자동차를 견인할 때의 속도**
- 총중량 2000kg 미만인 자동차를 총중량이 그의 3배 이상인 자동차로 견인하는 경우 : 매시 30km 이내
- 위의 경우가 아닌 경우 및 이륜자동차가 견인하는 경우 : 매시 25km 이내

37 공동(cavitation) 현상이 발생 하였을 때의 영향 중 거리가 가장 먼 것은?

① 체적 효율이 감소한다.
② 고압 부분의 기포가 과포화 상태로 된다.
③ 최고압력이 발생하여 급격한 압력파가 일어난다.
④ 유압장치 내부에 국부적인 고압이 발생하여 소음과 진동이 발생된다.

🔍 공동현상이 발생하면 저압 부분의 기포가 과포화 상태로 된다.

38 유압펌프에서 소음이 발생할 수 있는 원인으로 거리가 가장 먼 것은?

① 오일의 양이 적을 때
② 유압펌프의 회전속도가 느릴 때
③ 오일 속에 공기가 들어 있을 때
④ 오일의 점도가 너무 높을 때

🔍 소음이 발생하는 이유는 오일점도가 너무 높아 부하를 받거나, 흡입시 공기가 들어가거나, 유량이 부족할 때 등이다.

39 유압 실린더 중 피스톤의 양쪽에 유압유를 교대로 공급하여 양방향의 운동을 유압으로 작동시키는 형식은?

① 단동식
② 복동식
③ 다동식
④ 편동식

🔍 유압 실린더의 한 쪽에 압력이 가해지는 것은 단동식이며, 양쪽으로 가해지는 것은 복동식이다.

40 유압장치에서 가변용량형 유압펌프의 기호는?

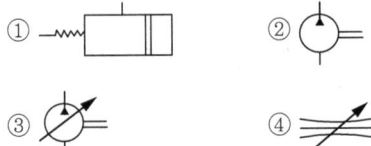

🔍 ② 정용량형 유압펌프, ③ 가변용량형 유압펌프

41 유압장치의 특징 중 거리가 가장 먼 것은?

① 진동이 적고 작동이 원활하다.
② 고장 원인의 발견이 어렵고 구조가 복잡하다.
③ 에너지의 저장이 불가능하다.
④ 동력의 분배와 집중이 쉽다.

> 유압장치는 에너지의 저장이 가능하며, 이를 담당하는 것은 축압기(어큐뮬레이터)이다.

42 건설기계 유압장치의 작동유 탱크의 구비조건 중 거리가 가장 먼 것은?

① 배유구(드레인 플러그)와 유면계를 두어야 한다.
② 흡입관과 복귀관 사이에 격판(차폐 장치, 격리판)을 두어야 한다.
③ 유면을 흡입 라인 아래까지 항상 유지할 수 있어야 한다.
④ 흡입 작동유 여과를 위한 스트레이너를 두어야 한다.

> 유압 작동유 탱크의 구비조건
> • 탱크의 용적은 복귀하는 작동유의 열을 충분히 냉각시킬 수 있어야 한다.
> • 이물질이 들어가지 않도록 밀폐되어 있어야 하며, 여과망을 두어 불순물이 유입되지 않도록 하여야 한다.
> • 흡입 작동유 여과를 위한 스트레이너와 유량을 알 수 있도록 유량계가 있어야 한다.
> • 복귀관과 흡입관 쪽 사이에는 배플(격리판)을 두어야 한다.

43 굴착기의 일상점검 사항이 아닌 것은?

① 엔진 오일량
② 냉각수 누출여부
③ 오일쿨러 세척
④ 유압 오일량

44 유압 모터의 특징 중 거리가 가장 먼 것은?

① 무단 변속이 가능하다.
② 속도나 방향의 제어가 용이하다.
③ 작동유의 점도변화에 의하여 유압모터의 사용에 제약이 있다.
④ 작동유가 인화되기 어렵다.

> 유압 작동유에는 석유계와 난연성이 있으며, 그 중 석유계는 윤활성과 방청성이 우수하여 일반 유압유로 많이 사용한다.

45 유압회로 내의 압력이 설정압력에 도달하면 펌프에서 토출된 오일의 일부 또는 전량을 직접 탱크로 돌려보내 회로의 압력을 설정값으로 유지하는 밸브는?

① 시퀀스 밸브
② 릴리프 밸브
③ 언로더 밸브
④ 체크 밸브

> 밸브의 기능
> • 시퀀스 밸브 : 2개 이상의 분기 회로에서 유압회로의 압력에 의해 작동 순서 제어
> • 릴리프 밸브 : 압력을 일정하게 유지하거나 조정함으로써 과부하 방지
> • 언로더 밸브 : 유압회로의 압력이 설정압력에 이르면 펌프로부터 전유량을 직접 탱크로 리턴시켜 펌프를 무부하
> • 체크 밸브 : 작동유의 흐름을 한쪽 방향으로만 흐르도록 하고 역류를 방지

46 유압회로 내의 이물질, 열화된 오일 및 슬러지 등을 회로 밖으로 배출시켜 회로를 깨끗하게 하는 것을 무엇이라 하는가?

① 푸싱(pushing)
② 리듀싱(reducing)
③ 언로딩(unloading)
④ 플래싱(flashing)

> 플래싱은 유압회로 내 이물질을 제거하며 오염물을 밖으로 배출, 회로를 깨끗하게 하는 것이다.

47 내부가 보이지 않는 병 속에 들어 있는 약품을 냄새로 알아보고자 할 때 안전상 가장 적합한 방법은?

① 종이로 적셔서 알아본다.
② 손바람을 이용하여 확인한다.
③ 내용물을 조금 쏟아서 확인한다.
④ 숟가락으로 약간 떠내어 냄새를 직접 맡아 본다.

48 다음 중 올바른 보호구 선택 방법으로 가장 적합하지 않은 것은?

① 잘 맞는지 확인하여야 한다.
② 사용목적에 적합하여야 한다.
③ 사용방법이 간편하고 손질이 쉬워야 한다.
④ 품질보다는 식별가능 여부를 우선해야 한다.

🔍 보호구는 품질기준에 적합한 것만을 사용해야 한다.

49 풀리에 벨트를 걸거나 벗길 때 안전하게 하기 위한 작동상태는?

① 중속인 상태
② 역회전 상태
③ 정지한 상태
④ 고속인 상태

🔍 풀리에 벨트를 걸거나 벗길 때는 정지 상태에서 작업한다.

50 다음 중 수공구인 렌치를 사용할 때 지켜야 할 안전사항으로 옳은 것은?

① 볼트를 풀 때는 지렛대 원리를 이용하여, 렌치를 밀어서 힘이 받도록 한다.
② 볼트를 조일 때는 렌치를 해머로 쳐서 조이면 강하게 조일 수 있다.
③ 렌치작업 시 큰 힘으로 조일 경우 연장대를 끼워서 작업한다.
④ 볼트를 풀 때는 렌치 손잡이를 당길 때 힘을 받도록 한다.

51 일반적인 재해 조사방법으로 적절하지 않은 것은?

① 현장의 물리적 흔적을 수집한다.
② 재해 조사는 사고 종결 후에 실시한다.
③ 재해 현장은 사진 등으로 촬영하여 보관하고 기록한다.
④ 목격자, 현장 책임자 등 많은 사람들에게 사고 시의 상황을 듣는다.

🔍 재해조사는 같은 유형의 재해를 반복하지 않도록 재해의 원인이 되었던 불안전한 상태와 불안전한 행동을 발견하고, 이것을 다시 분석 검토해서 적정한 방지대책을 수립하기 위한 것으로 재해발생 직후에 실시하여야 한다.

52 교류아크용접기의 감전방지용 방호장치에 해당하는 것은?

① 2차 권선장치
② 자동전격 방지기
③ 전류조절장치
④ 전자계전기

🔍 자동전격방지는 교류아크용접기에 장착하는 감전방지용 안전장치이다.

53 산업재해 발생원인 중 직접원인에 해당되는 것은?

① 유전적 요소
② 사회적 환경
③ 불안전한 행동
④ 인간의 결함

🔍 직접원인 : 불안전한 행동 및 상태

54 다음 중 자연발화성 및 금수성물질이 아닌 것은?

① 탄소
② 나트륨
③ 칼륨
④ 알킬알루미늄

🔍 자연발화성 및 금수성물질은 제3류 위험물로 고체 또는 액체로서 공기 중에서 발화의 위험성이 있거나 물과 접촉하여 발화하거나 가연성 가스를 발생시킬 수 있는 위험성이 있는 물질로 칼륨, 나트륨, 알킬알루미늄, 황린, 알킬리튬 등이 이에 해당된다.

55 다음 중 납산 배터리 액체를 취급하는데 가장 적합한 것은?

① 고무로 만든 옷
② 가죽으로 만든 옷
③ 무명으로 만든 옷
④ 화학섬유로 만든 옷

56 산업안전보건법령상 안전·보건표지의 분류 명칭이 아닌 것은?

① 금지표지 ② 경고표지
③ 통제표지 ④ 안내표지

> 안전·보건표지의 종류 : 금지표지, 경고표지, 지시표지, 안내표지

57 지상에 설치되어 있는 도시가스배관 외면에 반드시 표시해야 하는 사항이 아닌 것은?

① 사용가스명
② 가스의 흐름방향
③ 소유자명
④ 최고사용압력

> 도시가스 시설의 배관 설치기준에 따르면 지상에 설치되어 있는 도시가스 배관의 외부에는 사용가스명, 최고사용압력 및 가스흐름방향을 표시하여야 한다. 단, 지하에 매설하는 경우에는 흐름방향을 표시하지 않을 수 있다.

58 도시가스사업법령에 따라 도시가스배관 매설시 폭 8m 이상의 도로에서는 얼마 이상의 설치 간격을 두어야 하는가?

① 0.3m ② 0.5m
③ 0.8m ④ 1.2m

> 설치 간격
> • 공동주택 등의 부지 내 : 0.6m 이상
> • 폭 8m 이상의 도로 : 1.2m 이상
> • 폭 4m 이상 8m 미만인 도로 : 1m 이상

59 건설기계장비로 22.9kV 배전선로에 근접하여 작업할 때 가장 적절한 것은?

① 전력선에 장비가 접촉되는 사고발생시 시설물 관리자에게 연락한다.
② 콘크리트 전주의 전력선은 모두 저압선이므로 접촉해도 안전하다.
③ 작업 중 전력선과 접촉시 단선만 되지 않으면 안전하다.
④ 작업 중에 전력선이 단선 되면 동선으로 접속한다.

60 지중 전선로를 직접 매설식에 의하여 차도의 지표면 아래에 시설되었다면 다음 중 전력 케이블이 매설된 깊이로 가장 적합한 것은?

① 0.2~0.3m
② 0.3~0.5m
③ 0.5~0.8m
④ 1.2~1.5m

> 지중전선로를 직접 매설식에 의하여 시설하는 경우에는 매설깊이를 차량 기타 중량물의 압력을 받을 우려가 있는 장소에는 1.2m 이상, 기타 장소에는 60cm 이상으로 하고 또한 지중전선을 견고한 트라프 기타 방호물에 넣어 시설하여야 한다.

정답 공단 기출문제 – 2015년 03회

01 ④	02 ①	03 ③	04 ①	05 ②
06 ①	07 ②	08 ②	09 ①	10 ②
11 ②	12 ②	13 ④	14 ①	15 ③
16 ④	17 ③	18 ④	19 ④	20 ①
21 ②	22 ①	23 ④	24 ①	25 ④
26 ③	27 ①	28 ①	29 ①	30 ②
31 ③	32 ③	33 ③	34 ②	35 ②
36 ①	37 ②	38 ②	39 ①	40 ③
41 ③	42 ③	43 ③	44 ①	45 ②
46 ④	47 ②	48 ③	49 ③	50 ④
51 ②	52 ②	53 ②	54 ①	55 ①
56 ③	57 ③	58 ④	59 ①	60 ④

2015년 04회 공단 기출문제

01 다음 중 윤활유의 기능으로 모두 옳은 것은?

① 마찰감소, 스러스트작용, 밀봉작용, 냉각작용
② 마멸방지, 수분흡수, 밀봉작용, 마찰증대
③ 마찰감소, 마멸방지, 밀봉작용, 냉각작용
④ 마찰증대, 냉각작용, 스러스트작용, 응력분산

> 윤활유의 기능 : 감마(마찰감소), 냉각, 세척, 밀봉, 부식방지, 소음완화, 응력분산

02 열에너지를 기계적 에너지로 변환시켜 주는 장치는?

① 펌프　　② 모터
③ 엔진　　④ 밸브

> 엔진은 열에너지를 기계적 에너지로 바꾸는 장치로, 기계적인 동력을 발생시키기 위해 연료를 연소시킨다.

03 디젤기관에서 압축압력이 저하되는 가장 큰 원인은?

① 냉각수 부족
② 엔진오일 과다
③ 기어오일의 열화
④ 피스톤 링의 마모

> 실린더 벽이 마모되거나 피스톤 링이 마모되면 압축압력이 저하되어 블로바이 현상이나 오일의 희석, 피스톤 슬랩 현상이 일어난다.

04 노킹이 발생되었을 때 디젤기관에 미치는 영향이 아닌 것은?

① 배기가스의 온도가 상승한다.
② 연소실 온도가 상승한다.
③ 엔진에 손상이 발생할 수 있다.
④ 출력이 저하된다.

> 노킹이 발생하면 화염속도가 빨라져 연소실 온도가 상승하고, 불완전연소가 일어나 배기가스 온도는 낮아진다.

05 수온조절기의 종류가 아닌 것은?

① 벨로즈 형식
② 펠릿 형식
③ 바이메탈 형식
④ 마몬 형식

> 수온조절기에는 바이메탈형, 벨로즈형, 펠릿형 등이 있으며, 현재는 펠릿형 이외에는 사용하지 않고 있다. 펠릿형은 수온이 규정 온도까지 높아지면 펠릿안의 왁스가 팽창하여 밸브가 열리는 방식이다.

06 디젤엔진의 연소실에는 연료가 어떤 상태로 공급되는가?

① 기화기와 같은 기구를 사용하여 연료를 공급한다.
② 노즐로 연료를 안개와 같이 분사한다.
③ 가솔린 엔진과 동일한 연료 공급펌프로 공급한다.
④ 액체 상태로 공급한다.

> 디젤 엔진은 공기만을 압축하므로 노즐에서 연료를 안개 상태로 하여 연소실에 분사한다.

07 디젤기관에서 발생하는 진동의 원인이 아닌 것은?

① 프로펠러 샤프트의 불균형
② 분사시기의 불균형
③ 분사량의 불균형
④ 분사압력의 불균형

> 기관의 진동은 분사상태에 영향을 받는다. 참고로 프로펠러 샤프트의 불균형은 추진축이 진동하게 되는 원인이 된다.

08 2행정 디젤기관의 소기방식에 속하지 않는 것은?

① 루프 소기식
② 횡단 소기식
③ 복류 소기식
④ 단류 소기식

> 2행정 디젤기관의 소기방식 : 횡단 소기식, 루프(반전) 소기식, 단류 소기식

09 크랭크축의 비틀림 진동에 대한 설명 중 틀린 것은?

① 각 실린더의 회전력 변동이 클수록 커진다.
② 크랭크축이 길수록 커진다.
③ 강성이 클수록 커진다.
④ 회전부분의 질량이 클수록 커진다.

> 크랭크축의 비틀림 진동은 각 실린더의 크랭크 회전력이 클수록, 회전부분의 질량이 클수록, 크랭크 축이 길수록, 강성이 작을수록 커진다.

10 건설기계 운전 작업 중 온도 게이지가 "H" 위치에 근접되어 있다. 운전자가 취해야 할 조치로 가장 알맞은 것은?

① 작업을 계속해도 무방하다.
② 잠시 작업을 중단하고 휴식을 취한 후 다시 작업한다.
③ 윤활유를 즉시 보충하고 계속 작업한다.
④ 작업을 중단하고 냉각수 계통을 점검한다.

> 온도 게이지가 "H" 위치에 근접한 경우 작업을 중단하고 냉각수 계통을 점검하여야 한다.

11 압력식 라디에이터 캡에 대한 설명으로 옳은 것은?

① 냉각장치 내부압력이 규정보다 낮을 때 공기밸브는 열린다.
② 냉각장치 내부압력이 규정보다 높을 때 진공밸브는 열린다.
③ 냉각장치 내부압력이 부압이 되면 진공밸브는 열린다.
④ 냉각장치 내부압력이 부압이 되면 공기밸브는 열린다.

> 라디에이터의 압력밸브는 냉각수 비등점을 올려주는 작용을 하고, 진공밸브는 부압상태에서 열려 내부를 대기압과 같게 한다.

12 4행정 사이클 기관에 주로 사용되고 있는 오일펌프는?

① 원심식과 플런저식
② 기어식과 플런저식
③ 로터리식과 기어식
④ 로터리식과 나사식

> 4행정 사이클 기관에 주로 사용되는 오일펌프는 로터리식과 기어식이다.

13 전기자 철심을 두께 0.35 ~ 1.0mm의 얇은 철판을 각각 절연하여 겹쳐 만든 주된 이유는?

① 열 발산을 방지하기 위해
② 코일의 발열 방지를 위해
③ 맴돌이 전류를 감소시키기 위해
④ 자력선의 통과를 차단시키기 위해

> 전기자 철심(core)은 자력선을 잘 통과시키고 맴돌이 전류를 감소시키기 위해 두께 0.35~1.0mm의 얇은 철판을 각각 절연하여 겹쳐 만든다.

14 납산축전지의 전해액을 만들 때 올바른 방법은?

① 황산에 물을 조금씩 부으면서 유리 막대로 젓는다.
② 황산과 물을 1:1의 비율로 동시에 붓고 잘 젓는다.
③ 증류수에 황산을 조금씩 부으면서 잘 젓는다.
④ 축전지에 필요한 양의 황산을 직접 붓는다.

> 전해액을 만들 때는 증류수에 황산을 조금씩 부어 섞어준다. 이와 반대로 황산에 증류수를 넣으면 열로 인한 폭발 위험성이 있다.

15 전조등의 구성품으로 틀린 것은?

① 전구
② 렌즈
③ 반사경
④ 플래셔 유닛

> 플래셔 유닛은 방향지시등의 구성품으로 전자열선식, 축전기식, 수은식, 바이메탈식 등이 있다.

16 다음 회로에서 퓨즈에는 몇 A가 흐르는가?

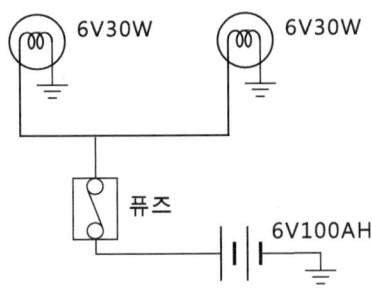

① 5A ② 10A
③ 50A ④ 100A

🔍 전류 = 전력/전압 = (30W + 30W)/6V = 10A

17 일반적인 축전지 터미널의 식별법으로 적합하지 않은 것은?

① (+), (−) 의 표시로 구분한다.
② 터미널의 요철로 구분한다.
③ 굵고 가는 것으로 구분한다.
④ 적색과 흑색 등 색으로 구분한다.

🔍 축전지 터미널의 식별
• 양극 : (+) 또는 (P), 적색, 직경이 굵음
• 음극 : (−) 또는 (N), 흑색, 직경이 얇음

18 교류 발전기에서 높은 전압으로부터 다이오드를 보호하는 구성품은 어느 것인가?

① 콘덴서 ② 필드 코일
③ 정류기 ④ 로터

🔍 교류(AC) 발전기에서 높은 전압으로부터 다이오드를 보호하는 것은 콘덴서이다.

19 수동식 변속기가 장착된 건설기계에서 기어의 이상 음이 발생하는 이유가 아닌 것은?

① 기어 백래시가 과다
② 변속기의 오일부족
③ 변속기 베어링의 마모
④ 웜엄과 웜엄기어의 마모

20 무한궤도식 건설기계에서 트랙장력이 약간 팽팽하게 되었을 때 작업조건이 오히려 효과적인 곳은?

① 모래 땅
② 바위가 깔린 땅
③ 진흙 땅
④ 수풀이 우거진 땅

🔍 바위가 깔린 땅에서는 트랙장력을 약간 팽팽하게 조절하는 것이 효과적이다.

21 변속기의 필요성과 관계가 없는 것은?

① 시동 시 장비를 무부하 상태로 한다.
② 기관의 회전력을 증대시킨다.
③ 장비의 후진 시 필요로 한다.
④ 환향을 빠르게 한다.

🔍 변속기의 필요성
• 엔진을 무부하 상태로 유지하기 위해
• 엔진의 회전력(토크) 증대를 위해
• 주행속도를 증감속하게 하기 위해
• 후진이 가능하게 하기 위해

22 유압식 굴착기의 시동 전 점검 사항이 아닌 것은?

① 엔진 오일 및 냉각수 점검
② 후륜 구동축 감속기의 오일량 점검
③ 유압유탱크의 오일량 점검
④ 각종 계기판의 경고등의 램프 작동 상태 점검

🔍 굴착기 구동축의 감속기 오일량을 시동 전이나 일상적으로 점검하기는 어렵다.

23 트랙 슈의 종류가 아닌 것은?

① 고무 슈
② 4중 돌기 슈
③ 3중 돌기 슈
④ 반이중 돌기 슈

🔍 트랙 슈의 종류에는 일반(단일 돌기) 슈, 2중 돌기 슈, 3중 돌기 슈, 세미(반) 2중 돌기 슈, 암반용 슈, 스노우 슈, 평활 슈, 습지용 슈, 고무 슈 등이 있다.

24 굴착기를 트레일러로 수송할 때 붐이 향하는 방향으로 가장 적절한 것은?

① 앞 방향
② 뒷 방향
③ 옆 방향
④ 어느 방향이든 상관없다.

25 무한궤도식 굴착기에서 스프로킷이 한쪽으로만 마모되는 원인으로 가장 적합한 것은?

① 트랙장력이 늘어났다.
② 트랙링크가 마모되었다.
③ 상부롤러가 과다하게 마모되었다.
④ 스프로킷 및 아이들러가 직선 배열이 아니다.

🔍 무한궤도식 굴착기에서 트랙 구공 스프로킷이 편마모되는 원인은 스프로킷 및 아이들러의 정렬이 다르기 때문이다.

26 굴착기의 붐 스윙장치를 설명한 것으로 틀린 것은?

① 붐 스윙 각도는 왼쪽, 오른쪽 60~90° 정도이다.
② 좁은 장소나 도로변 작업에 많이 사용한다.
③ 붐을 일정 각도로 회전시킬 수 있다.
④ 상부를 회전하지 않고도 파낸 흙을 옆으로 이동시킬 수 있다.

🔍 굴착기의 붐 스윙장치는 붐을 좌·우로 각각 60° 정도로 회전을 하여 좁은 장소나 도로변 작업에 많이 이용되는 작업장치이다.

27 건설기계의 출장검사가 허용되는 경우가 아닌 것은?

① 도서지역에 있는 건설기계
② 너비가 2.0미터를 초과하는 건설기계
③ 최고속도가 시간당 35킬로미터 미만인 건설기계
④ 자체중량이 40톤을 초과하거나 축중이 10톤을 초과하는 건설기계

🔍 출장검사가 허용되는 경우
• 도서지역에 있는 경우
• 자체중량이 40톤을 초과하거나 축중이 10톤을 초과하는 경우
• 너비가 2.5m를 초과하는 경우
• 최고속도가 시간당 35㎞ 미만인 경우

28 밤에 도로에서 차를 운행하는 경우 등의 등화로 틀린 것은?

① 견인되는 차 : 미등·차폭등 및 번호등
② 원동기장치자전거 : 전조등 및 미등
③ 자동차 : 자동차안전기준에서 정하는 전조등, 차폭등, 미등
④ 자동차등 외의 모든 차 : 시·도경찰청장이 정하여 고시하는 등화

🔍 야간에 켜야 하는 등화
• 자동차 : 전조등, 차폭등, 미등, 번호등, 실내조명등(실내조명등은 승합자동차와 여객자동차용에 한함)
• 원동기장치자전거 : 전조등 및 미등
• 견인되는 차 : 미등, 차폭등 및 번호등

29 술에 취한 상태의 기준은 혈중알콜농도가 최소 몇 퍼센트 이상인 경우인가?

① 0.25   ② 0.03
③ 1.25   ④ 1.50

🔍 운전이 금지되는 술에 취한 상태의 기준은 운전자의 혈중알코올농도가 0.03퍼센트 이상인 경우로 한다.

30 자동차 1종 대형 운전면허로 건설기계를 운전할 수 없는 것은?

① 덤프트럭
② 노상안정기
③ 트럭적재식천공기
④ 트레일러

🔍 트레일러와 레커는 제1종 특수면허를 취득하여야 한다.

31 건설기계관리법령상 정기검사 유효기간이 3년인 건설기계는?(단, 연식 20년 이하인 경우)

① 덤프트럭
② 콘크리트믹서트럭
③ 트럭적재식 콘크리트펌프
④ 무한궤도식 굴착기

🔍 타이어식 굴착기의 정기검사 유효기간은 연식과 관계없이 1년이지만, 무한궤도식 굴착기는 연식 20년 이하 3년, 연식 20년 초과 1년이다.

32 건설기계의 연료 주입구는 배기관의 끝으로부터 얼마 이상 떨어져 설치하여야 하는가?

① 5cm
② 10cm
③ 30cm
④ 50cm

> 건설기계의 연료탱크, 주입구 및 가스배출구
> • 연료탱크, 연료펌프, 연료배관 및 각종 이음장치에서 연료가 새지 아니할 것
> • 연료 주입구 부근에는 사용하는 연료의 종류를 표시하여야 하며, 연료 등의 용제에 의하여 쉽게 지워지지 아니할 것
> • 노출된 전기단자 및 전기개폐기로부터 20cm 이상 떨어져 있을 것(연료탱크는 제외)
> • 연료 주입구는 배기관의 끝으로부터 30cm 이상 떨어져 있을 것
> • 연료탱크는 벽 또는 보호판 등으로 조종석과 분리되는 구조일 것
> • 연료탱크는 건설기계 차체에 견고하게 고정되어 있을 것
> • 경유를 연료로 사용하는 건설기계의 조속기는 연료의 분사량을 조작할 수 없도록 봉인되어 있을 것

33 건설기계조종사의 면허취소 사유에 해당하는 것은?
(단, 산업안전보건법에 따른 중대재해가 아닌 경우이다.)

① 과실로 인하여 1명을 사망하게 하였을 경우
② 면허의 효력정지기간 중 건설기계를 조종한 경우
③ 과실로 인하여 10명에게 경상을 입힌 경우
④ 건설기계로 1천만원 이상의 재산 피해를 냈을 경우

> 건설기계조종사의 면허취소
> • 거짓이나 그 밖의 부정한 방법으로 건설기계조종사면허를 받은 경우
> • 건설기계조종사면허의 효력정지기간 중 건설기계를 조종한 경우
> • 면허 취득의 결격사유에 해당하게 된 경우
> • 건설기계 조종 중 고의로 사망, 중상, 경상 등을 입힌 경우
> • 건설기계 조종 중 과실로 산업안전보건법에 따른 다음의 중대재해가 발생한 경우
>   – 사망자가 1명 이상 발생한 재해
>   – 3개월 이상의 요양이 필요한 부상자가 동시에 2명 이상 발생한 재해
>   – 부상자 또는 직업성질병자가 동시에 10명 이상 발생한 재해
> • 건설기계조종사면허증을 다른 사람에게 빌려 준 경우
> • 술에 취한 (혈중알코올농도 0.03% 이상 0.08% 미만)상태에서 건설기계를 조종하다가 사고로 사람을 죽게하거나 다치게 한 경우
> • 만취상태(혈중알코올농도 0.08% 이상)에서 건설기계를 조종한 경우
> • 2회 이상 술에 취한 상태에서 건설기계를 조종하여 면허효력정지를 받은 사실이 있는 사람이 다시 술에 취한 상태에서 건설기계를 조종한 경우
> • 마약, 대마, 향정신성 의약품 및 환각물질을 투여한 상태에서 건설기계를 조종한 경우

34 다음 중 시·도지사의 직권으로 건설기계의 등록을 말소할 수 있는 경우는?

① 건설기계의 차대가 등록 시의 차대와 다른 경우
② 건설기계를 수출하는 경우
③ 건설기계를 도난당한 경우
④ 건설기계를 폐기한 경우

> 시·도지사의 직권으로 등록말소
> • 거짓이나 그 밖의 부정한 방법으로 등록을 한 경우
> • 정기검사 명령, 수시검사 명령 또는 정비 명령에 따르지 아니한 경우
> • 건설기계를 폐기한 경우
> • 내구연한을 초과한 건설기계

35 주행 중 차마의 진로를 변경해서는 안 되는 경우는?

① 교통이 복잡한 도로일 때
② 시속 30km 이하의 주행도로인 곳
③ 특별히 진로 변경이 금지된 곳
④ 4차로 도로일 때

> 안전표지가 설치되어 특별히 진로 변경이 금지된 곳에서는 진로를 변경해서는 안 된다.

36 시·도지사가 지정한 교육기관에서 당해 건설기계의 조종에 관한 교육과정을 이수한 경우 건설기계조종사 면허를 받은 것으로 보는 소형 건설기계는?

① 5톤 미만의 불도저
② 5톤 미만의 지게차
③ 5톤 미만의 굴착기
④ 5톤 미만의 타워크레인

> 교육과정을 이수한 경우 면허를 받은 것으로 보는 소형 건설기계
> • 5톤 미만의 불도저   • 5톤 미만의 로더
> • 3톤 미만의 지게차   • 3톤 미만의 굴착기
> • 3톤 미만의 타워크레인   • 공기압축기
> • 이동식 콘크리트펌프   • 쇄석기
> • 준설선
> • 5톤 미만의 천공기(트럭적재식은 제외)

37 유압회로에 사용되는 유압밸브의 역할이 아닌 것은?

① 일의 관성을 제어한다.
② 일의 방향을 변환시킨다.
③ 일의 속도를 제어한다.
④ 일의 크기를 조정한다.

> 유압밸브
> • 압력제어 밸브 : 일의 크기 조정(릴리프 밸브, 감압 밸브, 시퀀스 밸브, 언로더 밸브, 카운터 밸런스 밸브)
> • 유량제어 밸브 : 일의 속도 제어(스로틀 밸브, 압력보상 유량 제어 밸브 등)
> • 방향제어 밸브 : 일의 방향을 변환(체크 밸브, 스풀 밸브, 감속 밸브)

38 유압 작동유의 점도가 지나치게 낮을 때 나타날 수 있는 현상은?

① 출력이 증가한다.
② 압력이 상승한다.
③ 유동저항이 증가한다.
④ 유압 실린더의 속도가 늦어진다.

> 유압 작동유의 점도가 지나치게 낮을 때 유압 실린더의 속도가 늦어지고, 누유가 발생한다.

39 유압계통에서 릴리프 밸브의 스프링 장력이 약화될 때 발생될 수 있는 현상은?

① 채터링 현상
② 노킹 현상
③ 블로바이 현상
④ 트램핑 현상

> 채터링 현상은 릴리프 밸브 등에서 밸브 시트를 때려 비교적 높은 소리를 내는 일종의 자력진동현상을 말하는 것으로 릴리프 밸브의 스프링 장력이 약화될 때 발생할 수 있다.

40 유압기기의 단점으로 틀린 것은?

① 에너지 손실이 적다.
② 오일은 가연성이므로 화재위험이 있다.
③ 회로구성이 어렵고 누설되는 경우가 있다.
④ 오일은 온도변화에 따라 점도가 변하여 기계의 작동속도가 변한다.

41 유압 실린더의 종류에 해당하지 않은 것은?

① 복동 실린더 싱글로드형
② 복동 실린더 더블로드형
③ 단동 실린더 배플형
④ 단동 실린더 램형

> 구조 및 동작방식에 따른 유압 실린더의 종류
> • 단동 실린더 : 램형, 다이어프램형(비실린더형)
> • 복동 실린더 : 싱글로드형, 더블로드형

42 순차 작동 밸브라고도 하며, 각 유압 실린더를 일정한 순서로 순차 작동시키고자 할 때 사용하는 것은?

① 릴리프 밸브
② 감압 밸브
③ 시퀀스 밸브
④ 언로더 밸브

> 유압밸브
> • 릴리프 밸브 : 유압 펌프와 제어 밸브 사이에 설치되어 회로 내의 압력을 규정값으로 유지
> • 감압 밸브 : 유압 회로에서 분기 회로의 압력을 주회로의 압력보다 감압
> • 시퀀스 밸브 : 2개 이상의 분기 회로에서 유압 회로의 압력에 의하여 작동 순서를 제어
> • 언로더 밸브 : 유압회로의 압력이 설정압력에 이르면 펌프로부터 전유량을 직접 탱크로 리턴시켜 펌프를 무부하

43 플런저가 구동축의 직각방향으로 설치되어 있는 유압 모터는?

① 캠형 플런저 모터
② 엑시얼형 플런저 모터
③ 블래더형 플런저 모터
④ 레이디얼형 플런저 모터

> 유압모터
> • 엑시얼형 플런저 : 구동축의 원둘레 방향에 설치
> • 레이디얼형 플런저 : 구동축의 직각방향에 설치

44 유압 · 공기압 도면기호 중 그림이 나타내는 것은?

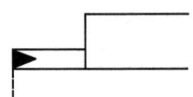

① 유압 파일럿(외부)
② 공기압 파일럿(외부)
③ 유압 파일럿(내부)
④ 공기압 파일럿(내부)

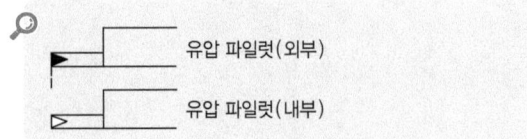

45 건설기계의 작동유 탱크 역할로 틀린 것은?

① 유온을 적정하게 유지하는 역할을 한다.
② 작동유를 저장한다.
③ 오일 내 이물질의 침전작용을 한다.
④ 유압을 적정하게 유지하는 역할을 한다.

> 유압을 적정하게 유지하는 것은 릴리프 밸브를 통해 이루어진다.

46 베인 펌프에 대한 설명으로 틀린 것은?

① 날개로 펌핑동작을 한다.
② 토크(torque)가 안정되어 소음이 작다.
③ 싱글형과 더블형이 있다.
④ 베인 펌프는 1단 고정으로 설계된다.

> 베인 펌프는 정용량형펌프와 가변용량형펌프로 나뉘며, 정용량형 펌프에는 1단 펌프, 2단 펌프, 이중 펌프, 복합 펌프 등이 있다.

47 불안전한 조명, 불안전한 환경, 방호장치의 결함으로 인하여 오는 산업재해 요인은?

① 지적 요인
② 물적 요인
③ 신체적 요인
④ 정신적 요인

48 산업 재해의 통상적인 분류 중 통계적 분류에 대한 설명으로 틀린 것은?

① 사망 : 업무로 인해서 목숨을 잃게 되는 경우
② 중경상 : 부상으로 인하여 30일 이상의 노동 상실을 가져온 상해 정도
③ 경상해 : 부상으로 1일 이상 7일 이하의 노동 상실을 가져온 상해 정도
④ 무상해 사고 : 응급처치 이하의 상처로 작업에 종사하면서 치료를 받는 상해 정도

> 중경상은 부상으로 인하여 2주 이상의 노동 상실을 가져온 상해 정도를 말한다.

49 안전표지의 종류 중 안내표지에 속하지 않는 것은?

① 녹십자표지
② 응급구호표지
③ 비상구
④ 출입금지

> 출입금지는 금지표지에 속한다.

50 전기화재에 적합하며 화재 때 화점에 분사하는 소화기로 산소를 차단하는 소화기는?

① 포말 소화기
② 이산화탄소 소화기
③ 분말 소화기
④ 증발 소화기

> 포말 소화기는 유류화재에 적합하지만 이산화탄소 소화기는 유류와 전기화재 모두에 사용되는 소화기이다.

51 다음 중 가스누설 검사에 가장 좋고 안전한 것은?

① 아세톤
② 성냥불
③ 순수한 물
④ 비눗물

> 가스누출 여부 및 위치는 비눗물로 확인 · 점검한다.

52 무한궤도식 굴착기의 주행방법 중 틀린 것은?

① 가능하면 평탄한 길을 택하여 주행한다.
② 요철이 심한 곳에서는 엔진 회전수를 높여 통과한다.
③ 돌이 주행모터에 부딪치지 않도록 한다.
④ 연약한 땅은 피해서 간다.

> 암반이나 부정지 등은 트랙을 팽팽하게 조정 후 저속으로 주행한다.

53 건설기계 작업 시 주의사항으로 틀린 것은?

① 운전석을 떠날 경우에는 기관을 정지시킨다.
② 작업 시에는 항상 사람의 접근에 특별히 주의한다.
③ 주행 시는 가능한 한 평탄한 지면으로 주행한다.
④ 후진 시는 후진 후 사람 및 장애물 등을 확인한다.

> 후진 시는 후진하기 전에 사람 및 장애물 등을 확인해야 한다.

54 기계의 회전부분(기어, 벨트, 체인)에 덮개를 설치하는 이유는?

① 좋은 품질의 제품을 얻기 위하여
② 회전부분의 속도를 높이기 위하여
③ 제품의 제작과정을 숨기기 위하여
④ 회전부분과 신체의 접촉을 방지하기 위하여

55 일반적인 보호구의 구비조건으로 맞지 않는 것은?

① 착용이 간편할 것
② 햇볕에 잘 열화 될 것
③ 재료의 품질이 양호할 것
④ 위험 유해 요소에 대한 방호성능이 충분할 것

> 보호구의 구비조건
> • 착용이 간편할 것
> • 작업에 방해가 되지 않도록 할 것
> • 유해·위험요소에 대한 방호성능이 충분할 것
> • 재료의 품질이 양호할 것
> • 구조와 끝마무리가 양호할 것
> • 외양과 외관이 양호할 것

56 도로에서 파일 항타, 굴착작업 중 지하에 매설된 전력 케이블 피복이 손상되었을 때 전력 공급에 파급되는 영향을 가장 올바르게 설명한 것은?

① 케이블이 절단되어도 전력공급에는 지장이 없다.
② 케이블은 외피 및 내부가 철 그물망으로 되어 있어 절대로 절단되지 않는다.
③ 케이블을 보호하는 관은 손상이 되어도 전력 공급에는 지장이 없으므로 별도의 조치는 필요 없다.
④ 전력케이블에 충격 또는 손상이 가해지면 전력 공급이 차단되거나 일정 시일 경과 후 부식 등으로 전력공급이 중단될 수 있다.

> 도로의 굴착작업시 전력케이블의 피복 손상이나 절단이 생기면 전력공급이 중단될 수 있어 즉시 한국전력에 통보하도록 한다.

57 수공구 사용방법으로 옳지 않은 것은?

① 좋은 공구를 사용할 것
② 해머의 쐐기 유무를 확인할 것
③ 스패너는 너트에 잘 맞는 것을 사용할 것
④ 해머의 사용면이 넓고 얇아진 것을 사용할 것

> 해머의 사용면이 넓어졌다는 것은 타격면을 오래 사용하여 변형이 초래되었다는 것을 의미한다.

58 굴착 작업 시 작업능력이 떨어지는 원인으로 맞는 것은?

① 트랙 슈에 주유가 안됨
② 릴리프 밸브 조정 불량
③ 조향핸들 유격과다
④ 아워미터 고장

> 릴리프 밸브가 고장이거나 조정이 불량하면 유압이 떨어지기 때문에 작업 능력이 떨어질 수 있다.

59 굴착공사 중 적색으로 된 도시가스 배관을 손상시켰으나 다행히 가스는 누출되지 않고 피복만 벗겨졌다. 이때의 조치사항으로 가장 적합한 것은?

① 해당 도시가스회사에 그 사실을 알려 보수 하도록 한다.
② 가스가 누출되지 않았으므로 그냥 되메우기 한다.
③ 벗겨지거나 손상된 피복은 고무판이나 비닐테이프로 감은 후 되메우기 한다.
④ 벗겨진 피복은 부식방지를 위하여 아스팔트를 칠하고 비닐테이프로 감은 후 직접 되메우기 한다.

🔍 굴착공사 중 도시가스 배관이 손상되었으면 가스 누출 여부와 관계없이 해당 도시가스회사에 그 사실을 알려 보수하도록 하여야 한다. 참고로 매설배관은 최고사용압력이 저압인 배관은 황색, 중압인 배관은 적색으로 되어있다.

60 특별고압 가공 배전선로에 관한 설명으로 옳은 것은?

① 높은 전압일수록 전주 상단에 설치하는 것을 원칙으로 한다.
② 낮은 전압일수록 전주 상단에 설치하는 것을 원칙으로 한다.
③ 전압에 관계없이 장소마다 다르다.
④ 배전선로는 전부 절연절선이다.

정답 공단 기출문제 – 2015년 04회

01 ③	02 ③	03 ④	04 ①	05 ④
06 ②	07 ①	08 ③	09 ③	10 ④
11 ③	12 ③	13 ③	14 ③	15 ④
16 ②	17 ②	18 ①	19 ④	20 ②
21 ④	22 ②	23 ②	24 ②	25 ④
26 ①	27 ②	28 ③	29 ②	30 ④
31 ④	32 ③	33 ②	34 ④	35 ③
36 ①	37 ①	38 ②	39 ①	40 ①
41 ③	42 ③	43 ④	44 ①	45 ④
46 ④	47 ②	48 ②	49 ④	50 ②
51 ④	52 ②	53 ②	54 ④	55 ②
56 ④	57 ④	58 ②	59 ①	60 ①

2016년 01회 공단 기출문제

01 건설기계 범위에 해당되지 않는 것은?

① 준설선
② 3톤 지게차
③ 항타 및 항발기
④ 자체 중량 1톤 미만의 굴착기

> 건설기계관리법상 건설기계의 범위에 해당하는 굴착기는 무한궤도 또는 타이어식으로 굴착장치를 가진 자체중량 1톤 이상인 것을 말한다.

02 건설기계 조종사 면허를 취소하거나 정지시킬 수 있는 사유에 해당하지 않는 것은?

① 면허증을 타인에게 대여한 때
② 조종 중 고의로 인명사고를 일으킨 때
③ 면허를 부정한 방법으로 취득하였음이 밝혀졌을 때
④ 여행을 목적으로 1개월 이상 해외로 출국하였을 때

> 보기 ①, ②, ③항은 모두 면허 취소에 해당하는 사항이다.

03 건설기계관리법상 소형건설기계에 포함되지 않는 것은?

① 3톤 미만의 굴착기
② 5톤 미만의 불도저
③ 천공기
④ 공기압축기

> 소형건설기계
> • 5톤 미만의 불도저
> • 5톤 미만의 로더
> • 트럭적재식을 제외한 5톤 미만의 천공기
> • 3톤 미만의 지게차
> • 3톤 미만의 굴착기
> • 3톤 미만의 타워크레인
> • 공기압축기
> • 이동식 콘크리트펌프
> • 쇄석기
> • 준설선

04 시·도지사는 건설기계 등록원부를 건설기계의 등록을 말소한 날 부터 몇 년간 보존하여야 하는가?

① 1년
② 3년
③ 5년
④ 10년

> 시·도지사는 건설기계등록원부를 건설기계의 등록을 말소한 날부터 10년간 보존하여야 한다.

05 정기검사 유효기간이 1년인 건설기계는?(단, 연식 20년 이하인 경우에 한함)

① 타이어식 기중기
② 모터그레이더
③ 타이어식 로더
④ 1톤 이상의 지게차

> 정기검사 유효기간(연식 20년 이하인 경우)
> • 기중기(타이어식, 트럭적재식) : 1년
> • 모터그레이더 : 2년
> • 타이어식 로더 : 2년
> • 1톤 이상의 지게차 : 2년

06 건설기계조종사 면허증 발급 신청시 첨부하는 서류와 가장 거리가 먼 것은?

① 신체검사서
② 국가기술자격수첩
③ 주민등록표 등본
④ 소형건설기계 조종교육 이수증

> 면허증 발급 신청시 첨부 서류
> • 신체검사서
> • 소형건설기계조종교육이수증(소형건설기계조종사면허증을 발급신청하는 경우에 한정한다)
> • 건설기계조종사면허증(건설기계조종사면허를 받은 자가 면허의 종류를 추가하고자 하는 때에 한한다)
> • 6개월 이내에 촬영한 탈모상반신 사진 2매

07 교류 발전기의 유도전류는 어디에서 발생하는가?

① 로터
② 전기자
③ 계자 코일
④ 스테이터

> 교류 발전기에서 로터는 회전체, 스테이터는 고정체로 유도전류가 발생된다.

08 전류의 3대 작용이 아닌 것은?

① 발열 작용 ② 자기 작용
③ 원심 작용 ④ 화학 작용

> 전류의 3대 작용 : 발열작용, 화학작용, 자기작용

09 냉각수에 엔진오일이 혼합되는 원인으로 가장 적합한 것은?

① 물 펌프 마모
② 수온 조절기 파손
③ 방열기 코어 파손
④ 헤드 가스킷 파손

> 헤드 가스킷은 실린더 블록과 헤드에 설치되어 기밀유지의 역할을 하는 것으로 파손 시 냉각수에 엔진오일이 혼합될 수 있다.

10 기관에서 폭발행정 말기에 배기가스가 실린더 내의 압력에 의해 배기밸브를 통해 배출 되는 현상은?

① 블로바이(blow by)
② 블로백(blow back)
③ 블로다운(blow down)
④ 블로업(blow up)

> 용어 설명
> • 블로다운 : 폭발행정 말기에 배기가스가 실린더 내의 압력에 의해 배기밸브를 통해 배출되는 현상
> • 블로바이 : 압축행정시 피스톤 링과 실린더 사이로 혼합가스가 새는 현상
> • 블로백 : 압축행정시 밸브 가이드 사이로 혼합가스가 새는 현상

11 디젤 기관의 연료 여과기에 장착되어 있는 오버플로 밸브의 역할이 아닌 것은?

① 연료 계통의 공기를 배출한다.
② 분사 펌프의 압송 압력을 높인다.
③ 연료압력의 지나친 상승을 방지한다.
④ 연료 공급 펌프의 소음 발생을 방지한다.

> 오버플로 밸브의 기능
> • 회로 내 공기 배출
> • 연료 여과기 보호
> • 연료 탱크 내 기포 발생 방지
> • 분사 펌프의 소음 발생 방지
> • 연료 압력의 지나친 상승을 방지

12 여과기 종류 중 원심력을 이용하여 이물질을 분리시키는 형식은?

① 건식 여과기 ② 오일 여과기
③ 습식 여과기 ④ 원심식 여과기

13 기관의 연료장치에서 희박한 혼합비가 미치는 영향으로 옳은 것은?

① 시동이 쉬워진다.
② 저속 및 공전이 원활하다.
③ 연소속도가 빠르다.
④ 출력(동력)의 감소를 가져온다.

> 혼합비가 희박하다는 것은 공기의 양이 이론공기량 보다 많은 경우로 희박한 혼합비에서는 출력의 감소가 초래된다.

14 기동 전동기에서 마그네틱 스위치는?

① 전자석 스위치이다.
② 전류 조절기이다.
③ 전압 조절기이다.
④ 저항 조절기이다.

> 기동 전동기에서 마그네틱 스위치(솔레노이드 스위치)는 배터리에서 기동 전동기로 흐르는 큰 전류를 단속하는 스위치 작용과 기동 전동기 피니언과 엔진 플라이 휠 링 기어를 맞물리도록 하는 역할을 하며, 전자석 스위치이다.

15 24V의 동일한 용량의 축전지 2개를 직렬로 접속하면?

① 전류가 증가한다.
② 전압이 높아진다.
③ 저항이 감소한다.
④ 용량이 감소한다.

> 축전지를 직렬로 접속하면 전압이 상승하고, 병렬로 접속하면 전류가 상승한다.

16 윤활장치에 사용되고 있는 오일펌프로 적합하지 않는 것은?

① 기어 펌프
② 로터리 펌프
③ 베인 펌프
④ 나사 펌프

> 윤활장치에 사용되고 있는 오일펌프는 기어 펌프, 로터리 펌프, 베인 펌프 등이 있으며, 4행정 사이클 기관에 주로 사용되는 오일펌프는 로터리식과 기어식이다.

17 유압 모터와 연결된 감속기의 오일 수준을 점검할 때의 유의사항으로 틀린 것은?

① 오일이 정상 온도일 때 오일 수준을 점검해야 한다.
② 오일량은 영하(-)의 온도상태에서 가득 채워야 한다.
③ 오일 수준을 점검하기 전에 항상 오일 수준 게이지 주변을 깨끗하게 청소한다.
④ 오일량이 너무 적으면 모터 유닛이 올바르게 작동하지 않거나 손상될 수 있으므로 오일량은 항상 정량유지가 필요하다.

18 유압장치에서 오일의 역류를 방지하기 위한 밸브는?

① 변환 밸브
② 압력조절 밸브
③ 체크 밸브
④ 흡기 밸브

> 체크 밸브는 유체의 흐름 방향을 한쪽 방향으로만 흐르게 하는 밸브를 말한다.

19 플런저식 유압펌프의 특징이 아닌 것은?

① 구동축이 회전운동을 한다.
② 플런저가 회전운동을 한다.
③ 가변용량형과 정용량형이 있다.
④ 기어펌프에 비해 최고 압력이 높다.

> 플런저가 실린더 내를 왕복 운동하여 흡입, 송출한다.

20 압력 제어밸브의 종류가 아닌 것은?

① 교축 밸브(throttle valve)
② 릴리프 밸브(relief valve)
③ 시퀀스 밸브(sequence valve)
④ 카운터 밸런스 밸브(counter balance valve)

> 교축 밸브(스로틀 밸브)는 밸브 내의 유로 면적을 외부로부터 바꾸어 줌으로써 오일의 유로에 저항을 부여하는 유량 조정 밸브이다.

21 각종 압력을 설명한 것으로 틀린 것은?

① 계기압력 : 대기압을 기준으로 한 압력
② 절대압력 : 완전진공을 기준으로 한 압력
③ 대기압력 : 절대압력과 계기압력을 곱한 압력
④ 진공압력 : 대기압 이하의 압력, 즉 음(-)의 계기압력

> 대기압이란 공기의 무게에 의해 생기는 대기의 압력을 말한다. 참고로 계기압력과 대기압력의 합을 절대압력이라 한다.

22 기체-오일식 어큐뮬레이터에 가장 많이 사용되는 가스는?

① 산소
② 질소
③ 아세틸렌
④ 이산화탄소

23 가변 용량형 유압펌프의 기호 표시는?

①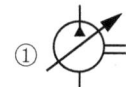
②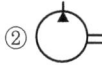
③ ⋀
④ ▭

> ① 가변 용량형 유압펌프, ② 정용량형 유압펌프, ③ 스프링

24 기어식 유압펌프에 폐쇄작용이 생기면 어떤 현상이 생길 수 있는가?

① 기름의 토출
② 기포의 발생
③ 기어 진동의 소멸
④ 출력의 증가

25 유압회로에서 호스의 노화 현상이 아닌 것은?

① 호스의 표면에 갈라짐이 발생한 경우
② 코킹 부분에서 오일이 누유 되는 경우
③ 액추에이터의 작동이 원활하지 않을 경우
④ 정상적인 압력상태에서 호스가 파손될 경우

26 유압유의 주요 기능이 아닌 것은?

① 열을 흡수한다.
② 동력을 전달한다.
③ 필요한 요소 사이를 밀봉한다.
④ 움직이는 기계요소를 마모시킨다.

> 유압유의 주요 기능
> • 동력을 전달한다.
> • 움직이는 부분에 대한 효율을 증대시킨다.
> • 맞물린 부위의 간극을 밀봉한다.
> • 열을 흡수한다.

27 보기에서 작업자의 올바른 안전 자세로 모두 짝지어진 것은?

[보기]
a. 자신의 안전과 타인의 안전을 고려한다.
b. 작업에 임해서는 아무런 생각 없이 작업한다.
c. 작업장 환경 조성을 위해 노력한다.
d. 작업 안전 사항을 준수한다.

① a, b, c
② a, c, d
③ a, b, d
④ a, b, c, d

28 작업장에서 작업복을 착용하는 주된 이유는?

① 작업 속도를 높이기 위해서
② 작업자의 복장 통일을 위해서
③ 작업장의 질서를 확립시키기 위해서
④ 재해로부터 작업자의 몸을 보호하기 위해서

> 작업복을 착용하는 주된 이유는 재해로부터 작업자의 몸을 보호하기 위한 것이 첫 번째이다.

29 스패너 사용 시 주의사항으로 잘못된 것은?

① 스패너의 입이 너트 폭과 맞는 것을 사용한다.
② 필요시 두 개를 이어서 사용할 수 있다.
③ 스패너를 너트에 정확히 장착하여 사용한다.
④ 스패너의 입이 변형된 것은 폐기한다.

> 스패너에 파이프 등 연장대를 끼우거나, 두 개를 이어서 사용해서는 안 된다.

30 재해 발생원인 중 직접원인이 아닌 것은?

① 기계 배치의 결함
② 교육 훈련 미숙
③ 불량 공구 사용
④ 작업 조명의 불량

> 직접원인이란 직접적으로 사고를 일으키는 불안전 행동이나 불안전한 기계적 상태를 포함한다. 보기 중 ②항은 간접원인 중 교육적 원인에 속한다.

31 안전제일에서 가장 먼저 선행되어야 하는 이념으로 맞는 것은?

① 재산 보호
② 생산성 향상
③ 신뢰성 향상
④ 인명 보호

> 안전관리란 재해로부터 인간의 생명과 재산을 보존하기 위한 계획적이고 체계적인 제반 활동을 의미한다.

32 동력공구 사용 시 주의사항으로 틀린 것은?

① 보호구는 사용 안 해도 무방하다.
② 에어 그라인더는 회전수에 유의한다.
③ 규정 공기압력을 유지한다.
④ 압축공기 중의 수분을 제거하여 준다.

> 보호구는 해당 작업에 적합한 것을 항상 사용해야 한다.

33 연삭기에서 연삭칩의 비산을 막기 위한 안전 방호 장치는?

① 안전 덮개
② 광전식 안전 방호장치
③ 급정지 장치
④ 양수 조작식 방호장치

🔍 연삭기의 방호장치는 덮개이다.

34 점검주기에 따른 안전점검의 종류에 해당되지 않는 것은?

① 수시점검
② 정기점검
③ 특별점검
④ 구조점검

🔍 점검주기에 따른 안전점검의 종류에는 수시점검, 정기점검, 특별점검 및 임시점검이 있다.

35 작업장에서 지킬 안전사항 중 틀린 것은?

① 안전모는 반드시 착용한다.
② 고압전기, 유해가스 등에 적색 표지판을 부착한다.
③ 해머작업을 할 때는 장갑을 착용한다.
④ 기계의 주유시는 동력을 차단한다.

🔍 해머작업 시에는 미끄러질 위험이 있으므로 장갑을 착용해서는 안 된다.

36 B급 화재에 대한 설명으로 옳은 것은?

① 목재, 섬유류 등의 화재로서 일반적으로 냉각소화를 한다.
② 유류 등의 화재로서 일반적으로 질식 효과(공기차단)로 소화한다.
③ 전기기기의 화재로서 일반적으로 전기 절연성을 갖는 소화제로 소화한다.
④ 금속나트륨 등의 화재로서 일반적으로 건조사를 이용한 질식효과로 소화한다.

🔍 화재의 종류
- A급 화재 : 일반 가연물 화재
- B급 화재 : 유류 화재
- C급 화재 : 전기 화재
- D급 화재 : 금속 화재

37 무한궤도식 굴착기 트랙의 조정은 어느 것으로 하는가?

① 아이들러의 이동
② 하부 롤러의 이동
③ 상부 롤러의 이동
④ 스프로킷의 이동

38 굴착기의 센터 조인트에 대한 설명으로 틀린 것은?

① 스위블 조인트라고도 한다.
② 압력 상태에서도 선회가 가능한 관이음이다.
③ 스윙모터를 회전시킨다.
④ 상부 회전체의 오일을 주행 모터에 전달한다.

39 굴착기 작업장치의 일종인 우드 그래플(wood grapple)로 할 수 있는 작업은?

① 전신주와 원목하역, 운반작업
② 기초공사용 드릴작업
③ 하천 바닥 준설
④ 건축물 해체, 파쇄작업

🔍 우드 그래플은 전신주, 원목 등을 집어서 운반하거나 하역하는 등의 작업에 적합한 작업장치이다.

40 무한궤도형 굴착기의 부품이 아닌것은?

① 유압펌프
② 오일쿨러
③ 자재이음
④ 주행모터

🔍 자재이음(유니버설 조인트)은 변속기와 종감속기어 사이에서 구동각의 변화를 주는 장치로 휠형 동력전달장치에 사용된다.

41 한쪽 트랙이 연약지면에 빠졌을 때의 조치 요령이 잘못된 것은?

① 버킷 이빨을 흙 속에 박고 암과 붐을 이용하여 추진한다.
② 피벗 회전으로 빠진 쪽 트랙을 연약지면에서 나오게 한다.

③ 붐을 잭 대용으로 하여 빠진 쪽 트랙을 들어
준다.
④ 연약지면과 트랙 사이에 통나무 따위를 넣는다.

42 다음 중 굴착기의 굴착력이 가장 큰 것은?

① 암과 붐이 일직선상에 있을 때
② 암과 붐이 45° 선상에 있을 때
③ 버킷을 최소작업 변경 위치로 놓았을 때
④ 암과 붐이 직각 위치에 있을 때

> 굴착기의 굴착력이 가장 클 때는 암과 붐이 직각 위치에 있을 때이다.

43 굴착기 붐 제어 레버를 계속하여 상승 위치로 당기고 있으면 가장 큰 손상이 발생하는 곳은?

① 엔진
② 유압 펌프
③ 릴리프 밸브 및 시트
④ 유압 모터

44 굴착기의 상부회전체는 몇 도까지 회전이 가능한가?

① 90°
② 180°
③ 270°
④ 360°

45 작업 장치의 각종 핀에 그리스가 주입 되었는지 확인하는 방법으로 맞는 것은?

① 그리스 니플을 분해하여 확인한다.
② 그리스 니플을 깨끗이 청소 후 확인한다.
③ 그리스 니플의 볼을 눌러 확인한다.
④ 그리스 주유 후 확인할 필요가 없다.

> 각종 핀 부 그리스 니플의 볼을 눌렀을 때 그리스가 나오면 정상이다.

46 버킷의 굴착력을 증가시키기 위해 부착하는 것은?

① 보강판
② 사이드판
③ 노즈
④ 투스(포인트)

> 버킷 굴착력을 증가시키는 것은 투스이다.

47 굴착기 선회 동작이 원활하게 안 되는 원인으로 맞지 않는 것은?

① 컨트롤 밸브 스풀 불량
② 릴리프 밸브 설정 압력 부족
③ 터닝 조인트 불량
④ 선회 모터 내부 손상

48 아웃트리거를 작동시켜 장비를 받치고 있는 동안에 호스나 파이프가 터져도 장비가 기울어지지 않도록 안정성을 유지해주는 것은?

① 릴리프 밸브(relief valve)
② 리듀싱 밸브(reducing valve)
③ 솔레노이드 밸브(solenoid valve)
④ 파일럿 체크 밸브(pilot check valve)

> 파일럿 체크 밸브는 파일럿으로서 작용되는 유체 압력에 의해 그 기능을 변화시키는 것이 가능한 체크 밸브를 말하며, 기중기에서는 아웃트리거를 작동시켜 장비를 받치고 있는 동안에 호스나 파이프가 터져도 장비가 기울어지지 않도록 안정성을 유지해준다.

49 굴착기 선회 로크 장치에 대한 설명으로 맞는 것은?

① 선회 클러치의 제동장치 이다.
② 드럼 축의 회전 제동장치 이다.
③ 작업 시 반력으로 차체가 후진하는 것을 방지한다.
④ 상부회전체가 자연적으로 회전하는 것을 방지하는 장치이다.

> 선회 로크 장치는 굴착기를 트레일러에 싣고 이동 시 상부회전체가 자연적으로 회전하는 것을 방지하는 장치이다.

50 굴착기의 카운터 웨이트에 대한 설명으로 맞는 것은?

① 작업 시 장비 뒷부분이 들리는 것을 방지한다.
② 굴착량에 따라 중량물을 들 수 있도록 운전자가 조절한다.
③ 접지압을 높여주는 장치이다.
④ 접지 면적을 높여주는 장치이다.

🔍 카운터 웨이트는 굴착기 뒤쪽에 설치하여 작업 시 장비 뒷부분이 들리는 것을 방지하며 평형추 라고도 한다.

51 무한궤도식 굴착기 센터조인트의 설명으로 맞지 않는 것은?

① 상부선회체의 회전 중심부에 설치되어 있다.
② 상부회전체의 작동유를 주행모터에 전달한다.
③ 상부회전체가 롤링 작용을 할 수 있도록 설치된다.
④ 상부회전체가 회전하더라도 호스 등이 꼬이지 않고 원활하게 송유하는 기능을 한다.

🔍 센터조인트는 상부 회전체의 회전 중심에 설치하며 회전 시 작동유를 호스 등이 꼬이지 않고 원활하게 주행모터에 공급한다.

52 토사를 덤프트럭에 상차 작업 시 가장 중요한 굴착기의 위치는?

① 선회 거리를 짧게 한다.
② 암 작동 거리를 짧게 한다.
③ 버킷 작동 거리를 짧게 한다.
④ 붐 작동 거리를 짧게 한다.

🔍 토사를 덤프트럭에 상차 시 선회 거리를 짧게 한다.

53 굴착기 작업 시 안전 사항으로 맞지 않는 것은?

① 빠르게 선회 하면서 스윙력을 이용하여 버킷으로 암석을 파쇄하지 않는다.
② 안전한 작업 반경을 초과해서 하중을 이동 시킨다.
③ 굴착 하면서 주행하지 않는다.
④ 작업을 중지 할 때는 파낸 모서리에서 장비를 이동 시킨다.

🔍 굴착 작업 시 안전한 작업 반경을 초과해서 하중을 이동 시키지 않는다.

54 굴착기 작업 시 굴착기의 진행 방향으로 맞는 것은?

① 전진
② 후진
③ 선회
④ 좌방향

55 넓은 홈의 굴착 작업 시 굴착 순서로 맞는 것은?

①

1	2	3
4	5	6
굴착기 작업위치		

②

3	2	1
6	5	4
굴착기 작업위치		

③

4	6	5
1	2	3
굴착기 작업위치		

④

1	3	2
4	6	5
굴착기 작업위치		

56 굴착기 안전 수칙에 대한 설명으로 맞지 않는 것은?

① 버킷에 무거운 하중이 들려 있을 때는 5~10cm 들어 올려 장비의 안전을 확인 후 작업한다.
② 버킷에 하중을 달아 올린 채로 브레이크를 걸어 두지 않는다.
③ 작업 시 버킷 옆에 항상 보조 작업자가 위치하도록 한다.
④ 운전자는 작업반경의 주위를 확인 후 선회한다.

57 다음 교통안전 표지에 대한 설명으로 맞는 것은?

① 최고 중량 제한표지
② 차간거리 최저 30m 제한표지
③ 최고 시속 30km 속도 제한표지
④ 최저 시속 30km 속도 제한표지

🔍 밑줄이 있으면 최저 속도 제한, 밑줄이 없으면 최고 속도 제한 표지이다.

58 신호등이 없는 철길건널목 통과방법 중 옳은 것은?

① 차단기가 올라가 있으면 그대로 통과해도 된다.
② 반드시 일시정지를 한 후 안전을 확인하고 통과한다.
③ 신호등이 진행 신호일 경우에도 반드시 일시정지를 하여야 한다.
④ 일시정지를 하지 않아도 좌우를 살피면서 서행으로 통과하면 된다.

🔍 모든 차는 신호등이 없는 철길 건널목을 통과하고자 하는 때에는 그 건널목 앞에서 반드시 일단 정지를 하여 안전함을 확인한 후에 통과하여야 한다.

59 도로교통법상에서 차마가 도로의 중앙이나 좌측 부분을 통행할 수 있도록 허용한 것은 도로 우측 부분의 폭이 얼마 이하 일 때인가?

① 2미터
② 3미터
③ 5미터
④ 6미터

🔍 도로 우측 부분의 폭이 6미터가 되지 아니하는 도로에서 다른 차를 앞지르려는 경우에는 도로의 중앙이나 좌측 부분을 통행할 수 있다. 단, 도로의 좌측 부분을 확인할 수 없는 경우, 반대 방향의 교통을 방해할 우려가 있는 경우, 안전표지 등으로 앞지르기를 금지하거나 제한하고 있는 경우에는 그러하지 아니하다.

60 교통사고가 발생하였을 때 운전자가 가장 먼저 취해야 할 조치로 적절한 것은?

① 즉시 보험회사에 신고한다.
② 모범운전자에게 신고한다.
③ 즉시 피해자 가족에게 알린다.
④ 즉시 사상자를 구호하고 경찰에 연락한다.

🔍 사상자 구호는 사고 시의 최우선 조치 사항이다.

정답 공단 기출문제 – 2016년 01회

01 ④	02 ④	03 ③	04 ④	05 ①
06 ③	07 ④	08 ③	09 ④	10 ③
11 ②	12 ④	13 ④	14 ①	15 ②
16 ④	17 ②	18 ③	19 ②	20 ①
21 ③	22 ②	23 ①	24 ②	25 ③
26 ④	27 ②	28 ④	29 ③	30 ②
31 ④	32 ①	33 ①	34 ④	35 ③
36 ②	37 ②	38 ②	39 ①	40 ③
41 ③	42 ④	43 ③	44 ④	45 ③
46 ④	47 ③	48 ④	49 ④	50 ①
51 ③	52 ①	53 ②	54 ②	55 ④
56 ③	57 ④	58 ②	59 ④	60 ④

14 2016년 02회 공단 기출문제

01 건설기계관리법상 건설기계를 검사유효기간이 끝난 후에 계속 운행하고자 할 때는 어느 검사를 받아야 하는가?

① 신규등록검사 ② 계속검사
③ 수시검사 ④ 정기검사

🔍 건설기계의 검사
- 신규 등록검사 : 건설기계를 신규로 등록할 때 실시하는 검사
- 정기검사 : 건설공사용 건설기계로서 검사유효기간이 끝난 후에 계속하여 운행하려는 경우에 실시하는 검사와 운행차의 정기검사
- 구조변경검사 : 건설기계의 주요 구조를 변경하거나 개조한 경우 실시하는 검사
- 수시검사 : 성능이 불량하거나 사고가 자주 발생하는 건설기계의 안전성 등을 점검하기 위하여 수시로 실시하는 검사와 건설기계 소유자의 신청을 받아 실시하는 검사

02 도로교통법상 규정한 운전면허를 받아 조종할 수 있는 건설기계가 아닌 것은?

① 타워크레인
② 덤프트럭
③ 콘크리트펌프
④ 콘크리트믹서트럭

🔍 덤프트럭, 콘크리트펌프, 콘크리트믹서트럭은 운전면허 중 제1종 대형면허를 취득하면 운전이 가능한 건설기계이다.

03 건설기계관리법상 건설기계의 정기검사를 받지 아니한 자에 대한 과태료는?

① 10만원 이하 ② 50만원 이하
③ 100만원 이하 ④ 300만원 이하

🔍 300만원 이하의 과태료(주요 사항)
- 등록번호표를 부착하지 아니하거나 봉인하지 아니한 건설기계를 운행한 자
- 건설기계의 정기검사를 받지 아니한 자
- 건설기계임대차 등에 관한 계약서를 작성하지 아니한 자
- 건설기계조종사의 정기적성검사 또는 수시적성검사를 받지 아니한 자

04 보기의 ( )안에 알맞은 것은?

[보기]
건설기계소유자가 부득이한 사유로 검사신청 기간 내에 검사를 받을 수 없는 경우에는 검사 연기사유 증명서류를 시·도지사에게 제출하여야 한다.
검사연기를 허가받으면 검사 유효기간은 ( )월 이내로 연장된다.

① 1 ② 2
③ 3 ④ 6

🔍 검사의 연기
- 건설기계소유자는 천재지변, 건설기계의 도난, 사고발생, 압류, 1월 이상에 걸친 정비 그 밖의 부득이 한 사유로 검사신청기간 내에 검사를 신청할 수 없는 경우에는 검사신청기간 만료일까지 검사연기신청서에 연기사유를 증명할 수 있는 서류를 첨부하여 시·도지사에게 제출하여야 한다.
- 검사연기신청을 받은 시·도지사 또는 검사대행자는 그 신청일부터 5일 이내에 검사연기여부를 결정하여 신청인에게 통지하여야 한다. 이 경우 검사연기 불허통지를 받은 자는 검사신청기간 만료일부터 10일 이내에 검사신청을 하여야 한다.
- 검사를 연기하는 경우에는 그 연기기간을 6월 이내로 한다. 이 경우 그 연기기간동안 검사유효기간이 연장된 것으로 본다.

05 건설기계의 소유자는 건설기계등록사항에 변경이 있는 때에 그 변경이 있은 날부터 며칠 이내에 건설기계 등록사항변경신고서를 시·도지사에게 제출하여야 하는가?(단, 상속의 경우를 제외한다.)

① 15일 ② 20일
③ 25일 ④ 30일

🔍 건설기계의 소유자는 건설기계등록사항에 변경(주소지 또는 사용본거지가 변경된 경우를 제외)이 있는 때에는 그 변경이 있은 날부터 30일(상속의 경우에는 상속개시일부터 3개월) 이내에 건설기계등록사항변경신고서에 필요한 서류를 첨부하여 등록을 한 시·도지사에게 제출하여야 한다. 다만, 전시·사변 기타 이에 준하는 국가비상사태 하에 있어서는 5일 이내에 하여야 한다.

06 건설기계관리법상 건설기계 운전자의 과실로 경상 6명의 인명 피해를 입혔을 때 처분기준은?

① 면허효력정지 10일
② 면허효력정지 20일
③ 면허효력정지 30일
④ 면허효력정지 60일

> 인명피해를 입힌 때의 처분기준
> • 사망 1명마다 : 면허효력정지 45일
> • 중상 1명마다 : 면허효력정지 15일
> • 경상 1명마다 : 면허효력정지 5일

07 기관의 피스톤이 고착되는 원인으로 틀린 것은?

① 냉각수 량이 부족할 때
② 기관오일이 부족하였을 때
③ 기관이 과열되었을 때
④ 압축 압력이 정상일 때

> 피스톤의 고착 원인
> • 냉각수 량이 부족할 때
> • 기관오일이 부족하였을 때
> • 기관이 과열되었을 때
> • 피스톤 간극이 적을 때

08 기관의 운전 상태를 감시하고 고장진단 할 수 있는 기능은?

① 윤활 기능   ② 제동 기능
③ 조향 기능   ④ 자기진단 기능

09 납축전지 터미널에 녹이 발생했을 때의 조치방법으로 가장 적합한 것은?

① 물걸레로 닦아내고 더 조인다.
② 녹을 닦은 후 고정시키고 소량의 그리스를 상부에 도포한다.
③ (+)와 (−)터미널을 서로 교환한다.
④ 녹슬지 않게 엔진오일을 도포하고 확실히 더 조인다.

> 납축전지 터미널에 녹이 발생하면 녹을 닦은 후 고정시키고 소량의 그리스를 상부에 도포한다.

10 기관 윤활유의 구비 조건이 아닌 것은?

① 점도가 적당 할 것
② 청정력이 클 것
③ 비중이 적당 할 것
④ 응고점이 높을 것

> 기관 윤활유는 인화점은 높고, 응고점은 낮은 것이 좋다.

11 직류직권 전동기에 대한 설명 중 틀린 것은?

① 기동 회전력이 분권 전동기에 비해 크다.
② 부하에 따른 회전 속도의 변화가 크다.
③ 부하를 크게 하면 회전속도가 낮아진다.
④ 부하에 관계없이 회전속도가 일정하다.

> 전동기의 특성
>
> | 구분 | 장점 | 단점 |
> |---|---|---|
> | 직권 전동기 | 기동회전력이 크다. | 회전속도의 변화가 크다. |
> | 분권 전동기 | 회전속도의 변화가 없다. | 회전력이 비교적 작다. |
> | 복권 전동기 | 직권과 분권의 양쪽 특성을 갖는다. | 구조가 복잡하다. |

12 소음기나 배기관 내부에 많은 양의 카본이 부착되면 배압은 어떻게 되는가?

① 낮아진다.
② 저속에는 높아졌다가 고속에는 낮아진다.
③ 높아진다.
④ 영향을 미치지 않는다.

> 소음기나 배기관 내부에 많은 양의 카본이 부착되면 배압은 높아지고 이에 따라 기관 과열, 기관의 출력 감소, 냉각수 온도 과열이 초래된다.

13 보기에 나타낸 것은 기관에서 어느 구성품을 형태에 따라 구분한 것인가?

[보기]
직접분사식, 예연소실식, 와류실식, 공기실식

① 연료분사장치   ② 연소실
③ 점화장치   ④ 동력전달장치

🔍 보기는 연소실을 형태에 따라 구분한 것으로 디젤기관은 압축열에 의한 자연착화기관이므로 공기와 연료가 잘 혼합될 수 있는 구조여야 하며, 특히 압축 행정에서 와류를 일어나게 하여 혼합을 돕는 등 여러 가지 구비 조건을 갖추어야 한다.

14 냉각장치에 사용되는 라디에이터의 구성품이 아닌 것은?

① 냉각수 주입구 ② 냉각핀
③ 코어   ④ 물재킷

🔍 물재킷은 습식라이너의 바깥 둘레를 구성하는 것으로 냉각수와 직접 접촉한다.

15 충전장치에서 발전기는 어떤 축과 연동되어 구동되는가?

① 크랭크축   ② 캠축
③ 추진축   ④ 변속기 입력축

🔍 직류 발전기는 계자 코일과 철심으로 된 전자석의 N극과 S극 사이에 둥근형의 아마추어 코일을 넣고, 코일A와 B를 정류자의 정류자편 E와 F에 접속한 다음 크랭크축 풀리와 팬 벨트로 회전시키면 코일 A와 B가 함께 회전하는 도체는 자력선을 끊어 전자유도 작용에 의한 전압을 발생시키는 일종의 자려자식이다.

16 디젤기관에서 인젝터간 연료 분사량이 일정하지 않을 때 나타나는 현상은?

① 연료 분사량에 관계없이 기관은 순조로운 회전을 한다.
② 연료 소비에는 관계가 있으나 기관 회전에는 영향을 미치지 않는다.
③ 연소 폭발음의 차이가 있으며 기관은 부조를 하게 된다.
④ 출력은 향상되나 기관은 부조를 하게 된다.

🔍 인젝터에서 각 실린더 별로 분사량이 달리하여 분사하면 폭발 상태가 달라지므로 부조상태가 된다.

17 유압펌프에서 발생된 유체에너지를 이용하여 직선운동이나 회전운동을 하는 유압기기는?

① 오일 쿨러   ② 제어 밸브
③ 액추에이터   ④ 어큐뮬레이터

🔍 액추에이터(actuator)는 유압의 에너지를 기계적 에너지로 변화시키는 장치로 유압의 에너지에 의해서 직선 왕복 운동을 하는 유압 실린더와 유압의 에너지에 의해서 회전 운동을 하는 유압 모터가 있다.

18 유압장치에서 방향제어 밸브에 해당하는 것은?

① 셔틀 밸브
② 릴리프 밸브
③ 시퀀스 밸브
④ 언로더 밸브

🔍 유압밸브
• 압력제어 밸브 : 일의 크기 조정(릴리프 밸브, 감압 밸브, 시퀀스 밸브, 언로더 밸브, 카운터 밸런스 밸브 등)
• 유량제어 밸브 : 일의 속도 제어(스로틀 밸브, 압력보상 유량 제어 밸브 등)
• 방향제어 밸브 : 일의 방향을 변환(체크 밸브, 스풀 밸브, 감속 밸브, 셔틀 밸브 등)

19 압력제어 밸브의 종류가 아닌 것은?

① 언로더 밸브
② 스로틀 밸브
③ 시퀀스 밸브
④ 릴리프 밸브

🔍 문제 18번 해설 참조

20 유압유의 점검사항과 관계없는 것은?

① 점도   ② 마멸성
③ 소포성   ④ 윤활성

🔍 유압유의 점검사항 : 점도, 소포성, 윤활성

21 그림의 유압 기호는 무엇을 표시하는가?

① 유압실린더
② 어큐뮬레이터
③ 오일 탱크
④ 유압실린더 로드

🔍 그림의 유압 기호는 어큐뮬레이터(축압기)이며, 축압기는 유압 에너지의 저장, 충격흡수 등에 이용된다.

22 그림과 같이 2개의 기어와 케이싱으로 구성되어 오일을 토출하는 펌프는?

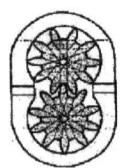

① 내접 기어 펌프
② 외접 기어 펌프
③ 스크루 기어 펌프
④ 트로코이드 기어 펌프

🔍 내접 기어 펌프와 외접 기어 펌프

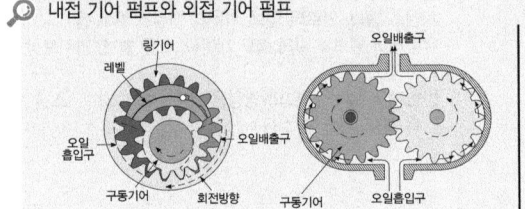

23 작업 중에 유압펌프로 부터 토출유량이 필요하지 않게 되었을 때, 토출유를 탱크에 저압으로 귀환 시키는 회로는?

① 시퀀스 회로
② 어큐뮬레이터 회로
③ 블리드 오프 회로
④ 언로더 회로

🔍 회로의 용어 정의
 • 시퀀스 회로 : 실린더를 순차적으로 작동시키기 위한 회로
 • 어큐뮬레이터 회로 : 유압 펌프 토출구 가까이에 어큐뮬레이터를 설치하고 밸브 변환 시에 발생하는 서지 압력을 흡수하고 펌프의 순간적인 과부하 방지 및 회로에서의 진동, 소음, 배관의 느슨함에 의해서 발생하는 누유 및 파손 등을 방지하는 회로
 • 블리드 오프 회로 : 유량조절 밸브를 바이패스 회로에 설치하고 유압 실린더를 송유하는 작동유 이외의 작동유를 탱크로 복귀시키는 회로

24 유압모터를 선택할 때의 고려사항과 가장 거리가 먼 것은?

① 동력   ② 부하
③ 효율   ④ 점도

🔍 점도는 유압유와 관련이 있는 것으로 유압모터 선택 시 고려사항에는 해당되지 않는다.

25 유압유에 요구되는 성질이 아닌 것은?

① 산화 안정성이 있을 것
② 윤활성과 방청성이 있을 것
③ 보관 중에 성분의 분리가 있을 것
④ 넓은 온도범위에서 점도변화가 적을 것

🔍 유압유의 구비조건
 • 넓은 온도 범위에서 점도의 변화가 적을 것
 • 점도 지수가 높을 것
 • 산화에 대한 안정성이 있을 것
 • 윤활성와 방청성이 있을 것
 • 착화점이 높을 것
 • 적당한 유동성이 있을 것
 • 물리적, 화학적인 변화가 없고 비압축성일 것
 • 유압장치에 사용되는 재료에 대하여 불활성일 것

26 유압유에 포함된 불순물을 제거하기 위해 유압펌프 흡입관에 설치하는 것은?

① 부스터
② 스트레이너
③ 공기 청정기
④ 어큐뮬레이터

🔍 스트레이너는 유압탱크에 설치되어 유압 펌프로 유압유를 유도하고 유압유 속의 불순물을 여과한다.

27 수공구 사용시 안전수칙으로 바르지 못한 것은?

① 톱 작업은 밀 때 절삭되게 작업한다.
② 줄 작업으로 생긴 쇳가루는 브러시로 털어낸다.
③ 해머작업은 미끄러짐을 방지하기 위해서 반드시 면장갑을 끼고 작업한다.
④ 조정 렌치는 조정조가 있는 부분에 힘을 받지 않게 하여 사용한다.

🔍 해머작업시 장갑을 끼면 미끄러지기 쉬워 위험하다.

28 화재 발생시 초기 진화를 위해 소화기를 사용하고자 할 때, 다음 보기에서 소화기 사용방법에 따른 순서로 맞는 것은?

[보기]
a. 안전핀을 뽑는다.
b. 안전핀 걸림 장치를 제거한다.
c. 손잡이를 움켜잡아 분사한다.
d. 노즐을 불이 있는 곳으로 향하게 한다.

① a → b → c → d
② c → a → b → d
③ d → b → c → a
④ b → a → d → c

29 무한궤도식 굴착기의 하부주행체를 구성하는 요소가 아닌 것은?

① 선회고정장치   ② 주행 모터
③ 스프로킷   ④ 트랙

🔍 선회고정장치는 상부 회전체와 하부 구동체를 고정시켜 주는 장치이다.

30 작업 중 기계에 손이 끼어 들어가는 안전사고가 발생했을 경우 우선적으로 해야 할 것은?

① 신고부터 한다.
② 응급처치를 한다.
③ 기계의 전원을 끈다.
④ 신경 쓰지 않고 계속 작업한다.

🔍 먼저 기계의 전원을 꺼서 정지시키고 응급처치를 한다.

31 렌치의 사용이 적합하지 않은 것은?

① 둥근 파이프를 죌 때 파이프 렌치를 사용하였다.
② 렌치는 적당한 힘으로 볼트, 너트를 죄고 풀어야 한다.
③ 오픈 렌치로 파이프 피팅 작업에 사용하였다.
④ 토크 렌치의 용도는 큰 토크를 요할 때만 사용한다.

🔍 토크 렌치는 볼트, 너트, 스크루 등을 규정된 값으로 조일 때 사용하는 정밀 측정 공구로 다수의 볼트에 토크를 주어 나사산의 파손이나 탈락을 방지하는 용도로 사용된다.

32 감전되거나 전기화상을 입을 위험이 있는 곳에서 작업 시 작업자가 착용해야 할 것은?

① 구명구   ② 보호구
③ 구명조끼   ④ 비상벨

33 다음 중 안전의 제일 이념에 해당하는 것은?

① 품질 향상   ② 재산 보호
③ 인간 존중   ④ 생산성 향상

🔍 안전관리란 재해로부터 인간의 생명과 재산을 보존하기 위한 계획적이고 체계적인 제반 활동을 의미한다.

34 안전관리상 장갑을 끼고 작업할 경우 위험할 수 있는 것은?

① 드릴 작업   ② 줄 작업
③ 용접 작업   ④ 판금 작업

🔍 드릴 작업 시 장갑을 끼면 손이 말려들 위험이 있다.

35 위험기계·기구에 설치하는 방호장치가 아닌 것은?

① 하중측정장치
② 급정지장치
③ 역화방지장치
④ 자동전격방지장치

🔍 하중측정장치는 하중을 측정하는 장치로 방호장치와는 거리가 멀다.

36 전기 감전위험이 생기는 경우로 가장 거리가 먼 것은?

① 몸에 땀이 배어 있을 때
② 옷이 비에 젖어 있을 때
③ 앞치마를 하지 않았을 때
④ 발밑에 물이 있을 때

> 물 및 습기 등은 도전성이 높은 액체로 습윤 장소에서는 감전의 위험이 커진다.

37 굴착기 상부 회전체에서 선회장치의 구성요소가 아닌 것은?

① 선회모터
② 차동기어
③ 링기어
④ 스윙 볼 레이스

> 굴착기 선회장치는 선회모터(스윙모터), 피니언, 링기어, 스윙 볼 레이스 등으로 구성되며, 차동장치는 동력전달 장치에서 선회를 원활하게 하여 주는 장치이다.

38 진흙 지대의 굴착 작업 시 용이한 버킷은?

① 이젝터 버킷(ejecter bucket)
② V 버킷(V bucket)
③ 그래플(grapple)
④ 크러셔(crusher)

> 이젝터 버킷은 버킷 안에 토사를 밀어내는 이젝터가 들어있어 진흙 등의 굴착작업에 용이다.

39 굴착 작업시 작업 안전사항으로 틀린 것은?

① 경사지 작업시 측면 절삭을 행하는 것이 좋다.
② 한쪽 트랙을 들 때는 암과 붐 사이의 각도는 90~110도 범위로 해서 들어주는 것이 좋다.
③ 타이어식 굴착기로 작업 시 안전을 위하여 아웃트리거를 받치고 작업한다.
④ 기중작업은 가능한 한 피하는 것이 좋다.

40 무한궤도식 굴착기의 상부회전체가 하부주행체에 대하여 역 위치에 있을 때 좌측 주행 레버를 당기면 차체는 어떻게 되는가?

① 좌향 스핀회전
② 우향 스핀회전
③ 좌향 피벗회전
④ 우향 피벗회전

41 무한궤도식 굴착기로 주행 중 회전 반경을 작게 할 수 있는 방법으로 알맞은 것은?

① 한쪽 주행 모터만 구동 시킨다.
② 한쪽은 주행 모터를 구동 시키고 한쪽은 조향 브레이크를 강하게 작동시킨다.
③ 2개의 주행 모터를 서로 반대 방향으로 동시에 구동시킨다.
④ 트랙의 폭이 좁은 것으로 교체한다.

> 무한궤도식 굴착기의 회전 반경은 2개의 주행 모터를 서로 반대 방향으로 동시에 구동시키면 회전 반경이 작게 회전이 되고 이를 스핀 회전 이라고 한다.

42 타이어식 굴착기가 주행이 안될 때 점검 할 곳으로 맞지 않는 것은?

① 타이로드 엔드를 점검한다.
② 변속장치를 점검한다.
③ 유니버설 조인트를 점검한다.
④ 주차 브레이크 잠김 여부를 점검한다.

43 절토 작업 시 안전 준수 사항으로 맞지 않는 것은?

① 상부에서 붕괴 낙하 위험이 있는 장소에서의 작업은 하지 않는다.
② 상·하부 동시 작업으로 작업 능률을 높인다.
③ 굴착면이 높은 경우에는 계단식으로 굴착한다.
④ 붕괴 위험이 있는 지반은 적절한 보강 후 작업한다.

> 상·하부 동시 작업은 하지 않는다.

44 경사면 작업 시 전복사고가 발생 할 수 있는 경우로 맞지 않는 것은?

① 붐이 탈착된 상태에서 좌우로 선회 할 때
② 작업 반경을 초과한 상태로 작업을 할 때
③ 붐을 최대 각도로 상승한 상태에서 선회를 할 때
④ 작업 반경을 조정하기 위해 버킷을 높이 들고 선회 할 때

45 벼랑에서 암석을 굴착 작업 시 안전한 작업 방법으로 맞는 것은?

① 스프로킷을 앞쪽에 두고 작업한다.
② 중력을 이용한 굴착을 한다.
③ 신호자는 운전자 뒤쪽에서 신호를 한다.
④ 트랙 앞쪽에 트랙보호 장치를 한다.

> 벼랑에서 암석 작업 시에는 트랙 앞쪽에 트랙 보호 안전장치를 한다.

46 도심지에서 작업 시 확인할 안전 사항으로 맞지 않는 것은?

① 안전표지 확인
② 매설된 각종 파이프 등의 위치 확인
③ 관성에 의한 위치 확인
④ 장애물의 위치 확인

47 굴착기로 굴착 작업 시 준수할 안전 사항으로 맞지 않는 것은?

① 굴착하면서 선회한다.
② 붐을 들면서 버킷에 토사를 적재한다.
③ 붐을 낮추면서 선회한다.
④ 붐을 낮추면서 굴착한다.

48 굴착기 작업 시 운전자가 준수할 안전 사항으로 맞지 않는 것은?

① 운전석을 떠날 때에는 엔진을 정지시킨다.
② 후진 작업 시에는 장애물의 이상 유무를 확인한다.
③ 운전자의 시선은 반드시 운전석의 조종 판넬을 주시한다.
④ 붐이나 버킷이 고압선에 닿지 않도록 주의한다.

> 작업 시 운전자의 시선은 버킷을 주시하여야 한다.

49 굴착기 작업 후 정차 및 주차 시 주의할 사항으로 맞지 않는 것은?

① 평탄한 지면에 정차시키고 침수 지역은 피한다.
② 붐, 암 및 버킷은 최대로 오므리고 작업 레버는 중립위치로 한다.
③ 경사지에서는 트랙 밑에 고임대를 고인다.
④ 연료를 충만하고 각 부분을 세척한다.

> 주·정차 시 각 실린더는 최대로 펴서 실린더 로드가 노출 되지 않도록 하고 버킷은 지면에 내려놓는다.

50 굴착기 작업 후 주차 시 안전 사항으로 맞지 않는 것은?

① 단단하고 평탄한 지면에 굴착기를 주차 시킨다.
② 작업장치는 굴착기 중심선과 일치시킨다.
③ 유압계통의 압력을 제거한다.
④ 각 유압 실린더의 로드를 노출 시켜 놓는다.

51 굴착기에 장착된 아워 미터의 설치 목적으로 맞는 것은?

① 엔진 가동 시간을 나타낸다.
② 주행 거리를 나타낸다.
③ 엔진 오일량을 나타낸다.
④ 작동유 량을 나타낸다.

> 아워 미터는 엔진 가동을 나타낸다.

52 굴착기에 입목을 붙잡을 수 있는 장치를 구비하여 벌도 되는 나무를 집재 작업하는 장치는?

① 트리 펠러
② 펠러 번처
③ 프로세서
④ 스키더

> • 트리 펠러 : 벌도만 가능 한 임업기계
> • 펠러 번처 : 벌도 후 벌도 되는 나무를 집재 작업하는 임업장비

53 굴착기에 파일 드라이버를 연결하여 할 수 있는 작업은?

① 토사 적재
② 경사면 굴토
③ 지면 천공작업
④ 땅 고르기 작업

54 다음 중 폭이 좁은 버킷으로 도랑파기 작업 및 배관 작업에 사용되는 작업 장치로 맞는 것은?

① V형 버킷
② 클램쉘 버킷
③ 셔블 버킷
④ 디칭 버킷

55 다음 중 굴착 작업을 하면 좌우에 경사면이 만들어져서 배수로 작업에 적합한 버킷은?

① 틸팅 버킷
② V형 버킷
③ 셔블 버킷
④ 이젝터 버킷

56 다음 중 블레이드를 움직여 철근이나 H빔 등을 절단하여 고철장 및 철거현장에서 사용하는 굴착기 작업장치는?

① 리퍼
② 그래플
③ 쉬어
④ 컴팩터

57 도로교통법상 4차로 이상 고속도로에서 건설기계의 최저속도는?

① 30 km/h
② 40 km/h
③ 50 km/h
④ 60 km/h

🔍 건설기계의 속도 규정

도로구분		최고속도	최저속도
편도1차로		80km/h	50km/h
편도2차로 이상	모든 고속도로	80km/h	50km/h
	지정·고시한 노선 또는 구간	90km/h	50km/h

58 도로교통법상 술에 취한 상태의 기준으로 옳은 것은?

① 혈중 알콜농도 0.01% 이상
② 혈중 알콜농도 0.02% 이상
③ 혈중 알콜농도 0.03% 이상
④ 혈중 알콜농도 0.1% 이상

🔍 음주 기준
• 술에 취한 상태 : 혈중 알코올 농도 0.03% 이상 0.08% 미만
• 만취 상태 : 혈중 알코올 농도 0.08% 이상

59 도로교통법상 교통안전시설이나 교통정리요원의 신호가 서로 다른 경우에 우선시 되어야 하는 지시는?

① 신호등의 신호
② 안전표시의 지시
③ 경찰공무원의 수신호
④ 경비업체 관계자의 수신호

🔍 도로를 통행하는 보행자와 모든 차마의 운전자는 교통안전시설이 표시하는 신호 또는 지시와 교통정리를 하는 국가경찰공무원·자치경찰공무원 또는 경찰보조자의 신호 또는 지시가 서로 다른 경우에는 경찰공무원등의 신호 또는 지시에 따라야 한다.

60 도로교통법에 따라 도로공사를 하고 있는 경우에는 그 공사 구역의 양쪽 가장자리로부터 (   ) 이내인 곳에서는 주차를 하여서는 아니된다. (   ) 안에 들어갈 거리는?

① 3m
② 5m
③ 7m
④ 10m

🔍 주차가 금지되는 장소
• 터널 안 또는 다리 위
• 도로공사를 하고 있는 경우에는 그 공사 구역의 양쪽 가장자리로부터 5m 이내인 곳
• 다중이용업소의 영업장이 속한 건축물로 소방본부장의 요청에 의하여 시·도경찰청장이 지정한 곳으로부터 5m 이내인 곳
• 시·도경찰청장이 지정한 곳

정답 공단 기출문제 – 2016년 02회

01 ④	02 ①	03 ④	04 ④	05 ④
06 ③	07 ④	08 ④	09 ②	10 ④
11 ④	12 ③	13 ②	14 ④	15 ①
16 ③	17 ③	18 ①	19 ②	20 ②
21 ②	22 ①	23 ②	24 ④	25 ③
26 ②	27 ③	28 ④	29 ①	30 ③
31 ②	32 ③	33 ③	34 ①	35 ①
36 ③	37 ③	38 ①	39 ①	40 ③
41 ③	42 ①	43 ②	44 ①	45 ④
46 ③	47 ①	48 ③	49 ②	50 ④
51 ①	52 ②	53 ③	54 ④	55 ②
56 ③	57 ③	58 ③	59 ③	60 ②

2016년 03회 공단 기출문제

01 건설기계 운전자가 조종 중 고의로 인명피해를 입히는 사고를 일으켰을 때 면허처분 기준은?

① 면허취소
② 면허효력 정지 30일
③ 면허효력 정지 20일
④ 면허효력 정지 10일

> 건설기계조종사의 면허 취소 사유
> • 거짓이나 그 밖의 부정한 방법으로 건설기계조종사면허를 받은 경우
> • 건설기계조종사면허의 효력정지기간 중 건설기계를 조종한 경우
> • 건설기계조종사면허의 결격사유에 해당하게 된 경우
> • 건설기계 조종 중 고의로 사망, 중상, 경상 등을 입힌 경우
> • 건설기계 조종 중 과실로 산업안전보건법에 따른 중대재해가 발생한 경우

02 건설기계 등록번호표의 표시내용이 아닌 것은?

① 기종
② 등록 번호
③ 등록 관청
④ 장비 연식

> 건설기계등록번호표에는 등록관청·용도·기종 및 등록번호를 표시하여야 하며, 압형으로 제작한다.

03 건설기계의 구조 변경 가능 범위에 속하지 않는 것은?

① 수상작업용 건설기계 선체의 형식변경
② 적재함의 용량 증가를 위한 변경
③ 건설기계의 길이, 너비, 높이 변경
④ 조종장치의 형식 변경

> 구조의 변경 및 개조의 범위
> • 원동기·동력전달장치·제동장치·주행장치·유압장치·조종장치·조향장치·작업장치의 형식변경. 다만, 가공작업을 수반하지 아니하고 작업장치를 선택부착하는 경우에는 작업장치의 형식변경으로 보지 아니한다.
> • 건설기계의 길이·너비·높이 등의 변경
> • 수상작업용 건설기계의 선체의 형식변경
> ※다만, 건설기계의 기종변경, 육상작업용 건설기계규격의 증가 또는 적재함의 용량증가를 위한 구조변경은 이를 할 수 없다.

04 특별표지판 부착 대상인 대형 건설기계가 아닌 것은?

① 길이가 15m인 건설기계
② 너비가 2.8m인 건설기계
③ 높이가 6m인 건설기계
④ 총중량 45톤인 건설기계

> 특별표지판 부착 대상 대형 건설기계
> • 길이가 16.7m를 초과하는 건설기계
> • 너비가 2.5m를 초과하는 건설기계
> • 높이가 4.0m를 초과하는 건설기계
> • 최소회전반경이 12m를 초과하는 건설기계
> • 총중량이 40톤을 초과하는 건설기계
> • 총중량 상태에서 축하중이 10톤을 초과하는 건설기계

05 성능이 불량하거나 사고가 자주 발생하는 건설기계의 안전성 등을 점검하기 위하여 실시하는 검사는?

① 예비검사
② 구조변경검사
③ 수시검사
④ 정기검사

> 건설기계의 검사
> • 신규 등록검사 : 건설기계를 신규로 등록할 때 실시하는 검사
> • 정기검사 : 건설공사용 건설기계로서 검사유효기간이 끝난 후에 계속하여 운행하려는 경우에 실시하는 검사와 운행차의 정기검사
> • 구조변경검사 : 건설기계의 주요 구조를 변경하거나 개조한 경우 실시하는 검사
> • 수시검사 : 성능이 불량하거나 사고가 자주 발생하는 건설기계의 안전성 등을 점검하기 위하여 수시로 실시하는 검사와 건설기계 소유자의 신청을 받아 실시하는 검사

06 건설기계의 등록 전에 임시운행 사유에 해당되지 않는 것은?

① 장비 구입 전 이상유무 확인을 위해 1일간 예비 운행을 하는 경우
② 등록신청을 하기 위하여 건설기계를 등록지로 운행하는 경우
③ 수출을 하기 위하여 건설기계를 선적지로 운행하는 경우
④ 신개발 건설기계를 시험·연구의 목적으로 운행하는 경우

> **임시운행 사유**
> - 등록신청을 하기 위하여 건설기계를 등록지로 운행하는 경우
> - 신규등록검사 및 확인검사를 받기 위하여 건설기계를 검사장소로 운행하는 경우
> - 수출을 하기 위하여 건설기계를 선적지로 운행하는 경우
> - 신개발 건설기계를 시험·연구의 목적으로 운행하는 경우
> - 판매 또는 전시를 위하여 건설기계를 일시적으로 운행하는 경우

07 디젤기관의 예열 장치에서 코일형 예열 플러그와 비교한 실드형 예열 플러그의 설명 중 틀린 것은?

① 발열량이 크고 열용량도 크다.
② 예열 플러그들 사이의 회로는 병렬로 결선되어 있다.
③ 기계적 강도 및 가스에 의한 부식에 약하다.
④ 예열 플러그 하나가 단선되어도 나머지는 작동된다.

> 실드형 예열 플러그는 금속제 보호관에 코일이 들어 있는 형태로 기계적 강도 및 가스에 의한 부식에 강하다. 이와 달리 코일형 예열 플러그는 히트 코일이 노출되어 있어 적열 상태는 좋으나 가스 부식에 약하며 배선은 직렬로 되어 있다.

08 디젤기관의 연소실중 연료 소비율이 낮으며 연소 압력이 가장 높은 연소실 형식은?

① 예연소실식
② 와류실식
③ 직접분사실식
④ 공기실식

> 직접분사실식은 연소실이 피스톤 헤드나 실린더 헤드에 있어 이곳에 연료를 분사하는 방식으로 연료 소비율이 낮고 열효율이 높고 시동이 쉽다.

09 기동 전동기 구성품 중 자력선을 형성하는 것은?

① 전기자
② 계자 코일
③ 슬립링
④ 브러시

> 기동 전동기는 축전지의 전류가 브러시, 정류자, 전기자 코일을 통해 계자 코일을 통과하므로 계자 철심에는 강력한 자력선이 생기게 되므로 전자력의 방향이 정해지고 전기자는 회전하게 된다.

10 라디에이터(Radiator)에 대한 설명으로 틀린 것은?

① 라디에이터의 재료 대부분은 알루미늄 합금이 사용된다.
② 단위 면적당 방열량이 커야한다.
③ 냉각 효율을 높이기 위해 방열핀이 설치된다.
④ 공기 흐름 저항이 커야 냉각 효율이 높다.

> 라디에이터의 구비 조건 중 하나는 공기 흐름 저항이 적어야 한다는 점이다. 이는 공기 흐름 저항이 적어야 냉각 효율이 높기 때문이다.

11 커먼레일 디젤기관의 연료장치 시스템에서 출력요소는?

① 공기 유량 센서
② 인젝터
③ 엔진 ECU
④ 브레이크 스위치

> 커먼레일 연료 분사장치는 분사펌프를 사용하지 않고 연료를 1,350bar 정도로 압축하여 인젝터를 사용하여 연소실 내에 직접 분사하는 전자제어식 디젤기관이다. 따라서 출력요소는 고압의 연료를 연소실에 미립자 형태로 분사하는 인젝터가 된다.

12 디젤기관 연료여과기에 설치된 오버플로 밸브(overflow valve)의 기능이 아닌 것은?

① 여과기 각 부분 보호
② 연료공급펌프 소음발생 억제
③ 운전 중 공기 배출 작용
④ 인젝터의 연료분사시기 제어

> **오버플로 밸브의 기능**
> - 회로 내 공기 배출
> - 연료 여과기 보호
> - 연료 탱크 내 기포 발생 방지
> - 분사 펌프의 소음 발생 방지

13 4행정 기관에서 1 사이클을 완료할 때 크랭크축은 몇 회전 하는가?

① 1회전
② 2회전
③ 3회전
④ 4회전

> 4행정 기관에서는 크랭크축 2회전에 모든 실린더가 1회씩 폭발한다.

14 엔진오일이 연소실로 올라오는 주된 이유는?

① 피스톤 링 마모
② 피스톤 핀 마모
③ 커넥팅로드 마모
④ 크랭크축 마모

> 피스톤링이 마모되면 실린더벽에 뿌려진 오일을 긁어내리지 못하며 연소실로 오일이 올라가 연소된다.

15 교류발전기의 다이오드가 하는 역할은?

① 전류를 조정하고, 교류를 정류한다.
② 전압을 조정하고, 교류를 정류한다.
③ 교류를 정류하고, 역류를 방지한다.
④ 여자전류를 조정하고, 역류를 방지한다.

> 교류발전기에 설치된 다이오드는 스테이터에서 발생된 교류 전류를 직류로 정류하고 배터리의 전류가 발전기로 역류되는 것을 방지한다.

16 축전지의 전해액으로 알맞은 것은?

① 순수한 물   ② 과산화납
③ 해면상납   ④ 묽은 황산

> 납산축전지의 전해액은 묽은 황산이다.

17 다음 유압기호가 나타내는 것은?

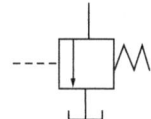

① 릴리프 밸브   ② 감압 밸브
③ 순차 밸브   ④ 무부하 밸브

> 유압기호
>
> | 구분 | 릴리프 밸브 | 감압(리듀싱) 밸브 | 순차(시퀀스)밸브 | 무부하 밸브 |
> |---|---|---|---|---|
> | 유압 기호 | | | | |

18 유압장치에서 방향제어밸브에 대한 설명으로 틀린 것은?

① 유체의 흐름 방향을 변환한다.
② 액추에이터의 속도를 제어한다.
③ 유체의 흐름 방향을 한쪽으로 허용한다.
④ 유압실린더나 유압모터의 작동 방향을 바꾸는 데 사용된다.

> 속도를 제어하는 것은 유량제어밸브의 역할이다.

19 유압장치에서 작동 및 움직임이 있는 곳의 연결관으로 적합한 것은?

① 플렉시블 호스   ② 구리 파이프
③ 강 파이프   ④ PVC 호스

> 유압식 조작기구의 브레이크 파이프 및 호스는 방청 처리된 3~8mm 강파이프 사용하며, 요동이 심한 곳은 플렉시블 호스를 사용한다.

20 유압계통에 사용되는 오일의 점도가 너무 낮을 경우 나타날 수 있는 현상이 아닌 것은?

① 시동 저항 증가
② 펌프 효율 저하
③ 오일 누설 증가
④ 유압회로 내 압력 저하

> 오일 점도가 낮을 경우 나타나는 현상
> • 펌프 효율 저하
> • 액추에이터의 효율 저하
> • 회로 내의 누유
> • 유압 저하
> • 유압장치 각 부의 누유

21 유압펌프가 작동 중 소음이 발생할 때의 원인으로 틀린 것은?

① 펌프 축의 편심 오차가 크다.
② 펌프 흡입관 접합부로부터 공기가 유입된다.
③ 릴리프 밸브 출구에서 오일이 배출되고 있다.
④ 스트레이너가 막혀 흡입용량이 너무 작아졌다.

22 유압장치에 사용되는 오일 실(seal)의 종류 중류 중 O-링이 갖추어야 할 조건은?

① 체결력이 작을 것
② 압축변형이 적을 것
③ 작동 시 마모가 클 것
④ 오일의 입·출입이 가능할 것

🔍 O-링은 오일 실(seal)의 한 종류로 내열성, 내탄성, 내구성, 내마모성 등이 좋아야 한다.

23 건설기계의 유압장치를 가장 적절히 표현한 것은?

① 오일을 이용하여 전기를 생산하는 것
② 기체를 액체로 전환시키기 위해 압축하는 것
③ 오일의 연소에너지를 통해 동력을 생산하는 것
④ 오일의 유체에너지를 이용하여 기계적인 일을 하는 것

🔍 유압 액추에이터는 유압을 기계적 에너지로 바꾸는 것으로 유압 모터와 실린더를 말한다.

24 자체중량에 의한 자유낙하 등을 방지하기 위하여 회로에 배압을 유지하는 밸브는?

① 감압 밸브
② 체크 밸브
③ 릴리프 밸브
④ 카운터 밸런스 밸브

🔍 카운터 밸런스 밸브(counter balance valve)는 유압 실린더 등이 자유 낙하되는 것을 방지하기 위하여 배압을 유지시키는 역할을 한다.

25 제동 유압장치의 작동원리는 어느 이론에 바탕을 둔 것인가?

① 열역학 제1법칙
② 보일의 법칙
③ 파스칼의 원리
④ 가속도 법칙

🔍 모든 유압의 원리는 파스칼의 원리를 응용한 것이다.

26 유압 모터의 종류에 포함되지 않는 것은?

① 기어형
② 베인형
③ 플런저형
④ 터빈형

🔍 유압 모터는 기어형, 베인형, 액시얼 플런저형, 레이디얼 플런저형, 멀티 스트로크형이 있다.

27 밀폐된 공간에서 엔진을 가동할 때 가장 주의해야 할 사항은?

① 소음으로 인한 추락
② 배출가스 중독
③ 진동으로 인한 직업병
④ 작업 시간

🔍 엔진 가동시 배출가스는 밀폐된 공간에서 인체에 치명적인 영향을 끼칠 수 있다. 참고로 디젤기관에서 규제하는 배출가스는 매연이다.

28 해머 작업 시 틀린 것은?

① 장갑을 끼지 않는다.
② 작업에 알맞은 무게의 해머를 사용한다.
③ 해머는 처음부터 힘차게 때린다.
④ 자루가 단단한 것을 사용한다.

🔍 해머 작업 시에는 작게 시작하여 차차 큰 행정으로 작업하는 것이 좋다.

29 무한궤도식 굴착기에서 주행모터는 일반적으로 모두 몇 개 설치되어 있는가?

① 2개
② 3개
③ 1개
④ 4개

🔍 일반적으로 굴착기의 주행모터는 트랙의 양쪽에 1개씩 모두 2개가 설치되어 있다.

30 전기 기기에 의한 감전 사고를 막기 위하여 필요한 설비로 가장 중요한 것은?

① 접지 설비
② 방폭등 설비
③ 고압계 설비
④ 대지 전위 상승 설비

🔍 접지설비란 외부 낙뢰 또는 전기설비 지락 사고로부터 접지 전위와 접촉전압의 상승을 허용치 이내로 억제하여 인체를 보호하기 위한 설비를 말한다.

31 진동 장애의 예방대책이 아닌 것은?

① 실외작업을 한다.
② 저진동 공구를 사용한다.
③ 진동업무를 자동화 한다.
④ 방진장갑과 귀마개를 착용 한다.

> 진동 장애 예방대책
> • 충격 완충장치 설치
> • 진동 흡수 장갑 착용
> • 진동 경감 공구의 설계 등

32 벨트를 교체 할 때 기관의 상태는?

① 고속상태   ② 중속상태
③ 저속상태   ④ 정지상태

> 벨트를 걸 때나 교체할 때는 엔진을 정지한 후에 작업해야 한다.

33 다음 중 드라이버 사용방법으로 틀린 것은?

① 날 끝 홈의 폭과 깊이가 같은 것을 사용한다.
② 전기 작업 시 자루는 모두 금속으로 되어 있는 것을 사용한다.
③ 날 끝이 수평이어야 하며 둥글거나 빠진 것은 사용하지 않는다.
④ 작은 공작물이라도 한손으로 잡지 않고 바이스 등으로 고정하고 사용한다.

> 전기 작업 시 자루가 모두 금속으로 되어 있는 경우 감전의 위험이 있다. 따라서, 자루는 절연체로 되어 있는 것을 사용해야 한다.

34 화재 및 폭발의 우려가 있는 가스발생장치 작업장에서 지켜야 할 사항으로 맞지 않는 것은?

① 불연성 재료 사용금지
② 화기 사용금지
③ 인화성 물질 사용금지
④ 점화원이 될 수 있는 기계 사용금지

> 불연성 재료는 불에 타지 않는 재료를 말하며 불연재료, 준불연재료, 난연재료를 모두 포함한다.

35 소화 작업의 기본요소가 아닌 것은?

① 가연물질을 제거하면 된다.
② 산소를 차단하면 된다.
③ 점화원을 제거시키면 된다.
④ 연료를 기화시키면 된다.

> 연소는 3요소인 가연물, 산소공급원, 점화원이 반드시 구비되어야 일어나며, 이 중 하나라도 구비되지 않으면 연소는 일어나지 않는다.

36 유류 화재시 소화방법으로 부적절한 것은?

① 모래를 뿌린다.
② 다량의 물을 부어 끈다.
③ ABC소화기를 사용한다.
④ B급 화재 소화기를 사용한다.

> 유류 화재는 B급 화재에 해당되며 탄산가스 소화기, 이산화탄소 소화기 등의 질식소화를 통해 불길을 잡아야 한다.

37 굴착기의 작업 시 안정성을 주고 장비의 균형을 유지하기 위해 설치한 것은?

① 선회장치(swing device)
② 카운터 웨이트(counter weight)
③ 버킷(bucket)
④ 셔블(shovel)

> 카운터 웨이트는 밸런스 웨이트 또는 평형추라고도 하며 장비의 제일 뒷부분에 설치되어 굴착작업 시 장비가 앞으로 넘어지는 것을 방지한다.

38 굴착기의 규격 표시 방법은?

① 작업 가능상태의 중량(ton)
② 기관의 최대출력(ps/rpm)
③ 버킷의 산적용량(m^3)
④ 최대 굴착깊이(m)

> 굴착기의 규격은 버킷의 크기(산적용량)로 구분하며, 무한궤도 굴착기는 버킷크기의 숫자를 그대로 표시하고, 타이어형 굴착기는 버킷크기의 숫자 뒤에 W를 붙여 구분한다.

39 무한궤도식 굴착기에서 트랙이 벗겨지는 원인으로 거리가 먼 것은?

① 트랙이 너무 팽팽할 경우
② 트랙의 정렬이 불량할 때
③ 프론트 아이들러의 마멸이 클 때
④ 고속주행 중 급선회를 하였을 때

🔍 무한궤도식 건설기계의 트랙장력이 과다하면 스프로킷의 마모가 빨라진다.

40 운전석 내 스위치 조작으로 버킷 등의 작업 장치를 쉽게 교체하는 장치는?

① 오거
② 퀵 커플러
③ 그래플
④ 컴팩터

🔍 운전석에서 작업 장치를 쉽게 교체하는 장치는 퀵 커플러이다.

41 높은 곳 까지 작업이 가능하도록 긴 붐과 암을 조합 제작하며 크러셔 등을 장착하여 굴뚝 철거 및 건물 철거 작업에 사용되는 굴착기 작업 장치는?

① 리퍼
② 쉬어
③ 컴팩터
④ 데몰리션

42 유압 실린더를 이용해 집게를 움직여 작업 대상물을 집을 수 있는 굴착기 작업 장치는?

① 쉬어
② 크러셔
③ 컴팩터
④ 그래플

43 유압 모터의 편심 축을 회전 시킬 때 발생하는 진동을 이용하여 건축 공사 현장의 마무리 다짐 작업에 사용하는 굴착기 작업 장치는?

① 컴팩터
② 크러셔
③ 그래플
④ 오거

44 굴착기에 부착하여 사용되는 다공정 임업 기계로 벌도, 가지훑기, 통나무 자르기 등의 조재 작업을 한 공정에 수행하는 작업 장치로 맞는 것은?

① 프로세서
② 스키더
③ 펠러번처
④ 하베스터

🔍 • 프로세서 : 벌도는 불가능 하며 가지자르기, 마름질 작업 및 원목을 한곳에 쌓는 장비
• 펠러번처 : 벌도 후 벌도되는 나무를 집재 작업하는 장비
• 하베스터 : 벌도와 가지훑기, 통나무 자르기의 조재 작업을 하나의 공정으로 수행하는 장비

45 굴착기로 토사 쌓기 작업 후 성토 경사면이 붕괴되는 원인으로 맞지 않는 것은?

① 쌓기 작업 직후에는 붕괴 발생률이 낮다.
② 미끄러져 내리기 쉬운 지층 구조 경사면에서 붕괴된다.
③ 다짐이 불충분한 상태에서 빗물이나 지표수, 지하수 등의 침투로 인하여 붕괴된다.
④ 풍화가 심한 급경사면에서 붕괴된다.

🔍 쌓기 작업 직후에는 붕괴 발생률이 높다.

46 굴착기로 덤프트럭에 토사 상차 작업 시 효율적인 안전한 작업에 대한 설명으로 맞지 않는 것은?

① 버킷 투스를 곡괭이처럼 사용하지 않는다.
② 버킷이 덤프트럭 위를 지나가지 않도록 한다.
③ 버킷이 다른 작업자의 위를 지나가지 않도록 한다.
④ 토사를 덤프트럭에 상차 시 선회하는 각도를 크게 한다.

🔍 덤프트럭에 토사 적재 시 선회 각도를 가능한 적게 한다.

47 무한궤도식 굴착기가 주행 시 트랙이 벗겨지는 원인으로 맞지 않는 것은?

① 트랙 정렬이 안 되었을 때
② 아이들러의 마멸이 클 때
③ 스프로킷의 마멸이 클 때
④ 트랙 장력이 많을 때

🔍 트랙 장력이 적을 때 트랙이 벗겨진다.

48 덤프트럭에 상차 작업 시 안전 사항으로 맞지 않는 것은?

① 굴착기와 덤프트럭의 높이가 같은 지면에서 적재한다.
② 토사 적재 시 적재함 앞쪽부터 적재한다.
③ 잡석 적재 시 적재함 앞쪽부터 적재한다.
④ 덤프트럭이 아래쪽에 있고 굴착기가 위쪽에 있는 지형에서는 적재함 뒤쪽에서부터 적재한다.

49 유압 모터의 회전력으로 스크류를 돌려서 구멍을 뚫는 장치로 전신주 및 기둥을 세우거나 박을 때 사용하는 굴식기의 작업 장치는?

① 브레이커
② 오거
③ 그래플
④ 리퍼

50 버킷의 물이 잘 빠지도록 구멍이 있어 배수로 작업에 효과적인 버킷은?

① V형 버킷
② 디칭 버킷
③ 셔블 버킷
④ 크리닝 버킷

51 버킷 투스가 마모되면 굴착 작업 시 굴착 저항이 커지고 릴리프밸브의 잦은 열림으로 작동유의 유온이 높아지고 장비 성능이 저하되는데, 효율적인 버킷 투스의 교환 방법으로 가장 적합 한 것은?

① 1/2 마모시 교환한다.
② 1/3 마모시 교환한다.
③ 1/4 마모시 교환한다.
④ 1/5 마모시 교환한다.

🔍 버킷 투스의 마모량이 투스 끝단 길이의 1/2 마모시 교체하면 연료소비량을 줄이고 장비 노화를 예방한다.

52 굴착 작업 시 장비 안전에 관한 설명으로 틀린 것은?

① 굴착 작업 전 장비가 위치할 안전한 지반을 확보한다.
② 굴착 작업 시 굴착 작업 한 끝단과 거리를 두어 지반이 붕괴되지 않도록 한다.
③ 경사면에서 작업 시 항상 붕괴 가능성을 확인한다.
④ 굴착 작업 시 각 실린더는 완전히 오므리거나 펴도록 작업한다.

🔍 작업 시 각 유압실린더는 50~80mm여유를 두면서 작업한다.

53 굴착기의 1사이클 타임은 토사 적재 후 원하는 위치에 쌓은 후 다시 굴착 위치로 이동 시키는 일인데, 다음 중 1사이클 타임에 영향을 받는 설명으로 맞지 않는 것은?

① 덤프트럭 적재함의 크기는 영향을 받는다.
② 덤프트럭 적재함의 높이는 영향을 받는다
③ 굴착 깊이는 영향을 받지 않는다.
④ 작업 물질은 영향을 받는다.

🔍 굴착 깊이는 1사이클 타임에 영향을 받는다.

54 굴착기로 지면 고르기 작업 시 유의할 사항으로 틀린 것은?

① 포설 장비가 메우기 전에 고르기 작업을 한다.
② 비탈면은 소단과 기울기를 유지하도록 한다.
③ 혼합 재료는 도로 전폭에 교대로 층을 이루도록 작업을 한다.
④ 동결된 고르기 재료는 잘 희석하여 메우기 작업 재료로 사용한다.

🔍 동결된 재료는 동결된 부분을 제거하고 메우기 작업을 한다.

55 굴착기로 토사 메우기 작업 시 사용되는 토사의 조건으로 틀린 것은?

① 배수성이 좋아야 한다.
② 팽창성이 많아야 한다.
③ 압축성이 적어야 한다.
④ 공학적으로 안정 되어야 한다.

🔍 팽창성이 적어야 한다.

56 굴착기로 작업할 때 주의사항으로 틀린 것은?

① 땅을 깊이 팔 때는 붐의 호수나 버킷실린더의 호스가 지면에 닿지 않도록 한다.
② 암석, 토사 등을 평탄하게 고를 때는 선회관성을 이용하면 능률적이다.
③ 암 레버의 조작 시 잠깐 멈췄다가 움직이는 것은 펌프의 토출량이 부족하기 때문이다.
④ 작업 시는 실린더의 행정 끝에서 약간 여유를 남기도록 운전한다.

🔍 굴착기의 선회관성 이용하여 암석, 토사 등을 평탄하게 고르거나 부수는 작업을 하면 안 되며, 선회 회전력을 버킷을 지면에 대는 것으로 제동시키면 안 된다.

57 도로교통법상 모든 차의 운전자가 서행하여야 하는 장소에 해당하지 않는 것은?

① 도로가 구부러진 부근
② 비탈길의 고개 마루 부근
③ 편도 2차로 이상의 다리 위
④ 가파른 비탈길의 내리막

🔍 서행하여야 하는 장소
• 교통정리를 하고 있지 아니하는 교차로
• 도로가 구부러진 부근
• 비탈길의 고갯마루 부근
• 가파른 비탈길의 내리막
• 시 · 도경찰청장이 도로에서의 위험을 방지하고 교통의 안전과 원활한 소통을 확보하기 위하여 필요하다고 인정하여 안전 표지로 지정한 곳

58 승차 또는 적재의 방법과 제한에서 운행상의 안전 기준을 넘어서 승차 및 적재가 가능한 경우는?

① 도착지를 관할하는 경찰서장의 허가를 받은 때
② 출발지를 관할하는 경찰서장의 허가를 받은 때
③ 관할 시 · 군수의 허가를 받은 때
④ 동 · 읍 · 면장의 허가를 받은 때

🔍 출발지를 관할하는 경찰서장의 허가를 받은 때에는 운행상의 안전 기준을 넘어서 승차 및 적재가 가능하며, 이 경우 특별표지판을 부착하고 운행하여야 한다.

59 도로교통법상에서 정의된 긴급자동차가 아닌 것은?

① 응급 전신 · 전화 수리공사에 사용되는 자동차
② 긴급한 경찰업무수행에 사용되는 자동차
③ 위독환자의 수혈을 위한 혈액 운송 차량
④ 학생운송 전용버스

🔍 도로교통법상 "긴급자동차"란 소방차, 구급차, 혈액 공급차량 및 응급 전신 · 전화 수리공사에 사용되는 자동차 등과 같은 자동차로서 그 본래의 긴급한 용도로 사용되고 있는 자동차를 말한다.

60 그림의 교통안전 표지는?

① 좌 · 우회전 표지
② 좌 · 우회전 금지표지
③ 양측방 일방 통행표지
④ 양측방 통행 금지표지

정답	공단 기출문제 – 2016년 03회				
01 ①	02 ④	03 ②	04 ①	05 ③
06 ①	07 ③	08 ③	09 ②	10 ④
11 ②	12 ④	13 ②	14 ①	15 ③
16 ④	17 ④	18 ②	19 ①	20 ①
21 ③	22 ④	23 ④	24 ④	25 ③
26 ④	27 ④	28 ③	29 ①	30 ①
31 ①	32 ④	33 ②	34 ①	35 ④
36 ②	37 ④	38 ③	39 ①	40 ②
41 ④	42 ④	43 ①	44 ④	45 ①
46 ④	47 ④	48 ②	49 ②	50 ④
51 ①	52 ④	53 ②	54 ④	55 ②
56 ②	57 ③	58 ②	59 ④	60 ①

PART 03

CBT 복원문제

CBT 복원문제 1회
CBT 복원문제 2회
CBT 복원문제 3회
CBT 복원문제 4회
CBT 복원문제 5회

01 CBT 복원문제

QUESTIONS FROM PREVIOUS TESTS

01 건설기계의 주요구조 변경 및 개조의 범위에 해당하지 않는 것은?

① 원동기의 형식 변경
② 동력전달장치의 형식 변경
③ 유압장치의 형식 변경
④ 건설기계의 기종 변경

🔍 구조 변경이 안 되는 사항
• 건설기계의 기종 변경
• 육상 작업용 건설기계의 규격 증가를 위한 구조 변경
• 적재함의 용량 증가를 위한 구조 변경

02 건설기계조종사의 적성검사 기준으로 가장 거리가 먼 것은?

① 두 눈을 동시에 뜨고 잰 시력이 0.7 이상이고, 두 눈의 시력이 각각 0.3 이상일 것
② 시각은 150도 이상일 것
③ 언어분별력이 80% 이상일 것
④ 50데시벨(보청기를 사용하는 사람은 40데시벨)의 소리를 들을 수 있을 것

🔍 적성검사 기준
• 두 눈을 동시에 뜨고 잰 시력(교정시력을 포함)이 0.7 이상이고 두 눈의 시력이 각각 0.3 이상일 것
• 55데시벨(보청기를 사용하는 사람은 40데시벨)의 소리를 들을 수 있고, 언어분별력이 80퍼센트 이상일 것
• 시각은 150도 이상일 것
• 정신병자 · 지적장애인 · 뇌전증환자, 마약 · 대마 · 향정신성의약품, 알코올 중독자가 아닐 것

03 건설기계관리법상 중상이란?

① 5일 미만의 치료를 요하는 진단이 있을 때
② 3주 이상의 치료를 요하는 진단이 있을 때
③ 3주 미만의 치료를 요하는 진단이 있을 때
④ 7일 이상의 치료를 요하는 진단이 있을 때

🔍 건설기계관리법상 중상은 3주 이상의 치료를 요하는 진단이 있을 때를 말하며, 경상은 3주 미만의 치료를 요하는 진단이 있을 때를 말한다.

04 등록된 건설기계의 주요 구조를 변경 또는 개조하였을 때는 사유 발생일로부터 며칠 이내에 검사를 받아야 하는가?

① 10일 이내
② 20일 이내
③ 30일 이내
④ 2개월 이내

🔍 등록된 건설기계의 주요 구조를 변경 또는 개조하였을 때 실시하는 검사는 구조변경검사로 사유 발생일로부터 20일 이내에 검사를 받아야 한다.

05 건설기계관리법령상 건설기계조종사면허를 받지 않고 건설기계를 조종한 사람에 대한 벌칙은?

① 2년 이하의 징역 또는 2천만원 이하의 벌금
② 1년 이하의 징역 또는 1천만원 이하의 벌금
③ 300만원 이하의 벌금
④ 300만원 이하의 과태료

🔍 1년 이하의 징역 또는 1천만원 이하의 벌금(주요사항)
• 거짓이나 그 밖의 부정한 방법으로 건설기계 등록을 한 자
• 건설기계의 구조변경검사 또는 수시검사를 받지 아니한 자
• 건설기계의 정비명령을 이행하지 아니한 자
• 매매용 건설기계를 운행하거나 사용한 자
• 건설기계조종사면허를 받지 아니하고 건설기계를 조종한 자
• 건설기계조종사면허를 거짓이나 그 밖의 부정한 방법으로 받은 자
• 건설기계를 도로나 타인의 토지에 버려둔 자

06 건설기계의 임시운행 사유에 해당되지 않는 것은?

① 등록신청을 하기 위하여 건설기계를 등록지로 운행하는 경우
② 수출을 하기 위하여 건설기계를 선적지로 운행하는 경우
③ 판매 또는 전시를 위하여 건설기계를 일시적으로 운행하는 경우
④ 수리를 위해 정비업체로 이동하기 위해 운행하는 경우

임시운행 사유
- 등록신청을 하기 위하여 건설기계를 등록지로 운행하는 경우
- 신규등록검사 및 확인검사를 받기 위하여 건설기계를 검사장소로 운행하는 경우
- 수출을 하기 위하여 건설기계를 선적지로 운행하는 경우
- 수출을 하기 위하여 등록말소한 건설기계를 점검·정비의 목적으로 운행하는 경우
- 신개발 건설기계를 시험·연구의 목적으로 운행하는 경우
- 판매 또는 전시를 위하여 건설기계를 일시적으로 운행하는 경우

직류발전기와 교류발전기의 비교

구분	직류(DC)발전기	교류(AC)발전기
중량	무겁다.	가볍다.
브러시 수명	짧다.	길다.
정류	정류자와 브러시	실리콘 다이오드
공회전시	충전 불가능	충전 가능
구조	계자코일 고정, 아마추어 회전	스테이터 고정, 로터 회전
사용범위	고속회전용으로 부적합	고속회전에도 견딤
조정기	컷아웃릴레이, 전압조정기, 전류조정기	전압조정기만 필요

07 축전지 및 발전기에 대한 설명으로 틀린 것은?

① 시동 전 전원은 배터리이다.
② 시동 후 전원은 발전기이다.
③ 시동 전과 후 모든 전력은 배터리로부터 공급된다.
④ 발전하지 못해도 배터리로만 운행이 가능하다.

> 시동 전 전원은 배터리이며, 시동 후에는 발전기가 엔진의 회전에 의해 함께 회전하면서 각종 전기장치의 전원공급을 담당하고 배터리를 충전하는 역할을 한다.

08 전기장치의 퓨즈가 끊어졌을 때의 조치 사항으로 옳은 것은?

① 동일 용량의 것으로 갈아 끼운다.
② 용량이 큰 것으로 갈아 끼운다.
③ 구리선이나 납선으로 바꾼다.
④ 전기장치의 고장개소를 찾아 수리한다.

> 퓨즈는 전기 회로에서 단락에 의해 전선이 타거나 과대 전류가 부하에 흐르지 않도록 하는 구성품으로 사용 중인 퓨즈가 끊어져 교체할 때는 동일 용량의 것을 사용하여야 한다.

09 교류발전기의 특징으로 틀린 것은?

① 속도변화에 따른 적용 범위가 넓고 소형, 경량이다.
② 저속시에도 충전이 가능하다.
③ 정류자를 사용한다.
④ 다이오드를 사용하기 때문에 정류 특성이 좋다.

10 기관에서 실린더 마모가 가장 큰 부분은?

① 실린더 아랫부분
② 실린더 윗부분
③ 실린더 중간 부분
④ 실린더 연소실 부분

> 실린더의 마모는 피스톤링의 접촉과 이물질의 흡입 및 연소 생성물에 그 원인이 있으며, 연소실에 가까운 실린더 윗부분이 마모가 가장 크다.

11 디젤기관에 과급기를 부착하는 주된 목적은?

① 출력의 증대
② 냉각효율의 증대
③ 배기효율의 증대
④ 윤활성의 증대

> 과급기(Supercharger)
> - 기관의 작동 중 흡입에 의한 충전 효율을 높여서 회전력, 연료 소비율, 기관의 출력 등을 향상시키기 위하여 흡입되는 가스에 압력을 가하여 주는 일종의 공기 펌프이다.
> - 기관 전체 중량은 10~15%가 무거워진다.
> - 기관의 출력은 35~45% 증대된다.

12 워터 펌프를 구동하는 팬 벨트의 장력이 적을 때의 현상으로 가장 적당한 것은?

① 벨트가 이탈된다.
② 냉각수 온도가 높아진다.
③ 기관이 과열된다.
④ 발전기 충전이 과다해진다.

> 벨트 장력이 헐거울 때
> - 물 펌프 회전속도가 느려져 기관 과열
> - 발전기 출력 저하
> - 소음 발생
> - 팬 벨트 마모 촉진(손상)

13 액슬 축과 액슬 하우징의 조향방법에서 액슬 축의 지지 방식이 아닌 것은?

① 전부동식 ② 반부동식
③ 3/4부동식 ④ 전유동식

> 액슬 축과 하우징의 상태에 따라 수직·수평·하중이 달라지며, 지지방식으로는 반부동식, 3/4 부동식, 전부동식(대형 트럭)이 있다.

14 윤활장치에 사용되고 있는 오일펌프로 적합하지 않는 것은?

① 기어 펌프 ② 로터리 펌프
③ 베인 펌프 ④ 나사 펌프

> 윤활장치에 사용되고 있는 오일펌프는 기어 펌프, 로터리 펌프, 베인 펌프 등이 있으며, 4행정 사이클 기관에 주로 사용되는 오일펌프는 로터리식과 기어식이다.

15 오일의 여과 방식이 아닌 것은?

① 자력식 ② 분류식
③ 전류식 ④ 샨트식

> 오일의 여과방식에는 오일의 일부를 여과하는 분류식과 전부를 여과시키는 전류식, 그리고 분류식과 전류식을 합친 샨트식이 있다.

16 건설기계 작업 중 계기판의 정보가 다음과 같았다. 조치해야 할 사항은?

① 냉각수를 보충한다.
② 연료를 보충한다.

③ 시동을 끄고 냉각계통을 점검한다.
④ 작업을 멈추고 일일점검을 실시한다.

> 그림의 계기판 정보는 연료량을 표시하는 것으로 연료가 부족한 상태이므로 연료를 보충하여야 한다.

17 유압장치의 장점을 설명한 것이다. 틀린 것은?

① 소형장치로 큰 출력을 발생한다.
② 무단변속이 가능하고 정확한 위치 제어를 할 수 있다.
③ 유온의 영향이 있어도 정밀한 속도와 제어가 가능하다.
④ 과부하에 대한 안전장치가 간단하고 정확하다.

> 유압장치의 장점
> - 과부하에 대한 안전장치가 간단하고 정확하다.
> - 무단 변속이 가능하고 정확한 위치 제어가 가능하다.
> - 부하의 변화에 대한 안정성이 크다.
> - 동력 전달이 원활하고 저속에서 큰 회전력의 기동이 용이하다.
> - 공기의 압력·유압 및 전기 신호 등으로 쉽게 원격조정이 가능하다.
> - 진동이 적고 작동이 원활하다.
> - 작동유에는 윤활성·방청성이 있어 마멸이 적고 내구성이 크다.
> - 동력의 분배와 집중이 쉽다.
> - 소형 장치로 큰 출력을 발생한다.
> - 에너지의 저장이 가능하다.

18 유압회로에 사용되는 유압밸브의 역할이 아닌 것은?

① 일의 관성을 제어한다.
② 일의 방향을 변환시킨다.
③ 일의 속도를 제어한다.
④ 일의 크기를 조정한다.

> 유압밸브
> - 압력제어 밸브 : 일의 크기를 조정한다.(릴리프 밸브, 리듀싱 밸브, 시퀀스 밸브, 언로더 밸브, 카운터 밸런스 밸브)
> - 유량제어 밸브 : 일의 속도를 제어한다.(교축 밸브, 압력보상 유량제어 밸브, 분류 밸브, 감속 밸브)
> - 방향제어 밸브 : 일의 방향을 변환시킨다.(체크 밸브, 스풀 밸브, 셔틀 밸브)

19 자체중량에 의한 자유낙하 등을 방지하기 위하여 회로에 배압을 유지하는 밸브는?

① 감압 밸브
② 체크 밸브
③ 릴리프 밸브
④ 카운터 밸런스 밸브

> 카운터 밸런스 밸브(counter balance valve)는 유압 실린더 등이 자유 낙하되는 것을 방지하기 위하여 배압을 유지시키는 역할을 한다.

20 유압기기의 작동속도를 높이기 위하여 무엇을 변화시켜야 하는가?

① 유압 펌프의 토출유량을 증가시킨다.
② 유압 모터의 압력을 높인다.
③ 유압 모터의 토출압력을 높인다.
④ 유압 모터의 크기를 작게 한다.

> 유압의 제어방법 중 유압기기의 작동 속도는 유량의 제어를 통해 조절한다.

21 유압장치의 부품을 교환 후 다음 중 가장 우선 시행하여야 할 작업은?

① 최대부하 상태의 운전
② 유압을 점검
③ 유압장치의 공기빼기
④ 유압 오일쿨러 청소

> 유압장치의 부품 교환 후 가장 먼저 공기빼기를 해주어야 한다. 공기빼기 작업은 "엔진 기동 → 난기 운전 실시 → 각 유압 모터와 실린더를 5분 정도 천천히 반복 작동"시키는 순서로 한다.

22 유압 모터의 종류가 아닌 것은?

① 기어 모터
② 베인 모터
③ 플런저 모터
④ 터빈 모터

> 유압 모터는 기어형, 베인형, 액시얼 플런저형, 레이디얼 플런저형, 멀티 스트로크형이 있다.

23 어큐뮬레이터(축압기)의 사용 목적이 아닌 것은?

① 유압회로 내의 압력 상승
② 충격압력 흡수
③ 유체의 맥동 감쇠
④ 압력 보상

> 어큐뮬레이터의 용도
> • 대유량의 작동유를 순간적으로 공급한다.
> • 유압 펌프의 맥동을 제거한다.
> • 충격 압력을 흡수한다.
> • 압력을 보상해 준다.

24 그림의 유압 기호는 무엇을 표시하는가?

① 유압 실린더
② 어큐뮬레이터
③ 오일 탱크
④ 유압 린더 로드

> 기호는 어큐뮬레이터(축압기)이며 축압기는 유압 에너지의 저장, 충격흡수 등에 이용된다.

25 유압 모터와 유압 실린더의 설명으로 맞는 것은?

① 둘 다 회전운동을 한다.
② 모터는 직선운동, 실린더는 회전운동을 한다.
③ 둘 다 왕복운동을 한다.
④ 모터는 회전운동, 실린더는 직선운동을 한다.

> 유압 액추에이터는 유압펌프로부터 공급된 작동유의 유압에너지를 이용하여 기계적인 일, 즉 직선운동이나 회전운동으로 변환시키는 장치로 유압 모터는 회전운동, 유압 실린더는 직선운동을 한다.

26 피스톤의 지름이 20mm인 유압 실린더에서 유압이 50kgf/cm² 작용할 때 실린더에서 발생되는 힘은 약 얼마인가?

① 15.7kg
② 78.5kg
③ 100kg
④ 157kg

- 압력 = $\dfrac{힘}{단면적}$
- 단면적 = $\dfrac{\pi D^2}{4} = \dfrac{3.14 \times 2(cm)^2}{4} = 3.14 cm^2$
- 힘 = $3.14 cm^2 \times 50 kgf/cm^2 = 157 kgf$

27 산업재해 발생원인 중 직접원인에 해당되는 것은?

① 유전적 요소
② 사회적 환경
③ 불안전한 행동
④ 인간의 결함

재해의 직접원인
- 불안전한 행동 : 위험장소 접근, 안전장치의 기능 제거, 복장·보호구의 잘못 사용, 기계·기구 잘못 사용, 운전 중인 기계장치의 손질, 불안전한 속도 조작, 위험물 취급 부주의, 불안전한 상태 방치, 불안전한 자세 동작, 감독 및 연락 불충분
- 불안전한 상태 : 물 자체 결함, 안전 방호장치 결함, 보호구의 결함, 물의 배치 및 작업장소 결함, 작업환경의 결함, 생산공정의 결함, 경계표시·설비의 결함

28 먼지가 많이 발생하는 장소에서 착용해야 하는 마스크는?

① 방독마스크
② 산소마스크
③ 송기마스크
④ 방진마스크

호흡용 보호구
- 방독마스크 : 유기용제, 유독가스, 미스트, 흄 발생작업
- 송기마스크, 산소마스크 : 저장조, 하수구 청소 및 산소결핍 작업장
- 방진마스크 : 분체작업, 연마작업, 광택작업, 배합작업 등 먼지가 많은 작업장

29 장갑을 끼고 작업을 할 때 위험한 작업은?

① 건설기계운전
② 타이어 교환 작업
③ 해머 작업
④ 오일 교환 작업

장갑을 착용하면 안 되는 작업
- 해머 작업
- 연삭 작업
- 드릴 작업
- 정밀기계 작업

30 복스 렌치가 오픈 렌치보다 많이 사용되는 이유로 가장 적합한 것은?

① 볼트, 너트 주위를 완전히 감싸게 되어 있어서 사용 중에 미끄러지지 않는다.
② 여러 가지 크기의 볼트, 너트에 사용할 수 있다.
③ 값이 싸며, 적은 힘으로 작업할 수 있다.
④ 가볍고, 사용하는데 양손으로도 사용할 수 있다.

렌치(Wrench)
- 오픈 렌치 : 스패너라고 하며, 볼트 머리 6각 중 두 군데만 고정하여 돌리기 때문에 볼트 머리가 훼손될 가능성이 있다.
- 조정 렌치 : 일명 몽키 스패너라고도 불리며 볼트 또는 너트를 조이거나 풀 때 고정 조에 힘이 가해지도록 해야 한다.
- 복스 렌치 : 오픈 렌치와 달리 볼트, 너트 주위를 완전히 감싸게 되어 사용 중에 미끄러지지 않으며, 고른 힘이 분산되어 볼트, 너트를 손상시키지 않고 큰 힘을 전달할 수 있다.
- 컴비네이션(조합) 렌치 : 오픈 렌치와 복스 렌치의 장점을 모아 하나로 만든 렌치이며, 한쪽은 오픈 렌치, 반대편은 복스 렌치로 되어 있다.

31 조정렌치 사용 및 관리요령으로 적합하지 않는 것은?

① 볼트를 풀 때는 렌치에 연결대 등을 이용한다.
② 적당한 힘을 가하여 볼트, 너트를 죄고 풀어야 한다.
③ 잡아당길 때 힘을 가하면서 작업한다.
④ 볼트, 너트를 풀거나 조일 때는 볼트머리나 너트에 꼭 끼워져야 한다.

조정 렌치는 조(jaw)의 폭을 자유롭게 조정하여 사용할 수 있는 공구로 볼트나 너트를 조이거나 풀 때는 고정 조에 힘이 가해지도록 하여야 하며, 연결대는 사용하지 않는다.

32 안전·보건표지의 색채와 관련하여 안내표지의 바탕색은?

① 노란색
② 흰색
③ 파란색
④ 검은색

> **안전·보건표지의 색채**
> - 금지표지 : 바탕은 흰색, 기본모형은 빨간색, 관련 부호 및 그림은 검은색
> - 경고표지 : 바탕은 노란색, 기본모형, 관련 부호 및 그림은 검은색. 다만, 인화성물질 경고, 산화성 물질 경고, 폭발성물질 경고, 급성독성물질 경고, 부식성물질 경고 및 발암성·변이원성·생식독성·전신독성·호흡기과민성물질 경고의 경우 바탕은 무색, 기본모형은 빨간색(검은색도 가능)
> - 지시표지 : 바탕은 파란색, 관련 그림은 흰색
> - 안내표지 : 바탕은 흰색, 기본모형 및 관련 부호는 녹색 또는 바탕은 녹색, 관련 부호 및 그림은 흰색

33 안전·보건표지를 제작할 때의 규격과 가장 거리가 먼 것은?

① 재질
② 색깔
③ 모양
④ 내용

> 안전·보건표지는 그 종류별로 기본모형에 의하여 규정된 구분에 따라 제작하여야 하며, 관련 법령에 따라 색채와 색도기준, 내용이 정해져 있다.

34 유류화재 발생 시 화재진압을 위한 가장 효과적인 방법은?

① 물 호스의 사용
② 불의 확대를 막는 덮개의 사용
③ 소다 소화기의 사용
④ 탄산가스 소화기의 사용

> 유류 및 가스화재는 B급 화재로 탄산가스(CO_2) 소화기, 포말 소화기, 분말 소화기, 증발성 액체 소화기 등을 사용하여 화재를 진압한다.

35 공장에서 엔진 등과 같은 중량물을 이동하고자 한다. 가장 좋은 방법은?

① 여러 사람이 들고 조용히 움직인다.
② 체인 블록이나 호이스트를 사용한다.
③ 로프로 묶고 살며시 잡아 당긴다.
④ 지렛대를 이용하여 움직인다.

> 중량물은 인력운반이 금지되며, 체인 블록이나 호이스트를 사용해서 운반하여야 한다.

36 기계의 회전부분(기어, 벨트, 체인)에 덮개를 설치하는 이유는?

① 좋은 품질의 제품을 얻기 위하여
② 회전 부분의 속도를 높이기 위하여
③ 제품의 제작과정을 숨기기 위하여
④ 회전부분과 신체의 접촉을 방지하기 위하여

> 기계의 회전부분은 끼임, 절단, 물림 등에 의한 사고가 빈번한 곳으로 이곳에 덮개를 덮어 신체의 접촉을 방지하기 위한 안전 장치이다.

37 굴착기 운행에 따른 안전 수칙 사항으로 틀린 것은?

① 장비에 오르내릴 때는 양손으로 손잡이를 이용하여야 한다.
② 운전 반경 내에 사람이 있을 때는 절대로 회전해서는 안 된다.
③ 장비의 주차 시 버킷은 지면으로부터 20~30cm 올려두어야 한다.
④ 버킷이나 다른 부수 장치 혹은 뒷부분에 사람을 태우지 말아야 한다.

> 장비의 주차 시는 경사지나 굴착 작업장으로부터 충분히 이격시켜 주차하고, 버킷은 반드시 지면에 내려놓아야 한다.

38 SAE 형식의 조종 레버가 장착된 굴착기에서 붐 및 버킷 조종 레버를 (A) 방향으로 움직였을 때 붐 또는 버킷의 작동은?

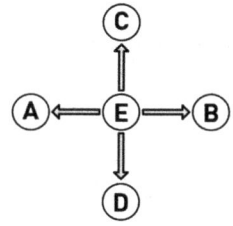

① 붐 하강
② 버킷 퍼짐
③ 붐 상승
④ 버킷 오므림

> **붐 및 버킷 조종 레버(SAE 형식)**
> - A 방향 : 버킷 오므림(bucket close)
> - B 방향 : 버킷 퍼짐(bucket open)
> - C 방향 : 붐 하강(boom down)
> - D 방향 : 붐 상승(boom up)
> - E 위치 : 중립(어떤 위치에서나 조종 레버를 놓게 되면 조종 레버는 중립으로 되돌아간다.)

39 굴착기에서 밸런스 웨이트가 설치되는 곳은?

① 하부 추진체 중간
② 하부 추진체 후부
③ 상부 선회체 중간
④ 상부 선회체 후부

> 밸런스 웨이트(카운터 웨이트)는 상부 회전체의 제일 뒷부분에 주철제로 주조되어, 터닝 프레임에 볼트로 고정되어 있다.

40 타이어식 건설기계의 액슬 허브에 오일을 교환하고자 한다. 오일을 배출시킬 때와 주입할 때의 플러그 위치로 옳은 것은?

① 배출시킬 때 1시 방향, 주입할 때 : 9시 방향
② 배출시킬 때 6시 방향, 주입할 때 : 9시 방향
③ 배출시킬 때 3시 방향, 주입할 때 : 9시 방향
④ 배출시킬 때 2시 방향, 주입할 때 : 12시 방향

> 오일을 배출시킬 때는 플러그를 6시 방향에, 주입할 때는 플러그 방향을 9시에 위치시킨다.

41 굴착기의 작업장치 연결부(작동부) 니플에 주유하는 것은?

① G.A.A(그리스)
② SAE #30(엔진오일)
③ G.O(기어오일)
④ H.O(유압유)

> 유니버설 조인트, 휠 베어링, 볼 조인트, 연결부위 등에서는 그리스가 사용된다.

42 크롤러식 굴착기에서 상부 선회체의 회전에는 영향을 주지 않고 주행모터에 작동유를 공급할 수 있는 부품은?

① 컨트롤 밸브
② 센터 조인트
③ 사축형 유압 모터
④ 언로더 밸브

> 센터 조인트는 상부 선회체의 유압유를 하부 추진체의 주행 모터에 보내주어 상부 선회체가 회전하더라도 호스, 파이프 등이 꼬이지 않고 원활히 오일을 송유하는 일을 하는 배관의 일부이다.

43 굴착기의 작업 동작을 한 번씩 연속으로 할 때 소요되는 시간을 의미하는 사이클 타임에 해당되지 않는 것은?

① 굴착
② 회전
③ 주행
④ 복귀

> 굴착기의 사이클 타임(cycle time)
> • 굴착 : 버킷을 오므리면서 암을 당기고, 붐을 들어 버킷에 흙을 파서 담는 동작
> • 회전 : 버킷에 담긴 흙을 원하는 위치로 이동하기 위해 상부를 회전시키는 동작
> • 덤핑 : 원하는 위치로 암을 뻗고 버킷을 펼쳐 담겨져 있는 흙을 쏟아내는 동작
> • 복귀 : 다음 굴착작업을 할 지점에 버킷을 펼쳐서 내려놓는 동작

44 무한궤도식 굴착기의 스프로킷에 가까운 쪽의 롤러는 어떤 형식을 사용하는가?

① 싱글 플랜지형
② 더블 플랜지형
③ 플랫형
④ 옵셋형

> 하부 롤러(트랙 롤러)는 싱글 플랜지형과 더블 플랜지형이 있으며, 프론트 아이들러와 스프로킷이 있는 쪽에는 반드시 싱글 플랜지형을 사용하여야 한다.

45 다음 중 굴착기 채굴 작업 방법이 아닌 것은?

① 직진 채굴
② 병진 채굴
③ 장애물 밑 부분의 굴착
④ 3각 굴착 작업

> 굴착기 채굴 작업 종류 : 직진 채굴, 병진 채굴, 4각 굴착 작업, 장애물 밑 부분의 굴착, 간척지 작업

46 크롤러식 굴착기의 트랙이 잘 벗겨지는 이유로 거리가 먼 것은?

① 고속 주행 시 급방향 전환하는 경우
② 경사면을 측면으로 주행하는 경우
③ 트랙의 장력이 큰 경우
④ 트랙과 롤러 사이에 돌이 낀 상태로 조향하는 경우

🔍 트랙이 잘 벗겨지는 경우
- 고속 주행 시 급선회하였을 경우
- 경사면을 측면으로 주행하는 경우
- 트랙의 장력이 현저히 작을 경우
- 트랙과 롤러 사이에 돌이 낀 상태로 조향하는 경우
- 프론트 아이들러와 스프로킷의 중심이 틀릴 때
- 리코일 스프링의 장력이 약할 때
- 측면을 경사시켜 작업할 때

47 케이블, 파이프 매설 등에 적절하며, 앞부분에 삽을 설치하여 사용하는 굴착기 작업 장치는 다음 중 어느 것인가?

① 도저용 블레이드
② 이젝터 버킷
③ 우드 그랩
④ 폴립 클램프

🔍 • 이젝터 버킷 : 점토질의 땅을 굴착할 때 사용(버킷 안에 토사를 밀어내는 이젝터가 있어 버킷 안에 흙이 부착될 염려가 없다.
• 우드 그랩 : 전신주, 파일, 기중작업등에 이용되며 목재운반과 적재하역에 효과적이다.
• 폴립 클램프 : 자갈, 골재 선별 적재, 오물처리 등의 작업에 사용된다.

48 무한궤도식 굴착기에서 트랙의 구성품으로 맞는 것은?

① 슈, 조인트, 실(seal), 핀, 슈볼트
② 스프로킷, 트랙롤러, 상부롤러, 아이들러
③ 슈, 스프로킷, 하부롤러, 상부롤러, 감속기
④ 슈, 링크, 부싱, 핀

🔍 무한궤도식 건설기계의 트랙은 링크, 핀, 부싱, 슈 등으로 구성되어 있으며 스프로킷에서 동력을 받아 구동된다.

49 무한궤도식 굴착기의 트랙 전면에서 오는 충격을 완화시키기 위해 설치한 것은?

① 프론트 아이들러
② 리코일 스프링
③ 상부 롤러
④ 하부 롤러

🔍 • 프론트 아이들러(Front idler, 전부 유동륜) : 프론트 아이들러는 트랙 프레임의 앞쪽에 설치되며, 프레임 위에서 미끄럼 운동을 할 수 있는 요크(yoke)에 설치되어 있다. 주된 기능은 트랙의 장력을 조정하면서 트랙의 진행 방향을 유도한다.
• 리코일 스프링(Recoil spring) : 안쪽의 이너 스프링과 바깥쪽의 아우터 스프링의 2중으로 된 구조로 주행 중 프론트 아이들러가 받은 충격을 완화시켜 트랙 장치의 파손을 방지하는 일을 한다.
• 상부 롤러(Carrier roller, 캐리어 롤러) : 프론트 아이들러(전부 유동륜)와 스프로킷(구동륜) 사이에 1~2개가 설치되어 트랙이 밑으로 처지지 않도록 받쳐주며, 트랙의 회전을 바르게 유지하는 역할을 담당한다.
• 하부 롤러(Track roller, 트랙 롤러) : 하부 롤러는 트랙 프레임에 5~7개 정도가 설치되며, 트랙터의 전체 중량을 지지하고, 전체 중량을 균일하게 트랙에 배분한다. 또한, 트랙의 회전 위치를 바르게 유지하게 함으로써 상부 롤러와 함께 트랙의 회전을 바르게 유지하는데 관여한다.

50 무한궤도식 굴착기 조향 작용은 무엇으로 하는가?

① 브레이크 페달
② 조향 클러치
③ 유압 모터
④ 유압 펌프

🔍 무한궤도식 굴착의 조향은 유압 모터를 이용한다.

51 무한궤도식 굴착기에서 트랙 장력의 조정은?

① 장력조정 실린더로 한다.
② 스프로킷의 조정 볼트로 한다.
③ 상부 롤러의 베어링으로 한다.
④ 하부 롤러의 심을 조정한다.

🔍 무한궤도식 굴착기의 트랙 장력 조정
• 조정 너트를 렌치로 돌려서 조정하는 방법(구형)
• 프론트 아이들러 요크 축에 설치된 그리스 실린더에 그리스(GAA)를 주유하면 트랙 유격이 적어지고, 그리스를 배출시키면 유격이 커지는 방식이다.

52 굴착기의 퀵 커플러의 설치기준에 대한 설명으로 틀린 것은?

① 작동스위치는 조종사의 조작에 의해서만 작동되는 구조여야 한다.
② 버킷 잠금장치는 단일 잠금으로 하여야 한다.
③ 유압잠금장치가 해제된 경우 조종사가 알 수 있을 정도로 충분한 크기의 경고음이 발생되는 장치를 설치하여야 한다.
④ 퀵 커플러에 과전류가 발생할 때 전원을 차단할 수 있어야 한다.

🔍 퀵 커플러는 굴착기 버킷의 결합 및 분리를 신속하게 할 수 있는 장치로 버킷 잠금장치는 이중 잠금으로 하여야 한다.

53 굴착기 붐의 작동이 느린 이유가 아닌 것은?

① 유압유에 이물질 혼입
② 유압유의 압력 저하
③ 유압유에 점도 불량
④ 유압유의 압력 과다

🔍 굴착기 붐 작동이 늦어지는 이유는 유압이 낮아지는 것이 주요 원인이다.

54 굴착기 작업을 위한 작업지시서의 내용으로 가장 거리가 먼 것은?

① 공사 종류 및 공종 종류
② 작업 장소
③ 작업량
④ 작업자 현황

🔍 작업지시서 내용
• 공사 종류 및 공종 종류
• 작업 장소 및 작업량
• 운행 경로, 작업 방법 및 순서
• 장비 위치 및 작업 진행 방향
• 운반 경로 및 운반로 주요 사항(노폭, 경사도 등)

55 굴착기 작업 시 유의 사항으로 틀린 것은?

① 도로에서 작업할 때에는 반드시 수신호 전달자를 세워야 한다.
② 장비 후진 시 후진 경고음이 작동하는지 확인하고 주변의 작업자를 사전에 파악한다.
③ 작업장에 흐트러진 흙이나 모래언덕이 있을 경우 작업이 종료된 후 정리 다짐한다.
④ 장마철이나 눈이 녹은 후에는 지반의 약화로 붕괴의 위험이 있으므로 사전에 지반을 확인한다.

🔍 작업장에 흐트러진 흙이나 모래언덕이 있을 경우 전복의 위험이 있으므로 작업 전에 정리 다짐하고 작업을 한다.

56 굴착기의 필터 및 엔진 오일 점검과 관련하여 10시간 간격으로 점검해야 하는 사항은?

① 라디에이터 냉각수 점검, 보충
② 배터리(전해액) 점검, 보충
③ 엔진오일 교환
④ 트랙 장력 점검, 조정

🔍 10시간 간격 점검 사항
• 작동유 탱크 점검 및 보충
• 엔진오일 점검 및 보충
• 라디에이터 냉각수 점검, 보충
• 프리필터(배수 및 엘리먼트) 점검, 배수
• 연료 탱크 점검, 보충
※ 보기 중 ④항은 50시간 간격, ②항과 ③항의 점검 주기는 250시간이다.

57 도로교통법상 폭우, 폭설, 안개 등으로 가시거리가 100m 이내일 때 최고속도의 감속기준으로 옳은 것은?

① 20%
② 50%
③ 60%
④ 80%

🔍 최고속도의 감속기준
• 20% 감속 : 비가 내려 노면이 젖어있는 경우, 눈이 20mm 미만 쌓인 경우
• 50% 감속 : 기상 조건 등으로 가시거리가 100m 이내인 경우, 노면이 얼어붙은 경우, 눈이 20mm 이상 쌓인 경우

58 교통사고가 발생하였을 때 운전자가 가장 먼저 취해야 할 조치는?

① 즉시 피해자 가족에게 알린다.
② 즉시 사상자를 구호하고 경찰공무원에게 신고한다.
③ 즉시 보험회사에 신고한다.
④ 모범운전자에게 신고한다.

> 🔍 차의 교통으로 인하여 사람을 사상하거나 물건을 손괴한 때에는 그 차의 운전자 그 밖의 승무원은 곧 정차하여 사상자를 구호하는 등 필요한 조치를 하여야 한다.

59 다음의 도로명판이 의미하는 바에 대한 설명으로 틀린 것은?

대정로23번길
1←65
Daejeong-ro 23beon-gil

① 대정로23번길은 대정로 시작지점부터 약 230미터 지점에서 분기되는 길이다.
② 대정로23번길의 총 길이는 약 650미터 정도이다.
③ 대정로23번 길은 대정로 시작지점에서 출발하면 오른쪽으로 분기되는 길이다.
④ 도로명판이 세워진 현 위치는 대정로23번길의 끝지점이다.

> 🔍 도로명판
> • 대정로23번길은 대정로 시작지점부터 약 230미터 지점에서 왼쪽으로 분기되는 길이다.(명판의 왼쪽 방향 돌출 참조. 대정로xx번길의 번호는 번호당 약 10미터 구간을 의미하므로 23 × 10m = 230m)
> • 도로명판이 세워진 현 위치는 대정로23번길의 끝지점인 '65'이다.(1←65)
> • 대정로23번길은 1부터 65까지의 기초 단위가 있으므로 65 × 10m = 650m 정도이다.

60 건설기계 조종 시 자동차 제1종 대형면허가 있어야 하는 기종은?

① 로더
② 지게차
③ 트럭적재식 천공기
④ 기중기

> 🔍 1종 대형면허 운전기종 : 덤프트럭, 아스팔트살포기, 노상안정기, 콘크리트믹서트럭, 콘크리트펌프, 천공기(트럭적재식)

정답 CBT 복원문제 - 제01회

01 ④	02 ④	03 ②	04 ②	05 ②
06 ④	07 ③	08 ①	09 ③	10 ②
11 ①	12 ③	13 ④	14 ④	15 ①
16 ②	17 ③	18 ①	19 ④	20 ①
21 ③	22 ④	23 ①	24 ②	25 ④
26 ④	27 ③	28 ④	29 ③	30 ①
31 ①	32 ③	33 ①	34 ④	35 ②
36 ④	37 ③	38 ④	39 ③	40 ②
41 ①	42 ②	43 ③	44 ①	45 ④
46 ③	47 ①	48 ④	49 ②	50 ③
51 ①	52 ②	53 ②	54 ④	55 ③
56 ①	57 ②	58 ②	59 ③	60 ③

02 CBT 복원문제

01 다음 중 건설기계의 범위에 해당되지 않는 것은?

① 자체중량 2톤 미만의 불도저
② 자체중량 1톤 이상의 굴착기
③ 자체중량 2톤 미만의 로더
④ 자체중량 2톤 미만의 엔진식 지게차

> 로더는 무한궤도 또는 타이어식으로 적재장치를 가진 자체중량 2톤 이상인 것을 말한다.

02 다음 중 특별 또는 경고표지 부착 대상 건설기계에 관한 설명이 아닌 것은?

① 대형건설기계에는 조종실 내부의 조종사가 보기 쉬운 곳에 경고 표지판을 부착하여야 한다.
② 길이가 16.7m를 초과하는 건설기계는 특별 표지 부착 대상이다.
③ 특별표지판은 등록번호가 표시되어있는 면에 부착해야 한다.
④ 최소 회전반경 12m를 초과하는 건설기계는 특별표지 부착 대상이 아니다.

> 특별표지 부착 대상 대형건설기계
> • 길이가 16.7m를 초과하는 건설기계
> • 너비가 2.5m를 초과하는 건설기계
> • 높이가 4.0m를 초과하는 건설기계
> • 최소회전반경이 12m를 초과하는 건설기계
> • 총중량이 40톤을 초과하는 건설기계
> • 총중량 상태에서 축하중이 10톤을 초과하는 건설기계

03 건설기계관리법상 중상이란?

① 5일 미만의 치료를 요하는 진단이 있는 경우
② 3주 이상의 치료를 요하는 진단이 있는 경우
③ 3주 미만의 치료를 요하는 진단이 있는 경우
④ 7일 이상의 치료를 요하는 진단이 있는 경우

> 건설기계관리법상 중상은 3주 이상의 치료를 요하는 진단이 있을 때를 말하며, 경상은 3주 미만의 치료를 요하는 진단이 있는 경우를 말한다.

04 건설기계소유자에게 등록번호표 제작 명령을 할 수 있는 기관의 장은?

① 국토교통부장관   ② 행정안전부장관
③ 경찰청장   ④ 시·도지사

> 시·도지사는 등록번호표 봉인자를 지정한 때에는 등록번호표 봉인자 지정서를 교부하여야 한다.

05 제작자로부터 건설기계를 구입한 자가 무상으로 사후관리를 받을 수 있는 법정기간은?

① 3월   ② 6월
③ 12월   ④ 18월

> 건설기계의 제작자는 건설기계를 판매한 날부터 12개월(당사자 간에 12개월을 초과하여 별도 계약하는 경우에는 그 해당기간) 동안 무상으로 건설기계의 정비 및 정비에 필요한 부품을 공급 하여야 한다.

06 건설기계관리법상 등록번호표를 부착하지 아니하거나 봉인하지 아니한 건설기계를 운행한 자에 대한 처벌은?

① 100만원 이하의 과태료
② 300만원 이하의 과태료
③ 1년 이하의 징역 또는 1천만원 이하의 벌금
④ 2년 이하의 징역 또는 2천만원 이하의 벌금

> 300만원 이하의 과태료
> • 등록번호표를 부착하지 아니하거나 봉인하지 아니한 건설기계를 운행한 자
> • 건설기계의 정기검사를 받지 아니한 자
> • 건설기계임대차 등에 관한 계약서를 작성하지 아니한 자
> • 건설기계조종사의 정기적성검사 또는 수시적성검사를 받지 아니한 자
> • 시설 또는 업무에 관한 보고를 하지 아니하거나 거짓으로 보고한 자
> • 소속 공무원의 검사·질문을 거부·방해·기피한 자
> • 중대한 사고 발생 시 제작결함 또는 안전기준 적합여부의 조사를 위해 사고 현장을 출입하는 직원의 출입을 거부하거나 방해한 자

07 교류발전기에서 스테이터 코일에 발생한 교류는?

① 실리콘에 의해 교류로 정류되어 내부로 나온다.
② 실리콘에 의해 교류로 정류되어 외부로 나온다.
③ 실리콘 다이오드에 의해 교류로 정류시킨 뒤에 내부로 들어간다.
④ 실리콘 다이오드에 의해 직류로 정류시킨 뒤에 외부로 끌어낸다.

> 스테이터 코일에 발생한 교류는 6개의 다이오드(+ 3개, − 3개) 에 의해 교류가 직류로 바뀌게 된다.

08 일반적인 축전지 터미널의 식별법으로 적합하지 않은 것은?

① (+), (−)의 표시로 구분한다.
② 터미널의 요철로 구분한다.
③ 굵고 가는 것으로 구분한다.
④ 적색과 흑색 등 색으로 구분한다.

> 축전지 터미널의 식별
> • 양극 : (+) 또는 (P), 적색, 직경이 굵음
> • 음극 : (−) 또는 (N), 흑색, 직경이 얇음

09 건설기계의 전조등 성능을 유지하기 위하여 가장 좋은 방법은?

① 단선으로 한다.
② 복선식으로 한다.
③ 축전지와 직결시킨다.
④ 굵은선으로 갈아 끼운다.

> 전조등은 복선식으로 연결되어 있으며 병렬로 연결되어 있다.

10 디젤기관의 압축압력이 규정보다 저하되는 이유는?

① 실린더 벽이 규정보다 많이 마모되었다.
② 냉각수가 규정보다 작다.
③ 엔진 오일량이 규정보다 많다.
④ 점화시기가 규정보다 다소 느리다.

> 실린더 벽이 규정보다 많이 마모되면 압축압력의 저하되고, 블로바이 및 오일이 희석되고, 피스톤 슬랩 현상이 일어난다.

11 건식 공기청정기의 효율저하를 방지하기 위한 방법으로 가장 적합한 것은?

① 기름으로 닦는다.
② 마른걸레로 닦아야 한다.
③ 압축공기로 먼지 등을 털어낸다.
④ 물로 깨끗이 세척한다.

> 건식 공기청정기는 효율 저하를 방지하기 위해 1,500~30,000km 주행 후 압축공기를 이용하여 안쪽에서 바깥쪽으로 불어서 먼지를 털어낸다.

12 기관의 연료분사펌프에 연료를 보내거나 공기빼기 작업을 할 때 필요한 장치는?

① 체크 밸브(check valve)
② 프라이밍 펌프(priming pump)
③ 오버플로 펌프(overflow pump)
④ 드레인 펌프(drain pump)

> 기관 연료분사펌프의 프라이밍 펌프는 연료장치 공기빼기 작업 시 연료펌프를 수동으로 작동시키기 위해 둔다.

13 기관에서 크랭크축의 역할은?

① 원활한 직선운동을 하는 장치이다.
② 기관의 진동을 줄이는 장치이다.
③ 직선운동을 회전운동으로 변환시키는 장치이다.
④ 원운동을 직선운동으로 변환시키는 장치이다.

> 크랭크축은 피스톤의 상·하 왕복운동을 회전운동으로 바꾼다.

14 엔진의 회전수를 나타낼 때 RPM이란?

① 시간당 엔진회전수
② 분당 엔진회전수
③ 초당 엔진회전수
④ 10분간 엔진회전수

> RPM이란 분당 회전속도를 나타내는 값으로 Revolution Per Minute의 약자이다.

15 연료의 세탄가와 가장 밀접한 관련이 있는 것은?

① 열효율   ② 폭발압력
③ 착화성   ④ 인화성

> 세탄가는 디젤기관에서 연료의 착화성을 나타내는 정량적인 수치로 세탄가 = $\dfrac{세탄}{세탄 + 메틸나프타렌} \times 100$이다.
> 세탄가가 큰 연료 일수록 압축비가 낮아도 노킹이 잘 일어나지 않는다.

16 실린더 마모와 가장 거리가 먼 것은?

① 출력의 감소
② 크랭크실의 윤활유 오손
③ 불완전 연소
④ 거버너의 작동 불량

> 거버너(조속기)는 연료분사 펌프 내의 조절 잭을 움직여 분사량을 조정하는 장치이다.

17 오일의 압력이 낮아지는 원인과 가장 거리가 먼 것은?

① 오일펌프 성능이 노후 되었을 때
② 오일의 점도가 높아졌을 때
③ 오일의 점도가 낮아졌을 때
④ 계통 내에서 누설이 있을 때

> 오일의 점도가 낮아질 경우 압력이 저하되고 펌프 효율이 저하된다.

18 유압유의 흐름을 한쪽으로만 허용하고 반대방향의 흐름을 제어하는 밸브는?

① 릴리프 밸브
② 체크 밸브
③ 카운터 밸런스 밸브
④ 매뉴얼 밸브

> • 릴리프 밸브 : 회로 내의 압력을 규정값으로 유지
> • 체크 밸브 : 유압유의 흐름을 한쪽으로만 허용하고 반대방향의 흐름을 제어(역류를 방지하고 회로 내의 잔류 압력을 유지)
> • 카운터 밸런스 밸브 : 실린더가 중력으로 인하여 제어속도 이상으로 낙하하는 것을 방지

19 다음 [보기]에서 유압 작동유가 갖추어야 할 조건으로 모두 맞는 것은?

> ㄱ. 장력에 대해 비압축성일 것
> ㄴ. 밀도가 작을 것
> ㄷ. 열팽창계수가 작을 것
> ㄹ. 체적탄성계수가 작을 것
> ㅁ. 점도지수가 낮을 것
> ㅂ. 발화점이 높을 것

① ㄱ, ㄴ, ㄷ, ㄹ   ② ㄴ, ㄷ, ㅁ, ㅂ
③ ㄴ, ㄹ, ㅁ, ㅂ   ④ ㄱ, ㄴ, ㄷ, ㅂ

> 유압 작동유는 점도지수가 높고, 체적탄성계수는 커야 한다.

20 유압유의 점도에 대한 설명으로 틀린 것은?

① 온도가 상승하면 점도는 저하된다.
② 점성의 점도를 나타내는 척도이다.
③ 온도가 내려가면 점도는 높아진다.
④ 점성계수를 밀도로 나눈 값이다.

> 점도란 윤활유 유동에 대한 내부마찰 저항력을 말하며 오일의 끈끈한 정도를 표시한다.

21 유압모터의 회전속도가 규정 속도보다 느릴 경우의 원인에 해당하지 않는 것은?

① 유압펌프의 오일 토출량 과다
② 유압유의 유입량 부족
③ 각 작동부의 마모 또는 파손
④ 오일의 내부 누설

> 토출량은 이론적으로 회전속도에 비례하며, 유압펌프의 오일 토출량이 많아지면 회전속도는 빨라진다.

22 유압회로 내의 유압을 설정압력으로 일정하게 유지하기 위한 압력제어 밸브는?

① 릴리프 밸브   ② 감압 밸브
③ 릴레이 밸브   ④ 리턴 밸브

> 릴리프 밸브는 압력을 일정하게 유지하거나 조정할 수 있어 과부하를 방지한다.

23 유압유 작동부에서 오일이 누출되고 있을 때 가장 먼저 점검하여야 할 곳은?

① 실(seal)
② 피스톤
③ 기어
④ 펌프

> 오일 실(seal)은 각 오일 회로에서 오일이 외부로 누출되는 것을 방지하는 역할을 한다.

24 그림과 같은 유압기호는?

① 유압밸브
② 차단밸브
③ 오일탱크
④ 유압실린더

25 유압 실린더의 작동속도가 느릴 경우, 그 원인으로 옳은 것은?

① 엔진오일 교환 시기가 경과 되었을 때
② 유압회로 내에 유량이 부족할 때
③ 운전실에 있는 가속페달을 작동시켰을 때
④ 릴리프 밸브의 세팅 압력이 높을 때

> 유압의 제어방법 중 유압기기의 작동 속도는 유량의 제어를 통해 조절한다. 따라서, 유압회로 내에 유량이 부족하면 작동 속도가 느려진다.

26 유압 모터와 유압 실린더의 설명으로 맞는 것은?

① 둘 다 회전운동을 한다.
② 모터는 직선운동, 실린더는 회전운동을 한다.
③ 둘 다 왕복운동을 한다.
④ 모터는 회전운동, 실린더는 직선운동을 한다.

> 유압 액추에이터는 유압펌프로부터 공급된 작동유의 유압에너지를 이용하여 기계적인 일, 즉 직선운동이나 회전운동으로 변환시키는 장치로 유압 모터는 회전운동, 유압 실린더는 직선운동을 한다.

27 산업안전·보건에서 안전표지의 종류가 아닌 것은?

① 위험표지
② 경고표지
③ 지시표지
④ 금지표지

> 산업안전·보건표지의 종류에는 금지표지, 경고표지, 지시표지, 안내표지가 있다.

28 배터리 전해액처럼 강산, 알칼리 등의 액체를 취급할 때 가장 적합한 복장은?

① 면장갑 착용
② 면직으로 만든 옷
③ 나일론으로 만든 옷
④ 고무로 만든 옷

> 피부로 침입하는 화학물질 또는 강산성 물질 취급 작업 시에는 보호복을 착용하여야 하며, 침투를 방지하기 위해 고무로 만든 옷이 적합하다.

29 다음 중 보호안경을 끼고 작업해야 하는 사항과 가장 거리가 먼 것은?

① 산소용접 작업 시
② 그라인더 작업 시
③ 건설기계 장비 일상점검 작업 시
④ 클러치 탈·부착 작업 시

> 보호안경의 사용
> • 유해 광선으로부터 눈을 보호하기 위하여
> • 비산되는 칩으로부터 눈을 보호하기 위하여
> • 유해 약물로부터 눈을 보호하기 위하여

30 스패너 작업 시 유의할 사항으로 틀린 것은?

① 스패너의 입이 너트의 치수에 맞는 것을 사용해야 한다.
② 스패너의 자루에 파이프를 이어서 사용해서는 안 된다.
③ 스패너와 너트 사이에는 쐐기를 넣고 사용하는 것이 편리하다.
④ 너트에 스패너를 깊이 물리도록 하여 조금씩 앞으로 당기는 식으로 풀고 조인다.

> 스패너를 두 개로 연결하거나 자루에 파이프를 이어 사용해서는 안 되며, 스패너와 너트 사이에 쐐기를 넣고 사용하는 것도 안전사고의 우려가 있다.

31 물품을 운반할 때 주의할 사항으로 틀린 것은?

① 가벼운 화물은 규정보다 많이 적재하여도 된다.
② 안전사고 예방에 가장 유의한다.
③ 정밀한 물품을 쌓을 때는 상자에 넣도록 한다.
④ 약하고 가벼운 것을 위에, 무거운 것을 밑에 쌓는다.

> 가벼운 화물일지라도 규정에 맞게 적재하여야 한다.

32 전등 스위치가 옥내에 있으면 안 되는 경우는?

① 건설기계 장비 차고
② 절삭유 저장소
③ 카바이드 저장소
④ 기계류 저장소

> 카바이드 저장소에 전등을 설치할 경우에는 방폭구조로 하여야 하며, 전등 스위치는 옥외에 설치하여야 한다.

33 산업재해의 통상적인 분류 중 통계적 분류를 설명한 것 중 틀린 것은?

① 사망 : 업무로 인해서 목숨을 잃게 되는 경우
② 중경상 : 부상으로 인하여 30일 이상의 노동 상실을 가져온 상해 정도
③ 경상해 : 부상으로 1일 이상 7일 이하의 노동 상실을 가져온 상해 정도
④ 무상해 사고 : 응급처치 이하의 상처로 작업에 종사하면서 치료를 받는 상해 정도

> 산업재해의 통상적인 분류 중 중경상은 8일 이상의 노동 상실을 가져온 상해를 말한다.

34 해머 작업 시 안전수칙 설명으로 틀린 것은?

① 열처리된 재료는 해머로 때리지 않도록 주의한다.
② 녹이 있는 재료를 작업할 때는 보호안경을 착용하여야 한다.
③ 자루가 불안정한 것(쐐기가 없는 것 등)은 사용하지 않는다.
④ 장갑을 끼고 시작은 강하게, 점차 약하게 타격한다.

> 해머 작업 시 장갑을 착용해서는 안 되며, 시작은 약하게 하여야 한다.

35 가연성 액체, 유류 등 연소 후 재가 거의 없는 화재는 무슨 급별 화재인가?

① A급 ② B급
③ C급 ④ D급

> 화재의 분류
> • A급 화재 : 일반화재   • B급 화재 : 유류화재
> • C급 화재 : 전기화재   • D급 화재 : 금속화재
> • K급 화재 : 주방화재

36 기계운전 및 작업 시 안전사항으로 맞는 것은?

① 작업의 속도를 높이기 위해 레버 조작을 빨리한다.
② 장비의 무게는 무시해도 된다.
③ 작업도구나 적재물이 장애물에 걸려도 동력에 무리가 없으므로 그냥 작업한다.
④ 장비 승·하차 시에는 장비에 장착된 손잡이 및 발판을 사용한다.

37 크롤러식 굴착기와 비교한 타이어식 굴착기에 대한 설명으로 틀린 것은?

① 휠 굴착기라고도 부르는 타이어 주행방식이다.
② 운반 트레일러 없이 이동이 가능하다.
③ 작업과 이동이 빈번하게 요구되는 작업 현장에 주로 사용된다.
④ 크롤러식 굴착기에 비해 안정성이 좋다.

> 크롤러식 굴착기는 타이어식 굴착기에 비해 작업이 안정적이며 작업 생산성이 높기 때문에 장비 중량 측면에서 볼 때 소형에서 초대형까지 각 작업 현장에 폭넓게 사용할 수 있다.

38 굴착기 하부주행체 기구의 구성요소와 관련된 사항이 아닌 것은?

① 트랙 프레임
② 주행용 유압모터
③ 트랙 및 롤러
④ 붐 실린더

> 굴착기의 하부주행체(하부구동체)는 굴착기의 주행장치로 상부회전체와 작업장치를 지지하며, 주행용 유압모터와 트랙 프레임, 트랙 및 롤러 등으로 구성된다. 참고로 굴착기의 붐(boom), 암(arm), 버킷(bucket) 및 이를 작동하기 위한 실린더는 작업장치에 속한다.

39 굴착기의 센터 조인트(선회 이음)의 기능이 아닌 것은?

① 스위블 조인트라고도 한다.
② 압력 상태에서도 선회가 가능한 관이음이다.
③ 스윙 모터를 회전시킨다.
④ 상부 회전체의 오일을 주행모터에 전달한다.

> 센터 조인트는 스위블 조인트라고도 하며 상부와 허부의 유압 라인을 연결하는 일종의 회전 이음으로 상부선회체 중간에 설치되며, 배럴은 상부에 스핀들은 하부에 연결된다.

40 휠타입(wheel type) 굴착기의 동력전달장치에서 슬립 이음(슬립조인트)의 변화를 가능하게 하는 것은?

① 축의 길이
② 회전 속도
③ 드라이브 각
④ 축의 진동

> 슬립이음은 변속기 주축 뒤끝에 스플라인을 통하여 설치되며, 추친축의 길이 변화를 가능하도록 하기 위해 둔다.

41 굴착기의 굴착 작업은 주로 어느 것을 사용하여야 좋은가?

① 버킷 실린더
② 디퍼스틱 실린더
③ 붐 실린더
④ 주행 모터

> 버킷과 붐 사이에 설치되어 버킷이 굴착 작업을 할 수 있도록 하는 암(arm)을 디퍼스틱(dipper stick)이라고도 한다.

42 굴착기 버킷의 굴착력을 증대시키기 위해 부착하는 것은?

① 투스
② 노즈
③ 사이드 판
④ 보강 판

> 투스(tooth)는 고강도 열처리된 것으로 버킷의 굴착력을 증가시키기 위해 부착한다.

43 굴착기 작업장치의 유압 실린더에 충격을 방지하기 위한 실린더 쿠션장치가 설치되지 않는 것은?

① 붐 상승
② 암(스틱) 오므림
③ 암(스틱) 펼침
④ 버킷 펼침(덤프)

> 쿠션장치는 유압 실린더에서 피스톤 행정이 끝날 때 발생하는 충격을 흡수하기 위해 설치하는 장치로 버킷 펼침(덤프)에는 설치되지 않는다.

44 굴착기의 한쪽 주행레버만 조작하여 회전하는 것을 무슨 회전이라고 하는가?

① 급회전
② 원웨이 회전
③ 스핀 회전
④ 피벗 회전

> • 피벗 회전(완회전) : 한쪽의 트랙만 구동시켜 방향 전환하는 것으로 어느 한쪽의 레버 또는 페달만 작동시킨다.
> • 스핀 회전(급회전) : 좌우의 트랙을 서로 역으로 구동시켜 제자리에서 방향 전환하는 것으로 양쪽의 주행레버 또는 페달을 반대로 동시에 작동시킨다.

45 터널 및 도로 제설 작업 등 협소한 장소에서의 적재 작업에 효과적인 버킷은?

① 칩 버킷
② 다목적 버킷
③ 사이드 스윙 버킷
④ 스켈레톤 버킷

- 칩 버킷 : 톱밥 상차용
- 다목적 버킷 : 굴착, 적재, 정지 등 다목적용
- 스켈레톤 버킷 : 굴착된 골재, 암석 중 큰 것만 선별하는 작업에 사용

46 굴착기 붐 권상 드럼의 하중으로 인해 와이어로프가 풀리는 것을 막기 위한 안전장치는?

① 권과방지장치
② 경보장치
③ 전도방지장치
④ 역회전방지장치

붐 권상 드럼의 역회전 방지 장치는 붐 권상 드럼의 하중으로 인해 와이어로프가 풀리는 것을 막기 위한 안전장치로서, 붐을 하강시키는 동안 작동시키면 라쳇(Ratchet)에 깔쭉기구를 걸어 라쳇이나 깔쭉기구 등이 파손될 수 있기 때문에 붐을 하강시키는 동안에는 절대로 작동시켜서는 안 된다.

47 굴착기를 트레일러에 싣고 운반할 때 하부추진체와 상부회전체를 고정시켜 주는 것은?

① 밸런스 웨이트
② 스윙록 장치
③ 센터조인트
④ 주행록 장치

굴착기의 선회장치는 유압에 의해 360° 회전하며, 트레일러에 싣고 운반할 때는 스윙록(swing lock) 장치로 고정시키도록 한다.

48 굴착기에서 매 1,000시간마다 점검, 정비해야 할 항목으로 맞지 않는 것은?

① 트랜스퍼 케이스 오일 교환
② 어큐뮬레이터 압력 점검
③ 주행감속기 기어의 오일 교환
④ 발전기, 기동전동기 점검

트랜스퍼 케이스 오일은 매 2,000시간마다 교환한다.

49 굴착 작업시 작업능력이 떨어지는 원인으로 맞는 것은?

① 트랙 슈에 주유가 안 됨
② 릴리프 밸브 조정 불량
③ 조향핸들 유격과다
④ 아워미터 고장

릴리프 밸브는 회로의 압력이 밸브의 설정값에 달하였을 때 유체의 일부 또는 전량을 빼돌려서 회로내의 압력을 설정값으로 유지시키는 압력 제어 밸브로 릴리프 밸브의 설정 압력이 낮거나 작동이 불량하면 펌프에서 압력이 상승하지 않아 굴착 작업 시 작업능력이 떨어지는 원인이 된다.

50 굴착기 작업 중 운전자가 하차시 주의 사항으로 틀린 것은?

① 버킷을 땅에 완전히 내린다.
② 엔진을 정지시킨다.
③ 타이어식인 경우 경사지에서 고임목을 설치한다.
④ 엔진 정지 후 가속 레버를 최대로 당겨 놓는다.

주차 및 정차 시에는 레버를 중립에 두도록 한다.

51 굴착기에 아워미터(시간계)를 설치한 목적이 아닌 것은?

① 가동시간에 맞추어 예방정비를 한다.
② 가동시간에 맞추어 오일을 교환한다.
③ 각 부위 주유를 정기적으로 하기 위해 설치되었다.
④ 하차 만료 시간을 체크하기 위하여 설치되었다.

아워미터는 회전시간을 표시한다. 그러므로 장비의 가동시간을 알 수 있다.

52 굴착기 작업 중 엔진이 과열되는 원인으로 거리가 먼 것은?

① 과부하로 작업할 때
② 냉각수 양이 많을 때
③ 라디에이터가 막혔을 때
④ 워터 펌프가 고장일 때

🔍 **엔진 과열의 원인**
- 냉각수 양이 부족할 때
- 워터 펌프(water pump)의 구동 벨트 단선 또는 냉각수가 누수될 때
- 온도 조절기 고장으로 순환이 안 될 때
- 과부하로 작업할 때
- 워터 펌프(water pump)가 고장일 때
- 라디에이터(radiator)가 막혔을 때

53 관련법상 도로 굴착자가 가스배관 매설 위치를 확인 시 인력굴착을 실시하여야 하는 범위로 맞는 것은?

① 가스배관의 보호판이 육안으로 확인되었을 때
② 가스배관의 주위 0.5m 이내
③ 가스배관의 주위 1m 이내
④ 가스배관이 육안으로 확인될 때

🔍 가스배관 주위를 굴착하고자 할 때는 가스배관 좌우 1m 이내의 부분은 반드시 인력으로 굴착하여야 한다.

54 크롤러형 굴착기가 진흙에 빠져서 자력으로는 탈출이 거의 불가능하게 된 상태의 경우 견인방법으로 가장 적당한 것은?

① 두 대의 굴착기 버킷을 서로 걸고 견인한다.
② 하부기구 본체에 와이어로프를 걸고 크레인으로 당길 때 굴착기는 주행 레버를 견인방향으로 밀면서 나온다.
③ 버킷으로 지면을 걸고 나온다.
④ 전부장치로 잭업 시킨 후, 후진으로 밀면서 나온다.

55 도로상의 한전 맨홀에 근접하여 굴착작업 시 가장 올바른 것은?

① 맨홀 뚜껑을 경계로 하여 뚜껑이 손상되지 않도록 하고 나머지는 임의로 작업한다.
② 교통에 지장이 되므로 주인 및 관련기관이 모르게 야간에 신속히 작업하고 되메운다.
③ 한전직원의 입회하에 안전하게 작업한다.
④ 접지선이 노출되면 제거한 후 계속 작업한다.

🔍 고압 전력선 부근에서의 작업과 관련하여 안전한 사고예방조치는 한국전력 등과 같은 관할 시설물 관리자의 입회하에 작업하는 것이다.

56 다음은 가스배관의 손상방지 굴착공사 작업방법 내용이다. ( ) 안에 알맞은 것은?

> 가스배관과 수평거리 ( )m 이내에서 파일박기를 하고자 할 때 도시가스 사업자의 입회하에 시험 굴착을 통하여 가스배관과의 위치를 정확히 확인할 것

① 1
② 2
③ 3
④ 4

🔍 **도시가스배관의 안전조치**
- 도시가스배관과 수평 최단거리 2m 이내에서 파일박기를 하는 경우에는 도시가스사업자의 입회 아래 시험굴착으로 도시가스배관의 위치를 정확히 확인할 것
- 도시가스배관의 위치를 파악한 경우에는 도시가스배관의 위치를 알리는 표지판을 설치할 것
- 도시가스배관과 수평거리 30cm 이내에서는 파일박기를 하지 말 것
- 항타기는 도시가스배관과 수평거리가 2m 이상 되는 곳에 설치할 것. 다만, 부득이하여 수평거리 2m 이내에 설치할 때에는 하중진동을 완화할 수 있는 조치를 할 것
- 파일을 뺀 자리는 충분히 메울 것
- 도시가스배관 주위를 굴착하는 경우 도시가스배관의 좌우 1m 이내 부분은 인력으로 굴착할 것
- 도시가스배관이 노출될 경우 배관의 코팅부가 손상되지 아니하도록 하고, 코팅부가 손상될 때에는 도시가스사업자에게 통보하여 보수를 한 후 작업을 진행할 것
- 도시가스배관 주위에서 발파작업을 하는 경우에는 도시가스사업자의 입회아래 충분한 대책을 강구한 후 실시할 것
- 도시가스배관 주위에서 다른 매설물을 설치할 때에는 30cm 이상 이격할 것
- 도시가스배관 주위를 되메우기 하거나 포장할 경우 배관주위의 모래 채우기, 보호판·보호포 및 라인마크 설치 및 도시가스배관 부속시설물의 설치 등은 굴착 전과 같은 상태가 되도록 할 것
- 되메우기를 할 때에는 나중에 도시가스배관의 지반이 침하되지 않도록 필요한 조치를 할 것

57 도로교통법상에서 교통안전표지의 구분이 맞는 것은?

① 주의표지, 통행표지, 규제표지, 지시표지, 차선표지
② 주의표지, 규제표지, 지시표지, 보조표지, 노면표시
③ 도로표지, 주의표지, 규제표지, 지시표지, 노면표시
④ 주의표지, 규제표지, 지시표지, 차선표지, 도로표지

> 교통안전표지의 종류 : 주의표지, 규제표지, 지시표지, 보조표지, 노면표시

58 도로교통법상 철길 건널목을 통과할 때 방법으로 가장 적합한 것은?

① 신호등이 없는 철길 건널목을 통과할 때에는 서행으로 통과하여야 한다.
② 신호등이 있는 철길 건널목을 통과할 때에는 건널목 앞에서 일시정지하여 안전한지의 여부를 확인한 후에 통과하여야 한다.
③ 신호가 없는 철길 건널목을 통과할 때에는 건널목 앞에서 일시정지하여 안전한지의 여부를 확인한 후에 통과하여야 한다.
④ 신호기와 관련 없이 철길 건널목을 통과할 때에는 건널목 앞에서 일시정지하여 안전한지의 여부를 확인한 후에 통과하여야 한다.

> 철길 건널목의 통과
> • 모든 차는 건널목 앞에서 일시 정지를 하여 안전함을 확인한 후에 통과하여야 한다.
> • 신호기 등이 표시하는 신호에 따르는 때에는 정지하지 않고 통과할 수 있다.
> • 건널목의 차단기가 내려져 있거나 내려지려고 하는 때 또는 건널목의 경보기가 울리고 있는 동안에는 그 건널목으로 들어가서는 안된다.

59 자동차가 주행 중 서행하여야 하는 곳을 설명한 사항으로 맞지 않는 것은?

① 4차로 주행차선에서 1차로 부근
② 도로가 구부러진 부근
③ 가파른 비탈길의 내리막
④ 비탈길의 고갯마루 부근

> 서행하여야 하는 장소
> • 교통정리를 하고 있지 아니하는 교차로
> • 도로가 구부러진 부근
> • 비탈길의 고갯마루 부근
> • 가파른 비탈길의 내리막
> • 시·도경찰청장이 도로에서의 위험을 방지하고 교통의 안전과 원활한 소통을 확보하기 위하여 필요하다고 인정하여 안전표지로 지정한 곳

60 다음 도로명판에 대한 설명으로 맞는 것은?

강남대로 1→699
Gangnam-daero

① 왼쪽과 오른쪽 양 방향용 도로명판이다.
② "1→" 이 위치는 도로가 끝나는 지점이다.
③ 강남대로는 총 699m 길이의 도로이다.
④ "강남대로"는 도로이름을 나타낸다.

> 도로명판의 의미
> • "강남대로"는 도로이름으로 넓은 길, 시작지점을 나타낸다.
> • "1→" 현 위치는 도로 시작점임을 의미한다.('1')
> • 강남대로는 6.99km이다. (699×10m)
> • 문제의 도로명판은 오른쪽 한 방향용 도로명판이다.

정답 CBT 복원문제 – 제02회

01 ③	02 ④	03 ②	04 ④	05 ③
06 ②	07 ④	08 ②	09 ②	10 ①
11 ③	12 ②	13 ③	14 ②	15 ③
16 ④	17 ②	18 ②	19 ④	20 ④
21 ①	22 ①	23 ①	24 ②	25 ②
26 ④	27 ①	28 ②	29 ③	30 ③
31 ①	32 ①	33 ②	34 ④	35 ②
36 ④	37 ④	38 ④	39 ③	40 ①
41 ②	42 ①	43 ④	44 ④	45 ③
46 ④	47 ②	48 ①	49 ②	50 ④
51 ④	52 ②	53 ③	54 ②	55 ③
56 ②	57 ②	58 ③	59 ①	60 ④

03 CBT 복원문제 — QUESTIONS FROM PREVIOUS TESTS

01 등록건설기계의 기종별 표시 방법으로 옳은 것은?

① 01 : 불도저
② 02 : 모터그레이더
③ 03 : 지게차
④ 04 : 덤프트럭

🔍 모터그레이더 : 08, 지게차 : 04, 덤프트럭 : 06

02 특별표지판을 부착하여야 할 건설기계의 범위에 해당하지 않는 것은?

① 높이가 5미터인 건설기계
② 총중량이 50톤인 건설기계
③ 길이가 16미터인 건설기계
④ 최소회전반경이 13미터인 건설기계

🔍 특별표지 부착대상 대형건설기계
  • 길이가 16.7m를 초과하는 건설기계
  • 너비가 2.5m를 초과하는 건설기계
  • 높이가 4.0m를 초과하는 건설기계
  • 최소회전반경이 12m를 초과하는 건설기계
  • 총중량이 40톤을 초과하는 건설기계
  • 총중량 상태에서 축하중이 10톤을 초과하는 건설기계

03 건설기계를 산(매수한) 사람이 등록사항변경(소유권 이전) 신고를 하지 않아 등록사항 변경신고를 독촉하였으나 이를 이행하지 않을 경우 판(매도한) 사람이 할 수 있는 조치로서 가장 적합한 것은?

① 소유권 이전 신고를 조속히 하도록 매수한 사람에게 재차 독촉한다.
② 매도한 사람이 직접 소유권 이전 신고를 한다.
③ 소유권 이전 신고를 조속히 하도록 소송을 제기한다.
④ 아무런 조치도 할 수 없다.

04 3톤 미만 지게차의 소형건설기계 조종 교육시간은?

① 이론 6시간, 실습 6시간
② 이론 4시간, 실습 8시간
③ 이론 12시간, 실습 12시간
④ 이론 10시간, 실습 14시간

🔍 3톤 미만의 굴착기, 지게차의 경우 이론 6시간, 실습 6시간 총 12시간을 이수해야 한다.

05 다음 중 건설기계 임시운행 사유가 아닌 것은?

① 등록신청을 하기 위하여 건설기계를 등록지로 운행하는 경우
② 수출을 하기 위하여 건설기계를 선적지로 운행하는 경우
③ 판매 또는 전시를 위하여 건설기계를 일시적으로 운행하는 경우
④ 수리를 위해 정비업체로 운행하는 경우

🔍 미등록 건설기계의 임시운행 사유
  • 등록신청을 하기 위하여 건설기계를 등록지로 운행하는 경우
  • 신규등록검사 및 확인검사를 받기 위하여 건설기계를 검사장소로 운행하는 경우
  • 수출을 하기 위하여 건설기계를 선적지로 운행하는 경우
  • 수출을 하기 위하여 등록말소한 건설기계를 점검·정비의 목적으로 운행하는 경우
  • 신개발 건설기계를 시험·연구의 목적으로 운행하는 경우
  • 판매 또는 전시를 위하여 건설기계를 일시적으로 운행하는 경우

06 건설기계 조종사의 면허가 취소되는 사유에 해당하는 경우는?(단, 산업안전보건법상 중대재해가 아닌 경우이다.)

① 과실로 인하여 2명을 사망하게 하였을 때
② 면허정지 처분을 받은 자가 그 기간 중에 건설기계를 조종한 때
③ 과실로 인하여 15명에게 경상을 입힌 때
④ 건설기계로 2천만원 이상의 재산 피해를 냈을 때

🔍 **건설기계조종사면허의 취소 사유**
- 거짓이나 그 밖의 부정한 방법으로 건설기계조종사면허를 받은 경우
- 건설기계조종사면허의 효력정지기간 중 건설기계를 조종한 경우
- 건설기계조종사면허 취득의 결격사유에 해당하게 된 경우
- 건설기계 조종 중 고의로 사망, 중상, 경상 등을 입힌 경우
- 건설기계 조종 중 과실로 산업안전보건법에 따른 다음의 중대재해가 발생한 경우
  - 사망자가 1명 이상 발생한 재해
  - 3개월 이상의 요양이 필요한 부상자가 동시에 2명 이상 발생한 재해
  - 부상자 또는 직업성질병자가 동시에 10명 이상 발생한 재해

07 건설기계에 사용하는 축전지 2개를 직렬로 연결하였을 때 변화되는 것은?

① 전압이 증가된다.
② 사용 전류가 증가된다.
③ 비중이 증가된다.
④ 전압 및 이용 전류가 증가된다.

🔍 축전지 2개를 직렬로 연결하였을 때 전압은 2배로 증가되고 용량은 그대로이다.

08 운전 중 갑자기 계기판에 충전 경고등이 점등되었다. 그 현상으로 맞는 것은?

① 정상적으로 충전이 되고 있음을 나타낸다.
② 충전이 되지 않고 있음을 나타낸다.
③ 충전계통에 이상이 없음을 나타낸다.
④ 주기적으로 점등되었다가 소등되는 것이다.

🔍 충전 경고등은 충전계통에 이상이 있음을 알려주는 경고등이다.

09 납산 축전지가 방전되어 급속충전을 할 때의 설명으로 틀린 것은?

① 충전 중 전해액의 온도가 45℃가 넘지 않도록 한다.
② 충전 중 가스가 많이 발생되면 충전을 중단한다.
③ 충전전류는 축전지 용량보다 크게 한다.
④ 충전시간은 가능한 짧게 한다.

🔍 급속충전은 보충전할 시간적 여유가 없을 때 하는 충전으로 ①, ②, ④ 이외에도 실용량의 1/2~1배의 전류로 충전한다.

10 기관의 냉각팬에 대한 설명 중 틀린 것은?

① 유체 커플링식은 냉각수의 온도에 따라서 작동된다.
② 전동팬은 냉각수의 온도에 따라 작동된다.
③ 전동팬이 작동되지 않을 때는 물펌프도 회전하지 않는다.
④ 전동팬의 작동과 관계없이 물펌프는 항상 회전한다.

🔍 전동팬은 냉각수 온도에 따라 작동되며 물펌프는 엔진이 회전하면 전동팬과 관계없이 작동된다.

11 기관 실린더(cylinder) 벽에서 마멸이 가장 크게 발생하는 부위는?

① 상사점 부근
② 하사점 부근
③ 중간 부분
④ 하사점 이하

🔍 실린더 상사점 부근이 연소실 쪽에 가까워서 오일공급이 가장 적으므로 마멸이 가장 많이 발생한다.

12 디젤기관에서 시동이 되지 않는 원인으로 맞는 것은?

① 연료공급 펌프의 연료공급 압력이 높다.
② 가속 페달을 밟고 시동하였다.
③ 배터리 방전으로 교체가 필요한 상태이다.
④ 크랭크축 회전속도가 빠르다.

🔍 배터리가 방전되면 기동전동기를 회전시킬 수 없으므로 시동이 되지 않는다.

13 일반적으로 기관에 많이 사용되는 윤활 방법은?

① 수 급유식
② 적하 급유식
③ 압송 급유식
④ 분무 급유식

🔍 기관에 많이 사용되는 윤활방법은 오일펌프로 급유하는 압송 급유식이다.

14 운전 중인 기관의 에어클리너가 막혔을 때 나타나는 현상으로 맞는 것은?

① 배출가스 색은 검고, 출력은 저하한다.
② 배출가스 색은 희고, 출력은 정상이다.
③ 배출가스 색은 청백색이고, 출력은 증가된다.
④ 배출가스 색은 무색이고, 출력과는 무관하다.

🔍 에어클리너가 막히게 되면 공기가 적게 들어가게 되어 출력이 떨어지고 배기색은 검은색이 된다.

15 엔진의 윤활유 소비량이 과다해지는 가장 큰 원인은?

① 기관의 과냉
② 피스톤 링 마멸
③ 오일 여과지 필터 불량
④ 냉각펌프 손상

🔍 피스톤 링이나 실린더 벽이 마모되어 윤활유를 완전히 긁어내리지 못하면 연소실에서 연소되므로 소비량이 많아지게 된다.

16 진공식 제동 배력 장치의 설명 중에서 옳은 것은?

① 진공 밸브가 새면 브레이크가 전혀 듣지 않는다.
② 릴레이 밸브의 다이어프램이 파손되면 브레이크가 듣지 않는다.
③ 릴레이 밸브 피스톤 컵이 파손되어도 브레이크는 듣는다.
④ 하이드로릭 피스톤의 체크 볼이 밀착 불량이면 브레이크가 듣지 않는다.

🔍 진공식 제동 배력장치는 고장으로 진공에 의한 브레이크가 듣지 않아도 유압에 의한 브레이크는 작동한다.

17 건설기계에 사용되는 유압 실린더 작용은 어떠한 것을 응용한 것인가?

① 베르누이의 정리
② 파스칼의 원리
③ 지렛대의 원리
④ 후크의 법칙

🔍 파스칼의 원리 : 밀폐된 용기 중에 정지하고 있는 액체에 전해지는 압력은 모든 방향에 동일하게 작용하고 그 압력용기의 각 면에 직각으로 작용한다.

18 유압에너지를 공급받아 회전운동을 하는 기기를 무엇이라 하는가?

① 펌프
② 모터
③ 밸브
④ 롤러 리미트

🔍 유압모터는 오일에 가해진 압력 즉 유압에 의해 축이 회전운동을 하는 것이며, 유압펌프는 기관에 의해 발생된 기계적 에너지를 유압에너지로 바꾸는 유압기기를 말한다.

19 유압실린더는 유체의 힘을 어떤 운동으로 바꾸는가?

① 회전운동
② 직선운동
③ 곡선운동
④ 비틀림운동

🔍 유압실린더는 직선운동으로 변화하며, 유압모터는 회전운동으로 변화시킨다.

20 공유압 기호 중 그림이 나타내는 것은?

① 유압 동력원
② 공기압 동력원
③ 전동기
④ 원동기

21 일반적으로 오일탱크의 구성품이 아닌 것은?

① 스트레이너
② 배플
③ 드레인 플러그
④ 압력조절기

🔍 오일탱크 구성품으로는 주입구 캡, 배플(칸막이), 드레인 플러그(오일배출마개), 유면계 등이 있다.

22 다음 그림과 같이 안쪽은 내·외측 로터로 바깥쪽은 하우징으로 구성되어있는 오일펌프는?

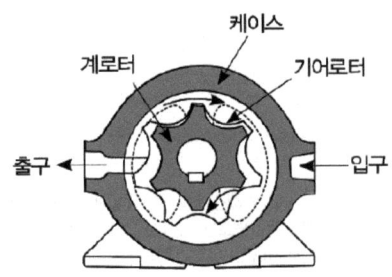

① 기어 펌프
② 베인 펌프
③ 트로코이드 펌프
④ 피스톤 펌프

🔍 로터리 펌프는 2개의 로더를 조립한 형식으로 트로코이드 펌프라고도 한다.

23 다음 중 액추에이터의 입구 쪽 관로에 설치한 유량제어밸브로 흐름을 제어하여 속도를 제어하는 회로는?

① 시스템 회로(system circuit)
② 블리드 오프 회로(bleed-off circuit)
③ 미터인 회로(meter-in circuit)
④ 미터 아웃 회로(meter-out circuit)

🔍 용어설명
• 미터인 방식 : 액추에이터 입구 쪽 관로에서 유량을 교축시켜 작동속도를 조절하는 방식
• 미터아웃 방식 : 액추에이터 출구 쪽 관로에서 유량을 교축시켜 작동속도를 조절하는 방식

24 직동형, 평형피스톤형 등의 종류가 있으며 회로의 압력을 일정하게 유지시키는 밸브는?

① 릴리프 밸브
② 메이크업 밸브
③ 시퀀스 밸브
④ 무부하 밸브

🔍 릴리프 밸브(유압조절 밸브)는 회로의 압력을 설정값으로 유지시키는 밸브이다.

25 유압 작동유의 점도가 너무 높을 때 발생되는 현상으로 맞는 것은?

① 동력 손실의 증가
② 내부 누설의 증가
③ 펌프 효율의 증가
④ 마찰 마모 감소

🔍 유압 작동유의 점도가 너무 높으면 작동유의 유동 저항이 증가하고, 관 내의 마찰 손실이 커지기 때문에 유압기기의 작동이 불량해지고 동력 손실이 증가한다.

26 유압장치의 구성 요소가 아닌 것은?

① 펌프
② 오일탱크
③ 유니버셜 조인트
④ 제어밸브

🔍 유니버셜 조인트(자재이음, universal joint)는 양 축이 동일 평면 내에 있고, 그 축선이 30° 이하의 각도로 교차하는 경우에 사용되는 축 이음으로서 훅 조인트라고도 한다.

27 보호구의 구비조건으로 틀린 것은?

① 착용이 간편할 것
② 외양과 외관이 아름다울 것
③ 유해·위험요소에 대한 방호성능이 충분할 것
④ 작업에 방해가 되지 않도록 할 것

🔍 보호구의 구비조건
• 착용이 간편할 것
• 작업에 방해가 되지 않도록 할 것
• 유해·위험요소에 대한 방호성능이 충분할 것
• 재료의 품질이 양호할 것
• 구조와 끝마무리가 양호할 것
• 외양과 외관이 양호할 것

28 낙하, 추락 또는 감전에 의한 머리의 위험을 방지하는 보호구는?

① 안전대
② 안전모
③ 안전화
④ 안전장갑

🔍 안전모의 종류

종류	사용구분	비고
AB	물체의 낙하 또는 비래 및 추락에 의한 위험을 방지 또는 경감시키기 위한 것	
AE	물체의 낙하 또는 비래에 의한 위험을 방지 또는 경감하고, 머리부위 감전에 의한 위험을 방지하기 위한 것	내전압성
ABE	물체의 낙하 또는 비래 및 추락에 의한 위험을 방지 또는 경감하고, 머리부위 감전에 의한 위험을 방지하기 위한 것	내전압성

29 볼트 등을 조일 때 조이는 힘을 측정하기 위하여 쓰는 렌치는?

① 복스 렌치 ② 오픈엔드 렌치
③ 소켓 렌치 ④ 토크 렌치

> 토크 렌치는 볼트, 너트, 스크루 등을 규정된 값으로 조일 때 사용하는 정밀 측정 공구로 다수의 볼트에 토크를 주어 나사산의 파손이나 탈락을 방지하는 용도로 사용된다.

30 복스 렌치가 오픈 렌치보다 많이 사용되는 이유는?

① 값이 싸며 적은 힘으로 작업할 수 있다.
② 가볍고 사용하는데 양손으로도 사용할 수 있다.
③ 파이프 피팅 조임 등 작업용도가 다양하여 많이 사용된다.
④ 볼트, 너트 주위를 완전히 감싸게 되어 사용 중에 미끄러지지 않는다.

> 복스 렌치는 오픈 렌치와 규격이 동일하지만, 여러 방향에서 사용이 가능하며, 볼트나 너트 주위를 완전히 감싸게 되어 있어서 사용 중에 미끄러지지 않는 장점이 있다.

31 산업·안전보건표지에서 그림이 나타내는 것은?

① 출입금지 표지 ② 비상구 없음 표지
③ 탑승금지 표지 ④ 보행금지 표지

> 산업·안전보건표지

출입금지	탑승금지	보행금지

32 동력 전달장치에서 가장 재해가 많이 발생하는 것은?

① 차축 ② 벨트
③ 피스톤 ④ 기어

> 동력 전달장치에서 가장 빈번하게 재해가 발생하는 것은 벨트에 의한 것으로 벨트를 걸 때나 교체할 때는 엔진을 정지한 후에 작업하여야만 한다.

33 작업장에서 전기가 예고 없이 정전 되었을 경우 전기로 작동하던 기계·기구의 조치방법으로 틀린 것은?

① 전기가 들어오는 것을 알기 위해 스위치를 켜 둔다.
② 안전을 위해 작업장을 정리해 놓는다.
③ 퓨즈의 단선 유·무를 검사한다.
④ 즉시 스위치를 끈다.

> 정전 시에는 반드시 전기로 작동하던 기계·기구의 스위치를 꺼두어야 한다. 이는 정전 복구 시 가동되는 기계·기구에 의해 재해가 발생할 수 있기 때문이다.

34 전기장치의 퓨즈가 끊어져서 다시 새것으로 교체하였으나 또 끊어졌다면 어떤 조치가 가장 옳은가?

① 계속 교체한다.
② 용량이 큰 것으로 갈아 끼운다.
③ 구리선이나 납선으로 바꾼다.
④ 전기장치의 고장개소를 찾아 수리한다.

> 전기장치의 퓨즈가 계속 끊어진다면 이상 부위가 있는 것으로 고장 개소를 찾아 수리하여야 한다.

35 소화작업의 기본 요소가 아닌 것은?

① 가연물질을 제거하면 된다.
② 산소를 차단하면 된다.
③ 연료를 기화시키면 된다.
④ 점화원을 냉각시키면 된다.

> 소화의 원리
> • 연소의 3요소인 가연물, 산소, 점화원을 분리한다.
> • 연쇄반응 인자의 전달을 차단한다.(부촉매를 사용한다.)

36 화재의 등급과 분류가 올바르게 연결된 것은?

① A급 화재 – 전기화재
② B급 화재 – 유류화재
③ C급 화재 – 금속화재
④ D급 화재 – 주방화재

🔍 화재의 등급과 분류
- A급 화재 : 일반화재
- B급 화재 : 유류화재
- C급 화재 : 전기화재
- D급 화재 : 금속화재(Al, Mg)
- K급 화재 : 주방화재

37 유압 굴착기의 특징 중 틀린 것은?

① 분배 밸브와 각 유압 장치는 조정할 필요가 없다.
② 작업 장치의 구조가 비교적 복잡하다.
③ 동력 전달 기구가 간단하다.
④ 레버 조작이 경쾌하고 작동이 정확하다.

🔍 유압 굴착기는 유압펌프, 유압 실린더, 유압모터 등에 의해 각 작동부분들이 움직이는 형식으로 구조가 비교가 간단하다.

38 무한궤도식 굴착기의 부품이 아닌 것은?

① 유압펌프
② 오일쿨러
③ 자재이음
④ 주행모터

🔍 자재이음(유니버설 조인트)은 타이어식 굴착기에서 슬립이음과 함께 기관의 동력을 뒷차축에 전달하는 드라이브 라인을 구성한다.

39 유압식 굴착기에서 센터 조인트의 기능은?

① 상·하부의 연결을 기계적으로 해준다.
② 상부 회전체의 오일을 하부 주행 모터에 공급한다.
③ 상부 회전체의 중심역할을 한다.
④ 엔진에 연결되어 상부 회전체에 동력을 공급한다.

🔍 센터 조인트는 스위블 조인트라고도 하며 상부와 하부의 유압 라인을 연결하는 일종의 회전 이음 으로 상부선회체 중간에 설치되며 배럴은 상부, 스핀들은 하부에 연결된다.

40 굴착기 유압장치의 원활한 작동을 위한 유압 작동유의 적정 온도는?

① 15℃
② 25℃
③ 50℃
④ 65℃

🔍 장비의 적정 작동유 온도는 50℃ 정도이다. 오일 온도가 25℃ 이하일 때 급격한 조작을 하면 유압 장치 기능에 중대한 고장이 발생할 수 있다. 따라서 동절기 및 혹한기에는 작업을 하기 전에 작동유를 25℃ 이상이 되게 난기 운전을 실시한다.

41 무한궤도식 굴착기의 하부추진체 동력전달 순서로 맞는 것은?

① 기관 → 컨트롤밸브 → 센터조인트 → 유압펌프 → 주행모터 → 트랙
② 기관 → 컨트롤밸브 → 센터조인트 → 주행모터 → 유압펌프 → 트랙
③ 기관 → 센터조인트 → 유압펌프 → 컨트롤밸브 → 주행모터 → 트랙
④ 기관 → 유압펌프 → 컨트롤밸브 → 센터조인트 → 주행모터 → 트랙

🔍
- 작업장치 동력전달 순서 : 엔진 → 유압펌프 → 컨트롤밸브 → 유압실린더 및 모터
- 하부추진체 동력전달 순서(무한궤도식) : 기관 → 유압펌프 → 컨트롤밸브 → 센터조인트 → 주행모터 → 트랙

42 일반적으로 굴착기가 할 수 없는 작업은?

① 땅고르기 작업
② 차량토사 적재
③ 경사면 굴토
④ 리핑 작업

🔍 일반적으로 굴착기로 할 수 있는 작업은 땅고르기 작업, 차량토사 적재, 경사면 굴토 등이다. 참고로 리핑 작업은 도저의 리퍼로 작업한다.

43 굴착기의 주행과 관련된 내용으로 틀린 것은?

① 지면이 고르지 못하거나 장애물 통과 시에는 고속으로 통과한다.
② 장시간 연속하여 주행하지 않는 것이 장비의 무리를 줄일 수 있다.
③ 주행 모터를 뒤쪽에 두고, 작업장치를 앞쪽으로 한 상태가 바른 주행자세이다.
④ 경사지에서는 버킷을 지면에서 20~30cm 정도로 하여 긴급 시에 브레이크 역할을 할 수 있도록 한다.

> 지면이 고르지 못하거나 장애물을 통과할 때는 장비 본래의 큰 충격이 걸리므로 엔진 회전수를 낮추고 저속으로 주행한다.

44 굴착기에서 일반적인 굴착, 도랑 파기 등과 같은 작업에 가장 널리 사용되는 버킷(bucket)은?

① 암반용 버킷(rock bucket)
② 다목적용 버킷(general purpose bucket)
③ 조 버킷(jaw bucket)
④ V형 버킷(V-shaped bucket)

> • 암반용 버킷 : 암반이나 기타 다른 단단한 물질의 굴착 작업에 이용되는 버킷으로서 연마성 마모에 강한 재질을 사용하여 암반 등과 같은 가혹한 작업 조건에서 작업이 가능
> • 조 버킷 : 암반용 버킷과 같은 강도의 재질을 이용하여 제작함으로써 높은 파괴력을 갖고 있으며, 표준 버킷인 다목적용 버킷에 비해 대상물을 움켜잡을 수도 있도록 된 버킷
> • V형 버킷 : 주로 도랑 파기 작업에 이용되는 버킷

45 진흙 등의 굴착작업을 할 때 용이한 버킷은?

① 플립 버킷
② 포크 버킷
③ 리퍼 버킷
④ 이젝터 버킷

> 이젝터 버킷(ejector bucket)은 진흙 등의 굴착작업에 용이하며, 부착된 점토를 탈착시킬 수도 있는 버킷이다.

46 굴착기 작업시 작업 안전사항으로 틀린 것은?

① 경사지 작업시 측면 절삭을 행하는 것이 좋다.
② 한쪽 트랙을 들 때는 암과 붐사이의 각도는 90~110° 범위로 해서 들어주는 것이 좋다.
③ 타이어식 굴착기로 작업시 안전을 위하여 아웃트리거를 받치고 작업한다.
④ 기중작업은 가능한 피하는 것이 좋다.

> 경사지 작업 시 측면 절삭을 하면 경사면의 붕괴를 초래할 수 있다.

47 굴착기 동력전달 계통에서 최종적으로 구동력 증가를 하는 것은?

① 트랙 모터
② 스프로켓
③ 종감속 기어
④ 동력 인출 장치

> 종감속기어는 추진축의 회전력을 직각으로 전달하며 엔진의 회전력을 최종적으로 감속시켜 구동력을 증가시킨다.

48 굴착기를 트레일러에 상차할 때의 사항 중 틀린 것은?

① 반드시 경사대를 사용해야 한다.
② 경사대는 충분한 강도가 있어야 한다.
③ 경사대가 있을 때는 버킷의 차체를 들어 올려 상차한다.
④ 경사대에 오르기 전에 방향 위치를 정확히 한다.

> 작업장치를 이용하여 상차 또는 하차하는 것은 위험하므로 피하여야 하며, 상차 판에서는 주행 레버 이외는 조작하지 않는다.

49 굴착기의 일상점검 사항이 아닌 것은?

① 엔진 오일량
② 냉각수 누출 여부
③ 오일쿨러 세척
④ 유압 오일량

> 라디에이터 핀, 오일 쿨러 핀 및 컨덴서 핀 청소는 매 500시간 마다 점검, 정비한다.

50 굴착기의 작동 장치와 사용해야 하는 오일의 연결이 잘못된 것은?

① 엔진 – 엔진오일
② 선회 베어링 – 그리스
③ 선회 감속기 – 기어오일
④ 작업장치 연결부 – 기어오일

> 작업장치의 연결부, 선회 베어링, 조인트 핀 등에는 그리스를 사용한다.

51 굴착 작업시 작업 능력이 떨어지는 원인으로 맞는 것은?

① 트랙 슈에 주유가 안됨
② 릴리프 밸브 조정 불량
③ 조향핸들 유격 과다
④ 아워미터 고장

> 유압계통의 릴리프 밸브로 압력조정이 되므로 조정이 불량해지면 작업능력이 떨어질 수밖에 없다.

52 굴착기 장기 격납시 주의사항이 아닌 것은?

① 하체부분을 완전히 세차 후 이상 유무를 점검하고 정비한다.
② 녹슬기 쉬운 장소에는 오일을 얇게 발라둔다.
③ 배터리는 제거할 필요없이 단자의 코드만 탈착시킨다.
④ 동결 염려가 있을 때는 부동액을 첨가한다.

> 1개월 이상 장기간 보관할 때 장비의 성능에 영향을 주는 체결요소부는 급유와 윤활 방식 조치를 통해 성능이 저하되지 않도록 점검하여 조치하여야 하며, 배터리를 장비에서 떼어내어 보관하도록 한다.

53 굴착기 등 건설기계운전 작업장에서 이동 및 선회시 안전을 위해서 행하는 적절한 조치로 맞는 것은?

① 경적을 울려서 작업장 주변 사람에게 알린다.
② 버킷을 내려서 점검하고 작업한다.
③ 급방향 전환을 위하여 위험 시간을 최대한 줄인다.
④ 굴착작업으로 안전을 확보한다.

> 장비를 운전하기 전에 경적을 울려 주변의 사람에게 알리고, 사람이 없는지를 확인한 후 운전하여야 한다.

54 도시가스 배관의 안전조치 및 손상방지를 위해 다음과 같이 안전조치를 하여야하는데 굴착공사자는 굴착공사 예정지역의 위치에 어떤 조치를 하여야 하는가?

> 도시가스사업자는 굴착공사자에게 연락하여 굴착공사 현장 위치와 매설배관 위치를 굴착공사자와 공동으로 표시할 것인지 각각 단독으로 표시할 것인지를 결정하고, 굴착공사 담당자의 인적사항 및 연락처, 굴착공사 개시예정일시가 포함된 결정사항을 정보지원센터에 통지할 것

① 황색 페인트로 표시
② 적색 페인트로 표시
③ 흰색 페인트로 표시
④ 청색 페인트로 표시

> 굴착공사자와 도시가스사업자가 준수하여야 할 조치사항
> • 굴착공사자는 굴착공사 예정지역의 위치를 흰색 페인트로 표시할 것
> • 도시가스사업자는 굴착예정 지역의 매설배관 위치를 굴착공사자에게 알려주어야 하며, 굴착공사자는 매설배관 위치를 매설배관 직상부의 지면에 황색 페인트로 표시할 것
> • 대규모굴착공사, 긴급굴착공사 등으로 인해 페인트로 매설배관 위치를 표시하는 것이 곤란한 경우에는 위의 경우에도 불구하고 표시 말뚝·표시 깃발·표지판 등을 사용하여 표시할 수 있다.
> • 도시가스사업자는 위의 조치사항에 따른 표시 여부를 확인해야 하며, 표시가 완료된 것이 확인되면 즉시 그 사실을 정보지원센터에 통지할 것

55 22.9kV 배전 선로에 근접하여 굴착기 등 건설기계로 작업시 안전관리상 맞는 것은?

① 안전관리자의 지시 없이 운전자가 알아서 작업한다.
② 전력선에 접촉되더라도 끊어지지 않으면 사고는 발생하지 않는다.
③ 전력선이 활선인지 확인 후 안전 조치된 상태에서 작업한다.
④ 해당시설 관리자는 입회하지 않아도 무방하다.

56 도시가스 배관이 매설된 도로에서 굴착작업을 할 때 준수사항으로 틀린 것은?

① 가스배관이 매설된 지점에서 도시가스 회사의 입회하에 작업한다.
② 가스배관은 도로에 라인마크를 하기 때문에 라인마크가 없으면 직접 굴착해도 된다.
③ 어떤 지점을 굴착 하고자 할 때는 라인 마크, 표지판, 밸브박스 등으로 가스배관의 유무를 확인하는 방법도 있다.
④ 가스배관의 매설 유무는 반드시 도시가스 회사에 유무 조회를 하여야 한다.

> 라인마크는 도시가스 배관 매설시 설치되며 길이 50m 마다 1개 이상 설치된다. 또한, 가스배관의 표지판은 배관을 따라 500m 간격으로 시가지 이외의 도로, 산지, 농지, 철도 부지 등에 설치되어 있다.

57 다음 건물번호판에 대한 설명으로 맞는 것은?

① 세종대로는 도로명, 209는 건물번호이다.
② 세종대로는 주 출입구, 209는 기초번호이다.
③ 세종대로는 도로시작점, 209는 건물주소이다.
④ 세종대로는 도로별 구분기준, 209는 상세주소이다.

🔍 보기의 그림은 일반용 건물번호판으로 상단에는 도로명, 하단에는 건물번호가 표시되어 있다.

58 현장에 경찰 공무원이 없는 장소에서 인명사고와 물건의 손괴를 입힌 교통사고가 발생하였을 때 가장 먼저 취할 조치는?

① 손괴한 물건 및 손괴 정도를 파악한다.
② 즉시 피해자 가족에게 알리고 합의한다.
③ 즉시 사상자를 구호하고 경찰 공무원에게 신고한다.
④ 승무원에게 사상자를 알리게 하고 회사에 알린다.

🔍 인명 사고시 최우선 조치 사항은 사상자를 구호하는 것이다.

59 정차 및 주차금지 장소에 해당되는 것은?

① 건널목 가장 자리로부터 15m 지점
② 정류장 표시판으로부터 12m 지점
③ 도로의 모퉁이로부터 4m 지점
④ 교차로 가장자리로부터 10m 지점

🔍 주정차 금지 장소
• 교차로, 횡단보도, 건널목, 교차로의 가장자리
• 도로의 모퉁이로부터 5m 이내의 곳
• 안전지대가 설치된 도로로부터 각각 10m 이내의 곳
• 건널목의 가장자리로부터 10m 이내의 곳
• 정류장 표시판이 설치된 지점으로부터 10m 이내의 곳

60 노면이 얼어붙은 경우 또는 폭설로 가시거리가 100미터 이내인 경우 최고속도의 얼마나 감속 운행하여야 하는가?

① 50/100
② 30/100
③ 40/100
④ 20/100

🔍 감속 운행
• 20/100을 줄인 속도 : 눈이 20mm 미만 쌓인 때, 비가 내려 습기가 있을 때
• 50/100을 줄인 속도 : 폭우·폭설·안개 등으로 가시거리가 100m 이내인 때, 노면이 얼어붙은 때, 눈이 20mm 이상 쌓인 때

정답 CBT 복원문제 – 제03회

01 ①	02 ③	03 ②	04 ①	05 ④
06 ②	07 ①	08 ②	09 ③	10 ③
11 ①	12 ③	13 ③	14 ①	15 ②
16 ③	17 ②	18 ②	19 ②	20 ①
21 ④	22 ③	23 ③	24 ①	25 ①
26 ③	27 ②	28 ②	29 ④	30 ④
31 ④	32 ②	33 ①	34 ④	35 ③
36 ②	37 ②	38 ③	39 ②	40 ③
41 ④	42 ④	43 ①	44 ②	45 ④
46 ①	47 ③	48 ③	49 ③	50 ④
51 ②	52 ③	53 ①	54 ②	55 ③
56 ②	57 ①	58 ③	59 ③	60 ①

04 CBT 복원문제

01 건설기계의 등록이 말소된 경우 등록번호표는 며칠 이내에 시·도지사에게 반납하여야 하는가?

① 10일
② 30일
③ 3개월
④ 6개월

> 건설기계 등록이 말소되거나 등록된 사항 중 대통령령이 정하는 사항이 변경된 때에는 등록번호표의 봉인을 뗀 후 그 번호표를 10일 이내에 시·도지사에게 반납하여야 한다.

02 건설기계 검사의 종류가 아닌 것은?

① 신규등록검사
② 정기검사
③ 임시검사
④ 수시검사

> 건설기계 검사
> • 신규등록검사 : 건설기계를 신규로 등록할 때 실시하는 검사
> • 정기검사 : 건설공용용 건설기계로서 3년의 범위 내에서 국토교통부령이 정하는 검사유효기간이 끝난 후에 계속하여 운행하고자 할 때 실시하는 검사와 대기환경보전법에 따른 운행차의 정기검사
> • 구조변경검사 : 등록된 건설기계의 주요 구조를 변경 또는 개조하였을 때 실시하는 검사(사유발생일로부터 20일 이내에 검사)
> • 수시검사 : 성능이 불량하거나 사고가 빈발하는 건설기계의 안전성 등을 점검하기 위하여 수시로 실시하는 검사와 건설기계 소유자의 신청에 의하여 실시하는 검사

03 건설기계등록번호표의 유형별 도색으로 틀린 것은?

① 자가용 : 흰색 바탕에 검은색 문자
② 대여사업용 : 주황색 바탕에 검은색 문자
③ 관용 : 흰색 바탕에 검은색 문자
④ 임시용 : 흰색 페인트판에 파란색 문자

> 건설기계의 임시번호표 및 등록번호표
> • 임시번호표(미등록 및 등록된 건설기계) : 흰색 페인트판에 검은색 문자
> • 등록번호표
>   – 비사업용(관용 또는 자가용) : 흰색 바탕에 검은색 문자
>   – 대여사업용 : 주황색 바탕에 검은색 문자

04 다음 중 건설기계조종사 면허가 취소되는 경우는?(단, 산업안전보건법상 중대재해가 아닌 경우이다.)

① 고의로 사람을 다치게 한 경우
② 과실로 1명을 사망하게 한 경우
③ 과실로 3명에게 중상을 입힌 경우
④ 과실로 10명에게 경상을 입힌 경우

> 건설기계조종사 면허의 취소 사유
> • 거짓이나 그 밖의 부정한 방법으로 건설기계조종사면허를 받은 경우
> • 건설기계조종사면허의 효력정지기간 중 건설기계를 조종한 경우
> • 건설기계조종사면허의 결격사유에 해당하게 된 경우
> • 건설기계 조종 중 고의로 사망, 중상, 경상 등을 입힌 경우
> • 건설기계 조종 중 과실로 산업안전보건법에 따른 다음의 중대재해가 발생한 경우
>   – 사망자가 1명 이상 발생한 재해
>   – 3개월 이상의 요양이 필요한 부상자가 동시에 2명 이상 발생한 재해
>   – 부상자 또는 직업성질병자가 동시에 10명 이상 발생한 재해

05 건설기계관리법령상 건설기계를 주택가 주변의 도로·공터 등에 세워 두어 교통소통을 방해하거나 소음 등으로 주민의 조용하고 평온한 생활환경을 침해한 자에 대한 벌칙은?

① 1년 이하의 징역 또는 1천만원 이하의 벌금
② 300만원 이하의 과태료
③ 100만원 이하의 과태료
④ 50만원 이하의 과태료

> 50만원 이하의 과태료(주요사항)
> • 등록 전 일시적으로 운행하는 건설기계에 임시번호표를 붙이지 아니하고 운행한 자
> • 등록사항의 변경신고를 하지 아니하거나 거짓으로 신고한 자
> • 건설기계 등록의 말소를 신청하지 아니한 자
> • 등록번호표의 반납 사유가 있음에도 등록번호표를 반납하지 아니한 자
> • 건설기계의 정비 범위를 위반하여 건설기계를 정비한 자
> • 건설기계사업자의 등록 사항 변경신고를 하지 아니하거나 거짓으로 신고한 자
> • 건설기계사업자의 지위를 승계하고도 신고를 하지 아니하거나 거짓으로 신고한 자
> • 건설기계를 주택가 주변의 도로·공터 등에 세워 두어 교통소통을 방해하거나 소음 등으로 주민의 조용하고 평온한 생활환경을 침해한 자

06 건설기계조종사면허의 적성검사 기준에 해당되지 않는 것은?

① 두 눈을 뜨고 잰 시력이 0.7 이상이고 두 눈의 시력이 각각 0.3 이상일 것
② 55데시벨(보청기를 사용하는 사람은 40데시벨)의 소리를 들을 수 있을 것
③ 시각은 150도 이상일 것
④ 언어분별력이 50% 이상일 것

> 적성검사 기준
> • 두 눈을 동시에 뜨고 잰 시력(교정시력 포함)이 0.7 이상이고 두 눈의 시력이 각각 0.3 이상일 것
> • 55데시벨(보청기를 사용하는 사람은 40데시벨)의 소리를 들을 수 있고, 언어분별력이 80퍼센트 이상일 것
> • 시각은 150도 이상일 것
> • 정신병자 · 지적장애인 · 뇌전증환자, 마약 · 대마 · 향정신성 의약품, 알코올 중독자가 아닐 것

07 축전지의 용량에 대한 설명으로 옳은 것은?

① 전해액의 양과는 관계가 없다.
② 극판의 수와 관련이 있으며 극판의 크기와는 관계가 없다.
③ 방전 전류에 방전 시간을 곱한 것이다.
④ 격리판의 개수와 관계가 있다.

> 축전지의 용량은 극판의 크기, 극판의 갯수 및 황산(전해액)의 양에 의해 결정된다.

08 퓨즈에 대한 설명 중 틀린 것은?

① 퓨즈는 정격용량을 사용한다.
② 퓨즈 용량은 A로 표시한다.
③ 퓨즈는 가는 구리선으로 대용된다.
④ 퓨즈는 표면이 산화되면 끊어지기 쉽다.

> 퓨즈는 일정한 값 이상의 전류가 흐르면 용단되는 것으로 회로 및 기기를 보호하는 가장 간단한 전류자동차단기로 납과 주석의 합금으로 만든다.

09 직권식 기동 전동기의 전기자 코일과 계자 코일은 전원에 대해 어떻게 접속되어 있는가?

① 전기자 코일은 직렬, 계자 코일은 병렬로 접속되어 있다.
② 모두 직렬로 접속되어 있다.
③ 모두 병렬로 접속되어 있다.
④ 전기자 코일은 병렬, 계자 코일은 직렬로 접속되어 있다.

> 직권식은 전기자 코일과 계자 코일이 직렬로 접속되어 있으며, 분권식은 병렬, 복권식은 직 · 병렬로 연결되어 있다.

10 디젤기관의 연소실 형태 중에서 직접 분사실식에 대한 설명으로 옳지 않은 것은?

① 열효율이 높고 시동이 쉽다.
② 분사 압력이 낮아 펌프와 노즐의 수명이 길다.
③ 분사 노즐의 상태와 연료의 질에 민감하다.
④ 노크가 일어나기 쉽다.

> 직접 분사실식의 단점
> • 분사 압력이 높아 분사 펌프와 노즐 등의 수명이 짧다.
> • 분사 노즐의 상태와 연료의 질에 민감하다.
> • 노크가 일어나기 쉽다.

11 건설기계에서 사용되는 윤활유 여과방식에 해당되지 않는 것은?

① 분류식   ② 전류식
③ 복합식   ④ 합류식

> 엔진오일의 여과방식
> • 분류식 : 오일 펌프에서 나온 오일의 일부를 여과하고 나머지는 윤활부로 그냥 보낸다.
> • 전류식 : 오일 펌프에서 나온 오일 전부가 여과기를 거쳐 여과된 다음 윤활부로 가게 된다.
> • 샨트식(조합식, 복합식) : 펌프에 보내지는 오일의 일부만을 여과하지만 여과된 오일이 오일 팬으로 돌아오지 않고 윤활부에 공급된다.

12 동력전달장치에서 추진축의 각도 변화를 가능하게 하는 기구는?

① 슬립 조인트   ② 유니버설 조인트
③ 파워 시프트   ④ 크로스 멤버

> 유니버설 조인트(자재이음, universal joint)
> • 양 축이 동일평면 내에 있고, 그 축선이 30° 이하의 각도로 교차하는 경우에 사용되는 축 이음으로서 훅 조인트라고도 한다.
> • 양 축단에 각각 요크(yoke)를 부착하고, 이것을 십자형의 핀으로 자유로이 회전할 수 있도록 연결한 축 이음이다.

13 과급기의 터보차저를 구동하는 것으로 가장 적합한 것은?

① 엔진의 열
② 엔진의 배기가스
③ 엔진의 흡입가스
④ 엔진의 여유동력

🔍 엔진 배기가스 잔류 압력을 이용하여 과급기를 구동한다.

14 크랭크축 베어링의 윤활유로 사용되는 것은?

① 엔진오일
② 그리스
③ 오일리스 베어링
④ 외부 윤활유

🔍 크랭크축 베어링은 윤활장치에서 공급되는 엔진오일에 의해 윤활되며, 엔진오일은 오일펌프에 의해 오일 통로를 거쳐 크랭크 - 메인 - 베어링에 공급된다.

15 건설기계 기관에서 사용하는 윤활유의 구비 성질로 볼 수 없는 것은?

① 인화점 및 발화점이 높을 것
② 비중이 적당할 것
③ 열전도가 양호할 것
④ 산화에 대한 저항이 작을 것

🔍 윤활유의 구비 성질
• 인화점 및 발화점이 높을 것
• 비중이 적당할 것
• 열전도가 양호할 것
• 산화에 대한 저항이 클 것(내산성)
• 점도와 온도의 관계가 좋을 것
• 카본 생성이 적을 것
• 강인한 유막을 형성할 것

16 기관이 작동 중 라디에이터 캡 쪽으로 물이 상승하면서 연소가스가 누출될 때 원인으로 맞는 것은?

① 분사 노즐의 동와셔가 불량하다.
② 라디에이터 캡이 불량하다.
③ 물 펌프에 누설이 생겼다.
④ 실린더 헤드에 균열이 생겼다.

🔍 압력식 라디에이터 캡은 기관 냉각장치에서 냉각수 비등점을 올리기 위한 것으로 기관 작동 중에 라디에이터 캡으로 물이 상승하면서 연소가스가 누출되면 그 원인은 실린더 헤드에 균열이 생겼기 때문이다.

17 작동유(유압유) 속에 용해 공기가 기포로 되어 있는 상태를 무엇이라고 하는가?

① 인화 현상
② 노킹현상
③ 조기착화 현상
④ 공동현상

🔍 공동현상(캐비테이션)이란 유동하고 있는 액체의 압력이 국부적으로 저하되어 포화 증기 압력 또는 공기 분리 압력에 대하여 증기를 발생시키거나 용해 공기 등이 분리되어 기포를 일으키는 현상을 말한다.

18 유압모터의 단점에 해당되지 않는 것은?

① 작동유에 먼지나 공기가 침입하지 않도록 특히 보수에 주의해야 한다.
② 작동유가 누출되면 작업 성능에 지장이 있다.
③ 작동유의 점도변화에 의하여 유압모터의 사용에 제약이 있다.
④ 릴리프 밸브를 부착하여 속도나 방향제어하기가 곤란하다.

🔍 릴리프 밸브는 회로내의 압력이 과도하게 상승하는 것을 방지하고 항상 일정한 압력을 유지하는 밸브로 유압펌프와 제어 밸브 사이에 설치되어 있다.

19 유압제어 밸브 중 속도제어 밸브의 역할에 대한 설명으로 틀린 것은?

① 회로에 공급되는 유량을 조절한다.
② 작동유의 흐름을 한쪽 방향으로만 흐르도록 한다.
③ 액추에이터의 작동 속도를 제어한다.
④ 스로틀 밸브는 속도제어 밸브이다.

🔍 작동유의 흐름을 한쪽 방향으로만 흐르도록 하고 역류를 방지하는 역할을 하는 것은 체크밸브(check valve)로 방향제어에 해당된다.

20 2개 이상의 분기 회로에서 유압 회로의 압력에 의하여 작동순서를 제어하기 위해 사용되는 밸브는?

① 카운터 밸런스 밸브
② 언로더 밸브
③ 릴리프 밸브
④ 시퀀스 밸브

> - 카운터 밸런스 밸브 : 실린더가 중력으로 인하여 제어속도 이상으로 낙하하는 것을 방지
> - 언로더 밸브 : 유압회로의 압력이 설정압력에 이르면 펌프로부터 전체 유량을 직접 탱크로 복귀시켜 펌프를 무부하로 상태로 유지
> - 릴리프 밸브 : 유압 회로의 최고 압력을 제한하고 회로 내의 과부하를 방지
> - 시퀀스 밸브 : 2개 이상의 분기 회로가 있을 때 순차적인 작동을 하기 위한 압력제어 밸브

> - 시퀀스 밸브 : 2개 이상의 분기 회로가 있을 때 순차적인 작동을 하기 위한 압력제어 밸브
> - 리듀싱 밸브(감압 밸브) : 유압 회로에서 분기 회로의 압력을 주회로의 압력보다 감압시켜 사용하는 제어 밸브
> - 언로더 밸브 : 유압회로의 압력이 설정압력에 이르면 펌프로부터 전체 유량을 직접 탱크로 복귀시켜 펌프를 무부하로 상태로 유지
> - 카운터 밸런스 밸브 : 실린더가 중력으로 인하여 제어속도 이상으로 낙하하는 것을 방지

21 유압회로 내의 유압유 점도가 너무 낮을 때 생기는 현상이 아닌 것은?

① 오일이 누설될 수 있다.
② 유압펌프의 효율이 저하된다.
③ 시동 저항이 커진다.
④ 회로의 압력이 저하된다.

> 오일 점도가 낮을 경우 나타나는 현상
> - 펌프 효율 저하
> - 액추에이터의 효율 저하
> - 회로 내의 누유
> - 유압 저하
> - 유압장치 각 부의 누유

22 그림과 같은 실린더의 명칭은?

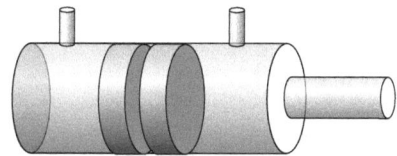

① 단동 실린더 편로드형
② 단동 실린더 양로드형
③ 복동 실린더 편로드형
④ 복동 실린더 양로드형

> 그림의 실린더는 복동 실린더 편로드형을 나타내고 있다. 참고로 위쪽의 연결부가 1면 단동, 그림처럼 2면 복동이며, 실린더의 좌·우로 로드가 모두 있으면 양로드형, 그림과 같이 1개만 있으면 편로드형이다.

23 유량이나 1차 측의 압력과 무관하게 분기회로에서 2차 측 압력을 설정값까지 감압하여 사용하는 제어 밸브는?

① 시퀀스 밸브
② 감압 밸브
③ 언로더 밸브
④ 카운터 밸런스 밸브

24 다음 유압펌프 중 가장 높은 압력 조건에 사용할 수 있는 펌프는?

① 기어 펌프
② 로터리 펌프
③ 플런저 펌프
④ 베인 펌프

> 플런저 펌프(plunger pump)의 특성
> - 고압(150~350kgf/cm²)에 적합하며 펌프 효율이 가장 높다.
> - 가변 용량형에 적합하며, 각종 토출량 제어장치가 있어서 목적 및 용도에 따라 조정할 수 있다.
> - 구조가 복잡하고 비싸다.
> - 오일의 오염에 극히 민감하다.
> - 흡입능력이 가장 낮다.

25 액추에이터의 운동속도를 조정하기 위하여 사용되는 밸브는?

① 압력제어 밸브
② 온도제어 밸브
③ 유량제어 밸브
④ 방향제어 밸브

> 밸브의 역할
> - 압력제어 밸브 : 일의 크기를 조절한다.
> - 방향제어 밸브 : 일의 방향을 조절한다.
> - 유량제어 밸브 : 일의 속도를 조절한다.

26 플런저가 구동축의 직각방향으로 설치되어 있는 유압모터는?

① 캠형 플런저 모터
② 엑시얼형 플런저 모터
③ 블래더형 플런저 모터
④ 레이디얼형 플런저 모터

> - 엑시얼형 플런저 : 구동축의 원둘레 방향에 설치
> - 레이디얼형 플런저 : 구동축의 직각방향에 설치

27 안전·보건표지의 색채 기준 중 응급 구호 장비가 있는 장소를 알리는 색채는?

① 빨간색
② 노란색
③ 녹색
④ 흰색

🔍 안전보건표지의 색채 및 용도

색채	용도	사용례
빨간색	금지	정지신호, 소화설비 및 그 장소, 유해행위의 금지
	경고	화학물질 취급장소에서의 유해·위험 경고
노란색	경고	화학물질 취급장소에서의 유해·위험 경고 이외의 위험 경고, 주의 표지 또는 기계방호물
파란색	지시	특정 행위의 지시 및 사실의 고지
녹색	안내	비상구 및 피난소, 사람 또는 차량의 통행 표시
흰색	–	파란색 또는 녹색에 대한 보조색
검은색		문자 및 빨간색 또는 노란색에 대한 보조색

28 벨트 취급에 대한 안전사항 중 틀린 것은?

① 벨트 교환시 회전을 완전히 멈춘 상태에서 한다.
② 벨트의 회전을 정지할 때 손으로 잡고서 한다.
③ 벨트의 적당한 장력을 유지하도록 한다.
④ 벨트에 기름이 묻지 않도록 한다.

🔍 벨트의 회전을 멈출 때 손으로 잡고서 하면 사고 우려가 있다.

29 작업장에서 휘발유 화재가 일어났을 경우 가장 적합한 소화 방법은?

① 탄산가스 소화기의 사용
② 불의 확대를 막는 덮개의 사용
③ 소다 소화기의 사용
④ 물 호스의 사용

🔍 유류화재는 B급화재로 포말소화기, 이산화탄소(탄산가스) 소화기, 분말 소화기, 증발성 액체 소화기를 적용한다.

30 안전제일에서 가장 먼저 선행되어야 할 이념으로 맞는 것은?

① 재산 보호
② 생산성 향상
③ 신뢰성 향상
④ 인명 보호

🔍 안전의 제1목표는 인명을 보호하는 것이다.

31 산업체에서 안전을 지킴으로서 얻을 수 있는 이점과 가장 거리가 먼 것은?

① 직장의 신뢰도를 높여준다.
② 직장 상·하 동료 간 인간관계 개선 효과도 기대된다.
③ 기업의 투자 경비가 늘어난다.
④ 사내 안전수칙이 준수되어 질서유지가 실현된다.

🔍 안전관리란 재해로부터 인간의 생명과 재산을 보존하기 위한 계획적이고 체계적인 제반 활동을 의미한다.

32 재해의 원인 중 인적 원인에 해당되는 것은?

① 안전 방호장치 결함
② 위험물 취급 부주의
③ 작업환경의 결함
④ 보호구의 결함

🔍 재해의 직접원인
• 불안전한 행동(행위, 인적원인) : 위험장소 접근, 안전장치의 기능 제거, 복장·보호구의 잘못사용, 기계·기구 잘못사용, 운전 중인 기계장치의 손질, 불안전한 속도 조작, 위험물 취급 부주의, 불안전한 상태 방치, 불안전한 자세 동작, 감독 및 연락 불충분
• 불안전한 상태 : 물 자체 결함, 안전 방호장치 결함, 보호구의 결함, 물의 배치 및 작업장소 결함, 작업환경의 결함, 생산 공정의 결함, 경계표시·설비의 결함

33 수공구 사용시 안전수칙으로 바르지 못한 것은?

① 톱 작업은 밀 때 절삭되게 작업한다.
② 줄 작업으로 생긴 쇳가루는 브러시로 털어 낸다.
③ 해머작업은 미끄러짐을 방지하기 위해서 반드시 면장갑을 끼고 작업한다.
④ 조정 렌치는 조정조가 있는 부분에 힘을 받지 않게 하여 사용한다.

🔍 장갑을 착용하면 안 되는 작업 : 해머작업, 연삭작업, 드릴작업, 정밀기계작업

34 산소-아세틸렌 가스 용접 작업 시의 재해로 거리가 먼 것은?

① 고온과 불티에 의해 화재의 우려가 있다.
② 용접 시 발생하는 유해광선에 의해 눈질환의 우려가 있다.
③ 충전부 접촉에 의한 감전재해의 우려가 있다.
④ 용접 작업 중 화구에 불을 붙이는 순간 화염이 뻗치면서 화상을 입을 수 있다.

🔍 산소-아세틸렌 가스 용접은 아세틸렌과 산소의 혼합물을 토치 끝부분에서 연소시켜 접합하는 용접으로 감전재해와는 거리가 멀다.

35 반드시 건설기계정비업체에서 정비하여야 하는 것은?

① 오일의 보충
② 배터리의 교환
③ 창유리의 교환
④ 엔진 탈·부착 및 정비

🔍 엔진의 탈·부착 및 정비는 반드시 건설기계정비업체를 통해 정비하여야 한다.

36 연삭 작업 시 반드시 착용해야 하는 보호구는?

① 방독면   ② 장갑
③ 보안경   ④ 마스크

🔍 물체가 날아 흩어질 위험이 있는 작업을 하는 경우에는 보안경을 반드시 착용하여야 한다.

37 크롤러 타입 유압식 굴착기의 주행 동력으로 이용되는 것은?

① 전기 모터   ② 유압 모터
③ 변속기 동력   ④ 차동 장치

🔍 유압식 굴착기의 주행 동력은 오일에 가해진 압력에 의해 축이 회전운동을 하는 유압 모터이다.

38 굴착기의 3대 주요 구성품으로 가장 적당한 것은?

① 상부회전체, 하부추진체, 중간선회체
② 작업장치, 하부추진체, 중간선회체
③ 작업장치, 상부선회체, 하부추진체
④ 상부조정장치, 하부추진체, 중간동력장치

🔍 굴착기의 3대 주요 구성품
- 상부선회체 : 프레임, 엔진, 유압장치, 선회장치 등으로 구성되어 있으며 하부주행체와는 선회륜을 통해 조립되어 있다.
- 하부주행체 : 선회베어링을 거쳐 상부선회체와 작업장치를 지지한다.
- 작업장치 : 전부장치로 버킷을 주로 사용하며 전부장치를 교환하여 클램쉘, 브레이커, 셔블 등의 작업조건에 적합한 어태치먼트를 쉽게 장착 및 탈착할 수 있다.

39 굴착기 선회장치의 유압 모터(스윙 모터)의 부품과 그 기능에 대한 설명으로 틀린 것은?

① 브레이크 – 선회 동작을 멈출 때 충격을 흡수
② 역회전방지 밸브 – 선회 동작을 효율적으로 하기 위한 관성 유지
③ 릴리프 밸브 – 유압 모터의 과부하로 인해서 스윙 모터와 감속기가 파손되지 않도록 보호
④ 메이크업 밸브 – 선회 동작을 할 때 캐비테이션이 생기는 것을 방지

🔍 역회전방지 밸브(anti-rotation valve)는 선회 동작을 멈출 때 생기는 반작용(반대편으로 회전하려는 힘)을 없애주는 기능을 한다.

40 굴착기의 작업장치로 가장 적절하지 않은 것은?

① 브레이커   ② 파일 드라이브
③ 힌지 버킷   ④ 크러셔

🔍 힌지 버킷은 지게차의 작업장치이다.

41 굴착기의 작업장치를 신속하게 분리하거나 결합할 수 있는 장치는?

① 퀵 클램프(quick clamp)
② 크러셔(crusher)
③ 오프셋 암(off set arm)
④ 그랩(grap)

> 퀵 클램프는 굴착기의 작업장치를 신속하게 분리, 결합할 수 있는 장치로 수동식과 자동식이 있다.

42 타이어식 굴착기의 하부주행체를 구성하는 부분으로 작업 시 기체의 균형을 유지하는 기능을 갖는 것은?

① 전륜 타이어
② 아우트리거
③ 배토판
④ 후륜 타이어

> 타이어식 굴착기의 하부주행체
> • 전륜 및 후륜 타이어 : 작업 이동용 주행
> • 아우트리거(out rigger) : 작업 시 기체 균형 유지
> • 배토판(blade) : 토사를 굴착하여 밀면서 운반

43 크롤러식 굴착기에서 상부회전체의 회전에는 영향을 주지 않고 주행모터에 작동유를 공급할 수 있는 부품은?

① 컨트롤 밸브
② 센터 조인트
③ 사축형 유압모터
④ 언로더 밸브

> 굴착기의 센터 조인트는 회전부 중심에 설치하며, 상부 및 하부의 유압기기가 선회 중에도 급유 가능한 구조로서, 굴착 작업을 할 때 발생하는 하중 및 유압의 변동에 대하여 견딜 수 있는 구조이어야 한다.

44 굴착기 작업 시 주의사항으로 틀린 것은?

① 땅을 깊이 팔 때는 붐의 호스나 버킷 실린더의 호스가 지면에 닿지 않도록 한다.
② 암석, 토사 등을 평탄하게 고를 때는 선회 관성을 이용하면 능률적이다.
③ 암 레버의 조작 시 잠깐 멈췄다 움직이는 것은 펌프의 토출량이 부족하기 때문이다.
④ 작업 시는 실린더의 행정 끝에서 약간 여유를 남기도록 운전한다.

> 암석이나 토사 등을 고를 때 선회 관성을 이용하면 선회 모터의 과부하 원인이 될 수 있다.

45 굴착기의 조종레버 중 굴착작업과 직접 관계가 없는 것은?

① 암(스틱) 제어레버
② 붐 제어레버
③ 스윙 제어레버
④ 버킷 제어레버

> 스윙 제어레버는 굴착기의 상부 회전체를 회전시킬 때 사용되는 레버이다.

46 굴착기의 트랙 전면에서 오는 충격을 완화시키기 위해 설치한 것은?

① 하부 롤러
② 프론트 롤러
③ 상부 롤러
④ 리코일 스프링

> 리코일 스프링(Recoil spring)은 안쪽의 이너 스프링과 바깥쪽의 아우터 스프링의 2중으로 된 구조로 주행 중 프론트 아이들러가 받은 충격을 완화시켜 트랙 장치의 파손을 방지하는 일을 한다.

47 굴착기의 주행 레버를 한쪽은 밀고 한쪽은 당기면?

① 피벗 회전이 된다.
② 스핀 회전이 된다.
③ 고장 나기 쉽다.
④ 어느 쪽으로도 움직이지 않는다.

> • 피벗 회전(완회전) : 한쪽의 트랙만 구동시켜 방향 전환하는 것으로 어느 한쪽의 레버 또는 페달만 작동시킨다.
> • 스핀 회전(급회전) : 좌우의 트랙을 서로 역으로 구동시켜 제자리에서 방향 전환하는 것으로 양쪽의 주행레버 또는 페달을 반대로 동시에 작동시킨다.

48 굴착기의 작업 중 운전자가 관심을 가져야 할 사항이 아닌 것은?

① 엔진속도 게이지
② 온도 게이지
③ 작업속도 게이지
④ 장비의 잠음 상태

> 작업 중 작동 화면에서는 엔진 냉각수 온도계, 작동유 온도계, 연료계, 엔진 회전수/트립미터가 표시되며, 이와 더불어 장비의 잠음 상태 등을 통해 기기의 상태를 체크하여야 한다.

49 굴착기의 작업장치 중 2개의 집게로 작업 대상물을 집고, 집게를 조여서 물체를 부술 수 있는 장치는?

① 브레이커(breaker)
② 크러셔(crusher)
③ 그랩(grap)
④ 퀵 클램프(quick clamp)

> • 브레이커(breaker) : 유압식 왕복 해머로 연속적으로 타격을 가해 암석, 콘크리트 등을 파쇄하는 장치
> • 크러셔(crusher) : 2개의 집게로 작업 대상물을 집고, 집게를 조여서 물체를 부수는 장치
> • 그랩(grap) : 유압 실린더를 이용해서 2~5개의 집게를 움직여 작업물질을 집는 장치
> • 퀵 클램프(quick clamp) : 굴착기의 작업장치를 신속하게 분리, 결합할 수 있는 장치

50 셔블 굴착기의 조정과정은 5가지 동작이 반복하면서 작업이 수행된다. 순서가 맞는 것은?

① 선회 → 적재 → 굴착 → 적재 → 선회
② 굴착 → 적재 → 선회 → 굴착 → 선회
③ 선회 → 굴착 → 적재 → 선회 → 굴착
④ 굴착 → 선회 → 적재 → 선회 → 굴착

> 굴착기의 조정과정은 굴착 → 선회 → 적재 → 선회 → 굴착이다.

51 굴착기 운전시 작업안전 사항으로 적합하지 않는 것은?

① 스윙하면서 버킷으로 암석을 부딪쳐 파쇄하는 작업을 하지 않는다.
② 안전한 작업 반경을 초과해서 하중을 이동시킨다.
③ 굴착하면서 주행하지 않는다.
④ 작업을 중지 할 때 파낸 모서리부터 장비를 이동시킨다.

> 모든 작업은 안전 범위 이내에서 진행하도록 한다.

52 굴착기에서 매 2000시간마다 점검, 정비해야 할 항목으로 맞지 않는 것은?

① 액슬 케이스 오일 교환
② 선회구동 케이스 오일 교환
③ 트랜스퍼 케이스 오일 교환
④ 작동유 탱크 오일 교환

> 선회구동 케이스 오일은 처음 500시간에 교환하고, 이후 매 1000시간마다 교환한다.

53 무한궤도식 굴착기 트랙을 조정할 때 유의할 사항으로 가장 적절하지 않는 것은?

① 장비를 평지에 정차시킨다.
② 트랙을 들고 늘어지는 것을 점검한다.
③ 브레이크가 있는 장비는 브레이크를 사용한다.
④ 2~3회 반복 조정한다.

> 트랙 유격 조정 시 유의 사항
> • 평탄한 지면에서 한다.
> • 브레이크가 있는 경우 브레이크를 사용해서는 안 된다.
> • 전진하다가 정지시켜야 한다.(후진하다가 세우면 트랙이 팽팽 해진다.)
> • 2~3회 반복 조정하여 양쪽 트랙의 유격을 동일하게 조정하여야 한다.
> • 트랙을 들고 늘어지는 양을 점검한다.

54 굴착기의 운행을 마친 후의 조치로 잘못된 것은?

① 작업장치를 지면에 내려놓는다.
② 안전 레버를 잠김 위치에 둔다.
③ 모든 스위치를 OFF 한다.
④ 키는 장비에 그대로 둔다.

> 모든 스위치를 OFF하고 키를 빼서 정해진 장소에 보관하도록 한다.

55 굴착기를 이용한 경사지에서의 작업에 대한 설명으로 틀린 것은?

① 경사지에서는 지면을 평탄하게 한 후 작업한다.
② 경사지에서 내려올 때는 변속 레버를 저속 위치로 하고 엔진 브레이크를 충분히 활용하여 주행해야 한다.
③ 경사지에서의 작업은 경사각 45°까지 허용된다.
④ 경사지에서 내려올 때 주브레이크를 지나치게 자주 사용하면 브레이크가 과열되어 손상될 우려가 있다.

경사지에서의 작업은 경사각 10° 이상에서는 작업하지 않는다. 또한, 엔진 허용 경사각은 35°이므로 어떠한 경우라도 엔진 허용 운전 경사각을 초과한 상태로 운전하면 안 된다.

56 굴착기 등 건설기계 운전자가 전선로 주변에서 작업을 할 때 주의할 사항으로 틀린 것은?

① 작업을 할 때 붐이 전선에 근접되지 않도록 주의한다.
② 버킷을 고압선으로부터 안전 이격거리 이상 떨어져서 작업한다.
③ 작업감시자를 배치한 후 전력선 인근에서는 작업감시자의 지시에 따른다.
④ 바람의 흔들리는 정도를 고려하여 전선 이격 거리를 감소시켜 작업해야 한다.

건설기계를 이용하여 고압선 주변에서 작업하고자 하는 경우에는 전압의 종류를 확인한 후 안전이격거리를 확보하여 그 이내로 접근되지 않도록 작업한다.

57 자동차의 승차정원에 대한 내용 중 맞는 것은?

① 등록증에 기재된 인원
② 화물자동차 4명
③ 승용자동차 4명
④ 운전자를 제외한 나머지 인원

자동차의 승차정원은 자동차등록증에 기재된 인원이다.

58 앞지르기를 할 수 없는 경우는?

① 앞차의 좌측에 다른 차가 나란히 진행하고 있을 때
② 앞차가 우측으로 진로를 변경하고 있을 때
③ 앞차가 그 앞차와의 안전거리를 확보하고 있을 때
④ 앞차가 양보 신호를 할 때

앞지르기가 금지되는 경우
• 앞차의 좌측에 다른 차가 나란히 진행하고 있을 때
• 앞차가 다른 차를 앞지르려고 하거나, 앞지르고 있을 때
• 앞차가 좌측으로 진로를 바꾸려고 할 때
• 대향차의 진행을 방해하게 될 염려가 있을 때
• 앞차가 법규, 경찰공무원의 지시에 따르거나 위험을 방지하기 위하여 정지 또는 서행하고 있을 때

59 도로교통법상 도로의 모퉁이로부터 몇 m 이내의 장소에 정차하여서는 안 되는가?

① 2m
② 3m
③ 5m
④ 10m

교차로의 가장자리나 도로의 모퉁이로부터 5m 이내는 정차하거나 주차해서는 안 된다.

60 도로명주소 안내시설 중 도로명판이 아닌 것은?

보기 중 ④항은 건물번호판 중 일반용 건물번호판에 해당된다.

정답 CBT 복원문제 – 제**04**회				
01 ①	02 ③	03 ④	04 ①	05 ④
06 ④	07 ③	08 ③	09 ②	10 ②
11 ④	12 ②	13 ②	14 ①	15 ④
16 ④	17 ④	18 ④	19 ②	20 ④
21 ③	22 ③	23 ②	24 ③	25 ③
26 ④	27 ③	28 ②	29 ①	30 ④
31 ②	32 ②	33 ②	34 ③	35 ②
36 ③	37 ②	38 ②	39 ②	40 ③
41 ①	42 ②	43 ②	44 ②	45 ③
46 ④	47 ②	48 ②	49 ②	50 ④
51 ②	52 ②	53 ③	54 ④	55 ③
56 ④	57 ①	58 ①	59 ③	60 ④

05 CBT 복원문제
QUESTIONS FROM PREVIOUS TESTS

01 건설기계 형식신고 대상 기계가 아닌 것은?

① 불도저　　② 굴착기
③ 리프트　　④ 아스팔트피니셔

🔍 건설기계의 범위(총 27종) : 불도저, 굴착기, 로더, 지게차, 스크레이퍼, 덤프트럭, 기중기, 모터그레이더, 롤러, 노상안정기, 콘크리트뱃칭플랜트, 콘크리트피니셔, 콘크리트살포기, 콘크리트믹서트럭, 콘크리트펌프, 아스팔트믹싱플랜트, 아스팔트피니셔, 아스팔트살포기, 골재살포기, 쇄석기, 공기압축기, 천공기, 항타 및 항발기, 사리채취기, 준설선, 특수건설기계, 타워크레인

02 건설기계관리법상 건설기계 소유자는 건설기계를 도난당한 날로부터 얼마 이내에 등록말소를 신청해야 하는가?

① 30일 이내　　② 2개월 이내
③ 3개월 이내　　④ 6개월 이내

🔍 일반적인 등록말소 신청은 말소 사유가 발생한 날부터 30일 이내이지만, 도난당한 경우는 사유가 발생한 날부터 2개월 이내, 수출하는 경우에는 수출 전까지 신청하여야 한다.

03 정기검사 연기신청을 하였으나 불허통지를 받은 자는 언제까지 정기검사를 신청하여야 하는가?

① 불허통지를 받은 날부터 5일 이내
② 불허통지를 받은 날부터 10일 이내
③ 정기검사신청기간 만료일부터 5일 이내
④ 정기검사신청기간 만료일부터 10일 이내

🔍 정기검사 연기신청은 정기검사 신청기간 만료일까지 검사대행자에게 신청하면 5일 이내 연기 여부를 결정하여 통보하고, 이때 검사연기 불허통지를 받으면 정기검사 신청기간 만료일로부터 10일 이내 검사를 신청하여야 한다.

04 건설기계사업에 해당되지 않는 것은?

① 건설기계대여업
② 건설기계매매업
③ 건설기계재생업
④ 건설기계정비업

🔍 건설기계사업의 종류 : 건설기계대여업(일반건설기계대여업, 개별건설기계대여업), 건설기계정비업(종합건설기계정비업, 부분건설기계정비업, 전문건설기계정비업), 건설기계매매업, 건설기계해체활용업

05 건설기계관리법상 건설기계의 정기검사를 받지 아니한 사람에 대한 벌칙은?

① 300만원 이하의 과태료
② 100만원 이하의 과태료
③ 300만원 이하의 벌금
④ 100만원 이하의 벌금

🔍 300만원 이하의 과태료(주요 사항)
• 등록번호표를 부착하지 아니하거나 봉인하지 아니한 건설기계를 운행한 자
• 건설기계의 정기검사를 받지 아니한 자
• 건설기계임대차 등에 관한 계약서를 작성하지 아니한 자
• 건설기계조종사의 정기적성검사 또는 수시적성검사를 받지 아니한 자

06 오토기관에 비해 디젤기관의 장점이 아닌 것은?

① 가속성이 좋고 운전이 정숙하다.
② 열효율이 높다.
③ 화재의 위험이 적다.
④ 연료소비율이 낮다.

🔍 가솔린기관을 오토기관이라고도 부르며, 가속성이 좋고 운전이 정숙한 것은 가솔린기관의 장점이다.

07 디젤기관에서 타이머의 역할로 가장 적합한 것은?

① 분사량 조절
② 자동 변속 단 조절
③ 연료 분사시기 조절
④ 기관속도 조절

🔍 디젤기관에서 타이머(분사시기 조정기)는 엔진 회전속도 및 부하에 따라 분사시기를 변화시켜 운전을 안정되게 하는 장치를 말한다.

08 디젤기관의 출력을 저하시키는 직접적인 원인이 아닌 것은?

① 실린더 내 압력이 낮을 때
② 연료 분사량이 적을 때
③ 노킹이 일어날 때
④ 점화플러그 간극이 틀릴 때

🔍 점화플러그는 가솔린기관의 연소실에 장착되어 혼합기의 점화를 위해 전기방전 스파크를 발생시키는 부품이다.

09 디젤기관의 시동을 용이하게 하기 위한 방법이 아닌 것은?

① 압축비를 높인다.
② 흡기온도를 상승시킨다.
③ 겨울철에 예열장치를 사용한다.
④ 시동 시 회전속도를 낮춘다.

🔍 시동을 용이하게 하기 위해서는 회전속도를 높여야 한다.

10 라디에이터 캡을 열었을 때 냉각수에 오일이 섞여있는 경우의 원인은?

① 실린더 블록이 과열되었다.
② 수냉식 오일 쿨러가 파손되었다.
③ 기관의 윤활유가 너무 많이 주입되었다.
④ 라디에이터가 불량하다.

🔍 오일냉각기(쿨러)가 파손되면 윤활유가 누출되어 냉각수에 섞인다. 이는 라디에이터 캡을 열어 보았을 때 확인할 수 있다.

11 엔진의 온도를 항상 일정하게 유지하기 위하여 냉각계통에 설치되는 것은?

① 수온 조절기
② 물 펌프 풀리
③ 크랭크축 풀리
④ 벨트 조절기

🔍 수온 조절기(서모스탯) : 냉각수 온도에 의해 자동 개폐되며 65℃에서 열리기 시작하여 85℃에서 완전히 개방된다.

12 기관의 윤활장치에서 오일의 역할에 해당되지 않는 것은?

① 방청작용
② 냉각작용
③ 응력분산작용
④ 오일제어작용

🔍 윤활장치에서 오일의 역할 : 감마작용, 밀봉작용, 냉각작용, 세척작용, 응력분산작용, 방청작용

13 엔진오일의 점도지수가 작은 경우 온도 변화에 따른 점도변화는?

① 온도에 따른 점도 변화가 작다.
② 온도에 따른 점도 변화가 크다.
③ 점도가 수시로 변화한다.
④ 온도와 점도는 무관하다.

🔍 점도지수란 온도 변화에 따른 오일의 점도 변화를 표시하는 지수로 작동유는 점도지수가 커야 한다. 온도변화에 따른 점도 변화가 적은 경우를 점도지수가 크다고 한다.

14 다음 중 교류발전기(AC)를 설명한 내용으로 맞지 않는 것은?

① 정류기로 실리콘 다이오드를 사용한다.
② 스테이터 코일은 주로 3상 결선으로 되어 있다.
③ 발전 조정은 전류조정기를 이용한다.
④ 로터 전류를 변화시켜 출력이 조정된다.

🔍 교류발전기에서 축전지 상태에 따라 로터 코일의 전류를 제어하는 부품은 전압조정기(레귤레이터)이다.

15 축전지가 방전될 때 일어나는 현상이 아닌 것은?

① 양극판은 황산납이 해면상납으로 변함
② 전해액은 황산이 물로 변함
③ 음극판은 과산화납이 황산납으로 변함
④ 전압과 비중은 점점 낮아짐

🔍 납산축전지가 방전되면 양극판·음극판 모두 황산납으로 변화된다.

16 축전지 전해액의 온도가 상승하면 비중은?

① 일정하다.   ② 올라간다.
③ 내려간다.   ④ 무관하다.

🔍 축전지 전해액의 비중은 온도와 반비례한다.

17 유압장치의 특징 중 거리가 가장 먼 것은?

① 진동이 적고 작동이 원활하다.
② 고장 원인의 발견이 어렵고 구조가 복잡하다.
③ 에너지의 저장이 불가능하다.
④ 동력의 분배와 집중이 쉽다.

🔍 유압장치는 에너지의 저장이 가능하며, 이를 담당하는 것은 축압기(어큐물레이터)이다.

18 유압 실린더 중 피스톤의 양쪽에 유압유를 교대로 공급하여 양방향의 운동을 유압으로 작동시키는 형식은?

① 단동식   ② 복동식
③ 다동식   ④ 편동식

🔍 유압 실린더의 한쪽에 압력이 가해지는 것은 단동식이며, 양쪽으로 가해지는 것은 복동식이다.

19 유압회로 내의 압력이 설정압력에 도달하면 펌프에서 토출된 오일의 일부 또는 전량을 직접 탱크로 돌려보내 회로의 압력을 설정값으로 유지하는 밸브는?

① 시퀀스 밸브
② 릴리프 밸브
③ 언로더 밸브
④ 체크 밸브

🔍 밸브의 기능
• 시퀀스 밸브 : 2개 이상의 분기 회로에서 유압회로의 압력에 의해 작동 순서 제어
• 릴리프 밸브 : 압력을 일정하게 유지하거나 조정함으로써 과부하 방지
• 언로더 밸브 : 유압회로의 압력이 설정압력에 이르면 모든 유량을 직접 탱크로 복귀시켜 펌프를 무부하상태로 유지
• 체크 밸브 : 작동유의 흐름을 한쪽방향으로만 흐르도록 하고 역류를 방지

20 유압유의 점도가 지나치게 높았을 때 나타나는 현상이 아닌 것은?

① 오일 누설이 증가한다.
② 유동저항이 커져 압력손실이 증가한다.
③ 동력손실이 증가하여 기계효율이 감소한다.
④ 내부마찰이 증가하고 압력이 상승한다.

🔍 오일 누설의 증가는 유압유의 점도가 낮았을 때 나타날 수 있다.

21 유압유의 열화를 촉진시키는 가장 직접적인 요인은?

① 유압유의 온도 상승
② 배관에 사용되는 금속의 강도 약화
③ 공기 중의 습도 저하
④ 유압 펌프의 고속회전

🔍 유압유 열화의 가장 직접적인 원인은 유압유의 온도 상승이다.

22 유압장치에 사용되는 펌프가 아닌 것은?

① 기어 펌프   ② 원심 펌프
③ 베인 펌프   ④ 플런저 펌프

🔍 유압 펌프의 종류 : 기어 펌프, 베인 펌프, 피스톤(플런저) 펌프, 나사 펌프

23 유압장치에 사용되는 것으로 회전운동을 하는 것은?

① 유압 실린더   ② 셔틀 밸브
③ 유압 모터   ④ 컨트롤 밸브

🔍 액추에이터(actuator)는 유압의 에너지를 기계적 에너지로 변화시키는 장치로 유압의 에너지에 의해서 직선왕복운동을 하는 유압 실린더와 유압의 에너지에 의해서 회전운동을 하는 유압모터가 있다.

24 유압회로에서 유량제어를 통하여 작업속도를 조절하는 방식에 속하지 않는 것은?

① 미터 인(meter-in) 방식
② 미터 아웃(meter-out) 방식
③ 블리드 오프(bleed-off) 방식
④ 블리드 온(bleed-on) 방식

🔍 속도제어회로 : 미터 인 회로, 미터 아웃 회로, 블리드 오프 회로

25 유체의 압력, 유량 또는 방향을 제어하는 밸브의 총칭은?

① 안전밸브 ② 제어밸브
③ 감압밸브 ④ 축압기

> 제어밸브의 종류와 역할
> • 압력제어밸브 : 일의 크기 조절
> • 유량제어밸브 : 속도 조절
> • 방향제어밸브 : 방향 조절

26 산업안전의 중요성에 대한 설명으로 틀린 것은?

① 직장의 신뢰도를 높여준다.
② 기업의 투자경비가 많이 소요된다.
③ 이직률이 감소된다.
④ 근로자의 생명과 건강을 지킬 수 있다.

> 산업안전이란 작업현장 및 작업공간에서 산업재해가 일어날 가능성이 있는 건설물, 장치, 기계, 재료 등의 손상, 파괴에 기인하는 잠재적 위험성(hazard)을 배제해서 안전성을 확보하는 것을 목적으로 한다.

27 사고 원인으로서 작업자의 불안전한 행위는?

① 안전 조치의 불이행
② 고용자의 능력한계
③ 물적 위험상태
④ 기계의 결함상태

> 재해의 직접 원인
> • 불안전한 행동 : 위험장소 접근, 안전장치의 기능 제거, 복장·보호구의 잘못 사용, 기계·기구 잘못 사용, 운전중인 기계장치의 손질, 불안전한 속도 조작, 위험물 취급 부주의, 불안전한 상태 방치, 불안전한 자세 동작, 감독 및 연락 불충분
> • 불안전한 상태 : 물 자체 결함, 안전 방호장치 결함, 보호구의 결함, 물의 배치 및 작업장소 결함, 작업환경의 결함, 생산공정의 결함, 경계표시·설비의 결함

28 재해예방의 4원칙에 해당되지 않는 것은?

① 손실발생의 원칙
② 원인계기의 원칙
③ 예방가능의 원칙
④ 대책선정의 원칙

> 재해예방의 4원칙 : 손실우연의 원칙, 원인계기의 원칙, 예방가능의 원칙, 대책선정의 원칙

29 무재해운동의 이념 3원칙 중 잠재적인 위험 요인을 발견·해결하기 위하여 전원이 협력하여 각자의 위치에서 의욕적으로 문제해결을 실천하는 원칙은?

① 무의 원칙
② 선취의 원칙
③ 관리의 원칙
④ 참가의 원칙

> 무재해운동의 3원칙
> • 무(Zero)의 원칙 : 산재 위험의 잠재요인을 근원적으로 해결하기 위한 원칙
> • 선취의 원칙 : 위험요인 행동 전에 예지, 발견
> • 참가의 원칙 : 전원(근로자, 회사내 전종업원, 근로자 가족) 참가

30 먼지가 많은 장소에서 착용하여야 하는 마스크는?

① 방독 마스크 ② 산소 마스크
③ 방진 마스크 ④ 일반 마스크

> 방진 마스크는 분체작업, 연마작업, 광택작업, 배합작업 등이 이루어지는 작업 및 작업장에서 사용하는 호흡용 보호구이다.

31 연소의 3요소가 아닌 것은?

① 가연성 물질
② 산소(공기)
③ 점화원
④ 이산화탄소

> 연소는 3요소인 가연물, 산소공급원, 점화원이 반드시 구비되어야 일어나며, 이 중 하나라도 만족하지 않으면 연소는 일어나지 않는다.

32 목재, 종이, 석탄 등 일반 가연물의 화재는 어떤 화재로 분류하는가?

① A급 화재 ② B급 화재
③ C급 화재 ④ D급 화재

> 화재의 분류
> • A급 화재 : 일반화재
> • B급 화재 : 유류화재
> • C급 화재 : 전기화재
> • D급 화재 : 금속화재
> • K급 화재 : 주방화재

33 건설기계에 비치할 가장 적합한 종류의 소화기는?

① A급 화재 소화기
② 포말B 소화기
③ ABC 소화기
④ 포말 소화기

🔍 건설기계와 차량 등에는 일반화재, 유류화재, 전기화재 모두에 적응성이 있는 ABC 소화기를 비치하여야 한다.

34 가스장치의 누출 여부 및 위치를 가장 쉽고, 정확하게 확인하는 방법은?

① 비눗물을 사용
② 소리를 감지
③ 분말 소화기 사용
④ 냄새로 감지

🔍 가스장치의 누출 여부와 위치를 소리나 냄새로 찾을 수 있지만 매우 숙련을 요하는 사항이며 일반적으로 비눗물을 사용하여 확인한다.

35 수공구 사용방법으로 옳지 않은 것은?

① 좋은 공구를 사용할 것
② 해머의 쐐기 유무를 확인할 것
③ 스패너는 너트에 잘 맞는 것을 사용할 것
④ 해머의 사용면이 넓고 얇아진 것을 사용할 것

🔍 해머의 사용면이 넓어졌다는 것은 타격면을 오래 사용하여 변형이 초래되었다는 것을 의미한다.

36 타이어식 굴착기의 장점이 아닌 것은?

① 주행저항이 적다.
② 견인력이 약하다.
③ 자력으로 이동한다.
④ 기동성이 좋다.

🔍 타이어식 굴착기는 주행저항이 적으며 변속 및 주행속도가 빨라 기동성이 좋고 자력으로 이동이 가능하지만 견인력은 무한궤도형에 비하여 떨어지는 단점이 있다.

37 무한궤도식 굴착기에서 트랙의 진로를 조정하면서 진행방향을 유도하는 기능을 담당하는 것은?

① 상부롤러
② 하부롤러
③ 프론트 아이들러
④ 평형 스프링

🔍 프론트 아이들러는 트랙 프레임의 앞쪽에 설치되며 프레임 위에서 미끄럼 운동할 수 있는 요크(yoke)에 의해서 장착되어 있다. 기능은 트랙의 진로를 조정하면서 트랙을 유도하며 진행방향을 유도한다.

38 굴착기의 프론트 아이들러와 스프로킷이 일치되게 하기 위해서는 브라킷 옆에 무엇을 조정하는가?

① 심(shim)
② 시어핀
③ 편심볼트
④ 쐐기

🔍 프론트 아이들러와 스프로킷이 일치되게 하기 위해서는 브라킷 옆의 심(shim)을 조정한다.

39 크롤러형의 굴착기를 주행 운전할 때 적합하지 않은 것은?

① 주행 시 버킷의 높이는 30~50cm가 좋다.
② 가능하면 평탄한 지면을 택하고, 엔진은 중속이 적합하다.
③ 암반 통과 시 엔진속도는 고속이어야 한다.
④ 주행 시 전부장치는 전방을 향해야 좋다.

🔍 암반이나 부정지 등은 트랙을 팽팽하게 조정 후 저속으로 주행한다.

40 굴착기에서 작업시 안정 및 균형을 잡아주기 위해 설치하는 것은?

① 버킷(bucket)
② 카운터 웨이트(counter weight)
③ 암(atm)
④ 붐(boom)

🔍 카운터 웨이트(밸런스 웨이트)는 굴착기 상부회전체의 제일 뒷부분에 설치되어 버킷 등의 중량물이 실릴 때 장비의 뒷부분이 들리는 것을 방지하고 장비의 균형을 잡아준다.

41 굴착기의 한쪽 주행 레버만 조작하여 회전하는 것을 무엇이라 하는가?

① 피벗회전
② 급회전
③ 스핀회전
④ 원웨이회전

🔍 • 피벗회전 : 한쪽의 트랙만 구동시켜 방향 전환하는 것으로 어느 한쪽의 레버 또는 페달만 작동시킨다.
• 스핀회전 : 좌·우의 트랙을 서로 역으로 구동시켜 제자리에서 방향 전환하는 것으로 양쪽의 레버 또는 페달을 역으로 동시에 작동시킨다.

42 타이어식 굴착기의 휠얼라인먼트에서 토인의 필요성이 아닌 것은?

① 조향바퀴의 방향성을 준다.
② 타이어의 이상마멸을 방지한다.
③ 조향바퀴를 평행하게 회전시킨다.
④ 바퀴가 옆방향으로 미끄러지는 것을 방지한다.

🔍 조향바퀴에 방향성을 주는 것은 캐스터이다.

43 타이어의 구조에서 직접 노면과 접촉되어 마모에 견디고 적은 슬립으로 견인력을 증대시키는 곳의 명칭은?

① 트레드(thread)
② 브레이커(breaker)
③ 카커스(carcass)
④ 비드(bead)

🔍 트레드는 타이어가 노면과 접촉하는 부분의 두꺼운 고무층을 말하며 노면과 미끄러짐을 방지하고 방열을 위한 홈(트레드 패턴)이 파여 있다.

44 다음 중 굴착기의 작업 장치에 해당되지 않는 것은?

① 브레이커
② 파일드라이브
③ 힌지버킷
④ 크러셔

🔍 힌지 버킷은 지게차의 작업장치이다.

45 굴착기의 스윙(선회) 동작이 원활하게 안 되는 원인으로 틀린 것은?

① 컨트롤 밸브 스풀 불량
② 릴리프 밸브 설정 압력 부족
③ 스윙(선회) 모터 내부 손상
④ 터닝 조인트(Turnning joint) 불량

🔍 굴착기의 스윙은 유압으로 구동되는 모터로 작동되므로 유압 밸브나 스윙모터 등에 영향을 받는다.

46 무한궤도식 굴착기가 주행 중 트랙이 벗겨지는 원인이 아닌 것은?

① 고속주행 중 급커브를 돌았을 때
② 전부 유동륜과 스프로킷의 마모
③ 전부 유동륜과 스프로킷의 중심이 맞지 않았을 때
④ 트랙의 장력이 너무 팽팽할 때

🔍 무한궤도식 굴착기의 트랙 장력이 느슨해지면 트랙이 벗겨진다.

47 굴착기 동력전달 계통에서 최종적으로 구동력을 증가시키는 것은?

① 트랙 모터
② 종감속 기어
③ 스프로킷
④ 변속기

🔍 종감속 기어는 추진축의 회전력을 구동 피니언이 받아 직각에 가까운 각도로 변화시키면서 동시에 최종 감속을 하고 구동력을 증가시키는 장치로 웜과 웜 기어, 베벨 기어, 하이포이드 기어 등이 있다.

48 굴착기 운전석 내에서 간단한 조작으로 버킷과 각종 작업장치의 교환을 빠르게 수행하기 위해 사용되는 굴착기 부품은?

① 자재이음　② 컴팩터
③ 그래플　　④ 커플러

🔍 커플러는 굴착기의 암 끝부분에 부착되어 버킷과 각종 작업장치의 교환을 빠르고 편리하게 수행하기 위해 사용되는 굴착기 부품이다.

49 굴착기의 엔진 예열을 위한 일반적인 공회전 시간은 어느 정도인가?

① 1~3분 ② 3~5분
③ 5~10분 ④ 10~20분

> 굴착기 엔진의 경우 기온에 따라 다르지만 보통 10~20분 정도의 공회전을 통해 엔진을 예열하는 것이 적당하다.

50 무한궤도식 굴착기에서 프론트 아이들러에 미치는 충격을 완화시켜주는 완충장치로 틀린 것은?

① 코일 스프링식
② 압축 피스톤식
③ 접지 스프링식
④ 질소 가스식

> 완충방식은 코일 스프링식, 접지 스프링식, 질소 가스식 등이 있으며 그 중 코일 스프링이 가장 많이 사용된다. 특히 리코일 스프링은 차체의 전면에서 오는 충격을 흡수하여 진동을 방지하며, 안전작업을 도와준다.

51 타이어식 굴착기에 사용되는 고압 타이어의 호칭 치수 표시는?

① 타이어의 외경 – 타이어의 폭 – 플라이수
② 타이어의 폭 – 타이어의 내경 – 플라이수
③ 타이어의 폭 – 림의 지름
④ 타이어의 내경 – 타이어의 폭 – 플라이수

> 타이어 호칭 치수
> • 저압 타이어 : 폭 – 내경 – 플라이수
> • 고압 타이어 : 외경 - 폭 - 플라이수

52 굴착기로 견고한 땅을 굴착할 때 가장 적절한 방법은?

① 버킷투스로 표면을 얇게 여러 번 굴착 작업을 한다.
② 버킷으로 찍고 선회 등을 하며 굴착 작업을 한다.
③ 버킷투스로 찍어 단번에 강하게 굴착 작업을 한다.
④ 버킷을 최대한 높이 들어 하강하는 자중을 이용하여 굴착 작업을 한다.

> 견고한 땅을 작업할 때는 표면을 얇게 하여 여러 번 작업하는 것이 좋다.

53 굴착기의 트랙이 구덩이에 대하여 직각으로 서고 옆으로 이동하면서 채굴하는 것은?

① 직각 채굴법 ② 좌우 채굴법
③ 횡진 채굴법 ④ 병진 채굴법

54 지반 등의 굴착작업 시 연암의 굴착면 기울기로 옳은 것은?

① 1 : 0.3 ② 1 : 0.5
③ 1 : 0.8 ④ 1 : 1.0

> 지반 종류에 따른 굴착면의 기울기 기준
>
> | 지반의 종류 | 굴착면의 기울기 |
> |---|---|
> | 모래 | 1 : 1.8 |
> | 연암 및 풍화암 | 1 : 1.0 |
> | 경암 | 1 : 0.5 |
> | 그 밖의 흙 | 1 : 1.2 |
>
> 비고
> 1. 굴착면의 기울기는 굴착면의 높이에 대한 수평거리의 비율을 말한다.
> 2. 굴착면의 경사가 달라서 기울기를 계산하기가 곤란한 경우에는 해당 굴착면에 대하여 지반의 종류별 굴착면의 기울기에 따라 붕괴의 위험이 증가하지 않도록 위 표의 지반의 종류별 굴착면의 기울기에 맞게 해당 각 부분의 경사를 유지해야 한다.

55 굴착기를 이용한 깎기 작업 시 안전 준수 사항으로 틀린 것은?

① 붕괴 낙하 위험이 있는 장소에서의 작업은 금한다.
② 상·하부 동시 작업으로 작업 능률을 높인다.
③ 굴착면이 높은 경우에는 계단식으로 굴착한다.
④ 붕괴 위험이 있는 지반은 적절한 보강 후 작업한다.

> 상·하부 동시 작업 시 붕괴 및 안전사고의 우려가 있으므로 절대 금한다.

56 편도 4차로의 일반도로에서 건설기계는 어느 차로로 통행해야 하는가?

① 1차로
② 2차로
③ 1차로와 2차로
④ 3차로와 4차로

🔍 편도 4차로의 일반도로에서 건설기계는 오른쪽 차로인 3차로와 4차로를 이용하여 통행하여야 한다.

57 교차로에서 적색 등화 시 진행할 수 있는 경우는?

① 경찰공무원의 진행 신호에 따를 때
② 교통이 한산한 야간 운행시
③ 보행자가 없을 때
④ 앞차를 따라 진행할 때

🔍 경찰공무원 등의 신호는 도로교통표지 및 신호등의 신호보다 우선한다.

58 횡단보도로부터 몇 m 이내에 정차 및 주차를 해서는 안 되는가?

① 3m   ② 5m
③ 8m   ④ 10m

🔍 안전지대가 설치된 도로인 경우 안전지대 사방으로부터 각각 10m 이내인 곳, 건널목의 가장자리 또는 횡단보도로부터 10m 이내인 곳에서는 정차 및 주차가 금지된다.

59 다음 중 관공서용 건물번호판은?

①    ②

③    ④

🔍 ①번과 ③번은 일반용 건물번호판이고, ④번은 문화재 및 관광용 건물번호판이다.

60 다음 중 최고속도의 100분의 50을 줄인 속도로 운행해야 하는 경우가 아닌 것은?

① 폭우, 폭설, 안개 등으로 가시거리가 100m 이내인 경우
② 비가 내려 노면이 젖어 있는 경우
③ 노면이 얼어붙은 경우
④ 눈이 20mm 이상 쌓인 경우

🔍 비가 내려 노면이 젖어 있는 경우, 눈이 20mm 미만 쌓인 경우는 최고속도의 20/100을 줄인 속도로 운행하여야 한다.

정답 CBT 복원문제 - 제05회

01 ③	02 ②	03 ④	04 ③	05 ①
06 ①	07 ③	08 ④	09 ④	10 ②
11 ①	12 ④	13 ②	14 ③	15 ①
16 ③	17 ③	18 ②	19 ②	20 ①
21 ①	22 ②	23 ②	24 ④	25 ②
26 ②	27 ①	28 ①	29 ④	30 ③
31 ④	32 ①	33 ③	34 ①	35 ④
36 ②	37 ③	38 ①	39 ③	40 ②
41 ①	42 ①	43 ①	44 ③	45 ④
46 ④	47 ②	48 ④	49 ④	50 ②
51 ①	52 ②	53 ②	54 ④	55 ②
56 ④	57 ①	58 ④	59 ②	60 ②

굴착기운전기능사
기출문제(상시시험 대비)

필기

2026년 01월 05일 인쇄
2026년 01월 20일 발행

저자 건설기계교육아카데미
발행처 (주)도서출판 책과상상
등록번호 제2020-000205호
발행인 이강복
주소 경기도 고양시 일산동구 장항로 203-191
대표전화 (02)3272-1703~4
팩스 (02)3272-1705

홈페이지 www.sangsangbooks.co.kr
ISBN 979-11-6967-303-7

정가 13,000원

Copyright© 2026
Book & SangSang Publishing Co.

• 저자와의 협의하에 인지를 생략합니다.